国产白肋烟、马里兰烟和晒红烟资源调查及工业可用性

周 骏 杨春雷 马雁军 杨锦鹏 主编

科学技术文献出版社
SCIENTIFIC AND TECHNICAL DOCUMENTATION PRESS
·北京·

图书在版编目（CIP）数据

国产白肋烟、马里兰烟和晒红烟资源调查及工业可用性 / 周骏等主编. —北京：科学技术
文献出版社, 2015.12
ISBN 978-7-5189-0708-3

Ⅰ.①国…　Ⅱ.①周…　Ⅲ.①烟草—资源调查　②烟气分析（烟草）　Ⅳ.① S572　② TS41

中国版本图书馆 CIP 数据核字（2015）第 223280 号

国产白肋烟、马里兰烟和晒红烟资源调查及工业可用性

策划编辑：张　丹	责任编辑：张　丹	责任校对：张吲哚	责任出版：张志平

出　版　者	科学技术文献出版社
地　　　址	北京市复兴路15号　　邮编　100038
编　务　部	（010）58882938，58882087（传真）
发　行　部	（010）58882868，58882874（传真）
邮　购　部	（010）58882873
官 方 网 址	www.stdp.com.cn
发　行　者	科学技术文献出版社发行　全国各地新华书店经销
印　刷　者	北京高迪印刷有限公司
版　　　次	2015 年 12 月第 1 版　2015 年 12 月第 1 次印刷
开　　　本	889×1194　1/16
字　　　数	346千
印　　　张	15
书　　　号	ISBN 978-7-5189-0708-3
定　　　价	98.00元

编写人员名单

主　编	周　骏	上海烟草集团北京卷烟厂
	杨春雷	湖北省烟草科学研究院
	马雁军	上海烟草集团北京卷烟厂
	杨锦鹏	湖北省烟草科学研究院
副主编	张　杰	上海烟草集团北京卷烟厂
	石　睿	上海烟草集团北京卷烟厂
	余　君	湖北省烟草科学研究院
	李军会	中国农业大学
	杜国荣	上海烟草集团北京卷烟厂
	马　莉	上海烟草集团北京卷烟厂
	张　威	国家烟草质量监督检测中心
编　委	周　骏	上海烟草集团北京卷烟厂
	杨春雷	湖北省烟草科学研究院
	马雁军	上海烟草集团北京卷烟厂
	杨锦鹏	湖北省烟草科学研究院
	张　杰	上海烟草集团北京卷烟厂
	石　睿	上海烟草集团北京卷烟厂
	余　君	湖北省烟草科学研究院
	李军会	中国农业大学
	杜国荣	上海烟草集团北京卷烟厂
	马　莉	上海烟草集团北京卷烟厂
	张　威	国家烟草质量监督检测中心
	黄文昌	湖北省烟草科学研究院
	黄　越	上海烟草集团北京卷烟厂
	覃光炯	湖北省烟草科学研究院
	王允白	中国农业科学院烟草研究所
	闫洪洋	中国烟草总公司职工进修学院
	窦玉青	中国农业科学院烟草研究所
	刘佳虹	上海烟草集团北京卷烟厂
	白若石	上海烟草集团北京卷烟厂
	张义志	中国农业科学院烟草研究所
	丁　睿	中国农业科学院烟草研究所
	王建平	上海烟草集团北京卷烟厂
图表设计	杜国荣	上海烟草集团北京卷烟厂

前　言

　　烟叶是经济性农作物，烟叶生产质量对卷烟企业生存和发展至关重要，是卷烟生产质量的重要保障。关于烤烟种植和工业应用的书籍较多，涉及晾晒烟的种植和工业应用的书籍却很少。晾晒烟的种植品种多，分布广，但很零散，不成规模，发展呈萎缩趋势。中国以烤烟型产品为主导消费品，每年生产量将近4900万大箱；而混合型产品每年生产量不足80万大箱；雪茄烟每年生产量更少。可能原因之一是中国烟草行业科技研发人员应用烤烟烟叶研发烤烟型卷烟叶组配方水平较高，容易适应中国卷烟消费者的吸食口味；可能原因之二是国内科技研发人员应用白肋烟、马里兰烟和晒红烟等晾晒烟烟叶研发卷烟叶组配方水平不高，与国际知名烟草企业研发的混合型产品水平和风格特征差距较大，中国卷烟消费者不容易接受。上海烟草集团北京卷烟厂与湖北省烟草科学研究院通力合作，在借鉴了国家烟草质量监督检测中心和中国农业科学院烟草研究所提供的烟叶原料方面的技术资料的基础上，从农业种植技术和晾晒方法入手，至工业企业叶组配方合理应用，对烟叶可用性替代方法、重要的化学成分的近红外快速分析方法、烟碱和亚硝胺从烟叶到烟气的转移率等科学工具进行研发，并充分考虑了产品的叶组配方设计、香气质量评价和卷烟危害性指数等因素影响，提出了一个使用国产白肋烟、马里兰烟和晒红烟控害的办法，编写成书以供国内同行参考。同时，也希望国产白肋烟、马里兰烟和晒红烟烟叶的种植与发展，能逐渐摆脱当前面临的困境。

　　本书共分七章加一个附录：第一章简述烟草传入中国的历史、烟草的基本类型、种植基本通则、晾晒烟种植技术和调制方法实例，阐述卷烟企业对烟叶原料的需求和基本使用技术；第二章讲述了国产白肋烟和马里兰烟烟叶的资源现状调查，涉及种植品种、种植技术、晾制技术、烟叶的外观质量特点及各类烟叶的物理化学成分等方面；第三章分产区讲述了国产晒红烟的资源信息、种植与调制特点，对外观质量、常规化学成分、5种生物碱、烟草中特有N-亚硝胺及单料烟烟气中烟碱和特有N-亚硝胺的分布情况进行分析，并对单料烟感官质量评价情况进行客观描述；第四章讲述了国产晒红烟烟叶中常规化学成分的近红外快速分析模型、白肋烟和马里兰烟烟叶中常规化学成分研发情况，特别是对白肋烟和马里兰烟烟叶中分析难度大的微量成分，包括4种特有N-亚硝胺和游离氨基酸进行了近红外快速分析模型深入研发，并对烟碱和3种特有N-亚硝胺从烟草到烟气转移的经验关系进行了挖掘，为更好地应用晾晒烟烟叶资源提供了便捷的科学工具；第五章讲述了基于近红外光谱和主要化学成分测定数据所做的晾晒烟烟叶聚类替代分析情况；第六章讲述了卷烟叶组配方设计的基本特点、烟叶香气类型和香味品质评价、卷烟感官质量评价方法、国产晾晒烟在某个企业低焦油产品和超低焦油产品的工业可用性情况；第七章讲述了卷烟烟气理化特性、吸烟对健康的影响、烟草特有亚硝胺的化学特性分析、降低的技术路线，以及国产白肋烟、马里兰烟和晒红烟发展面临困境原因和解决办法。附录收集了国产马里兰烟和晒红烟现行的烟叶等级检验地方标准。

本书较多篇幅介绍国产白肋烟、马里兰烟和晒红烟资源现状及当前最新的种植晾晒技术，并从工业应用角度谈了烟叶工业替代技术、化学成分快速分析方法、烟气中重要指标控害技术，这些内容均来自于编者们近5年的科研成果，是众多科研项目工作的提炼与总结。

本书主要编写人员：第一章晾晒烟传入中国的历史和基本种植技术（周骏研究员、马雁军高级工程师、杨锦鹏农艺师和张威高级工程师）；第二章国产晾烟白肋烟、马里兰烟的资源调查（杨春雷研究员、杨锦鹏农艺师、余君博士、黄文昌高级农艺师、覃光炯博士和杜国荣博士）；第三章国产晒红烟的资源调查（张杰工程师和马雁军高级工程师）；第四章国产晾晒烟科学工具与经验关系的研发（杜国荣博士和马雁军高级工程师）；第五章白肋烟和晒红烟样品的聚类替代研究（李军会副教授和马雁军高级工程师）；第六章叶组配方设计和国产晾晒烟的工业可用性（马雁军高级工程师和马莉工程师）；第七章卷烟烟气特性与烟草制品减害的认识（石睿博士、张杰工程师和马雁军高级工程师）；附录为马里兰烟和晒红烟现有烟叶等级标准（马莉工程师、刘佳虹工程师、黄越博士、马雁军高级工程师和张威高级工程师）。本书中的图表设计由杜国荣博士完成。在本书编写过程中，烟草进修学院闫洪洋讲师提供了感官评价方面的技术资料；中国农业科学院烟草研究所的王允白研究员和窦玉青研究员提供了一些晾晒烟方面的技术资料，白若石高级工程师和张杰、丁睿、张义志、马莉、黄越、刘佳虹、王建平等工程师分工合作检测分析了晾晒烟烟叶和烟气中众多化学成分。最后全书由周骏研究员、杨春雷研究员、马雁军高级工程师、张杰工程师、杨锦鹏农艺师、石睿博士和余君博士统稿定稿。在本书出版之际，真诚感谢所有给予帮助的老师和科研技术人员。本书在出版过程中，得到了科学技术文献出版社编辑的大力帮助，特此诚挚感谢！

编委们以科学认真的态度对待这本书的编写，但由于内容较多，资料来源渠道不同，书中难免存在一些疏忽与错误，有待于我们今后改进和完善。恳请同行专家、学者及广大读者对本书的错误予以指正。

周　骏　杨春雷　马雁军　杨锦鹏
2015 年 8 月 18 日于北京定稿

目 录

第一章
晾晒烟传入中国的历史和基本种植技术

第一节　烟草传入中国的历史

一、烟草传入中国早期历史

烟草是一种亚热带植物，属于茄科，源自中南美洲，在大洋洲及南太平洋的一些岛屿等地也有发现，它燃烧产生的烟气具有一种特殊的香气和气味。烟草曾被认作包治百病的神药，与掀起两场重要战争的茶叶、导致人类大迁徙的甘蔗、养活了世界的土豆，并称为"改变世界的4种植物"。

美洲土著居民在15世纪前就开始吸嚼烟草。1492年10月12日，哥伦布踏上美洲海岸的第一天所记的航海日志里最早记录着当地土著人送来的几种礼物，其中就有"发出独特芬芳气味的黄色干叶"（即烟草）。1558年航海水手们将烟草种子带回葡萄牙，随后传遍欧洲其他地区，随后辗转进入伊朗、印度、日本、菲律宾等国。

16世纪中叶，烟草自菲律宾的吕宋传入中国，起初在福建漳州、泉州等地种植晒晾烟后来引种烤烟，1900年试种于台湾，英美烟公司于1914年在山东的潍县坊子试种成功。后来陆续在河南、安徽、辽宁、云南、贵州、四川等地试种。1951年在浙江新昌引种香料烟，自1956年起先后在山东、湖北、广东、河北、河南、四川等省广泛种植白肋烟。大约在200年前在我国北部地区种植由俄罗斯引入的黄花烟。

17世纪初，西班牙人采用纸替代玉米壳进行吸烟，并且随着吸烟人数的不断增加，开始兴起手工制作卷烟。美国卡罗莱纳人Samuel Shooler在1879年发明了最初的卷烟机，此后全世界商家对卷烟产生了普遍的兴趣。1913年问世的"骆驼"牌卷烟，采用烤烟、白肋烟及香料烟混合在一起，称为美式混合型卷烟，在第二次世界大战期间使吸烟习惯更为流行。"美丽"牌香烟是中国近代最有名的卷烟，由上海华成烟草股份公司在1925年生产，因质高价廉，名声大噪。

1962年和1964年，英国皇家内科学会和美国医政总署先后提出吸烟与健康关系的报告。为减少危害，20世纪60年代研制了滤嘴型卷烟，70年代研发了长支型卷烟，80年代推出了淡味型、特淡味及超淡味型低焦油卷烟。20世纪90年代，中国烟草企业推出了添加中草药的新混合型卷烟。目前，中式卷烟又有了新的发展。

二、卷烟企业对烟叶原料的要求

1. 烟叶原料的质量与卷烟生产的关系
①烟叶的物理特性。包括烟叶的燃烧性、吸湿性、填充性、韧性、热学性质和力学性质等。它们会

对卷烟燃烧性、焦油量、吸料能力、加工性能、硬度、成本等产生较大影响。

②烟叶的化学特性。包括糖、氮、烟碱、蛋白质、总糖与烟碱的比值和总氮与烟碱的比值等。它们对卷烟内在的质量影响较大。

③烟叶的吸味特点，包括香气质、香气量、刺激性、余味、杂气、劲头等。这些品质因素决定卷烟配方产品的感官质量。

④烟叶安全性。包括焦油量、农药残留、7种卷烟产品危害性指数等。这些都是需要重点关注的内容，任何卷烟叶组配方设计都应努力降低卷烟烟气中的有害物质含量，提高其安全性。

⑤烟叶等级的质量相对稳定。这是保持卷烟产品质量长期稳定的前提条件。每批烟叶应有高度的一致性、稳定性，最终才能保证卷烟产品的质量稳定。

⑥烟叶成本。影响卷烟叶组配方成本乃至企业经济效益。

2. 白肋烟、马里兰烟及晒红烟烟叶基本使用技术

（1）白肋烟基本使用技术

白肋烟是生产混合型卷烟的重要原料，白肋烟的香味品质、风格程度及安全性对卷烟生产至关重要。白肋烟的烟碱和总氮含量比烤烟高，含糖量较低，叶片较薄，弹性强，填充力高，阴燃保火力强，对糖料和所加的香料有良好的吸收能力。主要用作混合型卷烟的原料，也可用于雪茄烟、斗烟和嚼烟。衡量白肋烟烟叶外观品质的主要因素，有成熟度、部位、颜色、身份、叶片结构和光泽等。白肋烟烟叶的成熟度与白肋烟的色、香、味和可用性呈正相关。成熟度好的白肋烟叶总体质量水平高，可用性强。成熟度也是衡量白肋烟烟叶品质的关键因素。高品质的白肋烟烟叶，一般在植株的中下部，叶片较大，而且较薄，质量佳，适合做高档混合型和烤烟型卷烟原料，也可做低档雪茄外包皮叶使用。随着低焦油卷烟发展，上二棚叶也越来越受欢迎。白肋烟叶的颜色与烤烟不同。在烤烟烟叶中，橘黄色是很好的颜色。但在白肋烟烟叶，橘黄色则被认为是杂色，要求白肋烟调制后烟叶颜色呈黄褐或红褐色。要求叶面有颗粒状物，光泽鲜明，组织疏松，厚薄适中。工业上对其烟叶油分不做要求。典型的白肋烟叶烟气为浓香、吃味醇和、劲头足，杂气轻，具有可可、巧克力香，或坚果与花生壳香，还有微量的木质或鱼腥味。

然而我国白肋烟生产起步晚，近年来随科技水平的长足进步，烟叶质量有了较大的提高。但据郑州烟草研究院和云南烟草研究院等科技人员对国内外优质白肋烟的研究成果，国产白肋烟与国外白肋烟在物理性状、化学成分及评吸质量上有明显的差异。白肋烟吸湿性与其对料液的吸收有较为密切的关系，吸湿性好有利于料液的吸收，与国外白肋烟比较，国产白肋烟的吸湿速度慢，平衡含水量低。良好的燃烧性是白肋烟的重要特征之一。津巴布韦、马拉维的白肋烟燃烧性最好，国产白肋烟的燃烧性较差，美国的燃烧性居中。国产与国外白肋烟外观上的差异，主要表现在叶片组织结构上，国外白肋烟多为疏松、纹理开放，而国内白肋烟叶片组织不够疏松，甚至偏紧，颜色较深或偏淡。化学成分是衡量烟叶质量的重要指标之一，其对烟叶的吃味影响较大。国产白肋烟与国外白肋烟在化学成分上有明显的差别，总糖含量与马拉维的趋同，明显高于美国、津巴布韦的白肋烟，总氮含量偏低，烟碱含量侧偏高，氮/碱值过小，而美国白肋烟在 $1 \sim 1.3$，马拉维在 2 以上。与燃烧性关系密切的钾素，津巴布韦、马拉维白肋烟的钾含量较高，硫酸根含量低，有机钾指数大多在 5 以上，国产白肋烟钾含量偏低，硫酸根含量高，有机钾指数在 2 左右，略低于美国，而明显低于津巴布韦、马拉维的白肋烟。其他成分与美国白肋烟比较，总挥发碱含量略偏低，氨态碱、蛋白质含量明显偏低，α - 氨基氮含量略偏高。这些成分都会影响白肋烟的吸味。白肋烟的质量特点是烟味浓、劲头大、香气浓郁、丰满。但也存在吃味差、刺激性大、杂气重的缺陷。因此，白肋烟必须通过复杂的科学工艺处理，才能达到提高烟气质量和使用价值的目的。

目前白肋烟处理的工艺是采用重加里料和高温烘焙。

（2）马里兰烟基本技术

马里兰烟填充力强，具有阴燃性好和中等芳香，用它与其他烟型卷制混合型烟制品时，可以改进卷烟的阴燃性，又不会妨碍烟的香气和吃味。马里兰烟的焦油和烟碱含量均比烤烟和白肋烟低。马里兰烟香吃味好，烟碱含量和含糖量低，叶片较薄，燃烧性强，填充性好，是低焦油混合型烤烟和烤烟型卷烟制品改良的优质原料。具有抗性强，适应性广，以及叶片较大较薄等特点，阴燃性好，吃味芳香，因而当它与其他类型烟叶混合时，能够改进卷烟的阴燃性，又不扰乱香气和吃味。马里兰烟的焦油、烟碱含量均比烤烟和白肋烟低，而且填充性能较强。所以，在混合型卷烟中，它的加入，不但可以降低香料烟的比例，而且可以保持烤烟与白肋烟的比例。

（3）晒红烟基本技术

晒红烟烟叶一般含糖量较低，焦油较低，蛋白质和烟碱含量较高，烟味浓，劲头大，吃味丰满，用作混合型卷烟可调节吃味和劲头，具有广阔的发展前途。此外，晒红烟还可用于斗烟、水烟，也作为雪茄芯叶、束叶和鼻烟、嚼烟的原料。

3. 叶组配方设计的要求

卷烟产品设计是在充分掌握烟叶原料与卷烟材料的特性基础上，依据消费者对产品质量与风格的需求，进行叶组配方设计、加香加料试验、材料规格选择、烟支规格设计与包装设计。叶组配方设计是按照产品类型、价位档次、风格质量等要求，把醇化后的不同类型、不同产地、不同等级的烟叶原料与加工后的梗丝、再造烟叶（薄片）等，按合适比例进行混配，以达到最佳的质量效果。同时，有较好的经济收益。故叶组配方设计是卷烟产品设计的根本，对产品的质量、风格、成本起决定性作用。

我国卷烟产品主要有烤烟型、混合型、外香型、雪茄型四大类型。

①烤烟型产品使用的烟叶原料以烤烟烟叶为主，适当加入薄片，或用少量似烤烟香气的晒烟做填充料，如广西贺州、广东南雄和福建沙县等地所产的晒黄烟。其香气特征：以烤烟香味为主，香气浓郁或清雅，吸味醇和，劲头适中，颜色以呈金黄或橘黄色为佳。我国烤烟种植地区广，品种多，受土壤、气候栽培和调制技术影响，烟叶质量也存在较大差异。从香气方面分，有清香型、浓香型、中间香型三大类。同一类型烤烟型产品，配方设计不同，香味风格各具特色。

②混合型产品的烟叶原料使用不同类型的烟叶，包括烤烟、白肋烟、香料烟和其他地方性晒烟，以适当的比例配制而成。其香味特征具有烤烟与晾晒烟混合香味，香气浓郁、谐调、醇和、劲头足。我国混合型卷烟以中草药为特色，如中南海品牌卷烟。

③外香型卷烟产品常用烤烟型或混合型叶组配方，借助加香加料赋予独特的外加香气，如薄荷型卷烟、奶油可可香型的卷烟和玫瑰香型卷烟。

雪茄型卷烟产品原料全部使用雪茄烟叶或少量掺入烤烟上部烟叶配制而成。其香气特征：类似檀香的优美雪茄香气，香味浓郁，细腻而飘逸，劲头较足。

第二节　中国烟草的种类和基本特点

一、烟草的基本类型

烟草属于茄科，一年生的草本植物，目前被发现有66个品种，大多数是野生的，目前成功栽培使用的只有普通烟草（N.tabacum.L.，又名红花烟草）和黄花烟草（Nrustica.L.，又名菫烟草）两种。

（1）普通烟草

普通烟草，又名红花烟草，其茎部木质化，全株生有粘性腺毛，茎圆形直立，一般株高120～230 cm，多叶型品种的高达300 cm左右。红花烟草有粗壮的主根，周围生有侧根。叶片大，形状为披针至卵圆形，呈螺旋状自下而上着生在茎上。一般少叶型品种的每株有叶18～25片，中叶型品种的每株有叶26～35片，多叶型品种的每株有叶35片以上。红花烟草因生长期长、不甚耐寒，适宜在较温暖的地带种植。中国绝大多数地区栽培的烟草是红花烟草。

（2）黄花烟草

黄花烟草，又称董烟草，其烟茎为棱形，全株有黏性腺毛，株高一般为400～600 mm，根系入土较浅，叶片较小，叶面茸毛较厚，呈卵圆形，颜色较深，有叶柄，每株叶有10～15片。黄花烟草因生长期短：耐寒，适宜在低温地带种植，产量低。其烟叶含烟碱量高，一般可高达4%～9%。黄花烟草在中国的黑龙江、甘肃、山西，新疆等地区有部分种植。

烟草在分类上，按调制工艺的不同国际上基本分为烤烟、晒烟及晾烟三大类别；在我国，根据烟草生物学性状、调制工艺、品质特征及卷烟工业的原料管理需要，将烟草划分为烤烟、晒黄烟、晒红烟、白肋烟、马里兰烟、香料烟及黄花烟等七类。

二、烤烟特点

烤烟（Virginia），又称火管烤烟。它是美国（美洲）早期的经济作物之一，源于美国的弗吉尼亚州，引种自中美洲，最初种植于北美占士镇殖民区（Jamestown Colony），收购后专供英国，对早期的北美殖民地存在和发展起较大的推动作用。因其具有特殊的形态特征，又被称为弗吉尼亚型。

烤烟的主要特征是植株高大，叶片分布较疏而均匀（如图1.2.1所示）。一般株高120～150 cm，单株着叶20～30片，叶片厚，茎适中，中部的质量最佳。栽培上不宜施用过多的氮素肥料。叶片自下而上成熟，分次采收。最初调制方法也曾采用晾晒，1869年后改用火管烘烤。在调制过程中，它在烤房内采用热风管处理法（Flue-Cured）加工，通过人工控热方式熟成，故烘烤成的烟叶叫作烤烟。烟叶烤后保留了其色泽（亮黄、橘橙或红色），呈现金黄色如（图1.2.2所示），同时又保留了其油滑性及微妙的甜和风味。其化学成分的特点是含糖量较高，蛋白质含量较低，烟碱含量中等。几乎所有产品配方中它都作为主料，包括英式配方、美式配方、调味配方和斗烟等。烤烟按色泽细分有：柠檬黄（Lemon Virginia）、橙色（Orange Virginia）、橘红（Orange-Red Virginia）、红色（Red Virginia）、古铜色（Bronze Virginia）及黑色（Black Virginia）几种。

烤烟引种种植于世界各地，是全球栽培面积最大的卷烟工业的主要原料。世界上生产烤烟的国家主要有中国、美国、印度、津巴布韦、巴西和阿根廷等。最优质的烤烟，产自美国维珍尼亚州（Virginia），佐治亚州（Georgia），南、北卡罗来纳州（North and South Carolina）。中国烤烟种植面积和总产量都居世界第一位，重点产区有22个，包括云南、贵州、四川、湖南、福建、河南、山东、重庆、湖北、陕西、安徽等地区。

图 1.2.1　烤烟烟田

图 1.2.2　烤烟的烤制

三、晒烟的种类和特点

在调制过程中，利用太阳的辐射热能，露天晒制成的烟叶叫作晒烟。主要有晒红烟、晒黄烟、香料烟和黄花烟四类。

1. 晒黄烟

晒黄烟（Light sun-cured tobacco），按叶色深浅分为淡色晒黄烟和深色晒黄烟（如图 1.2.3 所示）。调制方法有半晒半烤、折晒和架晒 3 种（如图 1.2.4 所示）。晒黄烟的外观特征和所含化学成分一般与烤烟相近，尤其淡色晒黄烟在烟气和吃味方面也更近似烤烟的特征。深色晒黄烟特点介于淡色晒黄烟与晒红烟之间，与淡色晒黄烟比较，叶色较深，含氮物较多，含糖量较低。这些差异除品种因素外，主要因栽培条件和调制方法不同而产生的。折晒烟是指调制时先将烟叶堆积捂黄，然后再晒制成的烟叶，可作为旱烟原料，极为名贵。

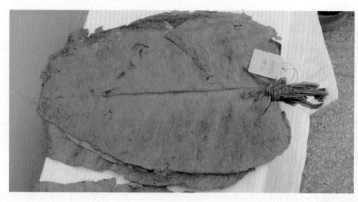
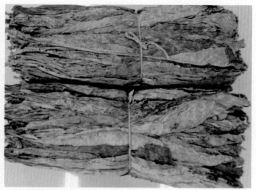

图 1.2.3　晒黄烟烟叶

图 1.2.4　晒黄烟晒制

2. 晒红烟

晒红烟（Dark sun-cured tobacco），是指晒制后呈红褐色的烟叶（如图1.2.5所示），国外称为深色晒烟。晒制方式有折晒、索晒、架晒、捂晒4种（如图1.2.6所示）。晒红烟可细分为老红、次红及黑褐色3种。

a 桐江的晒红烟　　　　　　　　　　　　b 四川的晒红烟

图 1.2.5　晒红烟

晒红烟的叶片较少，叶肉较厚，分次采收或一次采收，晒制后多呈深褐色或褐色，上部叶片质量最好。烟叶一般含糖量较低，蛋白质和烟碱含量较高，烟味浓，劲头大。晒红烟是制造混合型卷烟、水烟、旱烟丝及斗烟丝的原料，质量好的晒红烟还是制造雪茄烟芯叶、束叶、鼻烟、嚼烟的原料，有些晒红烟还可加工成杀虫剂。中国和印度是世界上生产晒烟的主要国家，中国的晒红烟因盛誉远销海外，在各（自治区）均有种植，但分布零散，规模不大。晒红烟主要产区有湖南凤凰、辰溪，四川什邡、绵竹，吉林延吉、蛟河，广东高州、鹤山，贵州册亭、惠水，云南腾冲、德宏，山东栖霞，黑龙江穆棱、尚志等。

图 1.2.6　晒红烟的晒制

3. 香料烟

香料烟（Oriental & aromatic tobacco），又称土耳其型烟或东方型烟。其特点是株型和叶片小，芳香、吃味好，易燃烧及填充力强（如图 1.2.7 所示）。它是晒烟香型和混合型的重要原料，斗烟丝中也多掺用。香料烟的芳香主要来自它的腺毛分泌物或渗出物，其芳香与土壤、气候及栽培措施关系十分密切，适宜在含有机质少、肥力不高、土层薄的山坡砂土地上栽种。香料烟烟田详见图 1.2.8，生产上要求香料烟的叶片小而厚，因此种植密度大，施肥量一般较小，特别要控制氮肥，适当施用磷、钾肥，不打顶。烟叶品质以顶叶最好，自下而上分次采收。

a 中性型 –Kabakulak　　　　　　b 芳香型 –Basma　　　　　　c 吃味型 –Samsun

图 1.2.7　香料烟的类型实物标样

图 1.2.8　香料烟烟田

香料烟调制方法是一般用绳串起叶片，先晾至凋萎变黄而后进行暴晒（如图1.2.9所示）。晾晒时间长短与气候有关，下部烟一般需7～10天，上部烟则要2～3个星期或更长时间。香料烟的烟碱含量较低，其化学成分含量介于烤烟与晒红烟之间。

图1.2.9　香料烟的晒制

香料烟种植起始于发现美洲大陆后的100年，因受气候条件的限制，故种植范围不广，主要产区在东欧、中东地区及地中海东部沿海地带。土耳其和希腊生产的香料烟是国际公认的典型优质香料烟，特点是叶片小、烟筋细、香味浓郁。土耳其的产量世界第一，其次为希腊。中国是在20世纪50年代引进和种植的，主要集中在云南、浙江、新疆等地。国内种植的巴斯马类型香料烟的总糖含量在16%～25%，还原糖含量在14%～22%，总氮含量在1%～2%，烟碱含量在0.5%～1.5%；国内种植的沙姆逊类型香料烟的总糖含量在5%～15%，总氮含量在1.5%～2.5%，烟碱含量在0.5%～2.5%（其中，上部1.5%～2.5%，中部1.0%～2.0%，下部0.5%～1.5%）。两个类型香料烟的钾含量均大于2.0%，氯含量均小于1.0%，钾氯比在4以上，硫含量均小于0.7%。

4. 黄花烟

黄花烟（Nicotiana rustica），又称为莫合烟，与上述几种类型烟草的根本区别，是在植物分类学上属于不同的品种，生物学性状差异很大。黄花烟生长期较短、耐寒，多被种植在高纬度、高海拔和无霜期短的地区。一般株高50～100 cm，着叶10～15片，叶片较小，卵圆形或心脏形，有叶柄；花色绿黄，种子也很大。黄花烟的总烟碱、总氮及蛋白质含量均较高，而糖分含量较低，烟味浓烈。据考证，在哥伦布发现新大陆以前，黄花烟就在墨西哥栽培，它起源于玻利维亚、秘鲁和厄瓜多尔高原，现被广泛种植在亚洲西部。苏联种植黄花烟最多，被称为莫合烟。其在中国栽培历史较久，主要种植于新疆、甘肃和黑龙江地区（由图1.2.10所示），因其焦油含量高，按国家烟草专卖局有关政策，几乎不再生产。

图 1.2.10 新疆的黄花烟烟田和黄花烟种

四、晾烟的种类和特点

晾烟是在阴凉通风场所晾制而成，分为浅色晾烟（白肋烟和马里兰烟）和深色晾烟。淡色晾烟（Light air-cured tobacco）：红黄—浅红棕色白肋烟（Burley tobacco）、马里兰烟（Maryland tobacco）；深色晾烟（Dark air-cured tobacco）：棕色至褐色的雪茄：茄衣、茄套、茄芯、地方性晾烟。

1. 马里兰烟

马里兰（Maryland）是淡色晾烟，源自美国马里兰州（Maryland），具有抗性强、适应性广及叶片较大较薄等特点，阴燃性好、吃味芳香（如图 1.2.11 和图 1.2.12 所示）。与其他类烟叶混配使用时，因填充性能较强，能改进卷烟的阴燃性、香气、吃味，且其焦油含量低于烤烟和白肋烟，故在保持烤烟与白肋烟的比例同时，起降低焦油含量作用，是生产混合卷烟的重要优质原料之一。据资料反映，美国卷烟几乎都使用了马里兰烟叶。传统的丹麦和荷兰板烟（Cavendish）以马里兰烟为主料，制作初期就进行加糖处理。而英式卷烟一般用高糖分的烤烟做主料，免去人工加糖过程，稍经风干处理熟成，故呈暗棕色，虽然味道稍嫌单调无味，但胜在质地纤柔，燃烧质量好。

图 1.2.11 马里兰烟的晾制

图 1.2.12　马里兰烟标准晾房和工厂化晾制晾房

马里兰烟原产于美国马里兰州，在美国的马里兰州种植有 350 多年的历史，因此得名。世界上主要生产马里兰烟的是美国，产量约占马里兰烟总产量的 91%，其次在意大利、南非和日本有少量生产。我国在 1979 年从美国进口了马里兰烟种子 MD 609 号，于 1980 年首次在河南登封试种，之后又在安徽、湖北和吉林等地区试种，但都未形成商品基地。1981 年在湖北宜昌引种马里兰烟获得成功，之后又在四川、云南保山、重庆等地区引种，至目前仅有湖北省宜昌市五峰县一地在种植马里兰烟。全县适宜种植面积达 8 万亩，其出产的马里兰烟具有香吃味好、燃烧性强、焦油含量低、弹性强和填充性好等特点，最具有马里兰烟的形状特征（如图 1.2.13 所示）。自 2000 年始，北京卷烟厂一直在五峰县建设马里兰烟叶生产基地单元，选用马里兰烟叶研制出的"中南海"卷烟，成为中式低焦油卷烟的代表，畅销国内，同时远销日本、韩国、东南亚、欧美市场。马里兰烟叶年产量最高曾达到 8 万多担[①]。

图 1.2.13　马里兰烟烟田

2. 白肋烟

白肋烟（Burley tobacco）是马里兰深色晒烟品种的一个突变种，源于 1864 年，美国俄亥俄州布朗县的一个农场的烟农 George Webb 在马里兰阔叶烟苗床里初次发现了这个缺绿的突变烟株（White burley），后经专业种植证明其具有特殊使用价值，遂发展成为一个新的烟草类型，现为混合型卷烟的重要原料。白肋烟的茎和叶脉呈乳白色，这与其他类烟草截然不同，如图 1.2.14 所示。其栽培方法近似烤烟，但要求中下部叶片大而薄，适宜在较肥沃的土壤上种植，对氮素营养要求较高。白肋烟生产较快，成熟集中，

[①]　1 担 =50 千克。本书为方便读者阅读，涉及农业产量方面时采用市制单位，下同。

可逐叶采收或整株采收。

图 1.2.14　白肋烟烟田及株型

白肋烟采用自然晾干的调制方法处理，不见日光，挂在晾棚或晾房内晾干（如图 1.2.15 所示），晾制全程一般需要 40 ～ 50 天；调制是白肋烟品质形成的重要环节，适宜的温湿度是重要的保障条件，尤其是晾房内相对湿度。白肋烟几乎不含天然糖分，烟碱和总氮含量比烤烟高，叶片较薄，弹性强，填充力高，阴燃保火力强，具有良好的吸收能力，非常容易吸收其他味道。这一特性常用于吸收卷制过程中的加料，如添加各种糖分及香料。白肋烟味道相对比较浓郁、强烈，感觉较干，有似巧克力的味道。经高温烘焙处理后，变得更加圆熟和圆润，抽吸感受为早段有芳香感，刺激小，伴随着微微的坚果味。更好品质的会有香甜的燕麦味的饱满香郁，烟支燃烧时与添加各种糖分作用，会有舒适的焦糖感。

图 1.2.15　白肋烟的晾制

美国是世界上生产白肋烟的主要国家，也是最优质的白肋烟产地，主要集中在美国肯塔基州（Kentucky）和田纳西州（Tennessee）；其次是意大利、西班牙、韩国、墨西哥、马拉维和菲律宾等。中国自 20 世纪 50 年代始引种试种白肋烟，并于 60 年代在湖北省首先试种成功；至 21 世纪初，白肋烟种植面积约 26 000 hm² [①]，总产量在 4 万吨左右。目前主要集中在湖北恩施、四川达州和重庆万州等地。随着近年来卷烟烟气中 7 种有害成分危害性评价指数检测监督，因 4 种烟草中 N- 亚硝胺（TSNAs）之一的 NNK 的控制，国内各工业企业对白肋烟的需求量逐年减少，各产地的种植规模也有较显著的萎缩趋势。

————————

① 1公顷（hm²）=10⁴ 平方米（m²）。

3. 雪茄包叶烟

雪茄包叶烟，通常采用遮阴栽培，叶片宽（如图 1.2.16 所示）。中下部烟叶晾制后薄而轻，叶脉细，质地细致，弹性强，颜色为均匀一致的灰褐或褐色（如图 1.2.17 所示），燃烧性好，可作为雪茄包叶，实物见图 1.2.18。雪茄解剖图见图 1.2.19，雪茄由外包叶（茄衣）、内包叶（烟芯）及卷叶（茄套）三部分组成。中国雪茄包叶烟主要产于四川和浙江，数量以四川为多，而品质以浙江桐乡所产为上等。

图 1.2.16 雪茄烟烟田

图 1.2.17 雪茄烟晾制

图 1.2.18 雪茄包叶烟实物

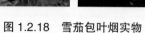
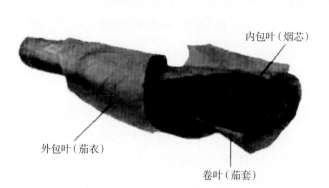

图 1.2.19 雪茄解剖图

12

4. 传统晾烟

传统晾烟种植面积较少，少量生产于广西壮族自治区南宁市武鸣县和云南省丽江市永胜县等地。武鸣的栽培方法同晒红烟，调制时，将整株烟挂在阴凉通风的场所，待烟叶晾干后再进行堆积与加工发酵。调制后的烟叶呈黑褐色，油分足，弹性强，吸味丰满，燃烧性能好。

晒晾烟指以自然条件为主的晒制、晾制或晾晒结合调制的烟叶，习惯上包括深色明火烤烟（亦称熏烟）。熏烟是美洲古老调制烟叶的方法之一，直接在房内生煤火或柴火，烟叶挂在烤房内直接与火接触，将烟叶熏干。烟叶直接接触烟气，调制后颜色深暗，有种浓郁的杂酚油等特殊香味，卷烟时作为配合原料之一，制作嚼烟、鼻烟及雪茄烟时也有配合使用。熏烟的品种一般用深色晾烟，个别用烤烟品种，栽培时适宜较黏重的土壤，行、株距较大而打顶较低，留叶 12 ～ 16 片，其化学成分中氮物质、烟碱含量较高，含糖量低。

第三节　烟叶基本种植技术

一、种植基本通则

中式卷烟的特点和需求，决定了中国多数烟叶产地种植烤烟品种，种植面积大，分布区域广。少数区域种植晾晒烟，种植面积少，分布零星。北方烟区多为春季播种种植，而南方烟区因移栽季节不同，有春烟、夏烟、秋烟和冬烟。华南地区以春烟为主，在广东、福建等热量充足的地区，也有少量的秋烟和冬烟。

种植烟草一般采用轮作、套种、复种 3 种方式。

1. 轮作

合理轮作种植是烟叶产量和质量的重要保证措施。因为连作种植会使烟草养分亏欠和失调，易染病虫，使产量和质量下降。种植烟草前作忌茄科、葫芦科作物，最好是禾本科作物、油菜（注意蚜虫和病毒病传染）和豆类（注意土壤肥力和病害）。2 ～ 4 年轮作一次，其方式因气候、土壤、作物生长期等不同而异。

水田轮作种植的主要形式：①烤烟—油菜（小麦）—水稻—蚕豆（小麦）；②烟草—晚稻—绿肥（油菜）—早稻—晚稻—绿肥—早稻—晚稻—绿肥（油菜）。

旱地轮作种植的主要形式：①烤烟—小麦（绿肥）—玉米（大豆）—油菜（大麦）；②春烟—甘薯—冬闲—花生—冬闲；③冬烟—早稻—晚稻；④冬烟—花生—晚稻；⑤冬烟—蚕豆—早稻。

2. 套种

南方部分烟区为充分利用生长季节，实行麦烟套作，选择矮秆、抗倒、丰产的小麦品种，乳熟前后套栽烟草，共生期 20 天左右，为保证烟叶的产量和品质，麦收后及时加强管理。如广东有些烟区为提高土地利用率，在春烟采烤后期套种甜玉米；地少轮作不便的烟区采用带状套作种植，如 8 行小麦 8 行烟、8 行玉米 8 行烟、8 行油菜 8 行烟等。

3. 复种

复种的主要方式：烟稻、烟薯、烟豆烟。复种烟生长季节短，须壮苗移栽，重施基肥，早施速效追肥。早优质适产、优质烤烟的长相是：株高 90 ～ 100 cm，茎围 8 ～ 10 cm，叶数 18 ～ 22 片，最大叶 60 cm × 30 cm，单叶重 7 g 左右，密度 19 500 株 / 公顷左右，叶面积系数 3 ～ 3.5，采收下二棚叶时透光率 6% ～ 8%。生长整齐一致，后期不脱肥早衰，分层落黄，烟株呈筒形。从移栽起计算，还苗 6 ～ 8 天，团棵期 30 ～ 35 天，

13

现蕾期 55～60 天，圆顶 60～70 天，采收结束 115～120 天。优质填空料烟叶生产要求是成熟时呈腰鼓形或塔形，分层落黄，成熟一致。

二、种植密度基本原则

根据烟草类型和生长发育特性，结合栽培技术措施确定合理的群体结构，即烟草的合理栽植密度，群体和个体都能科学合理利用光能、地力等生产条件，达到优质和适产。

从品种角度考虑，对于植株高大、叶数较多、株形松散、茎叶角度大、生育期长的品种，考虑营养面积和空间，行、株距应大一些，种植密度要小；对于株形小而紧凑、叶数少、茎叶角度小、生长期短的品种，考虑营养面积和空间，可适当增大栽植密度，提高烟叶产量。晒烟因为叶小或少，种植密度一般比烤烟大些，香料烟是栽培烟草中种植密度最大的。

从自然条件出发，对于地势较高、气候凉爽、烟株一般生长较小，为充分利用光能和地力，种植密度可稍大些；对于山间平地、气候温暖、烟株生长旺盛，种植密度要稍小一些；对于湿润地区、烟株生长较快、叶片大而薄、单位叶面积重量轻，种植密度要稍稀一些；对于土层深厚和较肥沃的烟田、植株生长较大，种植密度宜稀；对于土层较薄、不易培土的瘦地、烟株生长较小，考虑利用地力因素，种植要稍密一些。一般雨量多，湿度大的平原地区，较肥沃的土壤，每亩种植烤烟以 1100～1300 株为宜；山地丘陵较瘠薄的土壤或降雨量较小的地区，以每亩种植烤烟 1300～1500 株为宜。

从烟叶的用途考虑，对其品质的要求也有差异。种植过稀，则叶片重而大，烟叶粗糙，吃味辛辣，产量低；种植过密，则叶片小而薄，劲头不足。例如填充料烟叶的主要指标之一就是具有较高的填充性，要获得填充性能高的烟叶，则叶片必须薄，在栽培技术上要适当加大密度和多留叶片。白肋烟是混合型卷烟产品的主要配料，叶片薄而轻，组织疏松而不粗糙，具有弹性强、填充值高、燃烧性好、吸附性强、烟碱含量高等特征。

栽培条件不同，种植密度也不同。对于春烟，生长条件优越、生长势较强，种植要稍稀一些；对于夏烟，生长条件稍差、生长势较弱，尤其是生长期较短，种植要稍密一些。对于在施肥、管理水平较高的地区，烟株生长旺盛，种植要稀一些；对于管理粗放、施肥水平较低的地区，烟株生长势差，种植要密一些。

具体种植密度要依据烟草品种、土壤肥力、栽培技术等因素与各地生产实践经验结果相结合来定。在土壤肥力中等或中等偏下的情况下，如白肋烟种植密度以每亩 1500～1800 株为宜。对香料烟来说，密度大是其主要栽培特点之一，一般每亩种植 5000～8000 株。叶片的大小也是香料烟的重要质量因素，烟叶大小因品种而异；就一株烟来说，以上部叶最小，质量最好。至于其他类型的烟草，由于栽培面积较小，且有区域局限性，应结合当地传统经验和最新技术确定合理种植密度。

三、烟草种植周期

烟草种植一般分为育苗期、移栽期、团棵期、现蕾期、圆顶期和采收期。

中国烤烟的栽培全部采用育苗移栽，育苗要做到壮、足、适、齐。壮苗的形态标准是根、茎、叶结构合理，侧根多，根系发达，生命活力强；叶色正常，叶片大小适中，移栽时有 8～10 片叶；幼茎粗壮，苗高适中；单株干重高；无病虫。壮苗比弱苗可增产 15%～30%，增质 5%～20%。露地育苗多使用在气候温暖地区，覆盖物有松毛、杉枝、草帘等，直接或搭棚架覆盖。

苗床要背风向阳，地势平坦、高燥，土壤肥沃，土质疏松，结构良好，靠近水源。蔬菜地或前茬为茄科作物的地，不能作苗床，以免病虫传播。做畦前，要进行翻耕或挖土晒坯，使表土疏松，改善通气和保墒性能，减少病虫和杂草为害。苗床与大田面积比例，按 1 个标准厢（10 m 长，1 m 宽）移栽 1 亩[①]计算。假植育苗每亩大田需母床 2.5～3.5 m²。苗床必要时用草熏烧或用药剂进行消毒。溴甲烷、棉隆是良好的熏蒸剂，对防治杂草和某些病害，特别是苗床根结线虫病有良好效果。使用时，土温应在 8.5 ℃以上，用薄膜覆盖，播种前提揭膜通风。每 10 m² 标准厢施用充分腐熟的优质厩肥或猪粪 100～150 kg，过磷酸钙 1 kg 左右，复合肥 1.5～2.0 kg 做基肥。如配合施用草木灰（0.3 kg/m²）或火土灰，可有效地防止土壤板结。

播种前精选种子、消毒、浸种或催芽。采用水选、风选或筛选，除去秕籽和嫩籽。消毒前将种子浸湿揉搓，再置于 1%～2% 硫酸铜溶液，或 2% 福尔马林溶液，或 0.1% 硝酸银溶液中，浸泡 0.25 h。浸后冲净药液。播种前宜进行浸种或种子催芽。浸种宜采用 25～30 ℃温水，浸泡 8～10 h，取出滤去余水，置于 20～25 ℃的温度下，待种子吸水膨胀，一般经 12～24 h 即可播种。催芽方法是在种子浸泡 8～10 h 后，置于 25～28 ℃的温度条件下，保持种子湿润和经常翻动，使种子露嘴发芽，待芽长与种子近似即可播种。

播种期通常以移栽期减去苗床期的日数进行推算。苗龄超过 90 天，早花率达 70% 以上。南方烟区春烟的播种期多在 12 月中旬至次年 3 月上旬；夏烟 3 月中旬至 4 月上旬；秋烟 7 月下旬至 8 月上旬；冬种 9 月份播种。播种时，把经过浸泡或催芽的种子与适量草木灰拌匀，均匀地播于苗床。发芽率达 90% 以上的种子，10 m² 标准厢播 0.8～1 g。结合具体实际情况，选用撒插、条播、点播或水播，并用稻草等进行覆盖。

苗床管理要科学调控水分和温度条件，开展间苗、定苗、锻苗的同时，要做好相应的科学追肥和防治病虫害等工作。

播种前浇一次透水，出苗期间保持田间最大持水量的 80%～90%。十字期床土表层发白即浇水，勤浇轻浇，不渍水。生根期要控水壮根，保持在田间最大持水量 60% 左右。成苗期水分过多易引起茎叶徒长，不旱不浇，移栽前一天浇透水起苗。春烟育苗要保温保湿，防风防雹防霜冻。苗床四周设防风障，出苗后，覆盖物先厚后薄，渐渐揭除，到 4～5 片真叶时揭完。

掌握早间、勤间、匀留苗的原则。一般于 2 片、4 片真叶时间苗。5 片真叶时定苗或假植，苗距 6 cm 左右。间苗应结合浇水，以免松动它株根系。间苗同时拔除杂草。假植宜采用营养袋进行。

科学合理追肥，首先要合理配制营养土，如每 50 kg 营养土配 70% 的田土（沙壤土）和 30% 的腐熟细粪，另加磷肥和氮肥各 1.5kg，拌匀堆沤腐熟备用；其次要适期假植，如小苗在母苗床约 40 天左右有 4 叶包心时即可移袋假植；再次营养袋苗龄要适宜，20～25 天就可移栽，具体情况要视白根露出为宜，如有大量根系露出或卷曲，即为老化苗。苗床肥料以施足底肥为主，追肥通常在 4～7 片真叶进行，原则是由少到多，由淡到浓，成苗前要控肥。追肥 1～2 次，用猪粪水或 1% 浓度的复合肥，追肥后用清水冲淋。

防治病虫害工作也非常重要，苗期害虫主要有地老虎、蝼蛄、黄蚂蚁等，一般采用农业防治、毒饵诱杀或药剂喷撒；病害有炭疽病、猝倒病、立枯病等，一般采用波尔多液、代森锰锌、退菌特等防治。根据各地实践经验总结得出：从 4 片真叶至旺长期，每隔 7 天喷施 1 次 2% 的 $ZnSO_4$ 或 3×10^{-4} 稀土溶液，可有效控制花叶病发生。

四、马里兰烟种植要求（以湖北为例）

1. 耕地选择

耕地的选择土地要具有中等肥力、海拔低于 1300 m、坡度小于 15°；土壤 pH 5.5～6.5、质地不黏重；渍水田、阴坡田不选用；烟地以冬闲地为主，相对集中。耕地的选择一般在前一年 11 月至当年 1 月中旬完成，春耙保墒碎板结进度一般在当年 3 月中下旬，起垄待栽一般在当年 4 月下旬至 5 月上旬。起垄待

[①]　1 亩 ≈ 666.7 平方米。本书为方便读者阅读，涉及农业种植面积方面时采用市制单位，下同。

栽要求在统一时间进行，同一连片区 3 天内完成。采用起垄技术，垄高 15 ～ 25 cm，排灌不畅、耕层较薄的田块采用垄高上限，砂土田、耕层较厚的田块采用垄高下限，即垄距 120 cm、垄宽 80 ～ 90 cm、垄面宽 40 ～ 45 cm；垄顶呈龟背开型，单行起垄，垄行高、饱、平、直。趁墒覆膜，可根据土壤墒性有变化，一般用 90 cm 宽膜，覆膜后采光面弧长不低于 60 cm。

2. 育苗

育苗物资在 2 月下旬到位，育苗一般在 3 月上旬至 5 月上旬。例如，采用马里兰烟品种鄂烟 1 号，全部采用漂浮育苗技术育苗（如图 1.3.1 所示）。壮苗标准：群体要求为面苗适时，均匀一致，数量充足；个体要求为苗龄 60 天左右，真叶 8 ～ 11 片，茎高 8 ～ 12 cm，茎基直径 0.4 ～ 0.6 cm，有韧性，叶色绿，根系发达，整齐，无病虫害。最适温度 20 ～ 28 ℃，播种至 3 片真叶阶段，当棚内温度低于 15 ℃时，应采取覆盖等措施保温；烟苗生长期间，温度高于 20 ℃时，采取揭膜降温。水质要求用深井水或无污染的河水，禁止使用池塘水；除营养液外，盘面水分亦很重要，一般每天喷水一次，喷水量 1 kg/m² 每次。

a 烟草漂浮育苗   b 立体育苗

图 1.3.1　烟草漂浮育苗和及立体育苗

剪叶一般在 5 ～ 6 片真叶时进行，当烟苗生长整齐度较差、大小均匀度较差时，剪去大苗大叶的 1/3 ～ 1/2；烟苗封盘后，叶片荫蔽严重时要进行剪叶，剪去竖叶的 1/2 左右；需要炼苗时，剪去竖叶的 1/2 左右；烟苗已经成苗，不能如期移栽，需要通过剪叶技术控制烟苗生长，依据移栽期，一般剪去大叶的 1/3 ～ 2/3，一般剪叶 2 ～ 3 次。

对于苗床发生的炭疽病、猝倒病等，常采用通风排湿进行控制，必要时喷雾稀释 160 ～ 200 倍的波尔多液或 25% 甲霜灵稀释 500 倍液防治，大棚虫害用 90% 敌百虫稀释 800 倍液喷雾。防治病毒病可在苗床后期，喷施 1 ～ 2 次抗病毒药剂，在移栽前喷施防治烟蚜的药剂同时，其他病虫害采用相应的药剂进行防治。

3. 科学施肥

基肥在起垄时施入，4 月下旬至 5 月上旬完成；追肥在移栽后 20 天前后施入，6 月上旬完成。施肥原则：重施底肥，少施追肥，稳氮增磷、钾肥。依据种植经验来确定氮肥用量，常以氮肥为基数，按氮、磷、钾比例为 1∶1∶3 确定磷肥和钾肥。如马里兰烟纯氮施用量，一般在 9 ～ 10 kg/ 亩。其中：硝态氮占总氮 50%，总氮 70% 做基肥，30% 做追肥，底肥中的 1 ～ 1.5 kg 纯氮，可用 20 ～ 30 kg 腐熟的饼肥或腐殖酸类肥料代替，但所施饼肥或腐殖酸类肥料的含量不宜超过总施氮量的 20%，且必须全部作为基肥。依据土壤和烟叶分析结果确定磷肥，一般施肥 P_2O_5 每亩 12 kg，全部做基肥。钾肥，按氮、钾配比 $m(N)∶m(K_2O)$ 为 1∶（2 ～ 3）的施用量，约 60% 作为基肥，40% 作为追肥，可分两次追施。

4. 大田移栽

大田移栽一般在 5 月 10—25 日，采用深移栽技术，行距 1.1～1.2 m，株距 0.45～0.50 m，"带水、带肥、带药、带土"的三角式定苗，烟株四周压封严。栽烟深度为烟苗生长点与垄面相平或略低于垄面，控制在 10～20 cm，两天内要移栽结束，栽后 3～5 天及时查苗补苗。

营养土要求：每亩用消毒的山间黑土混配 1～2 kg 专用肥（从底肥中扣除的专用肥）混合均匀后，在移栽时先放入烟窝后栽烟。稳根水的要求：烟苗移栽时，浇水于烟株根部，进行稳根。每亩用 5 kg 的硝酸钾肥溶于 500 kg 水后进行稳根，单株用水约 0.5 kg，硝酸钾溶液的浓度不高于 1%，稳根水禁止沿烟株淋杆，直接浇于营养土上。移栽 10 天后统一进行菌克毒克稀释 200～250 倍喷雾，防治花叶病，每亩用药稀释 200～2500 mL 兑水 40 kg 进行叶面喷雾。

三次中耕时间进度：第一次 6 月 1 日前后；第二次 6 月 30 日前后；第三次视情况在 7 月下旬进行。

5. 土壤水分

根据五峰县多年降雨量变化和实践经验，结合马里兰烟株各生育期的需水指标，在伸根期，移栽后 30 天内保证田间相对持水量 60% 左右，当土壤低于持水量 50% 时要及时补充水分；在旺长期，为满足烟株生长发育需求，要加强田间灌水，保持土壤相对持水量在 70%～80%，促进上部叶开片；为扩大叶面积和降低烟叶厚度，灌水要少浇、勤浇，避免干湿交替；在成熟期，为促进烟叶内含物质的合成转化和充分成熟，降低烟叶（尤其是上部烟叶）的厚度和烟碱含量，保持土壤持水量在 65%～75%。

6. 揭膜培土和打顶抑芽

揭膜培土，一般在 6 月中下旬进行。地膜覆盖烟田在移栽 25～30 天内要揭膜培土；遇严重干旱天气，如膜下尚存适量水分，则宜晚揭膜，肥力过大或施肥过量的烟田，不宜早揭膜；脱肥烟田，要提前揭膜。揭膜时，可同时摘去脚叶 2～3 片，进行中耕培土。打顶抑芽，一般在 7 月上中旬进行。

7. 病虫害的综合防治

病虫害的综合防治，一般在每年 2 月下旬至 9 月下旬进行，主要几种病虫防治如下：

赤星病的防治：一是提高营养抗性，适当稀植，控氮增磷钾，叶面喷施磷酸二氢钾效果明显，适时采收；二是药剂防治，采用 40% 菌核净稀释 500 倍液，每 7～10 天一次，一般 2～3 次，在发病初期防效可达 70% 以上，配合以多抗霉素、多菌灵等进行防治效果更好。

黑胫病的防治：一是农业上的合理土地轮作，消灭带病菌土壤，适时早栽，搞好田间卫生；二是药剂防治，采用 72% 甲霜灵锰锌（或 25% 普力克可湿性粉剂稀释 500 倍液），在发病初期，灌根 1～2 次。

根黑腐病的防治：一是农业上的合理土地轮作，土壤消毒，消灭土传病菌，合理施肥（腐熟有机肥、微酸性肥料、控氮增磷钾）、开沟排渍、揭膜起垄促进根系发育；二是药剂防治，采用 50% 甲基托布津可湿性粉剂（或 40% 多菌灵可湿性粉剂稀释 500～800 倍液），进行灌根。

空胫病的防治：一是农业上的合理土地轮作，田间卫生（无菌肥料、无杂草、虫害等），露雨停作，晴天伤口愈合；二是药剂防治，采用 200 单位/毫升农链霉素，在打顶抹芽后涂抹。

烟草黄瓜花叶病毒病的防治：一是农业栽培防治，加强苗床和田间管理，提高烟株抗性；二是药剂防治，采用菌克毒克稀释 250 倍、病毒必克稀释 500～800 倍、金叶宝稀释 400 倍液等叶面喷雾，结合灭蚜进行防治。

主要虫害药剂的防治：对地老虎与蝼蛄，采用 90% 敌百虫拌菜叶，或 24% 万灵乳油、2.5% 敌杀死稀释 1000 倍喷雾；对于烟青虫，适时用 24% 万灵乳油、2.5% 敌杀死稀释 1000 倍喷雾；防治烟蚜，采用一次性涕灭威穴施防治，中后期可用 40% 乐果乳油稀释 1000 倍喷雾。

8. 田间管理

为控制好马里兰烟的田间烟叶长相，科研人员多年探索实践，总结出烟叶在不同的生产时期的株高、可见叶数、株形等特征，并下达如下管理要求。

团棵期：移栽后 30 天左右，株高达到 25 ～ 30 cm，可见叶数 12 ～ 14 片，烟株横向伸展宽度与纵向生产高度比为（2 ～ 2.5）：1，烟株近似半球形，叶色绿至深绿，烟株生产整齐一致，基本无病虫害。

现蕾期：移栽后 55 ～ 60 天，约 50% 的烟株现蕾，至初花期的株高达到 173.3 cm 以上，茎围 10.3 cm，可见叶 26 片以上，叶色黄绿，脚叶开始成熟。

成熟期：打顶后 7 ～ 14 天，烟株呈筒形，株高 100 ～ 110 cm，单株有效留叶数 20 ～ 22 片，节间距 5 cm，中部叶长 70.7 cm，宽 25.7 cm，叶长椭圆，群体结构合理，烟株高度基本一致。

9. 成熟采收和标准化晾制原则

烟叶成熟度标准和主要特征：

下部叶：适时早采，叶色变浅，叶边缘枯萎；中部叶：成热采收，叶色变浅，叶肉突起，叶缘向内卷，叶尖变黄，易采摘；上部叶：充分成熟采收，叶色变浅，呈内绿色，叶尖下垂，成熟斑寮起，带黄色，叶片易折断。适宜采收时间：下午 4 点以后，天气干旱宜在 10 点钟以后。

采收的鲜烟上绳方法：对分片摘叶采收上绳晾制的烟叶，将采收的叶片按成熟度再细分为欠熟、成熟、过熟 3 个档次，不划筋，根据叶片大小分别将叶片上绳晾制，上绳时叶基对齐，叶背相靠，均匀一致。40 片 /m，绳距 20 cm 左右。对半整株砍收晾制的烟株，将 4 ～ 5 株穿一杆，杆长 1 ～ 1.2 m，先在简易棚内预凋萎 1 周，再进入晾棚晾挂，杆距 25 cm。

晾制设施技术要求：晾挂面积 60 m²/ 亩，禁止屋檐下或露天晾烟。标准晾棚要求：选址地热平坦、通风向阳，占地 30 ～ 40 m²/ 间；砖木结构，长 6 ～ 8 m、宽 5 m，檐柱高 4 m，楼索两层，层高 2 m，横梁间隔 1.2 m；上下前后对应设置通风门窗，开关灵活，上盖及四周要盖严实。晾挂期间，烟叶先挂在晾棚下层，根据烟叶外观变化，逐步转移到上层。晾制温度 17 ～ 35℃，相对湿充凋萎期 80% 左右，变黄期 70% 左右，定色期 60% 左右，干筋期 50% 左右，晾制周期一般在 45 天左右。

按国家标准分级扎把，分级扎把要求在 8—12 月中下旬。分级扎把技术要求：晾制结束烟叶干筋后，取下烟绳集中堆放，四周用薄膜封严、用重物压实堆积发酵，发酵时间 15 ～ 25 天，中间翻堆一次。发酵结束后分级扎把，把内做到部位、颜色、损伤度、长度一致，把头直径 3 cm（每把 20 ～ 30 片叶），用同一等级烟叶扎把，严禁掺杂使假，提高烟叶分级扎把的纯度，按合同交售。

马里兰烟适宜于在海拔 900 ～ 1000 m 的区域内、中偏酸性土壤，有浇灌条件的田块或旱地种植。种马里兰烟最好的土壤是细砂壤土，表土淡棕色和棕灰色，深约 17.8 ～ 30.5 cm；心土为棕色或红棕色的砂质黏土，或重质的细砂壤土，有一些心土过去是绿沙地层，带绿的颜色，这种土壤排水和贮水性良好。马里兰烟的施肥量不如白肋烟多，施氮率和烤烟相近。施肥方法有移栽时条施或移栽 2 ～ 3 周后追施，肥料中避免用氯，钾肥施的较多，以提高烟叶品质。马里兰烟是典型的晾烟，利用风、温调控晾制。晾制期间的温湿度条件和风速对烟叶质量起着决定性影响。

五、白肋烟种植要求

气候条件和土壤条件是影响白肋烟生长的两个重要条件。

1. 气候条件

白肋烟对气候的要求与烤烟基本相同，因调制采用晾制，其过程受气候条件影响很大。在烟叶大田生长期和晾制期，都要重视温度、湿度及光照等因素。

温度对白肋烟的生长发育影响很大。温度偏低，烟株生长发育缓慢，容易引发烟株早花；温度偏高，烟株不能进行正常的生理活动。白肋烟在苗期生长过程中的适宜温度为 10 ～ 25℃，大田生长期间的温度为 15 ～ 35℃，温度低于 15℃ 或高于 35℃ 均不利于烟株的生长。低温还容易引发烟株早花。白肋烟的大田生长期一般为 110 天左右，比烤烟略短，故常安排在晚霜结束后和早霜到来前。为了提高烟叶质量，白肋烟晾制期间的适宜温度，一般在 24 ～ 27℃。

降雨量及其分布对其生长也会产生重要影响。白肋烟的烟株较高，叶片较大，保证充足的水分供应才能满足其正常生长。如生长初期降雨量较少，则会促进根系的生长发育；如旺长期雨水较多，将促进中下部叶片的快速生长；若成熟期间雨量少，则会减少病虫害的发生，而且能够满足晾制的要求。白肋烟具有一定的耐旱性，短时间干旱缺水仍能生长；缺水时间过长，叶片则会窄而厚，脚叶底烘枯死，心叶黄绿，株形矮小。如此时灌溉或降雨，水分充足，烟株可恢复生长。白肋烟不耐涝、怕渍水，在雨水多、排水不畅的烟田，容易渍水死亡，也容易发生病虫害。

生长期间光照要充足。如光照不足，光合作用能力弱，就会发育迟缓，生长期延长，叶片薄不易成熟，品质差，并易传染病虫害；如光照过强，则叶片较厚，叶脉突出，品质降低。在气温较高的生长季节，时晴或时阴的光照条件有利于其生长。

适宜的空气湿度在烟叶成熟期和晾制期非常重要，特别是晾制期间适宜的空气相对湿度，对生产优质白肋烟尤为重要。

海拔高度不同，温度、湿度、光照、风速等也不同。以湖北省建始县白肋烟产地为例，800 m 以下的低山区、800 ～ 1200 m 的次高山区、1200 m 以上的高山区，都能满足白肋烟生长发育；但以次高山区气候最为适宜，生产出的白肋烟品质最好。海拔过低，气温高、相对湿度小，烟株就会生长过快，成熟过早，晾制后的烟叶颜色浅，青片率高；海拔过高，温度低、湿度大，则会影响烟叶的成熟与调制，调制后的烟叶内在品质较差。

2. 土壤条件

土壤条件是决定其产量和品质的基本条件，适宜种植白肋烟的土壤是沙壤土、红黄土和粉壤土，因其土层深厚，有机质含量中等偏上或较高，钾和钙含量高，含磷量中等偏上，排水保水性能良好，结构优良。白肋烟种植所需底土一般为黏、母质为石灰岩等土壤类型。

3. 白肋烟和马里兰烟生产技术

白肋烟的茎和叶脉呈乳白色，这与其他烟草截然不同。其栽培方法近似烤烟，但要求中下部叶片大而薄，适宜在较肥沃的土壤上种植，对氮素营养要求较高。我国白肋烟引进时及生产初期，没有建造专用的调制设施，一般是在房前屋后的屋檐下、树荫下进行晾制，无法调节烟叶的调制条件，不利于烟叶品质的形成。多年的试验研究和应用结果证明，在参照美国白肋烟生产区专用晾房建造原理的基础上，结合我国白肋烟产区的实际情况，所设计的一种简易晾房是我国白肋烟生产中较为适宜的调制设施。白肋烟的调制既是一种技术，又是一门"艺术"，在某种程度上可以说比烤烟的调制还要难。白肋烟的调制虽然在适用的晾房中进行，但由于晾房的特点，烟叶在调制期间所采用的调节措施应根据气候变化特点来确定。因此白肋烟的调制技术不是一成不变的，而是要根据调制季节的气候特点来把握。白肋烟的调制是一个漫长的过程，在整个调制过程中，根据烟叶外观的变化分为凋萎期、变黄期、变褐期和干筋期 4 个时期。各个时期对环境条件的要求是不同的，晾房内的空气流动、空气温度和空气相对湿度是决定调制能否成功的 3 个关键性的环境因素。因此，须采取适当的温湿度调制技术，使各个时期的环境条件能够满足白肋烟晾制需要，从而晾制出优质的烟叶。

六、晒红烟品种种植举例

晒烟因为叶小或少，栽植密度一般比烤烟大些。

1. 小花青品种

小花青是湖南省凤凰县1978年选育的晒红烟主栽品种，其植株为塔形。株高133～151 cm，茎围8.2 cm，叶数25～28片，腰叶长45.8 cm、宽24 cm，叶柄长6.6 cm。叶片卵圆形，叶色绿，叶面平，叶尖渐尖，叶耳小，叶翼窄，组织较细致。花序松散，呈伞房状。大田生育期103天，耐肥，抗风，易感染黑胫病、青枯病。亩产150～175 kg，百叶重675 g（带拐）。晒制后叶色黄褐，油润，厚薄适中，常用作混合型卷烟原料。

11月底整地育苗，苗床用稻草覆盖，并搭茅扇防寒。烟苗7～8片真叶时移栽，每亩栽植密度1000～1300株。现蕾打顶，每株留叶18～22片。烟叶成熟后，早晨将烟叶带拐一次割下，分上、中、下堆放，上索采用索晒调制。每束系烟叶2～4片。烟索上架后，先于棚内闷黄2～3天，待烟叶变黄八成后，将烟索拉出棚外，索和索之间保持距离进行晒制。上午索距保持6～9 cm，下午靠紧。2～3天后，叶片卷筒，九十成黄时，再将烟索自架上取下，平铺在草地上，一索压另一索叶尖，在草地上排成鱼鳞状。铺晒期间，不断加大索间压叶面积，最后把烟叶全部压住，只露主茎与烟拐，至烟拐全干为止。整个晒制过程要昼晒、夜收，严防雨淋。晒干后进行7～10天堆码发酵，然后分级出售。

2. 督叶尖杆软叶子

督叶尖杆软叶子是浙江省桐乡1972年选育的晒红烟主栽品种，栽培面积占桐乡晒红烟的70%，其植株为筒形。株高98 cm，茎围9.8 cm，叶数19～21片。腰叶长47 cm、宽28 cm，叶柄长约6 cm。叶宽卵圆形，色浅绿，叶片较薄，叶尖钝，叶耳小。花序密集，花色淡红，蒴果皮薄，卵圆形。一般留叶17～20片，大田生育期85～95天，抗黑胫病，易感花叶病和赤星病。一般亩产100～150 kg，百叶重约875 g。用竹折晒制。调制后烟叶颜色棕红，光泽尚鲜明。其中色浅褐而均匀，组织细致，叶薄而油润和拉力强者可做雪茄包叶，其余可做混合型卷烟原料。

3. 自来红

自来红是吉林省延边朝鲜族自治州的地方品种，主要分布在龙井、延吉、和龙等县（市），其植株为塔形。株高91.8 cm，打顶后株高70 cm，茎围8.2 cm，节距4.3 cm，茎叶角度中等。叶数17片，腰叶长51 cm，宽25 cm。叶形椭圆，叶色深绿，叶面皱，叶尖急尖，叶缘波浪状，主脉中等。花序集中，花色深红。大田生育期76天左右，田间长势强，抗黑胫病，易感赤星病。一般亩产135～150 kg，百叶重750 g。调制后颜色棕红，有光泽，常用作混合型卷烟原料。

3月中旬播种，5月下旬起垄挖穴移栽，亩栽1400～1600株。还苗后浅耕少培土，旺长期清沟高培土。见蕾打顶，留叶8～13片。叶片成熟由上至下分2～3次采完。采收以晴天为好，做到随采、随编烟上架。编烟时叶背相靠，每扣编烟大的2片，小的3～4片。烟索初上架时绳距3 cm左右，勿使烟叶粘连。再根据烟叶逐渐变黄的程度，慢慢扩大绳距。整个晒制过程需30～35天。主脉晒干后，借露水下架，下绳后捆成小捆，上、下铺盖草苫，堆于库内发酵20天左右即可出售。

4. 白花铁杆子

白花铁杆子是四川省什邡市晒烟地方品种，种植面积较大，其植株为塔形。株高160 cm上下，茎秆坚韧，茎围7～9 cm，节距中等，叶数18片左右。腰叶长50 cm，宽27 cm。叶宽椭圆形，叶深绿，叶面较皱，叶尖渐尖，叶脉细。留叶7～8片，顶叶长57 cm，宽34 cm。叶片组织细致、较厚，接近成熟时叶片下垂。花序繁茂密集，花朵较小，花冠近白色，蒴果长卵圆形。

大田生育期90～100天，前期生长慢，后期快。腋芽萌发快，长势旺。抗逆性强，较耐旱，赤星病和花叶病较轻。要适时早栽，合理密植，重施底肥，早施追肥，采用绳索串晒。一般亩产150 kg。晒制后的烟叶深黄色，稍有光泽。可用作混合型卷烟原料。

七、晒红烟调制方法简介

1. 烟叶采收

晒红烟的留叶数和采收次数都比烤烟少，一般留叶 10 ～ 16 片 / 株。因留叶少、顶叶大、遮光严重，故按自下而上采收。中下部叶片光合产物少，叶片薄，弹性差品质低劣，故一般采用早收脚叶、再收顶叶、后收腰叶的采收顺序。

烟叶成熟特征为主脉发亮，叶后皱缩，叶尖下垂成钓鱼钩形，茸毛脱落，烟油增多，叶尖和叶缘呈现黄色，叶片出现成熟斑，凤凰烟农称"鲤鱼斑"或"水泡"，广丰烟农称"虎斑花片"（俗称青蛙皮），易从茎上摘落，断面出现半月形的黑褐圈，即表示烟叶已成熟。采摘时，不采雨后烟和雾地烟，注意保持叶面洁净，不使其沾泥带沙，以免减少油分和光泽。

2. 晒红烟的晒制

晒制过程，并非单纯的干燥过程，从鲜烟叶到晒制出干烟叶，伴随着脱水和生理生化变化过程，使烟叶的颜色、吃味达到良好的程度，理化性状得以固定。

晾晒过程中温度和湿度变化十分重要，温度 24 ～ 36℃，相对湿度在 85% ～ 75% 范围内，烟叶都能达到正常。一般变黄温度为 30 ～ 32℃，烟叶均能均衡脱水；若低于 30℃，相对湿度 90% 以上时，烟叶易产生霉烂；若湿度在 60% 以下时，就会出现急剧干燥。故变黄温度低于 30 ～ 32℃时，应注意排湿；高于 32℃时应注意保湿。烟叶含水量控制着细胞的存活和死亡，一般其临界含水量为 30%，低于这个限度，变黄就会停止。棕变要求的含水量比变黄的高，一般为 40% ～ 50%，故变黄终点的水分在 40% ～ 50% 范围内为宜，以使烟叶发生棕变。

3. 晾晒技术

中国各地所产晒红烟，在品种和栽培技术不同外，晒制的技术差别也很大，具有地方特色。晾晒技术主要通过温湿度的调节，使烟叶经过凋萎变色、定色、干筋 3 个时期，达到晾晒烟特有的品质要求。烟叶采收后主要借助日光的热能，在室外经晒制而成，因使用工具不同，有索晒、折晒及掯晒的区分。

（1）索晒

晒制设备：烟房、烟杆、烟圈、烟绳等。烟房为竹木结构，上盖稻草，以不漏为宜。规格一般三间为一"向"，每间长 4.0 m，宽 4.0 ～ 4.7 m，檐高 1.5 m 左右。每"向"烟房需要长 10 ～ 11 m 的松木 8 根，长 3.3 m 以上的栏杆木条 6 根，长 1.3 m 的屋桩 8 根，长 1.3 ～ 1.6 m 的烟子 16 根，长约 14 m 的草绳 160 根，直径 20 ～ 24 cm 的竹制烟圈 640 个，可晒制 6 ～ 8 亩地的烟叶。烟房附近要设有开阔的场地，以便大批烟叶的暴晒。烟房选择在地热高燥，背风向阳，四周无遮蔽的地方。烟房要适当集中，一般 4 m×4 m 的烟房，能容纳 2 ～ 3 亩烟叶晒制。晒烟棚为南北向，烟架东西向，烟索拴在两个烟杆之间形成南北方向，便于烟叶能充分接受阳光。

索晒采用以晒为主，晾晒结合的调制方法，一般晴天晒，阴天晾，白天晒，夜间晾。具体做法如下。

a. 上绳：田间采收的烟叶，当天直接上绳，顶叶 4 ～ 5 片一束，中下部叶片 3 ～ 4 片一束，叶面相对，主脉并排。扣在两股烟绳上，每束相距 10 cm 左右，然后夹紧，每绳晒鲜烟叶 50 kg 以上。

b. 晒制：烟上绳后，以晒为主，使烟叶凋萎去掉一部分水分，在适宜温湿度条件下，叶片由青转黄。水分散失过快，不利内含物质的转化，易出现青烟和花片，故上索后，晒制初期要根据天气情况来调整索距稀密；即晴天时索距稍密，以能使阳光透射到叶尖，晒场地面微见阳光为宜，阴天则稍稀，以利排除水分。雨天和夜晚要推入烟棚，以防雨露湿叶，沤坏叶片，又能起到晾制作用。但叶片在棚内不能停留过久，即使雨天，也要利用雨停间隙，迅速推出棚外透风散湿，以防烟叶霉变。烟叶上架后，叶片容易互相粘连，其粘连部分，易生热发酵而使油分减少，干后颜色发青，光泽暗，变色不均，易于破碎。

所以烟叶凋萎后，利用早上烟叶回潮湿润时将黏着的叶片用手逐片撕开，同时搓揉并向下理直，如此反复三次，使所有叶片变色良好。当叶片逐渐干缩后，容易下坠，必须注意收索，将烟索拉紧，使叶尖离开地面33 cm以上，以免吸潮霉变，沤烂烟叶。叶片已大部分变黄时即转入定色阶段。定色期是索晒红烟的关键，既要提高晒制温度，又要晾晒结合，根据天气状况和叶片含水程度烘色。白天利用高温和强烈日光调稀索距进行暴晒，夜间应调稠索距让其吸露回潮，既有利于晒制又能起到烘色的作用，如果只晒、不晾，烟叶色泽不仅不能加深，还会造成油分不足而影响质量。

c.发砟选择地面干燥，通风良好的房屋，在室内离地面33 cm以上，铺设垫木，再铺干稻草6～8 cm厚，发酵分以下3个步骤：一是带绳"烧堆"，即带绳堆积发酵。将下架烟索捆成螺旋形堆在烟架上，叶柄向外，叶尖向内，交叉堆，堆高1.7～2.0 m，堆好后周围盖上草帘，上盖棉被，麻袋等覆盖物，以提高堆温，经3～4天，手插入堆内感到温热，即应翻堆，将上面的烟索倒到下面，里面的翻向外面，然后再堆2～3天。二是捆把"烧堆"，将烟叶从烟索上解下，逐步搓折，然后扎成1～1.5 kg重的小把，再将烟把叠起上架烧堆6～7天，若发现温度过高，再进行一次翻堆。三是扎把"烧堆"，捆把"烧堆"后，将烟叶按部位、长短及品质归类扎把，每把重0.5 kg左右，再叠起在烟架上发酵，约10天左右，如发现温度过高或水分过大，再进行翻堆，使水分达到规定标准（20%），发酵完毕。

（2）折晒

折晒主要为广东鹤山烟、江西广丰紫老烟和浙江桐乡烟等。

晒制工具：烟折，一般长1.46 m，宽0.75 m，两个烟折为一副，上好烟后用竹针销住，一亩烟田需150～200副烟折，上折时一般按叶片大小2～3片为一帖，叶面朝下，先横向排列，第二帖压第一帖的半叶，留露主脉，竖向视烟叶大小排3～6层。第二层烟叶基部压第一层烟叶尖部，重叠全部叶片的2/3。每副烟折晒鲜烟叶约5 kg（干烟0.75 kg）左右。烟折上烟的数量，根据叶片大小和天气情况而决定。晒制技术及要点如下。

a.凋萎变色期。烟上折后，凋萎速度不能过快，以免造成青片。广丰紫老烟先搭好烟架，再将烟折直靠南北两向的烟架上，成30°角，叶背向外，做到白天晒，夜露几天，使烟叶凋萎变黄。浙江桐乡烟叶片较薄，不用搭架而用撑杆或烟折靠呈"人"字形，经釉叶（凋萎—变色）来完成。釉烟有"直督"和"集闷"两种方法。直督是将上烟后的烟折，两副一对，用竹竿撑起，从北向南，尽可能直立，使阳光照射角度变小，数日后两副互换。集闷是将烟折在晒场或树荫下横靠置呈"工"字形，以使行间留有空隙，四周顶上用草帘盖好，避免阳光直射。广东鹤山烟在变色过程中也是采用先晒小棚，并做到勤晒勤翻勤堆积，促使烟叶凋萎变黄。

b.定色期。当烟叶已大部分变黄而含水量较大时，应加大晒折角度，改晒二棚，逐步加强阳光暴晒，但仍以均匀较慢为原则，失水过速，叶色变红程度不均匀，常成花片。这时应注意振动烟折，使水分散发均匀，以免叶片互相粘连，造成叶片局部暗黑，发生霉变。此时应根据天气情况灵活采用夜间吸露回潮或堆积回潮等措施，来促使烟叶变红均匀，达到定色好的目的。

c.干筋期。当所需色泽已基本固定，但主脉烟烟拐未干时，即改晒大棚，加大曝光，阳光直射叶背，或将烟折成鱼鳞状排放晒场，使主脉和烟拐受到暴晒直至全干为止。

（3）捂晒

捂晒红烟生产区有东北吉林蛟河的"关东烟"和山东的晒烟产区。因当地气候干燥，在晒制过程中为了保持一定的烟叶水分而采取了捂黄方法，使烟叶先凋萎变黄而后再经晒制。

a.凋萎变色期。蛟河烟：在叶片成熟时，用镰刀自上而下逐片带茎割下，竖放在预先挖好的烟池中，叶尖向上，叶片入池约为叶长的1/4，装满后用草覆盖烟叶，池的四周用草围住，根据当地气温高低确定装烟多少。如气温高，装烟宜松；气温低，装烟宜稍紧。当叶尖部分60%变黄，即为捂黄适度。山东沂水缕子：烟叶带拐收下，叶尖对叶尖互压叶长 1/3，分三层堆成长方形"躺子"，进行捂黄，"躺子"长可因地势和烟叶多少而定，一般长 5～10 m，高 30 cm 左右，注意检查叶间温度，以手感微热为宜，当叶片大部分变黄，变黄适宜时，即完成凋萎变色过程。

b. 定色期。蛟河烟：在捂黄后按大叶两片，小叶三四片，叶背相对，串烟上绳，每扣相距 5 cm，烟绳挂上烟架，让其日晒夜露，8 天后，在黎明抖动烟索，抖开互粘的叶片，抖掉烟叶上的露珠和泥沙尘土，并经常拉紧绳索，防止叶尖触地受伤，影响品质。山东沂水缕子：在捂黄后，扎把上架，把已扎把的烟叶挂在绳索或竹竿上，一般绳距 20～25 cm，把距 7～10 cm，晴天稍密，阴天稍稀，以利散发水分。烟叶上架后，日晒夜露，进行调色，使叶片变红黄色，并逐渐达到均匀，如天气干燥，夜间无露，可喷水使烟叶潮润并堆捂，当烟叶即将干燥而尚未全干时，每日清晨趁烟叶潮润用手握缕，使烟叶变成棍棒状，还能增加烟叶的油润性。

c. 干筋期。蛟河烟：在定色后，叶片已全干，仅主脉基部未干透时，将烟绳并拢，然后上覆草帘等物。待全干后即可下架。山东沂水缕了一般是定色后迅速晒干，并趁潮下架，三扎合一，再堆积发酵。

八、晒黄烟的调制方法简介

1. 半晒半烤

半晒半烤型南雄烟的调制与烤烟相似，只是变黄与干燥阶段利用的热源不同，特点是先晒后烤再晒。

（1）采收

适时采收是保证晒烟质量的基础。立夏后，如发现顶叶有手掌大，脚叶的叶尖转黄时，开始收脚叶，收好下部叶，腾出竹笪准备收腰叶，腰叶以上要适熟一片采一片。采摘多在早晨，也有傍晚采摘的。

（2）上笪

采摘后在室内摊开，次日划骨上烟笪。划骨时人坐在矮凳上，两脚夹住一把烟叶的叶尖，左手扶住叶柄，使叶内水分容易渗出。划骨可缩短晒烘时间和节约燃料，加快竹笪周转，减少叶色挂灰。划骨后的烟叶立即上笪，用两块竹笪夹住烟叶，又称为一副竹笪，竹笪长 1.7 m，宽 0.55 m，由纵排竹片 13 根、横排竹片 29 根编织而成。夹叶时先将一块竹笪铺在笪烟木架上（架高 1 m，宽 0.6 m），将鲜烟按鱼鳞状铺在竹笪上。注意事项：横向排叶时叶边不能盖住另一叶的中骨，以防难干。纵向排叶时，第一排的叶柄和叶尖不能超出竹笪，以防破碎；第二横排的叶柄和叶片只能盖着第一排烟叶中骨的 1/3，盖多了中骨难干，排满后再用另一竹笪盖上，把鲜叶夹在中间，随用 5 支小竹，把竹笪和烟叶串牢。

（3）晒制

a. 晒小棚。通常清晨采叶，日间划骨上折，午后开始暴晒，晒时将两副烟折叶背向外，架呈"人"字形，烟折夹角约 20°，烟折对准太阳，使两折面同时受到太阳照射，称晒小棚。注意事项：当太阳移位时，烟折必须跟着移位。烟折角度过大，或方向不对，会受光不均，受光过强部分叶片细胞死亡和失水过度，烟叶往往不黄而干枯，农民称之为"青干"。傍晚堆入室内时，保持叶温，使之继续变黄，次日晨仍如法晒小棚。

b. 晒二棚。至午前，叶面受阳光照射，叶温升至 32～34℃水分散失 20%～25% 时，为减小水分和促使烟叶迅速变黄，将烟折堆积在晒场中，用草席等物覆盖，目的是为烟叶变黄创造适宜的环境，使烟叶失水和变黄的要求相适应，至午后三四点钟，阳光强度减弱，烟叶经过堆积已有五六成黄。再将烟折架起暴晒，两折夹角为 35°～45°，增大受光面积，加速水分散失，称晒二棚。晒二棚至烟叶六七成黄，叶身柔软，从叶背缘可以看出叶下表皮开始皱缩时，为上炕适宜程度。

开蓬技术要求：一是蓬向对太阳，使蓬的两边烟叶受热均匀；二是按鲜叶变黄与失水程度来控制开蓬时间和宽窄，初晒蓬口易小，晒到以手摸叶有暖感时就收蓬；三是收蓬时叶笪横向，紧靠堆在场中，盖上有干叶的竹笪或者草席，防止烟叶失水过度和受热过高。

（4）烘烤

一般以下午五六点钟装入烤房为宜。开始生火时，温度由35℃升至45℃左右，约需15 h左右，以后继续升至55～65℃，直至烟叶全干，烘烤过程中要求升温要稳，缓温上升，切忌中途停火降温。

a.装炕：经开蓬日晒变六七成黄的烟叶笪，横向直立密堆在烘梁上，检查前后两端叶笪松紧是否均匀，直立使用绳拉紧，以防叶笪烘烤中发生斜床，影响热气上升和排湿。

b.小火变黄：初上炕的鲜烟叶变黄未完全，只能用小火加温，使其继续变黄，生火时炭炉内加满炭块，炉顶放3块火炭，再用炉炭连火盖住（火沟则先在沟内放满木柴；柴面加火炭后再用炉炭盖住），称为"蒙火"。叶笪上面不能覆盖，以利排湿，这样可使室温慢慢上升，并防止室温起伏不定而烧坏烟片。

c.中火定色：叶笪上烘数小时，叶色变八九成黄，叶尖、叶边开始干时，控制室温是至关重要的。添加燃料时，每次量要少，次数要勤，以利室温缓慢上升。再经半小时，到叶内整体全干就把叶色固定下来。

d.大火干骨：烟叶变色后，烘床叶笪堆的四周，要用草席或干竹笪封闭，留出中部排湿，保持室温逐渐增高。同时认真检查烘床的上下和前后两端的烟叶干燥是否均匀。严防火力过高而导致坏烟，到叶内完全干燥后，烘床全部用草席、麻袋等物密封，加速中骨的干燥。

2.折晒晒黄烟

中国的折晒名晒黄烟产地主要有浙江省的新昌、四川省的绵竹县、湖北省的黄冈市、河南省的邓州市、广东省的封开县、云南省的蒙自县等及其各自的相邻地区，不同地区的生产调制技术基本类同，但有差异。以浙江省新昌晒黄烟为例简要介绍。

（1）晒制工具

当地用毛竹制成烟折，一般长1.8～1.9 m，幅宽0.5～0.6 m，两折为一副。

（2）采收

对烟叶采收和晾晒技术都应重视。在采收烟叶时，严格掌握成熟度，成熟一批采收一批，自下而上分4～5次采完，不采不熟叶，不漏过熟叶。

（3）上折

烟叶上折，宜薄不宜厚，叶背向上，一片一片半叠半露顺序平放，叶尖互相遮盖，但须露出叶片主脉。一般可排两行，第二行烟叶可遮住第一行烟叶的1/2。主脉和叶柄要互相交错，避免重叠，如叶小，中间可加一行，叶大重叠太多，可放斜一些。放满烟折后，再盖上另一扇烟折，用四根毛竹削成同无名指粗细的烟栓，连成一副，使烟叶不能移动。

（4）晒制

当地白天把烟折平放晒场晒制，夜间入室平叠堆放，以保持叶温。一般下部叶薄，以晒面为主，中上部叶片厚、筋粗，以晒背为主。通常5～7天即可晒干。

此外，晒晾烟还有五华生切烟、蛟河晒黄烟、兰州黄花烟等，由于工业上利用价值较少，且规模亦小，在此暂不赘述。

第二章

国产晾烟白肋烟、马里兰烟的资源调查

第一节 国产晾烟白肋烟、马里兰烟的信息调研

一、国产白肋烟的信息调研

（一）国产白肋烟种植及分布概况

我国从 20 世纪 60 年代开始试种白肋烟，先后在山东、安徽、广东、湖北、山西、黑龙江、辽宁、广西和云南等地区试种，并在湖北、四川、重庆和云南等地试种成功，经过反复评价和论证，湖北白肋烟的整体风格质量也相对最为显著和稳定，于是湖北自 20 世纪 70 年代中期开始成为我国白肋烟主要产区并持续至今。湖北白肋烟产区具有满足生产优质白肋烟的适宜生态条件，生产技术和质量在国内处于领先地位，是我国混合型卷烟企业的白肋烟原料主要生产基地，湖北白肋烟作为中国品牌在国际烟草市场也享有较好声誉。

近年来，随着国家烟草专卖局对卷烟结构调整政策的落实，作为我国混合型卷烟重要原料的白肋烟供应也发生了显著变化，2010 年以来我国白肋烟的种植概况如表 2.1.1 所示，各主产区呈现较显著的下滑趋势，尤其是 2012 年以后每年种植面积缩减幅度都在 50% 左右。

表 2.1.1　2010—2015 年我国白肋烟种植面积　　　　　　　　　　　　　　　单位：万亩

年份	产区				小计
	湖北	四川	重庆	云南	
2010	13.11	4.38	1.10	3.52	22.11
2011	12.74	3.86	1.70	3.52	21.82
2012	12.86	3.68	2.00	3.33	21.87
2013	8.66	3.95	0.90	2.52	16.03
2014	2.25	1.88	0.90	2.30	7.33
2015	2.50	1.12	0.30	0.00	3.92
累计	52.12	18.87	6.90	15.19	93.08

注：白肋烟产区具体分布为湖北省恩施州（包含恩施市和建始县）、宜昌市，四川省的达州县，重庆市的万州区，云南省的宾川县。

（二）国产白肋烟种植品种现状

自引种试种成功以来，直至20世纪80年代，我国白肋烟种植主要依赖引进的美国品种Burley 21（由美国田纳西大学1955年杂交育成）。我国的白肋烟育种工作真正起步于20世纪70年代，其标志是第一个自主杂交选育的白肋烟品种"建白80"，1995年通过全国烟草品种审定委员会认定，定名为"鄂烟1号"。虽然起步较晚，但通过几代育种工作者的努力，截至目前，已通过全国烟草品种审定委员会审定的白肋烟自育品种达19个：其中湖北省烟草科学研究院（中国烟草白肋烟试验站）主持选育11个（鄂烟1号、鄂烟2号、鄂烟3号、鄂烟4号、鄂烟5号、鄂烟6号、鄂烟101、鄂烟209、鄂烟211、鄂烟213和鄂烟215），云南省烟草农业科学研究院主持选育4个（YNBS1、云白2号、云白3号和云白4号），四川省烟草公司达州市公司主持选育4个（达白1号、达白2号、川白1号和川白2号）。目前，这些适应性更强、综合品质及抗性更优良的国产品种已完全取代了引进品种，并在选育过程中大力丰富了国内白肋烟种质资源库及育种技术积累，为我国白肋烟育种事业的可持续发展及卷烟工业原料保障和开发奠定了扎实的工作基础。

加上全国烟草品种审定委员会认定的3个引进品种（TN 90、Ky 8959和TN 86），当前在国内种植或可种植的白肋烟品种共计22个；各品种在不同时期、不同适宜区都有种植，现就这22个白肋烟品种的种质资源信息及栽培调制技术要点分别介绍。

1. 鄂烟1号

①来源与分布：湖北省建始县白肋烟试验站1975年用（Ms Burley 21 × Kentucky 10）F1与Burley 37杂交育成。1995年通过全国烟草品种审定委员会认定，定名为鄂烟1号。品种适应性广，在我国各大白肋烟产区均有广泛分布。

②特征特性：株式塔形，打顶株高136.6～139.7 cm，茎围9.8～10.2 cm，节距4.2～4.8 cm，着生叶25片左右，腰叶长83.3～84.2 cm，宽33.1～34.2 cm，叶形椭圆。移栽至中心花开放58～62天，大田生育期89～95天。田间生长势较强，耐旱抗涝，成熟集中，落黄快。中抗黑胫病和根黑腐病。

③产量与品质：平均产量150～160 kg/亩。原烟多为浅红黄或红棕，成熟度较好，身份稍薄—适中，叶片结构疏松，光泽亮，叶面微皱—展，颜色强度中—浓。烟叶总糖0.54%～1.24%，还原糖0.35%～0.70%，烟碱3.14%～4.87%，总氮2.97%～3.98%，蛋白质18.7%～21.33%。白肋烟香型风格较显著，香气量尚足，香气质好，杂气较重，劲头适中，余味尚舒适，燃烧性强。

④栽培调制技术：选择中等肥力田块种植，种植密度1200株/亩。一般亩施氮量12.5～15 kg，氮、磷、钾配比为1∶1∶2，70%氮、钾肥及全部磷肥做基肥，结合整土起垄于移栽前10天左右穴施或条施入土壤中，其余做追肥，于移栽后25～30天一次性穴施。注意黑胫病的防治，适时打顶抹杈，单株留叶22片左右。及时采收下部叶，采用半整株晾制方式，晾制中前、中期注意开窗排湿，后期注意适当保湿，以增进烟叶外观色泽和香味。

2. 鄂烟2号

①来源与分布：由中国农业科学院烟草研究所、湖北省恩施烟叶复烤厂用MSKentucky 14与L-8杂交选育而成。1997年通过全国烟草品种审定委员会审定。品种适应性广，在我国各大白肋烟产区均可种植。

②特征特性：植株筒形，打顶株高105.4 cm，茎围9.05 cm，节距4.78 cm，叶形椭圆，腰叶长75 cm左右，宽35.2 cm左右。移栽至中心花开放约60天，打顶（中心花开放）至斩株采收32天左右，大田生育期92天左右。抗TMV、野火病、黑胫病（0号小种），中抗根黑腐病，感黑胫病（1号小种）。

③产量与品质：平均产量165 kg/667m²左右。原烟多呈浅红棕色棕或红棕色，成熟度为熟，身份适中，

叶片结构稍疏松，光泽明亮，叶面微皱，颜色强度中。烟叶各化学成分平均含量分别为还原糖 0.93%，总氮 3.66%，烟碱 4.11%，蛋白质含量 15.44%，氮/碱比 1.18。烟叶香型较显著，香气质较好，香气量较足，劲头适中，杂气稍重，余味尚舒适，燃烧性强。

④栽培及晾制技术要点：亩栽烟 1300 株左右，施氮 12.5 ～ 15 kg/ 亩，氮磷钾配比为 1∶1∶2，基、追肥并重，追肥以氮、钾肥为主。及时打顶抹杈，单株留叶 19 ～ 23 片。采用整株或半整株晾制。

3. 鄂烟 3 号

①来源与分布：由湖北省烟草公司建始县公司、湖北省烟叶公司和湖北省烟草科学研究院（中国烟草白肋烟试验站）用 MSTennessee 86 与 LAB 21 杂交育成。2004 年 12 月通过全国烟草品种审定委员会审定。该品种适宜在湖北各白肋烟产区及重庆、湖南等地区的部分烟区种植。

②特征特性：株式筒型，自然株高 130 ～ 140 cm，打顶株高 127.1 cm，大田着生叶数 29 片，可采收叶数 22 ～ 24 片，叶形椭圆，中部叶长 72.7 cm，宽 34.92 cm，茎叶角度较小。移栽至开花 61 天左右，大田生育期 90 天左右。抗黑胫病，中抗 TMV 和根黑腐病，中感根结线虫病，感赤腥病。

③产量与品质：平均产量 158.68 kg/ 亩。原烟颜色浅红黄色或浅红棕色，成熟度较好，身份适中，叶片结构稍疏松，光泽明亮，叶面微皱，颜色强度中。上部叶烟碱含量 4.19%，总氮 4.40%，氮碱比 1。中部叶烟碱 3.64%，总氮 3.53%，氮碱比 0.97。香型风格较显著，香气质较好，香气量较足，浓度较浓，杂气有，劲头适中。

④栽培及晾制技术要点：选择肥力中等以上、通透性良好的田块种植。移栽密度 1200 ～ 1300 株 / 亩，重施基肥（占总施肥量 50% ～ 70%）、早追肥（栽后 20 天内），促栽后还苗早发。施氮量 12.5 ～ 14.0 kg/ 亩，氮磷钾配比为 1∶1∶（1.5 ～ 2）。初花期打顶，单株留叶数 22 ～ 24 片。采用半整株或整株砍株采收晾制。

4. 鄂烟 4 号

①来源与分布：由湖北省烟草科学研究院（中国烟草白肋烟试验站）用 MSTennessee 90 与 Kentucky 14 杂交育成。2004 年 12 月通过全国烟草品种审定委员会审定。该品种适应性广，在全国各大白肋烟产区均可种植。

②特征特性：株式筒型，打顶株高 148.3 cm，可采收叶数 24 片，叶形椭圆，中部叶长 66.4 cm，宽 35.5 cm。移栽至中心花开 60 天左右，大田生育期 90 天左右，成熟集中。高抗 TMV，抗黑胫病，中抗根结线虫病，易感赤星病。

③产量与品质：平均产量 156.16 kg/ 亩。原烟烟叶颜色多为浅红黄色或浅红棕色，成熟度较好，光泽亮—明亮，叶面微皱—展，身份适中—稍厚，叶片结构尚疏松，颜色强度中。上部叶平均烟碱含量为 4.77%，总氮含量为 4.21%，氮碱比 0.91。中部叶平均烟碱含量 3.85%，总氮含量 3.53%，氮碱比 0.92。香型风格较显著，香气质好，香气量有—尚足，浓度中，劲头适中，余味尚适。

④栽培及晾制技术要点：选择中等肥力的地块种植，注意早栽、早管、早追肥。栽烟密度 1200 株 / 亩左右，留叶 22 ～ 24 片。施氮 15 kg/ 亩左右，氮磷钾配比为 1∶1∶2。采用整株或半斩株晾制。晾制前期和中期注意排湿，防止烟叶霉烂，褐变期应待最后一片顶叶变为红黄色时，即可将晾房门窗关小。

5. 鄂烟 5 号

①来源与分布：由湖北省恩施烟叶复烤厂、湖北省烟叶公司、湖北省烟草科学研究院用 MSKentucky 14 与 Burley 37 杂交育成。2006 年通过全国烟草品种审定委员会审定。该品种适应性广，在全国各大白肋烟产区均可种植。

②特征特性：植式筒形，株高 110 ～ 142 cm，叶数 25 ～ 28 片，可收叶片 22 ～ 24 片，叶形椭圆形，中部叶长 68 ～ 73.5 cm，宽 29 ～ 36.6 cm，茎叶角度小—中。移栽至开花 62 天，大田生育期 84 ～ 98 天，生长发育属稳发型，各生长阶段的茎叶生长速率较均衡协调。生育组成属前长（还苗—伸根—始花）后短（始

花—斩株）型，能广泛适应不同生态环境，抗逆力较强，耐肥、耐旱性较强。抗 TMV，中抗黑胫病。

③产量与品质：平均产量 159.94 kg/ 亩。原烟烟叶颜色较深，多为红棕色，成熟较好，身份适中，光泽亮，叶面舒展—微皱，叶片结构尚疏松，颜色强度中—强。上部叶平均烟碱含量为 4.51%，总氮含量为 4.16%，氮碱比 0.92。中部叶平均烟碱含量 3.98%，总氮含量 3.62%，氮碱比 0.91。香型风格较显著，香气量尚足，浓度中等，杂气有，劲头中等，刺激性有，余味尚适，燃烧性强。

④栽培及晾制技术要点：选择中等肥力的田地种植，移栽密度 1300 ～ 1400 株 / 亩。施氮量 12.5 kg/ 亩左右，氮磷钾配比为 1∶1∶2，基肥用总施肥量的 60% ～ 70%，追肥移栽后 20 ～ 25 天施用。50% 第一朵中心花开放时一次打顶，单株留叶 22 ～ 24 片。采用整株或半整株斩株晾制。晾制期间前期和中期注意排湿，后期注意门窗关闭，促进香气形成。

6. 鄂烟 6 号

①来源与分布：由湖北省烟草科学研究院（中国烟草白肋烟试验站）用 MS 金水白肋 2 号与 Burley 37 杂交育成。2007 年 11 月通过全国烟草品种审定委员会审定。该品种适宜在湖北、重庆等白肋烟产区种植。

②特征特性：植式筒形，打顶株高 128.0 cm 左右，有效叶数 22 片，叶形椭圆，中部叶长 71.3 cm、宽 33.9 cm。移栽至开花 65 天，大田生育期 90 天左右。田间长势强，抗旱能力较强，群体整齐一致，抗逆性较强，成熟较集中，适应于半整株晾制。抗 TMV 和黑胫病，感南方根结线虫病和赤星病。

③产量与品质：平均产量 164.7 kg/ 亩。原烟颜色浅红黄色和浅红棕色，成熟度较好，身份适中，光泽明亮，叶面微皱—舒展，叶片结构尚疏松，颜色强度浓。上部叶平均烟碱含量为 5.61%，总氮含量为 4.17%，氮碱比 0.74。中部叶平均烟碱含量 4.18%，总氮含量 3.69%，氮碱比 0.88。香型风格较显著，香气量尚足，浓度中等，劲头中等，刺激性有，余味微—尚适，燃烧性强。

④栽培及调制技术要点：选择中等肥力的地块种植，移栽密度 1200 株 / 亩。施氮量 15 kg/ 亩左右，氮磷钾配比为 1∶1∶2，基肥用总施肥量的 70%，追肥移栽后 20 ～ 25 天施用。及时打顶抹杈，单日株留叶 22 片左右。注意后期赤星病的防治。采用半整株斩株晾制。晾制期间前期和中期注意排湿，后期门窗关闭。

7. 鄂烟 101

①来源与分布：由湖北省烟草科学研究院（中国烟草白肋烟试验站）选育，母本为鄂白 003 号，父本为 Kentucky 8959。2009 年 3 月通过全国烟草品种审定委员会审定。该品种适宜在湖北白肋烟产区种植。

②特征特性：株式筒形，打顶平均株高 208.3 cm，茎围 10.7 cm，节距 5.5 cm，总叶片数平均 33 片，有效叶 25 片，腰叶平均长 70.8 cm，宽 37.8 cm。大田长势强，叶片分层成熟。移栽至中心花开放 67 天左右，大田生育期 100 ～ 105 天。抗 TMV 和黑胫病，中抗根结线虫病，感赤星病。

③中产量与品质：平均 180.80 kg/ 亩。烟叶颜色呈浅红黄色或浅红棕色，成熟度较好，身份适中，光泽亮，叶面微皱，叶片结构稍疏松，颜色强度中。上部叶平均烟碱含量为 3.96%，总氮含量为 3.31%，氮碱比 0.84。中部叶平均烟碱含量 3.86%，总氮含量 3.06%，氮碱比 0.79。香型风格有—较显著，香气量有—尚足，浓度多为中等，劲头稍大，刺激性有，余味微苦—尚适，燃烧性强。

④栽培及调制技术要点：适宜在湖北产区种植，移栽密度 1200 株 / 亩。在中等肥力的地块施氮量 14 kg/ 亩左右，氮磷钾比例 1∶1∶2，基肥用总施肥量的 70%，追肥移栽后 20 ～ 25 天施用。适时打顶抹杈，单株留叶 24 ～ 26 片。注意后期赤星病的防治。采用半斩株晾制。晾制期间前期和中期注意排湿，后期门窗关闭。

8. 鄂烟 209

①来源与分布：由湖北省烟草科学研究院（中国烟草白肋烟试验站）用 MSVa509E 做母本，Burley 37 做父本杂交育成。2009 年 3 月通过全国烟草品种审定委员会审定。该品种适应性较广，适合在湖北、重

庆等白肋烟产区种植。

②特征特性：株式筒形，打顶平均株高 122.5 cm，茎围 11.8 cm，节距 4.7 cm，总叶数平均 28 片，有效叶 23 片。腰叶平均长 72.6 cm，宽 35.3 cm。大田长势强，生长整齐，遗传性状稳定。抗逆性强。移栽至中心花开放 64 天左右，大田生育期 90～96 天。抗 TMV，中抗黑胫病，感赤星病。

③中产量与品质：平均产量 155.00～165 kg/亩。烟叶颜色浅红黄色或浅红棕色，成熟度较好，身份适中，光泽明亮，叶面较舒展，叶片结构尚疏松，颜色强度浓。上部叶平均烟碱含量为 3.86%，总氮含量为 3.51%，氮碱比 0.91。中部叶平均烟碱含量 3.66%，总氮含量 3.26%，氮碱比 0.89。香型风格有—较显著，香气量有—尚足，浓度多为中等，劲头稍大，刺激性有，余味微苦—尚适。

④栽培及晾制技术要点：适宜湖北、重庆产区种植，移栽密度 1200 株/亩。在中等肥力的地块施氮量 14 kg/亩左右，氮磷钾配比为 1∶1∶2，基肥用总施肥量的 70%，追肥移栽后 20～25 天施用。适时打顶抹杈，单株留叶 22 片左右。注意后期赤星病的防治。采用半整株斩株晾制。晾制期间前期和中期注意排湿，后期门窗关闭。

9. 鄂烟 211

①来源与分布：鄂烟 211 是由湖北省烟草科学研究院（中国烟草白肋烟试验站）主持，湖北省烟草公司恩施州公司、安徽中烟工业有限责任公司、上海烟草集团北京卷烟厂、湖北省烟草公司宜昌市公司协作选育而成，父本为 MSBurley 21，母本为 Kentucky 16。2011 年 12 月通过全国烟草品种审定委员会审定。该品种适应性较广，适合在湖北、重庆等白肋烟产区种植。

②特征特性：株式塔形，株型较紧凑，打顶株高 127.1 cm，茎围 11.0 cm，节距 5.2 cm，着生叶数 26～29 片，有效叶 24 片，中部叶长 72.1 cm，宽 35.1 cm。大田长势强，生长整齐，成熟较集中，大田生育期 95.5 天左右，属中熟品种，转基因检测为阴性，遗传性状稳定。抗 TMV，中抗至中感黑胫病，根结线虫病，感赤星病。

③产量与品质：平均产量 175～185 kg/亩。晾制后原烟外观质量较好，叶面颜色为浅红黄色或浅红棕色，身份稍薄—适中，光泽亮—中，颜色强度中等，叶面展—稍皱，叶片结构疏松；内在化学成分含量适宜协调，上部叶烟碱含量为 4.90%、总氮含量为 4.28%、氮碱比 0.89，中部叶烟碱含量为 4.36%、总氮含量为 3.84%、氮碱比分别为 0.90；原烟感官评吸质量较好，白肋烟香型风格较显著，香气量较足，香气质较好，余味舒适，劲头适中。

④栽培及调制技术要点：移栽密度 1100 株/亩。在中等肥力的地块施纯氮 14～16 kg/亩，氮、磷、钾配比 $m(N)∶m(P_2O_5)∶m(K_2O)$ 为 1∶1∶2，基肥用 60% 氮、钾肥及全部磷肥，追肥在移栽后 20～25 天施用。适时打顶抹杈，单株留叶 22～24 片。脚叶、下二棚、中部叶分片剥叶采收 3～4 次，余下的在打顶后 28～35 天半整株斩株晾制；晾制期间温度以 19～25 ℃、平均相对湿度以 65%～75% 为宜，晾制前期和中后期应注意排湿，防止烂烟，后期关闭晾房门窗，注意保湿。

10. 鄂烟 213

①来源与分布：鄂烟 213 是由湖北省烟草科学研究院（中国烟草白肋烟试验站）主持，湖北省烟草公司恩施州公司、上海烟草集团有限责任公司北京卷烟厂、安徽中烟工业有限公司、湖北省烟草公司宜昌市公司协作选育而成，母本为 MSKentucky 8959，父本为 Virginia 528，2015 年 4 月通过全国烟草品种审定委员会审定。该品种适宜在湖北、重庆主产区种植。

②特征特性：株形塔形，株形较松散，茎叶角度较大，叶形长椭圆，叶片身份适中，花序集中，花色粉红。平均打顶后株高 131.8 cm，着生叶数 25.8 片，有效叶数 23.1 片，腰叶长 77.3 cm、宽 36.1 cm，茎围 10.9 cm，节距 5.0 cm。大田生育期 95.6 天左右。中抗—抗黑胫病，抗 TMV，中感—感根结线虫病，感赤星病。

（3）产量与品质：平均产量 171.2 kg/ 亩，上等烟比例 36.8%，上中等烟比例 78.2%。原烟外观质量好，总植物碱、NNK 含量较低，化学成分含量适宜且协调性好，感官评吸质量较好。

（4）栽培及调制技术要点：在中等肥力的地块上，一般每亩种植 1100 株，行距 120 cm，株距 50 cm，亩施纯氮 14.0～16.0 kg，氮、磷、钾配比 $m（N）：m（P_2O_5）：m（K_2O）$ 为 1：1：2，60% 氮、钾肥及全部磷肥用做底肥，于栽前 20 天结合整地起垄条施，余下的肥料于栽后 20 天、40 天分两次打孔穴施。单株留叶 22～24 片，分片剥叶采收 2～3 次，每次 3 片左右，余下的烟叶在打顶后 30～35 天一次性半整株斩株晾制，晾制期间温度以 19～25℃为宜，平均相对湿度以 65%～75% 为宜，晾制中后期应注意及时增温排湿，防止烂烟。

11. 鄂烟 215

①来源与分布：鄂烟 215 是由湖北省烟草科学研究院（中国烟草白肋烟试验站）主持，湖北省烟草公司恩施州公司、上海烟草集团有限责任公司北京卷烟厂、安徽中烟工业有限公司、湖北省烟草公司宜昌市公司协作选育而成，母本为 MSBurley 21，父本为 Virginia 509，2015 年 4 月通过全国烟草品种审定委员会审定。该品种在湖北及重庆产区适应性较好，可作储备品种。

②特征特性：株形塔形，叶形长椭圆，叶片身份适中，花序松散，花色粉红。平均打顶后株高 125.6 cm，着生叶数 25.3 片，有效叶数 23.2 片，腰叶长 77.8 cm，宽 35.0 cm，茎围 11.1 cm，节距 4.7 cm，大田生育期 94 天左右。抗 TMV，抗—中抗黑胫病，中感—感根结线虫病，感赤星病。

③产量与品质：平均产量 168.8 kg/ 亩，上等烟比例 39.8%，上中等烟比例为 81.5%。烟叶外观质量好，化学成分含量适宜且协调性好，物理特性好，感官评吸质量中等 +。

④栽培及调制技术要点：在中等肥力的地块上，一般每亩种植 1100 株，行距 120 cm，株距 50 cm，亩施纯氮 15.0～17.0 kg，氮、磷、钾、配比为 1：1：2，60% 氮、钾肥及全部磷肥用做底肥，于栽前 20 天结合整地起垄条施入，余下的肥料于栽后 20 天、40 天分两次打孔穴施。单株留叶 22～24 片，分片剥叶采收 2～3 次，每次 3 片左右，余下的烟叶在打顶后 30～35 天一次性半整株斩株晾制，晾制期间温度以 19～25℃为宜，平均相对湿度以 65%～75% 为宜，晾制中后期应注意及时增温排湿，防止烂烟。

12. 达白 1 号

①来源与分布：由四川省烟草公司达州烟草科学研究所 1996 年用 MSKentucky 14 与达所 26 杂交育成。2004 年 12 月通过全国烟草品种审定委员会审定。主要在四川达州等地种植。

②特征特性：株式筒型，平均株高平均打顶株高 126.3 cm，茎围 11.8 cm，节距 4.8 cm，总叶数 25.1 片，腰叶长 79.1 cm，宽 37.4 cm，大田生育期 92 天左右。抗黑胫病、根黑腐病、TMV，中抗根结线虫病。

③产量与品质：平均产量 154.82 kg/ 亩。原烟颜色多为浅红黄色，组织细致，光泽鲜明，厚薄适中，结构疏松，弹性强，均匀一致性好。上部叶烟碱含量较低，内在化学成分协调。白肋烟香型风格较显著，余味舒适。

④栽培及调制技术要点：该品种适宜在西南白肋烟区海拔 600～1200 m 种植。亩栽 1100～1300 株，行距 1.20 m，株距 0.45～0.50 m；亩施纯氮 12～15 kg，氮、磷、钾配比为 1：1：（2～3）。在四川宜早栽管，重施基肥，早施追肥。初花打顶留叶 22～24 片；下部叶宜适当早采，一般在移栽后 55 天采收，每隔 3 天采一次，每次采 2～3 片，共采 2～3 次，上中部叶 65 天采收，每隔 7 天采一次，做到中部叶适熟采收，上部叶充分成熟采收。晾制期间温度在 19～25℃，相对湿度在 65%～80% 为宜。

13. 达白 2 号

①来源与分布：由四川省达州烟草公司用 MSVA 509 与达所 26 杂交育成，2007 年 11 月通过全国烟草品种审定委员会审定。主要在四川达州等地种植。

②特征特性：该品种株式筒形，打顶株高 103.0～144.0 cm，节距 4.0～5.7 cm，茎围 10.9～12.0 cm，

中部叶长 78.8 cm，宽 35.2 cm，有效叶数 22 ～ 26 片，叶形椭圆，叶色黄绿；移栽至第一朵中心花开放62 ～ 72 天，大田生育期 90 ～ 105 天；田间长势强，群体整齐一致，成熟集中，适应于整株或半整株晾制；抗黑胫病、黑根腐病，中抗根和 TMV，感赤星病和 CMV。

③产量与品质：平均产量 154.2 ～ 199.3 kg/ 亩；原烟颜色多为浅红黄色或浅红棕色，光泽尚鲜明—鲜明，叶面平展—微皱，身份适中—稍厚，叶片结构尚疏松；内在化学成分较协调，白肋烟香型特征较明显。

④栽培及晾制技术要点：注意早栽早管。移栽密度 1100 ～ 1300 株/ 亩，施氮量 14 ～ 16 kg/ 亩，氮、磷、钾配比为 1∶1∶2。成熟期注意赤星病预防。初花期打顶，单株留叶 22 ～ 24 片。适宜于半整株晾制，采叶晾制时间掌握在 35 天左右，砍株带茎晾制注意前、中期通风排湿，防止烂烟。

14. 川白 1 号

①来源与分布：由四川省达州烟草公司、湖北省烟草科学研究院（中国烟草白肋烟试验站）用 MSBurley 21 与达所 26 杂交育成，2012 年 12 月通过全国烟草品种审定委员会审定。主要在四川达州等地种植。

②特征特性：株型筒形，叶形椭圆，平均打顶株高 115.50 cm，茎围 11.41 cm，节距 4.45 cm，总叶数 29.97 片，有效叶 23.37 片，腰叶长 69.63 cm，宽 34.24 cm，大田生育期 91.8 ～ 107.56 天。大田生长整齐一致，遗传性状稳定。叶片成熟较集中，耐熟性较好，适应于整株或半整株晾制。免疫—抗 TMV，中抗—中感黑胫病，中感—高感赤星病，中感根结线虫病。

③产量与品质：平均产量 182.2 kg/ 亩。烟叶颜色多为浅红棕色，成熟度较好，叶面稍皱—展，光泽亮，颜色强度中—淡，中部烟叶身份适中，叶片结构疏松，上部烟叶身份稍厚，叶片结构尚疏松。上部叶平均烟碱含量为 4.16%，总氮 4.07%，总糖 0.56%，氮碱比 1，糖碱比 0.14；中部叶平均烟碱含量 3.57%，总氮 3.58%，总糖 0.56%，氮碱比 1.14，糖碱比 0.17。香型风格程度有 +—较显著，香气量尚足 -—较足 -，浓度中等 -—较浓，杂气有 -—有 +，劲头中等 -—大，刺激性略大—有 +，余味尚舒适，燃烧性较强，灰色灰白。

④栽培及调制技术要点：栽培应注重早栽、早管、早追肥。海拔 1000 m 以上的烟区宜采用地膜栽培，覆膜期 25 ～ 30 天。种植密度 1100 ～ 1300 株/ 亩，行距 1.1 ～ 1.2 m，株距 0.45 ～ 0.50 m。现蕾—初花期打顶，单株留叶 22 ～ 25 片。采收方法：打顶后 4 ～ 6 天开始摘叶采收下部叶，每次 2 ～ 3 片，采收 2 ～ 3 次，共采收 6 ～ 9 片，余下部分在打顶后 25 ～ 33 天一次性斩株。晾制期间平均温度以 19 ～ 25 ℃为宜。

15. 川白 2 号

①来源与分布：由四川省烟草公司达州市公司用 MSVA 1061 与达所 26 杂交育成，2015 年 4 月通过全国烟草品种审定委员会审定。主要在四川达州等地种植。

②特征特性：该品种为白肋烟雄性不育一代杂交种。株形筒形，叶形椭圆，茎叶角度中等，叶面较平，叶尖渐尖，叶色黄绿，叶片身份适中，花色粉红，花序集中。平均打顶后株高 129.8 cm，有效叶数 24.7 片，腰叶长 73.2 cm，宽 33.6 cm，茎围 11.0 cm，节距 4.6 cm，大田生育期 100 天左右。田间生长势强，成熟集中。高抗或免疫 TMV，中抗黑胫病和青枯病，中抗至中感根结线虫病，感赤星病，田间表现抗黑胫病、青枯病能力强于对照，综合抗病能力优于对照品种鄂烟 1 号。

③产量与品质：平均产量 205.6 kg/ 亩，平均上等烟比例 52.9%；综合经济性状优于对照品种鄂烟 1 号。晾制后原烟成熟度好，颜色多为红黄色—浅红棕色，结构疏松，身份适中，外观质量优于对照鄂烟 1 号，物理性状适宜，内在化学成分协调，感官评吸质量较好。

④栽培及调制技术要点：该品种适应性强，适宜在四川、湖北、重庆等白肋烟区种植。栽培上要求早栽、早管、早追肥，海拔 1000 m 以上的烟区应采用地膜栽培。种植密度 1200 ～ 1300 株/ 亩，行距

110～120 cm，株距 45～50 cm。亩施纯氮 14～16 kg。现蕾至初花期打顶，单株留叶 22～25 片。适宜半整株采收。晾制好的烟叶水分应严格控制在 16～17%，在避光防潮的条件下堆放自然醇化。

16. YNBS 1

①来源与分布：由中国烟草南方遗传育种中心、云南省烟草研究所用 MSTN 90 与 KY 907 杂交而育成，2007 年通过全国烟草品种审定委员会审定。主要在云南宾川等地种植。

②特征特性：该品种株式塔形，打顶株高 138.2 cm，茎围 11.6～12.0 cm，节距 4.9～5.2 cm，有效叶数 22～24 片，腰叶长 73.1～74.6 cm，宽 33.8～34.9 cm，叶形椭圆形，叶色黄绿，主脉粗细中等，生长整齐，长势较强，耐肥，适应性较强，成熟集中，易砍收晾制，大田生育期 95～98 天。

③产量与品质：平均亩产量 178.1 kg，抗 TMV 和黑胫病，中抗南方根结线虫病，感赤星病。晾后原烟颜色近红黄色或红黄色，颜色均匀，厚度均匀，综合内外在质量较好。

④栽培及晾制技术要点：云南宜在 2 月底或 3 月初播种，5 月初至中旬移栽。选择中上等肥力田地种植，并注意轮作。移栽密度 1300～1400 株／亩，施氮量云南产区 18～20 kg／亩，湖北产区 16～18 kg／亩，四川、重庆、湖南产区 14～16 kg／亩，氮、磷、钾比例为 1：（1～1.5）：（2～2.5）。初花期打顶，单株留叶 22～24 片。成熟期注意赤星病提前预防。晾制失水变色稍快，采叶晾制时间掌握在 28～32 天，砍株带茎晾制掌握在 50～55 天。

17. 云白 2 号

①来源与分布：由云南省烟草农业科学研究院以 Kentucky14 y907 做母本，Burley 64 做父本杂交选育而成。2009 年 10 月通过全国烟草品种审定委员会审定。主要在云南宾川等地种植。

②特征特性：株式塔形，打顶株高 136.2～169.1 cm，茎围 12.0～13.1 cm，节距 4.4～5.0 cm；总叶片数 24～29 片，有效叶 23～25 片；腰叶长 67.4～76.3 cm，宽 30.0～34.0 cm。田间长势较强，生长整齐，成熟集中。遗传性状稳定。属中晚熟品种，耐肥，适应性较强。移栽至中心花开放期 55～60 天，大田生育期 95～98 天。抗黑胫病，中抗 TMV，感赤星病。

③产量与品质：平均亩产 175.8～201.6 kg。中部为浅红棕色，上部为红棕色，颜色较为均匀，成熟度较好，身份适中，组织结构稍疏松，光泽亮—明亮，颜色强度中—强。烟叶总糖 0.85%～1.01%，还原糖 0.54%～0.94%，总氮 3.69%～4.15%，烟碱 3.41%～3.89%，蛋白质 19.64%～22.09%，氮碱比 1.07～1.10。香气风格较显著，透发性好，香气质较好，香味较丰富，香气量尚足—较足，浓度中等—较浓，杂气较轻—有，劲头适中，刺激性有，余味尚适，燃烧性较强。

④栽培及晾制技术要点：宜选择中上等肥力田地种植，云南 2 月底或 3 月初播种，5 月初至中旬移栽。栽烟密度 1200～1300 株／亩，氮用量掌握在 18 kg／亩左右，氮磷钾比例 1：1.5：2，单株留叶 23～25 片。注意赤星病预防。采用半砍株或全砍株晾制。采叶晾制时间掌握在 25～30 天，砍株带茎晾制掌握在 50～55 天。

18. 云白 3 号

①来源与分布：由云南省烟草农业科学研究院和云南烟草宾川白肋烟有限责任公司用 Tennessee 90 与 Kentucky 8959 杂交，经系谱选育而成。2012 年 12 月 11 日通过全国烟草品种审定委员会审定。主要在云南宾川等地种植。

②特征特性：株式塔形，遗传性状稳定。平均打顶株高 141.6 cm，可采叶数 25 片，腰叶长 76.3 cm，宽 35.6 cm，节距 4.9 cm，茎围 11.8 cm，大田生育期 97 天左右。高抗 TMV，中抗黑胫病，中感—感赤星病，中感南方根结线虫病。

③产量与品质：产量、产值明显高于鄂烟 1 号。原烟成熟度好，颜色多为浅红棕色，叶片结构疏松，叶面以展为主，光泽以亮为主，外观质量优于鄂烟 1 号。主要化学成分协调性和感官质量与鄂烟 1 号相当。

④栽培及晾制技术要点：云南种植宜在2月底或3月初播种，5月初至中旬移栽，移栽密度1200～1300株/亩。云南产区施肥量为纯氮18～20 kg/亩，氮、磷、钾配比m（N）：m（P_2O_5）：m（K_2O）为1：1.5：2。初花期打顶，单株留叶24～26片。在赤星病易发区，注意提前采取措施预防。采用半斩株收晾，因失水变色稍慢，下部采叶晾制掌握在26～30天，中上部叶斩株带茎晾制掌握在55～60天。

19. 云白4号

①来源与分布：云南省烟草农业科学研究院、云南烟草宾川白肋烟有限责任公司用TN 90与Burley64选育而成，2013年12月通过全国烟草品种审定委员会审定。主要在云南宾川等地种植。

②特征特性：株式塔形，平均打顶株高141.4 cm，可采叶数24片，腰叶长74.7 cm，宽35.3 cm，节距4.8 cm，茎围11.6 cm。大田生育期95～100天。田间长势强，生长整齐一致，成熟集中。高抗TMV，中抗黑胫病，中感根结线虫病，感赤星病。

③产量与品质：产量、产值、上等烟比例、上中等烟比例等综合经济性状优于鄂烟1号。原烟成熟度好，多为浅红棕色，叶片结构疏松，叶面以展为主，光泽以亮为主，外观质量略优于鄂烟1号。主要化学成分协调性和感官质量与鄂烟1号相当。

④栽培晾制技术要点：较耐肥，云南产区施肥量为纯氮18～20 kg/亩，氮、磷、钾配比m（N）：m（P_2O_5）：m（K_2O）为1：1.5：2。植烟密度1200～1300株/亩，单株留叶数22～24片。在赤星病易发区注意提前采取预防措施。采用半斩株收晾，因失水变色稍快，下部采叶晾制掌握在28天左右，中上部叶斩株带茎晾制掌握在50～55天。

20. TN 90

①来源与分布：由美国田纳西大学用Burley 49与PVY 202（即GreeneVille 107姊妹系）杂交后培育而成，与Tennessee 86品种互为姊妹系，1991年在美国田纳西推广种植。1995年由中国烟草总公司青州烟草研究所引进。1999年通过全国烟草品种审定委员会审定。该品种适宜在湖北、四川和重庆种植。

②特征特性：株式塔形，打顶后近似筒型，自然株高165～185 cm，打顶株高125～149 cm。茎围10.0～11.6 cm，节距5.0～5.8 cm，总叶片数25～32片，有效叶20～24片。叶形长椭圆，腰叶长65.5～72.3 cm，宽29.6～35.7 cm。成熟较集中，属于中熟品种。耐旱、耐肥水，适应性较强。移栽至中心花开50～56天，大田生育期85～100天。抗根腐病、野火病、花叶病和脉斑病，中抗蚀纹病和黑胫病0号和1号生理小种。

③产量与品质：130～159 kg/亩。中部叶为浅红黄色或浅红棕色，上部叶为浅红棕色或红棕色，成熟度较好，身份适中，叶片结构尚疏松，光泽亮，叶面展，颜色强度浓。烟叶总糖0.65%～1.85%，还原糖0.23%～0.58%，烟碱2.45%～4.25%，总氮2.36%～4.30%，蛋白质14.35%～21.7%。香型较显著，香气尚足，浓度中等，劲头适中，杂气有，劲头稍大，余味尚舒适。

④栽培及晾制技术要点：选择肥力较好田地种植，注意氮磷钾合理施用，种植密度适当稀植，打顶时间略比TN 86推迟，防止上部叶过大过厚。采用半砍株或全砍株晾制。

21. Ky 8959

①来源与分布：美国肯塔基大学用Kentucky 8529与Tennessee 86杂交后育成，1993年在美国审定推广。1995年由中国烟草总公司青州烟草研究所引进，2000年通过全国烟草品种审定委员会认定。该品种适宜在湖北、四川和重庆种植。

②特征特性：株式塔形，打顶后筒型，自然株高157.3～178.4 cm，打顶株高102～145 cm，节距4.8～5.5 cm，茎围11.7～13.3 cm，总叶片数25～28片，有效叶20～22片。叶形宽椭圆，腰叶长68.5～75.8 cm，宽35.6～38.13 cm。属于中晚熟品种，较耐肥，抗旱能力较强。移栽至中心花开放60～65天，大田生育期90～109天。抗根腐病、野火病、脉斑病，中抗凋萎病，感花叶病，较耐黑胫病。

③产量与品质：143～173 kg/亩。烟叶颜色稍深，多为浅红黄色或浅红棕色，成熟度为熟，身份适中—稍厚，叶片结构疏松，光泽亮—明亮，叶面展，颜色强度浓。烟叶总糖0.85%～2.44%，还原糖0.52%～1.81%，烟碱3.01%～4.23%，总氮2.62%～4.30%，蛋白质12.97%～18.38%。香型较显著，香气尚足，浓度中等，杂气有，劲头稍大，燃烧性强，烟灰较白，余味微苦—尚舒。

④栽培及晾制技术要点：严格实行轮作，适当增加施肥量，注意花叶病及黑胫病的防治。采用半砍株或全砍株晾制，晾制过程中适当稀挂，并加强晾制管理。

22. TN 86

①来源与分布：由美国田纳西大学用Burley 49与PVY 202（即GreeneVille 107姊妹系）杂交育成，1989年由云南烟草科学研究所从国引进。2002年11月通过全国烟草品种审定委员会的认定。适宜于在云南烟区种植。

②特征特性：株式塔形，自然株高175～187 cm，打顶株高110～125 cm，节距4.5～5.5 cm，茎围11.0～12.5 cm，总叶片数26～30片，有效叶22～24片。叶形长椭圆形，腰叶长71.5～76.8 cm，宽28.6～35.2 cm。田间生长前期稍慢，中后期生长较快，长势较强、整齐，耐肥水，适应性较强。移栽至中心花开55～60天，大田生育期90～105天。中抗TMV，抗黑胫病、赤星病及青枯病。

③产量与品质：平均产量155～168 kg/亩。烟叶下部多为浅红黄色，中部多为浅红黄色，上部多红棕色，颜色均匀，成熟度较好，身份适中，叶片结构尚疏松，光泽亮—明亮，颜色强度中。烟叶总糖0.86%～1.24%，还原糖0.54%～0.87%，烟碱2.8%～4.5%，总氮3.5%～4.30%，蛋白质17.5%～21.7%。香型较显著，香气尚足—足，浓度中等，劲头适中，余味舒适，灰色白。

④栽培及晾制技术要点：选择中上等肥力田地轮作种植，注意适时播栽，宜在全田50%第一朵中心花开放时一次性打顶，单株留叶22～24片。采用半砍株或全砍株晾制，采叶晾制掌握在30天左右，砍株带茎晾制掌握在50～55天。

（三）国产白肋烟各主产区信息调研

我国白肋烟自引种成功以来，历经引种、发展、提高、稳同等阶段。目前主要分布在湖北恩施、四川达州、重庆万州和云南宾川四地。其他省区也有种植，但面积较少。至21世纪初，我国白肋烟常种面积约为26 000 hm²，总产量在4万吨左右。

1. 湖北白肋烟的信息调研

从20世纪70年代起，湖北省开始试种白肋烟，种植面积最大，约16 650 hm²，主要集中在鄂西土家族苗族自治州。该地区四季分明，雨热同期，属中亚热带季风性山地湿润气候，夏无酷暑，冬少严寒，雨量充沛，日照充足。产区地理位置与美国白肋烟土产区在同一纬度，适宜的自然气候、立体的山地结构、丰富的土壤资源，为白肋烟烟叶种植提供了得天独厚的生态条件。全州年日照时数1100～1560 h，其中5—9月679.4～1050.9 h，日照百分率35.47%左右；无霜期220～300天；年平均气温17.48～17.91℃，5—9月均温21.4～28.5℃；年大于10℃有效积温4120～5200℃；年22.5℃天数78天以上：年平均降水1200～1600 mm，5—9月降雨量750 mm左右。目前，湖北的白肋烟烟叶出口量占全国白肋烟出口总量的80%以上，是国内混合型卷烟生产主要原料基地，也是国内白肋烟出口的主要省份。湖北白肋烟对我国中式混合型卷烟的开发、生产和国际市场需要的满足都发挥了积极作用。

2. 四川白肋烟的信息调研

四川达州白肋烟产区主要位于大巴山腹地。由于生态条件适宜，秋季雨量偏大，空气湿度也较大，对白肋烟生长发育与烟叶晾制十分有利。除海拔1200 m以上地区外，达州大部分地区热量资源丰富，能充分满足优质白肋烟形成的需要，并且其热量分布与美国肯塔基州气候分布（世界最优质的白肋烟产区）

十分契合。历史上四川达州白肋烟产量曾达到 50 万担，是国内白肋烟的主产区，所产烟叶销往国内各大烟厂并大量出口。20 世纪 90 年代以来，四川白肋烟生产因为市场、技术及品种等多种原因，面积减少，产量逐渐下降，质量降低，到 21 世纪初白肋烟产量下降到 1 万多担。

四川白肋烟的多数中性致香成分、香气前体物及降解产物与美国优质白肋烟含量接近，但四川白肋烟香气前体物比云南低，而中性致香成分比云南高。四川白肋烟产区烟叶的香气前体物降解比较充分，具有较高的发展和优质潜力。通过在项目示范片区运用先进栽培技术和晾制技术，并选取当地优良品种，烟叶的长势长相（株高、茎围、上部叶长、宽，中部叶长、宽，留叶数和单叶重）和内在品质已接近、甚至达到国外优质白肋烟的标准；晾制后烟叶的质量表现为：中部叶近红黄色—浅红棕色，上部叶浅红棕色—红棕色，色泽光亮，富有油分，烟叶厚薄适中，柔韧性好；同时也存在一些问题，如留叶多而单叶重偏低，栽培过程中肥料运筹不合理，质量意识单薄导致烟叶质量水平不佳等。

3. 重庆白肋烟的信息调研

重庆万州适宜种烟面积为 15 万～20 万亩，是全国优质白肋烟生产基地之一。本区气候温和，雨量充足，海拔高度适中，四季分明，夏热而长，但少酷暑，夏热多伏旱，秋凉多绵雨，降雨充沛，云雾多，光照不足，冬季无严寒，雪天少，无霜期长，年平均日照 1483.2 h，日照百分率为 34.1%，年平均降雨量 883.8 mm，集中在 6—8 月，占全年降雨量的 40.92%，相对湿度 78.25%，是最适宜发展白肋烟的区域。

4. 云南白肋烟的信息调研

大理州宾川县是云南白肋烟的主产区。云南白肋烟试种起步较晚，从 1982 年开始试种。但宾川白肋烟发展迅猛，生产规模逐步扩大。宾川地区白肋烟的发展得益于得天独厚的地理和气候条件。宾川地区光照充足，热资源丰富，属于中弧热带低纬高原季风气候。海拔在 1400～1750 m，年均气温 18.1℃，年均日照时数 2700.4 h，无霜期为 265 天，降雨集中。宾川终年温热，适合作物全年生长。宾川白肋烟人田生长期在 5—9 月，年均气温 23.5℃，在白肋烟最适宜生长的温度范围内。宾川烟区的降雨较为适宜，除移栽和团棵期降雨量不能满足需求外，其他各时段基本满足需水要求。宾川地区热量丰富，光照充裕，水分适中，光、温、水三要素配合有利于白肋烟优质适产。宾川白肋烟的外在和内在质量均已达到国际优质白肋烟的标准。

宾川县白肋烟田间群体结构合理，长势良好，个体发育完整，成熟斑显著，整体长势长相优质；晾制出的叶片大小适中，光泽均匀，外观颜色鲜亮，烟叶厚薄适中，弹性好；化学成分协调，烟碱含量较低，香气质量表现较好，燃烧性强，符合典型白肋烟的香型特征。但宾川白肋烟生产也存在限制因素：①白肋烟生产基础薄弱，生产中存在栽培技术不够成熟，成熟度不够等因素，晾制技术需进一步提高。②烟农种植积极性不够稳定，一些农户弃烟改种其他经济作物，造成种植面积下降。

二、国产马里兰烟的信息调研

（一）国产马里兰烟种植及分布概况

马里兰烟是属于生产低焦油混合型卷烟的淡色晾烟，于 1979 年由国家轻工业部卷烟工业赴美考察小组将马里兰烟品种带回国内，该品种为马里兰 609，是美国种植的主要品种之一。1980 年春天，我国开始小面积试种马里兰烟，轻工业部烟草工业科学研究所根据美国马里兰州的纬度和土壤气候条件，结合国内的生态条件，在吉林、安徽、河南和湖北四省试种了马里兰烟。经过一年的试种和品质的工业验证，吉林省伊通试种的马里兰烟较好地表现了国外马里兰烟的农艺特性，有效叶 20 片左右，每亩单产 135 kg 以上，明显高于晒烟产量水平；经有关专业人员鉴定，认为其烟叶具有独特风格，香气特异，杂气轻微，燃烧性和烟灰黏结性非常好，烟灰洁白，烟支可以阴燃到底，可作为生产混合型卷烟较好的原料之一，只是香气量尚少，劲头偏小。从 1981 年开始，吉林、辽宁、黑龙江、河北、河南、安徽、湖北、湖南及甘肃 9 个省都种植了马里兰烟并均达到了可行或较好的产质量水平，这也证明马里兰烟在中国从北到南不同纬度的适应性都比较强。然而，到 20 世纪 90 年代末，由于马里兰烟叶销售市场、小气候灾害等因素的影响，除了湖北等少数产区以外的大部分烟区都停止了马里兰烟的种植。

目前，我国的马里兰烟仅在宜昌市五峰县得以保存和发展，成为中国唯一的马里兰烟主产县。其出产的马里兰烟具有香吃味好、燃烧性强、焦油含量低、弹性强和填充性好等特点。自 2000 年起，北京卷烟厂开始在宜昌市五峰县兴办马里兰烟生产基地，选用该基地马里兰烟叶研制的"中南海"卷烟，成为中式低焦油卷烟的代表品牌。

同样随国家局卷烟结构调整政策的影响，我国马里兰烟原料的种植规模也发生了显著变化，表 2.1.2 是 2010 年以来我国马里兰烟的种植概况，各主产区呈现较显著的下滑趋势，尤其是 2012 年以后每年种植面积缩减幅度都在 20% 以上。

表 2.1.2　2010—2015 年我国五峰马里兰烟种植面积　　　　　　　　　　单位：万亩

年份	2010	2011	2012	2013	2014	2015	累计
面积	2.18	3.05	3.03	2.42	1.69	0.94	13.31

（二）国产马里兰烟种植品种现状

从 20 世纪 80 年代初我国开始试种马里兰烟以来，在生产上都以所引品种 Md 609 为主，品种选育一直在探索实践之中。直到 2011 年，湖北省宜昌市五峰马里兰烟研究中心从 Md 609 自然变异群体中成功系统选育出适应并彰显五峰生态特色的马里兰烟新品种"五峰 1 号"，填补了我国马里兰烟品种的空白，并在当年其种植面积就已占到马里兰烟总面积的 90%。到 2013 年，五峰马里兰烟研究中心为满足中高海拔烟区的需要，通过杂交成功选育出了马里兰烟杂交品种"五峰 2 号"（该品种于 2013 年 12 月获会议通过，于 2015 年 5 月公告并获得证书）。从 2014 年开始，五峰马里兰烟产区开始以 90%"五峰 1 号"和 10%"五峰 2 号"品种种植分布结构稳定发展。下面就各品种的来源、特征特性等信息做一介绍。

1. 品种 MD 609

①来源与分布：马里兰烟品种 Md 609 于 1979 年从美国引入我国，曾在吉林、安徽、河南、湖南、湖北等省试种，并于 1981 年在湖北省宜昌市五峰县试种成功并沿用至今。

②特征特性：株式筒型，株高 160～185 cm，茎围 9～10 cm，节距 4.2～4.8 cm，叶数 26～29 片，有效叶数 20～24 片，大田生育期 85～90 天，属中熟品种。适应性广，生长势强，高抗黑胫病、根黑腐病，低抗花叶病、野火病、赤星病等病害。

③产量与品质：一般产量 140～170 kg/亩，烟叶浅红黄色或红黄色，组织结构疏松，色泽鲜明，身份适中，弹性好，填充性好，该品种香型风格显著，内在化学成分协调，焦油含量低，香气质高，香气量足，劲头适中，余味舒适，杂气较轻，刺激性小，燃烧性强（灰色呈灰白—白色）。

④栽培及晾制技术要点：该品种适宜海拔 600～1200 m，适应广，生长势强，一般每亩栽植 1100～1230 株为宜，施肥量为亩施纯氮 10～12 kg，氮、磷、钾配比 $m(N):m(P_2O_5):m(K_2O)$ 为 1∶1∶2.5，有效留叶数 20～24 片/株。适时分片采收、整株采收或半整株采收，标准晾房、简易晾棚两段晾制。

2. 五峰 1 号

①来源与分布：宜昌五峰马里兰烟研究中心从 Md 609 自然变异群体中系统选育出"Md 609-3"，即"五

峰 1 号"，2011 年 12 月通过全国烟草品种审定委员会审定。主要在湖北五峰县种植。

②特征特性：株式筒型，自然株高 190 ～ 210 cm，打顶株高 110 ～ 130 cm，茎围 11 ～ 13 cm，节距 4 ～ 5 cm，叶数 29 片左右，有效叶数 24 片左右。茎叶角度中等，中部叶长 80 ～ 88 cm、宽 28 ～ 34.5 cm，叶片长椭圆形，叶色深绿，叶面平展，叶片较薄，叶肉组织疏松，主脉粗细中等，茎和叶脉呈绿色。大田生育期 86 ～ 90 天，低山大田生育期 86 天左右，半高山烟区大田生育期 90 天左右，属中熟品种。适应范围较广，最适宜中海拔区域种植，生长势强，抗旱，较抗涝，抗黑胫病和根黑腐病，中感根结线虫病，低抗花叶病，易感赤星病、空茎病。

③产量与品质：一般平均产量 169 kg/ 亩左右，上中等烟比例 85% 左右。烟叶成熟度较好，身份适中，叶片结构尚疏松至疏松，叶面较舒展，颜色近红黄—红黄色，且均匀度好，光泽较对照鲜明，部位特征明显，烟叶开片较好。烟叶化学成分协调：中部二级烟叶总糖含量 0.54%，烟碱含量 3.22%，总氮含量 4.52%，氧化钾含量 3.94%，氯离子含量 0.25%；上部二级烟叶总糖含量 0.50%，烟碱含量 4.81%，总氮含量 3.44%，氧化钾含量 3.09%，氯离子含量 0.28%。香型风格显著，香气质较好，香气量较足的特点，工业可用性强。

④栽培及晾制技术要点：五峰 1 号最适宜中低海拔（700 ～ 1200 m）烟区种植，适宜深沟高垄栽培，中等肥力田块一般栽植 1026 株 / 亩，行株距 130 cm×50 cm。施肥量为亩施纯氮 10 ～ 12 kg，氮、磷、钾配比为 1：1：（2.5 ～ 3）。适宜初花期打顶，单株留叶数 22 ～ 24 片，适宜采取分片采收和半整株斩株相结合的采收方式，应用两段式晾制方法晾制。

3. 五峰 2 号

①来源与分布：宜昌五峰马里兰烟研究中心以马里兰烟 609 雄性不育系（MsMd 609）为母本、以 Md 872 为父本杂交选育而成的杂交品种，称为"五峰 2 号"，2015 年 5 月通过全国烟草品种审定委员会审定。主要在湖北五峰县种植。

②特征特性：株式筒型，叶片椭圆形，初花期打顶，单株留叶数 22 ～ 24 片，打顶株高平均 110 cm，茎围 12 cm，节距 4.5 cm，有效叶数 25 片，腰叶长度 84 cm、宽度 35 cm。大田生育期 84 天左右，该品种对 TMV 免疫，感 CMV，中抗 PVY，抗黑胫病、赤星病、空茎病能力较强。

③产量与品质：一般平均产量 175 kg 左右、上中等烟比例达到 90%，中部烟叶身份适中，叶片结构尚疏松至疏松，叶面舒展，颜色浅红黄至红黄，光泽鲜明至尚鲜明；上部烟叶成熟度好，身份适中至稍厚，叶片结构尚疏松至稍密，颜色红黄—红棕色，光泽尚鲜明。烟叶化学成分协调：中部三级烟叶总糖含量 0.83%，烟碱含量 3.34%，总氮含量 2.90%，氧化钾含量 5.36%，氯离子含量 0.37%；上部二级烟叶总糖含量 1.05%，烟碱含量 3.58%，总氮含量 3.90%，氧化钾含量 4.88%，氯离子含量 0.68%；化学成分协调，马里兰香型风格较显著，香气质较好，香气量较足，浓度较浓，余味较舒适，杂气较轻，刺激性有，燃烧性强，灰色灰白，劲头较大，烟叶可用性较好。

④栽培及晾制技术要点：五峰 2 号适应范围较广，尤其适宜于中高海拔烟区种植，并以中等肥力的缓坡地、有机质含量充足、磷钾含量丰富的微酸性土壤最适宜。2 月下旬至 3 月上旬播种，5 月上旬移栽，宜深沟高垄栽培，种植密度为中、低肥力田块以行株距 130 cm×50 cm 为宜，高肥力田块以行株距 130 cm× 55cm 为宜。施肥量为亩施纯氮 12 kg，氮、磷、钾配比为 1：1：（2.5 ～ 3），70% 氮肥、60% 钾肥及全部磷肥用作底肥，余下肥料于栽后 20 ～ 25 天一次性打穴追入。五峰 2 号为早熟品种，成熟较集中，故适宜采取分片采收和半整株斩株相结合的采收方式，打顶后分片摘叶采收 2 ～ 3 次，余下叶片采取半整株斩株晾制，晾制前期和后期应注意及时排湿，定色期应注意保湿。应用两段式晾制方法晾制（变黄定色期在标准晾房内，凋萎、干筋期在凋萎棚内）效果较好。

（三）国产马里兰烟主产区的信息调研

湖北省宜昌市五峰县是我国目前得以保存和发展马里兰烟的唯一主产县，五峰县地处中亚热带湿润季风气候区，山地气候显著，四季分明，冬冷夏热，雨量充沛，雨热同季，暴雨甚多。山间谷地热量丰富，山顶平地光照充足。境内垂直气候带谱明显，适合多种农作物及经济林木生长。年均日照 1533 h，年均气温 13 ～ 17℃，无霜期 240 天，年均降水量 1600 mm/166 天。

五峰全县马里兰烟叶适宜种植面积达 8 万亩，经过多年发展，形成了独具风格的五峰马里兰烟叶。其出产的马里兰烟具有香吃味好、燃烧性强、焦油含量低、弹性强、填充性好等特点，具有独特地方风格。目前，马里兰烟已成为上海烟草集团北京卷烟厂低焦油混合型卷烟"中南海"品牌不可或缺的核心原料，自 2005 年上海烟草集团北京卷烟厂与湖北省烟草公司宜昌市公司、五峰县政府相关部门正式启动马里兰烟业基地单元建设以来，宜昌市烟草公司转变经营观念，以出产高品质适用马里兰烟为目标，推进五峰马里兰烟叶基地生产由粗放型向集约型、规范化生产转变，严格规范生产技术措施，提高烟叶生产技术措施到位率，使五峰马里兰烟的原料规范化生产技术和烟叶总体质量水平得到了显著提升和有效保障。从 2013 年开始，五峰县政府又与湖北中烟工业有限责任公司、湖北省烟草公司宜昌市公司共同签订了五峰烟叶基地建设战略框架协议，为共同建设五峰优质马里兰烟叶原料供应基地注入了新的活力。2015 年 1 月，国家工商总局商标局签发了由五峰烟草种植协会申报的"五峰烟叶"商标注册证，将有力推动以马里兰烟为核心的"五峰烟叶"优质特色品牌培育，促进我国马里兰烟叶产业健康持续发展。

第二节　国产晾烟白肋烟、马里兰烟种植与调制特点

目前，我国晾烟主产区主要集中在华中地区的湖北、四川及重庆，区域地理及气候条件相对接近，白肋烟和马里兰烟在生产种植、成熟采收及调制等主要技术环节上基本相同；云南地区地理及气候条件差异相对较大，但主要技术环节也是相似的，故在本节中将白肋烟和马里兰烟的生产技术一并阐述，各项技术中有差异的细节方面将逐一标注。

一、国产晾烟白肋烟和马里兰烟的种植技术

（一）选地及大田准备

1. 海拔高度选择

我国晾烟白肋烟和马里兰烟生长的适宜海拔应控制在 800 ～ 1200 m 的区域，为确保烟叶正常成熟和较好的质量风格，避免在海拔过高（超过 1200 m）的区域种植。

2. 种植地块选择

种植白肋烟的地块应满足以下条件。

①适度集中连片。

②植烟土壤地力均匀，耕层深厚，质地疏松，保水保肥力较强，灌水排水方便，pH 5.5 ～ 6.5，坡度小于 15°（坡度大于 15° 的地块应做梯田式整改），不要选用病虫害发生严重、地势低洼和荫蔽大的地块。

③合理轮作，无重茬，前茬可为小麦、玉米等非同科或不携带与烟草同类易感病源的作物地块。

3. 大田准备

①烟杆及植株残体在采收后及时全部清理出烟田，应连同田边其他杂物一起处理。

②有绿肥种植的烟田，10 月底之前播种绿肥，待到第二年 3 月下旬至 4 月上旬进行绿肥翻压晒垡，土壤有酸化现象的烟区在翻压时可配套撒施适量生石灰（50 kg/ 亩）或草木灰；无绿肥种植的烟田以冬闲为主，并进行土地深耕，耕层深度在 25 ～ 30 cm，越冬晒垡。

③整地：3 月下旬至 4 月上旬进行土地翻耕、平整。

4. 土壤改良

对于土壤出现酸化、严重板结、地力退化较明显的烟区，可以采用如下方法进行土壤改良。

①深耕冻土：深耕冻土可以改善土壤物理性状，熟化土壤提高肥力，减少病虫草害，使土地疏松，提高土壤微生物活性，促进根系和地上部分的生长。耕作深度应在 25 ～ 30 cm。

②秸秆还田和有机肥的施用：关于秸秆还田，提倡上季作物和本季作物配合施用，主要目的是改善土壤的理化性状，提高肥料利用率。操作方法：用麦秆、玉米秆等秸秆截成小节结合使用 HM 有氧发酵菌堆积发酵（当然也可应用当前研究成功的多种商品化秸秆生物有机肥），移栽前施入烟田；也可待烟叶中耕培土后将麦秆、玉米秆直接对垄体进行覆盖，既可保湿，还可改良土壤。关于有机肥的施用，提倡施用腐熟农家肥（亩均 500 ～ 750 kg）、饼肥（亩均用量 20 ～ 30 kg）、生物有机肥（按产品说明施用）；应注意牛粪等厩肥、沼肥或饼肥，要在移栽前 1 ～ 3 个月入田并及时用土覆盖，使之充分发酵腐熟，这样有利于此类肥料养分及时释放，避免烟叶在田间贪青晚熟。

③种植绿肥：充分利用冬闲的烟田种植绿肥，翻压后可迅速提高土壤有机质含量、增加土壤微生物活性、降低土壤容重等起到改良土壤的作用。同时在绿肥生长过程中通过养分吸收、根系分泌物和根系残留物等调节土壤养分平衡和消除土壤中不良成分。

④对土壤 pH 过低（pH ≤ 5.5）的烟区，可在冬耕或翻压绿肥时施用生石灰以加强酸化治理，生石灰用量为 60 ～ 80 kg/ 亩（绿肥返田区域不重复使用）。

（二）播种育苗

采用渗透调节包衣种，在移栽之前 45 ～ 60 天播种，采用井窖式移栽产区的可以在此期限内适当推迟 5 ～ 15 天播种。育苗技术可以选择"半基质保温保湿漂浮育苗技术"和"托盘悬式立体高效育苗技术"两种技术方案实施。

1. 半基质保温保湿漂浮育苗技术

该技术是目前在广大烟叶产区应用最成熟、最广泛的育苗技术，能在高海拔和低温条件下取得良好的育苗效果，简便易行，节约育苗成本，明显缩短育苗时间，提高成苗素质。具体方法如下：

①基质装填：向基质反复喷水，直至基质达到手捏成团，触之能散的程度，然后再装填，装填量为育苗空穴容积的 1/2 ～ 2/3。

②播种：播种后在育苗盘上方均匀地反复喷水，以确保包衣种子吸足水分，外壳裂解溶化，裸种清楚地露出。

③保温保湿催芽：在室内地面铺垫干净的薄膜，将育苗盘码放在室内，堆放高度为 10 盘，用薄膜覆盖严实，每隔 3 天喷淋一次育苗盘，保持基质湿润，保温保湿直至种子破胸萌发。

④漂浮育苗：水分管理上，出苗以前，向营养池加注营养液时，注意深度为 2 ～ 3 cm 大十字期后，营养液深度不超过 6 cm；温度管理上，前期注重密封保温，烟苗生长的适宜温度在 20 ～ 30 ℃，防止出现极端温度（棚内温度低于 10 ℃或高于 35 ℃），当棚内雾气较大时，要及时通风排湿，若大十字期以后，出现阴雨连绵天气，有条件的育苗点可采取增温补光措施。

⑤养分管理：把握好营养液的施加时间及浓度管理，出苗时（即子叶平展时）进行第一次加肥，使营养液浓度达到含纯氮（100 ～ 150）× 10^{-6}；大十字期进行第二次加肥，使营养液浓度达到含纯氮 $150 × 10^{-6}$，

保证烟苗生长所需的营养成分。

⑥其他技术措施按照烟草漂浮育苗技术规程操作。

2. 托盘悬式立体高效育苗技术

烟草托盘悬式立体高效育苗技术可利用有限的育苗设施空间实现高效育苗，显著提高土地利用效率和苗床管理效率，缩短育苗时间并明显改善烟苗素质，还能有效降低育苗成本。其原理是充分利用育苗大棚的空间，采用多层梯形立体育苗架，在育苗大棚中进行合理的密度设置，将营养液托盘和育苗盘放置在育苗架上，以专用的复合型环保育苗基质做载体，通过营养液托盘中的浅层营养液供给种子萌发和烟苗生长所需的水分和养分，并在配套的光温水肥管理措施下培育壮苗。如图 2.2.1 为立体成苗期实景图。

图 2.2.1　立体育苗成苗期实景图

（1）烟草悬式立体高效育苗技术的育苗系统及技术参数

①梯形立体育苗架：据塑钢大棚的弧形拱高，可以灵活选择如下两种育苗架来组合使用：

A 型：三层架，第一层贴地而置（离地 30 mm），第二层净高（钢丝网盘的底平面距地面高度）1000 mm，第三层净高（钢丝网盘的底平面距地面高度）1650 mm，立柱钢材 25 mm×25 mm，见图 2.2.2。

B 型：两层架，第一层贴地而置（离地 30 mm），第二层净高（钢丝网盘的底平面距地面高度）1200 mm，立柱钢材 25 mm×25 mm（钢材宽厚不小于 25 mm），如图 2.2.3 所示。

图 2.2.2　A 型三层架　　　　　　　　　　图 2.2.3　B 型两层架

②育苗基质：环保复合型基质，由少量现行泥炭育苗基质、蛭石、大量粉碎的红砂岩山沙（或河沙）及保水材料混拌而成，见图 2.2.4。

③育苗盘：PS 材质育苗穴盘，14×7 穴，株间距（相邻穴间距）35 mm，穴盘外围长 538 mm、外围宽 280 mm、穴盘深 50 mm，单盘重量不低于 120 g，见图 2.2.5。

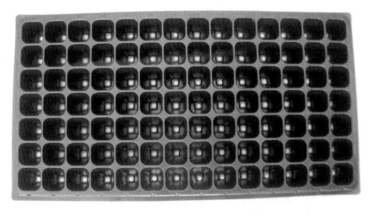

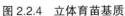

图 2.2.4　立体育苗基质　　　　　　　　　　　　图 2.2.5　育苗盘

④营养液托盘：PVC 材质，托盘深度不小于 55 mm，托盘根据规格大小分两种，即四联体托盘和二联体单盘，其中四联体托盘规格为上表面外围 1120 mm×540 mm，每托盘 4 室，每室尺寸为 50.0 mm×24.5 mm，每室容纳一个育苗穴盘，单个托盘重量不低于 600 g；二联体托盘规格为上表面外围 1080 mm×280 mm，每托盘 2 室，每室尺寸为 50.0 mm×24.5 mm，每室容纳一个育苗穴盘，单个托盘重量不低于 300 g，见图 2.2.6。为了提高营养液的管理效率，营养液托盘也可用贯通多个单元的通条营养液槽来替代：营养液槽用厚度在 0.35 mm 以上的 HDPE 防渗膜（俗称土工膜，或土工布）铺垫围成，以 5 个单元架为 1 组，从而实现营养液的通槽式管理（见图 2.2.7），这样不仅可显著提高营养液的管理效率，还能大幅降低耗材成本和苗床劳动强度。

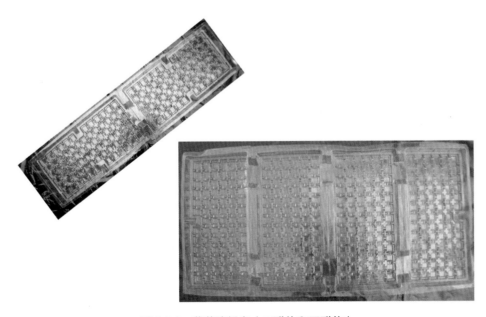

图 2.2.6　营养液托盘（二联体和四联体）

图 2.2.7　防渗膜替代托盘的营养液通槽式管理

　　⑤育苗专用肥：以烟草专用复合肥为主，添加均衡适量的中微量元素，能满足烟苗生长发育对各种营养成分的需要。

　　⑥育苗大棚：用现有育苗大棚或温室（见图 2.2.8）。

图 2.2.8　立体育苗大棚及温室的安置

　　⑦ 育苗架布局及安装要求：

　　a. 育苗架布局：架组安置应选择东西向，每组育苗架可以分成 2 ～ 3 段，即育苗架组间过道宽不得小于 35 cm、每一组的两段间过道宽不小于 50 cm；

　　b. 育苗架安装基座：为了保证立体育苗架安装后水平一致，应在现有育苗场地修筑水泥埂子，以此作为育苗架的安装基座，水泥埂子的上平面与原漂浮育苗池水泥埂子等高，且保证育苗架安装后过道宽度不小于 50 cm。

　　⑧ 营养液池：为提高营养液管理效率，需修筑容量为 1 ～ 4 m^3 的水泥池子 1 个，供配制营养液用，并配备自吸式水泵用来快捷吸注营养液。

　　（2）烟草悬式立体高效育苗技术的操作规程

　　①育苗盘的消毒：在育苗前育苗盘必须消毒。消毒方法是用 0.05% ～ 0.1% 高锰酸钾浸泡育苗盘半小时，然后用清水洗净，如图 2.2.9 所示。

图 2.2.9　育苗盘及营养液托盘消毒

②基质装填与播种：

a. 基质装填：方法与现行方法一致；

b. 播种，每穴播种 1～2 粒（可以用配套的播种器来快速完成），播完后在育苗盘上方均匀反复喷水，以确保包衣种外壳完全溶化裂解；

c. 向立体育苗架的育苗托盘内注入含烟草专用复合肥（氮、磷、钾配比为 10∶10∶20）3/1000 的营养液（100 kg 水中加入 300 g 烟草专用复合肥），可以按比例补充中微量元素[①]。

d. 最后将湿润的育苗盘移入立体育苗架的托盘中，如图 2.2.10 所示。

图 2.2.10　立体育苗基质装填与播种

③水分和养分的管理：

a. 水分管理，所有用水必须严格要求采用饮用水，如井水或自来水；水分的管理应及时观察托盘水位、苗情长势及基质干湿状况，播种至小十字期在基质充分吸湿后水位保持 2.0～2.5 cm，小十字以后控制水位在 3.5～4.5 cm 深，托盘基本装满；

b. 养分管理，当托盘水位低于育苗盘底部时及时按各时期水位要求补足营养液，视天气情况 4～10 天补充一次；待烟苗达到小十字期后营养液养分浓度可以提高至 4/1000 [即含烟草专用复合肥 m（N）∶ m（P_2O_5）∶ m（K_2O）= 10∶10∶20，配制方法如前文所述]。

④ 温湿度管理：温湿度通过大棚的窗户开关进行管理。从播种到出苗期间应采取严格的保温措施，使育苗棚内的平均气温保持在 25 ℃左右，保障整齐出苗。当育苗架顶层气温超过 30 ℃时，要及时通风降温，防止烧苗。

---

① 含氮 300×10^{-6}，其他肥源可依此折算，下同。

3. 苗期病虫害控制

为防止病害发生，采取严格的卫生防疫措施，做到严防病毒病菌传染，严格执行卫生操作，具体措施如下。

①育苗设施的消毒和防虫：育苗前，需对育苗棚（或温室）、苗池和育苗棚（或温室）四周用福尔马林或二氧化氯喷雾消毒。育苗盘可使用漂白粉、二氧化氯或高锰酸钾的消毒液以喷雾（将盘正反两面均匀喷湿不滴水为度）或浸泡的方式处理，处理后再用塑料薄膜密封至少24 h，清水冲洗并晾干后即可使用。此外，灌注营养液之前，可在漂浮育苗池底部用生石灰或乙酰甲胺磷等进行地下害虫的防治，避免破坏池膜。

②育苗场地卫生：禁止非工作人员进入育苗棚，操作人员不得在棚内抽烟，不得污染营养液（如在营养液中洗手，清洗物件）；凡进入大棚的操作人员必须用肥皂洗手，鞋底必须经盛有福尔马林液或漂白粉等药剂的浅水池消毒，减少人为传播；在苗床出现病株，应及时拔掉，在远离苗床的地方处理掉。

③药物防治：大十字期后，根据苗情长势，可喷施规定浓度的甲霜灵锰锌、甲基托布津及宁南霉素等预防猝倒病、炭疽病及立枯病，用吡虫啉预防烟蚜，用吗呱乙酸铜、抗毒丰或病毒清等预防病毒病，注意交替用药，防止产生抗药性。

④辅助设施及措施：为加强对蚜虫的防治，可在育苗大棚门及通风口设置40目的防虫网，或采用黄板、黄皿诱蚜；此外，在苗期保持大棚适宜温度的同时，应尽量通风排湿，有助于减少病菌滋生并提高烟苗的抗病能力。

4. 成苗标准与炼苗

（1）常规移栽高茎壮苗的成苗标准：

①苗龄：50～60天；②烟苗茎高9～12 cm，茎直径大于5 mm，功能叶（真叶）5～8片；③根系发达；④群体长势健壮整齐；⑤苗床无病虫害（见图2.2.11）。

图2.2.11　常规移栽高茎壮苗的成苗长相

（2）井窖式移栽小壮苗的成苗标准

井窖式移栽，在技术设计上以小苗移栽为主，即要求烟苗在移栽时达到小而状，故具体成苗标准是：①苗龄45～55天；②烟苗茎高3～5cm，功能叶（真叶）4～5片；③根系较发达；④群体长势健壮整齐；⑤苗床无病虫害（见图2.2.12）。

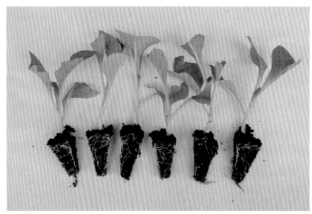

图 2.2.12　井窖式移栽小壮苗的成苗长相

（3）炼苗

移栽前 3 ～ 7 天打开育苗棚（或温室）的门窗、断水断肥，以适应大田环境；此外，栽前至少 1 h 应让苗盘吸饱苗池内肥水，这个回润操作也有利于拔苗时保证根部基质包裹不散，从而有利于缩短还苗期。

（三）大田起垄与覆膜

推行"三先"技术，即先施肥、先起垄、先覆膜。大田整地、起垄、施肥、覆膜等各项操作应在移栽前 10 ～ 15 天结束。

1. 起垄

起垄行距为白肋烟 1.1 ～ 1.2 m、马里兰烟为 1.2 ～ 1.3 m，垄高为 10 ～ 25 cm（排灌不畅、耕层较薄的田块宜采用上限，土壤质地轻、耕层较厚的田块宜采用下限），垄底宽 50 ～ 60 cm，垄面呈拱形，垄直平整，土壤细碎，垄面无杂草；沟厢应垄沟、腰沟、围沟"三沟"配套，起垄后应在垄面喷施杀虫剂，防止地老虎等地下害虫的危害。

2. 地膜覆盖

①地膜规格：使用聚乙烯农用地膜，宽度 80 ～ 90 cm。

②覆膜要求：足墒覆膜，全垄体覆盖，要达到"严、紧、实、平"的要求。

（四）施肥技术

1. 肥料种类

白肋烟主要施用的化肥类有烟草专用复合肥，如硝酸钾、硝铵、过磷酸钙、钙镁磷肥和硫酸钾，生物肥类有农家肥、绿肥、菜籽饼肥及其他成熟应用的生物有机肥。禁止用尿素和含氯肥料。

2. 施肥量及配比

我国晾烟生产的施肥管理指导思想是以平衡施肥为原则，严格控制总施肥量，合理配比氮、磷、钾，因地制宜补充中微量元素肥料；推广并稳定生物有机肥的施用，充分恢复和保护土壤肥力。在制定具体施肥措施上，必须根据种植区域的气候、土壤类型及肥力状况，充分结合测土结果，肥种植、农家肥补给和前茬作物的肥料利用特征等肥效因素，先确定施氮量及元素配比，再确定磷、钾等其他元素的施入量，并建立和完善烟区地块的施肥管理档案信息，以逐步实现肥料管理措施的精准化和生态化。我国晾烟产区当前的施肥总量控制是：白肋烟每亩纯氮总量控制在 15 ～ 18 kg、马里兰烟每亩纯氮总量控制在 8 ～ 12 kg。

值得强调的是，虽然烟草对磷的吸收量较少，但由于磷在土壤中的移动性较差，利用率较低，所以在生产中磷的施用量往往与氮相当或更多一些；烟草作为喜钾作物，对钾的吸收量非常大，我国晾烟的吸钾量往往是吸氮量的2～3倍；所以，晾烟的氮、磷、钾三元素的总供量配比宜控制在 $m(N):m(P_2O_5):m(K_2O)$ 为1:（1～2）:（2～3）。在矿质元素的全营养平衡管理上，钙、镁、硫等中量元素及硼、锌、锰、氯等微量元素的施用应根据实际测土调查结果，按照"有缺有补"的原则补足即可；此外，施入各类农家肥、生物有机肥及种植绿肥的田块须抵减相应量的化肥用量。

以湖北省2015年晾烟生产的施肥管控为实例，可做如下参考。

（1）白肋烟施肥实施例

2015年，恩施白肋烟产区坚持用地与养地相结合，有机肥与无机肥相结合，坚持控氮、稳磷、增钾、补微的原则，注重施肥方法，强调肥效早发，防止后发晚熟。产区将亩施纯氮量控制在13～16 kg，根据烟田肥力状况的大概分类、实际测土结果及降水和温度等区域气候条件特征做相应的调整，如表2.2.1所示。

表2.2.1　恩施白肋烟平衡施肥参考表

烟田分类	亩施纯氮 / kg	氮、磷、钾比例	过磷酸钙 / kg	复合肥 (10：10：20)	硫酸钾 / kg	硝酸钾 / kg	有机肥 / kg	发酵饼肥 / kg
一类田（上等肥力）	13.1	1：1.1：2.3	30	100		20	40	
二类田（中等肥力）	14.1	1：1.1：2.2	30	110		20	40	
三类田（下等肥力）	15.1	1：1.1：2.2	30	120		20	40	
高端品牌	14.7	1：1.1：2.5	40	110	10	20	40	25

施肥方式及方法：烟草专用肥、磷肥、发酵饼肥全部做底肥条施，5 kg/亩硝酸钾做提苗肥在移栽后10～15天封井时兑水淋施，余下硝酸钾、硫酸钾做追肥，在移栽30天顺垄于两株烟之间打10～15 cm深的孔，硫酸钾穴施、硝酸钾兑水淋施并封口。

（2）马里兰施肥实例

施肥量及配比：亩施纯氮8～12 kg（上等肥力8～9 kg，中等肥力9～11 kg，低等肥力12 kg），以农作物玉米产量为肥力参考植物，亩产300～400 kg为低肥力田块，400～500 kg为中肥力，500 kg以上为高肥力田块；施肥比例 $m(N):m(P_2O_5):m(K_2O)$ 为1:1:2.5。

施肥种类及用量：上等肥力烟田，亩施生物有机肥（含饼肥）45 kg、农家肥（厩肥）1000 kg、烟草专用复合肥[$m(N):m(P):m(K)$ 为10：10：20]60 kg、硫酸钾15 kg、过磷酸钙10 kg、碳酸氢铵5 kg；中等肥力烟田，亩施生物有机肥（含饼肥）47.5 kg、农家肥（厩肥）1000 kg、烟草专用复合肥65 kg、硫酸钾20 kg、过磷酸钙17.5 kg、碳酸氢铵10 kg；低肥力烟田，亩施生物有机肥（含饼肥）50 kg、农家肥（厩肥）1000 kg、烟草专用复合肥70 kg、硫酸钾25 kg、过磷酸钙25 kg、碳酸氢铵15 kg。另根据测土施肥情况，适当施用硼、锌、镁等微肥。

3. 施肥方法

①底肥：移栽前5～15天将60%～70%的氮肥、60%～70%钾肥及100%的磷肥、充分腐熟的饼肥或其他生物有机肥做底肥一次性条施，条施的深度距垄面为10～20 cm，宽度为15～20 cm。

②追肥：余下的30%～40%氮肥、30%～40%钾肥作为追肥在移栽后25天内以穴施的方式追施。具体的揭膜追肥方法：在烟株两侧10 cm处打孔施入，施肥深度为10～15 cm，追肥后要及时封口并及时淋水促溶。根据土壤和烟株长势情况，可根外喷施磷酸二氢钾和中微量元素（如缺 Mg 补 Mg、缺 Zn 补 Zn），叶面肥。

4. 施肥关键保障措施

（1）严格管控种植密度和单株供氮量

肥料的供给必须严格与种植密度相协调，总体上要求高山区（海拔 1200 m 以上）亩栽株数不得低于 930 株，即移栽密度不得低于 1.3 m × 0.55 m；低山区（海拔 1200 m 以下）亩栽株数不得低于 1100 株，即移栽密度不得低于 1.2 m × 0.50 m。原则上控氮量以 1100 株 / 亩为基础，如果密度不同于 1000 株 / 亩，则按比例调整施氮量，确保单株控氮措施的落实。

（2）严格把握施肥时间和方法

烟苗移栽后，追肥必须在移栽后 25 天之内完成，否则易导致烟株尤其是上部叶贪青晚熟。追肥方法上，提苗肥和追肥都要兑水溶解后再进行施用，追肥孔位于两株烟之间且距烟株茎基部 15 cm 以上，施肥深度不低于 10 cm，追肥后要及时封口，严禁追肥干施。要特别补充强调的是确保饼肥、农家肥充分腐熟，原则上应在施入烟田之前 3 个月就应启动田外发酵或田内入土发酵；腐熟的生物类肥料不会导致后期养分供给失控，能有效防治烟叶养分过度吸收。

（五）移栽

1. 移栽时间

应在日平均气温稳定在 12 ℃以上、地温达到 10 ℃以上且不再有晚霜危害时进行移栽。常规气候下，我国晾烟产区的具体移栽时间通常为：井窖式移栽（参见下文）的在海拔 800 m 以下区域以 4 月 20—30 日移栽为宜，海拔 800 ～ 1000 m 区域以 5 月 1—10 日移栽为宜，海拔 1000 ～ 1200 m 区域以 5 月 5—15 日移栽为宜；常规移栽可分别相应推迟 7 ～ 10 天。

2. 移栽规格

受光热资源的客观限制，移栽规格的总体控制原则是随着海拔的加高，种植密度应适当减小，移栽规格以行距 1.1 ～ 1.2 m、株距 0.45 ～ 0.55 m 为宜。

3. 移栽方法

近年来，除了常规移栽，烟草农业领域先后开发了井窖式移栽、高光效移栽等新技术，这些技术在促进烟株田间早生快发及烟叶产质量形成取得了显著效益。

（1）常规移栽

以普通的起垄规格为基础，实行沿垄面中轴线移栽，叶芯平齐或略低于垄水平面。

（2）井窖式移栽

为适应我国大部分烟区移栽期低温、少水的状况，贵州省烟草科学研究院开发了烟草井窖式移栽技术，作为行业内的新移栽方法，其关键技术细节及要求介绍如下。

①定最佳移栽期：确定原则为移栽时烟区气温稳定通过 13 ℃，让烟株旺长期在温、光、水最佳的季节通过。湖北大部分烟区的移栽时间可以比常规移栽时间提前 10 天左右。

②移栽井窖的制作：移栽烟苗前在覆膜的垄体上，按确定的移栽株距，使用专用井窖制作工具，打制移栽井窖，要求井窖口呈圆形，直径 8 ～ 9 cm，井窖深度据移栽时的烟苗高度而定，一般 18 cm 左右，原则是栽后叶芯距垄顶平面 5 cm 左右（即烟叶自然伸展的顶部距垄顶平面 2 ～ 3 cm）。打井窖的操作，浓缩一下就是"打、摇、转"："打"就是打出深度 18 cm 的井窖，确保烟苗叶子不与地膜接触有效防止烤苗；"摇"就是摇出 8 cm 口径；"转"就是把井壁泥土转光滑（如图 2.2.13 所示）。

图 2.2.13　两种井窖式移栽专用打孔器

③ 烟苗移栽：移栽时，将烟苗垂直提着，苗根向下，丢于井窖内即可（如图 2.2.14 所示）。

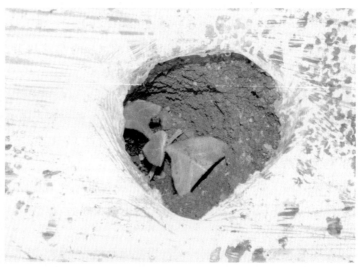

图 2.2.14　井窖式移栽操作

④ 淋施稳根肥药水：烟苗丢入井窖后，马上用 0.5% 的专用追肥液 [m（N）：m（K$_2$O）=15：30]，加防治地下害虫的农药，拌匀，盛于专用水壶内，顺井壁淋下，每井 80 ～ 200 mL（垄体墒情好 80 ～ 100 mL，中等 100 ～ 150 mL，较差 150 ～ 200 mL，如图 2.2.15 所示）。

⑤ 追肥管理：移栽后 7 ～ 10 天，用 1% ～ 2% 的专用追肥液顺井壁淋施追肥；移栽后 25 天左右，顺垄体正中两侧的叶尖下打深 10 cm 左右、宽 2 cm 左右的追肥孔，将剩下的追肥分穴施入，用细土密封好追肥孔（如图 2.2.16 所示）。

图 2.2.15　井窖式移栽后淋灌稳根水

图 2.2.16　井窖式移栽追肥

⑥ 填土、封口：当烟苗长出井口，生长点超出井口 1～3 cm 时，用细土向井内填充，并将膜口用土密封（如果是在晴天高温下只填井不封膜口，烟苗容易被灼伤），可结合追肥同时进行。后期是否揭膜培土，按当地原生产方案执行（如图 2.2.17 所示）。

图 2.2.17　井窖式移栽的填土封口操作

⑦井窖式移栽保障措施

a.消除杂草对井窖式移栽的影响。井窖内容易滋生杂草，会严重影响烟株正常生长发育并增加管理用工。针对这种情况，可在年前的深翻晒垡之前喷施一次除草剂，深翻后20天左右再喷施一次；施用除草剂时必须做到杀种除草剂与杀青除草剂混合施用，并根据土地本身杂草量及杂草的生命力强弱特点来选定除草剂品牌和使用浓度，这样会有效控制来年杂草生长。

b.提高打孔效率。在移栽前的打孔操作中，往往会由于垄体土壤湿度不够，或垄体成型后不够紧实，导致打孔器提起时，井窖壁的泥土会回填，即井窖成型不佳，这主要是垄体土壤湿度不够导致。解决方法是起垄后足墒覆膜，或雨后提前起垄并及时覆膜，再行打孔。对此，值得注意的是，土质过于黏重或沙砾过多的地块，以及经常在栽后20天内有大暴雨的烟区，不宜选择井窖式移栽方法。

c.加强对虫害的预防。除了地老虎以外，在井窖式移栽实践中发现，蛞蝓也是一大虫害，这主要是由于井窖给蛞蝓的生长繁殖提供了相对较好的环境；如不加强预防，很可能对烟苗的前期生长带来毁灭性危害。因此，在移栽后可及时选择施用"密达"或"窝克星"等农药进行防治。

（3）高光效栽培模式移栽

本移栽技术由湖北省烟草科学研究院开发并逐步推广，是以高低垄穿插排列的起垄方式和偏垄面中轴线交错移栽为核心内容的双波浪高光效栽培模式来实现的，其具体操作及实现包括两部分：①起垄，通过高低垄穿插排列（即成横波浪），高垄垄高（25±2）cm，低垄垄高（10±2）cm，每条垄的垄面宽度40 cm，垄底宽度80 cm；②移栽，烟株移栽时偏离垄面轴线10 cm并呈品字形移栽（即成纵波浪），每相邻两株烟的轴线距离保持45～55 cm不变。技术实现效果示意图如图2.2.18所示。

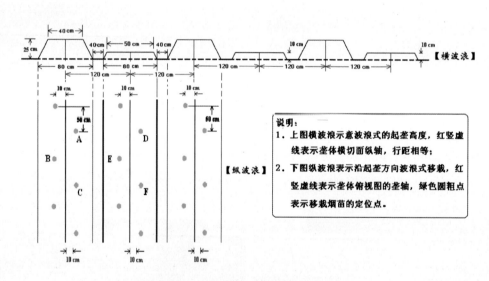

图2.2.18　双波浪高光效栽培模式示意图

高光效栽培模式移栽广泛适用于我国光热资源相对不足的各烟叶产区，尤其是在我国晾烟产区几乎全部分布于中高海拔缺光少热的生态环境之下，本栽培模式可以在不改变现有种植密度的前提下，显著提高烟株及群体对太阳光合有效辐射的截获量，从而促进烟叶产量和品种形成并改善烟叶等级结构。

4.移栽配套措施

（1）移栽使用陪嫁营养土

为确保烟苗移栽后能尽快还苗，移栽时要求在定植的坑穴底部及烟株根部周围垫放适量的营养土，即俗称的"陪嫁营养土"。营养土用量按1000 kg/亩配置（非井窖式移栽田的营养土用量为350～400 kg/亩），包含70%的过筛本土和30%的腐熟农家肥或生物有机肥，同时拌入3 kg左右烟草专用复合肥（非井窖式移栽田的复合肥用量为2～2.5 kg），混匀堆积发酵10天以上方可使用。移栽后烟苗心叶离井口过深时，要在井口中下部适当添加营养土围苑；待烟苗心叶长出井口之后，再将剩余营养土进行围苑封口，为保持一定的积水能力，封口时营养土不要填得太满。

（2）"三带一深"移栽

实行"三带一深"移栽，即移栽时要求带肥（肥在营养土里）、带水、带药、深栽，深栽要求井窖必须掩没茎秆，叶芯在井口以下且距垄顶平面5 cm左右，即栽后烟苗呈喇叭状；带水移栽要求浇水于烟株根部，用水量要达到1 kg/株以上。

（六）灌溉

发生干旱时充分利用烟水配套设施进行灌溉。白肋烟各生育时期最适宜的土壤相对含水量为移栽—团棵65%左右、团棵—打顶80%左右、打顶—采收75%左右，低于上述含水量须进行灌溉。

浇水一般要求3次，第1次是烟叶移栽时浇稳根水，苗穴浇水量宜大，以利还苗成活，消除因施窝肥而对根系产生的伤害；第2次是烟叶进入旺长之前要求土壤水分充足，旺长初期如果墒情不足要适量浇水，旺长中期浇大水，而且连续进行，保持地表不干，但要注意促中有控，防止个体和群体矛盾激化，旺长后期对水分可适当控制；第3次是烟叶打顶后，出现水分缺乏要适当浇圆顶水，促进上部烟叶叶片开片。

灌溉的方法及灌溉量上，我国晾烟产区多以引水或挑水然后用瓢舀浇灌为主，一般每次灌溉量都应保证在1 kg/株以上；有灌溉条件的地方，在旱期，采用沟灌或漫灌的方法更能有效快速缓解旱情，并促进土壤中养分的释放和利用。

（七）田间管理

1. 各生育期田间长相标准

（1）团棵期长相标准

移栽后25～35天田间整体应达团棵期，烟株应达到株高25～35 cm、叶数12～14片、叶色正绿；烟株横向伸展宽度与纵向生长高度比为（2～3）∶1，近似半球形；发育正常，整齐一致，基本无病虫害。

（2）旺长期长相标准

团棵后20～35天应达旺长期，烟株应达到株高110～125 cm、茎围不低于10 cm，叶片开展，中部叶长度达60 cm以上，宽30 cm左右，叶片无缺素症状；长势良好，整齐一致，基本无病虫危害。

（3）成熟期长相标准

打顶后30天左右应达成熟期，烟株各部位叶片充分开展，有效叶数20～26片；叶脉凹陷，叶肉明显凸起，叶缘有皱褶，叶尖叶缘明显下垂，株型近似筒型或腰鼓型，无花无杈，病虫危害轻。

2. 揭膜培土

海拔1200 m以下的烟区移栽后25～30天揭膜，清除田间杂草，进行中耕培土，培土高度达到20～25 cm，垄底宽60 cm，以利于烟株形成强大的次生根系，尽快进入旺长；海拔1200 m以上的烟区不揭膜，全生育区覆膜。

3. 清除底脚叶

旺长期清除及时摘除接近地面的假熟、破烂、有泥污底脚叶，将其清出田外，减少病害对下部叶的浸染。

4. 打顶留叶

一般是在初花期一次性打顶，具体实施中依据品种特性、实际长势和土壤肥力状况而决定打顶期及留取有效叶数，通常留叶数为20～26片。

①对肥力水平较高、长势较旺的烟株及整齐度较高的田块，在中心花开放 50% 时进行第一次打顶，自顶端向下达到 15 cm 长的叶片均需保留，确保留叶数不低于 24 片，株型以近似筒型或近似腰鼓型为宜。

②对肥力水平中等、长势正常的烟株，在伸蕾至初花开放时一次性打顶，自顶端向下达到 20 cm 长的叶片均需保留，确保 22 片留叶数，株型以近似筒型或近似腰鼓型为宜，杜绝低打顶，严禁留二杈，如果打顶后因天气干旱，可以考虑二次打顶（对叶片达不到 50 cm 的再次打顶）。

操作上落实刀削打顶，杜绝"随手掐"，并注意避免阴雨天或带露水打顶，以防止空茎病发生；打顶后及时清除烟株残体，防范病害滋生。

5. 抑芽

打顶并抹掉 2 cm 左右的烟芽后，按化学抑芽剂的使用方法进行化学抑芽。

6. 叶面肥使用

根据烟株田间长势，可选择性地在旺长期开始进行叶面喷施磷酸二氢钾，浓度 0.2% ~ 0.4%，或将磷酸二氢钾与多菌灵混施，预防病害。

7. 病虫害防治

以预防为主，综合防治，统一规划，联防联治；采用农业防治、生物防治和化学防治等 3 种措施，重点抓好"三病三虫"的防治，即烟草病毒病、以黑胫病为主的根茎部病害、烟草赤星病和烟蚜、小地老虎、烟青虫防治。

①前期以病毒病防治为主。重点加强苗期灭蚜防病和全面消毒（浮盘消毒、大棚内外环境消毒、农事操作消毒），并及时通风透光。间苗、剪叶前后各喷施抗病毒抑制剂 1 次。药剂种类为 20% 吗呱乙酸铜 600 倍和 0.5% 香菇多糖 300 倍等。同时在小团棵后喷施波尔多液防治气候斑。

②中期重点防治根茎部病害，提倡区域预防、重点监测、对症治疗。除在整地、三先、移栽、封井已采用的防治措施外，在团棵期用 20% 噻菌铜悬浮剂 100 g/ 亩或用农用链霉素灌根预防青枯病，兑水离烟株 2 ~ 3 cm 处打 15 cm 深的孔施入，每穴 50 mL。对有根腐病、黑茎病发病史的进行针对性预防，用甲霜灵锰锌或霜霉威盐酸盐水剂稀释 500 倍淋施（离烟株 2 ~ 3 cm 处打 15 cm 深的孔施入每穴 50 mL）进行防治。

③后期重点防治赤星病等叶部病害。在发病初期，每隔 5 ~ 7 天交替喷施 40% 菌核净稀释 500 倍液或 50% 咪鲜胺锰盐稀释 1000 ~ 1500 倍液，连续施药 2 ~ 3 次。

④烟苗移栽后，要经常进行田间检查，发现根茎部病株应立即拔除，带出田外集中销毁，并撒施少许石灰做病穴消毒，减少病菌传播蔓延的机会；并坚持农事操作后用肥皂水洗手消毒，以防止病害传染。

注意农药的安全使用，防治病虫害用药全部使用烟叶生产登记允许品种，并严格按使用说明进行施用，斩株前 7 天停止用药，确保烟叶农药残留在安全允许范围内。

二、国产晾烟白肋烟和马里兰烟的成熟采收与晾制

采收与调制晾制是生产优质晾烟的核心技术之一，是把大田生长的潜在质量转变为期望的最终消费质量的关键环节，对烟叶原料的质量与经济效益的影响至关重要。晾烟晾制的原理是在晾制的不同时期，将晾房内的温度、湿度条件控制在适宜的范围内，促进烟叶发生必要的生理生化反应，同时使烟叶逐渐失水干燥，获得满意的品质。

（一）烟叶成熟采收的要求

1. 烟叶成熟的外观特征

（1）白肋烟

①下部叶：烟叶呈黄绿色，叶尖下垂，茎叶角度增大，接近90°，茸毛脱落。

②中上部叶：上部烟叶和中部烟叶呈柠檬黄色，沿烟叶主脉两侧略带青色，叶肉凸起，略现成熟斑。

（2）马里兰烟

①下部叶：略褪绿，叶尖枯萎。

②中部叶：叶色变浅，略显黄色，叶尖变黄，茎叶角度增大，主脉2/3变白，易采摘。

③上部叶：叶色呈黄绿色，叶尖下垂，主脉全变白，呈现成熟斑，易采摘。

2. 烟叶采收

（1）白肋烟

下部烟叶采收：根据成熟标准，按部位由下而上逐叶采收，每次每株采2～4片，采1～3次，摘叶采收可达4～10片叶。一般在打顶后7～15天内完成。

中上部烟叶采收：在完成下部烟叶摘叶采收后，根据成熟标准，剩下的中上部烟叶一次性半整株斩株采收，茎秆不剖开。

（2）马里兰烟叶采收

分片采收依据成熟特征在打顶时期开始采收，每次采收2～3片，每隔5～7天采收一次，上部6～8片一次性集中砍收。采收时间应在下午4点以后，天气干旱宜在上午10点钟以后进行采收，烟叶成熟后遇小雨，应在露水干后立即采收，如大雨烟叶返青，待其重新成熟后再采收。

半整株砍收，则视田间成熟度，在打顶后30天左右进行。采收、运输、堆放烟叶时，避免挤压、暴晒和乱堆烟叶。

3. 装棚

（1）下部烟叶，分片采收后编绳装棚

将采收的叶片按部位、大小、损伤度、颜色分类并分别用细烟绳编扣成串，一般1 m编好烟叶的烟绳编烟叶25～30片。要求2片一束（马里兰烟是1片一束），叶基对齐，叶背相靠，编扣牢固，束间距均匀一致，叶片一般不划筋。进入晾房晾制，烟绳要求拉直，绳距20 cm左右。

（2）中上部烟叶，半整株一次性砍收后挂杆装棚

晴天采收，烟株砍收时，在烟杆下端砍出一个可将烟杆倒挂于钢丝上的斜切口，或在烟杆下端倾斜钉入一根可将烟杆倒挂于钢丝上的竹钉，待烟株暴晒20～30 min叶片出现萎蔫变柔韧后，将烟株转运到晾房或凋萎棚并及时悬挂于钢丝绳上，挂杆规格为同层烟株距20 cm、烟杆间距25 cm。要求由上而下，垂直装棚，装完一个垂直面再装第二个垂直面。烟杆要均匀排列，纵横一致，上下排齐，以利通风顺畅；切忌顺水平方向一层一层的装棚和交错排杆。

（二）晾制技术

1. 基本原理

在晾制过程中，烟叶外观发生明显变化的同时，烟叶内也进行着与烟叶品质密切相关的一系列复杂的生理生化反应，并且烟叶逐渐失水干燥。据此将晾制过程划分为凋萎期、变黄期、变褐期（马里兰烟称为"定色期"）和干筋期4个时期。在晾制的不同时期，通过调控晾房内的温度、湿度条件到适宜的范围内，即使晾房内相对湿度在凋萎期保持在75%～80%；在变黄期、变褐期保持70%～75%；在干筋期

保持在 40% ～ 50%，促进有利于烟叶优良品质形成的一系列复杂的生理生化反应发生，以获得满意的品质。

2. 晾制设施

晾烟的调制过程必须在晾房中进行，晾制种植面积为 666.7 m² 的白肋烟，必须有 26 ～ 29 m² 的标准晾房一间。晾房修建要求如下：

（1）晾房选地

要求建在地势平坦，通风顺畅，地下水位低，光照条件好的地方，晾房地面应略高于四周地面，不能建在林荫地和潮湿的低洼处。

（2）晾房朝向

晾房朝向应以晾房迎风面与风向垂直为原则，以便于通风排湿。一般以南北向建造晾房。

（3）门窗设置

为了便于通风排湿，门窗总面积应占晾房四周墙面面积的 1/3 以上。门、窗和地窗设置规格分别为门高 2 m、宽 1.2 m；窗高 1.28 m、宽 1 m；地窗高 0.5 m、宽 0.6 m；两块地窗设置在每个窗的下方。

（4）晾房房顶及四周的要求

用农膜在房顶覆盖压紧，然后在农膜上铺盖 7cm 厚的覆盖物，覆盖物可用麦秸、茅草或稻草等物。晾房四周应在晾房盖好后，用麦秸、茅草编扎成草帘，固定在晾房四周，四周草帘厚度在 3 ～ 4 cm，晾房 4 周必须封闭严密，能防止雨天的湿空气进入和日晒。

（5）晾房内层栏

晾房内层栏一般设置二层，可晾烟 1300 株左右，也可设置三层晾烟 2000 株，每层需放置 4 根横木作为放置烟杆的支架，横木为直径 10 cm 以上的横圆材，朝向与晾房迎风面平行，横木距离 1.2 m。

（6）晾房规格

白肋烟晾房的规格为每间晾房规格为长（进深）7.2 m、宽 3.6 m（迎风面）、檐柱高 4 m、中高 5.2 ～ 5.5 m、出檐 0.5 m，层栏底层距地面高 2.5 m，其余层栏 1.6 m；马里兰烟晾房的规格为每间晾房规格为长（进深）6 m、宽 5 m（迎风面）、檐柱高 4 m，挂烟二层，层间距 2 m，横梁间隔 1.2 m。晾房间数可根据需要顺延，增加间数。晾房的高度可根据层栏的需要而增加。修建晾房时，晾房长度（进深）应严格控制，如果晾房长度过长，则晾房内通风不顺畅，湿度过高，会造成烟叶霉变烂烟；过短，则排湿过快，烟叶干燥过快，调制后烟叶颜色浅，光泽差，形成急干烟。

（7）凋萎棚规格

在一些海拔较高或采收期湿度过大的产区，尤其是在我国马里兰烟产区，为了克服湿度过高的不利条件，需要搭建凋萎棚，实行两段式晾制，即在正式装棚晾制之前在凋萎棚内通过半晒半晾进行预凋萎，以防止闷棚或棚烂现象发生。凋萎棚搭建规格是，在晾房边或其附近选择一块通风且采光较好的场地进行搭建，按照每 3 亩烟叶搭建一座，规格为长 × 宽 = 4 m × 4 m、高 2.5 ～ 3.5 m，每棚用棚膜 9 kg 左右。待烟株经 5 ～ 10 天凋萎落黄后，达到叶部水分明显降低的凋萎变黄期，再转入晾房完成后续晾制。

3. 温湿度调控途径

晾房温、湿度调控主要通过晾房门窗的开关、烟杆距离的调节、地表湿度的调节来实现。在以上方法不能奏效的情况下，可修建安装升温排湿设施来解决。

（1）辅助升温排湿设施——热源内置式改造

在海拔较高或晾制期间连阴雨发生频率较高的产区，可以通过在晾房内修建增温地炉的方式解决，即改造成热源内置式增温晾房。遇连阴雨或晾房内湿度超过 90% 即开始生火，可有效实现增温排湿。热源内置式增温晾房的改造办法可参照如下方案执行。

热源内置式增温晾房的增温地炉修建示意图如图 2.2.19 所示，具体修建办法：采用耐热砖在晾房 1

地面下砌筑燃烧灶，燃烧灶由燃烧灶膛 2、安全护盖 3 和散热腔 4 组成，散热腔 4 为环形通道式，与烟囱 5 相连通，在烟囱 5 内距地面 1.5～2.0 m 高度处装有调风阀片 6，安全护盖 3 盖于燃烧灶膛 2 之上，露于地面，安全护盖既有安全防护作用，又直接向晾房空间散热。

当晾制期间遭遇连阴雨导致晾房内空气湿度较大时，关闭门窗，启用本设计地下燃烧，在燃烧灶膛 2 点火燃烧，盖上安全护盖 3，散热腔环形通道向晾房地面空间传热，残余烟气经过烟囱 5 时，可以通过烟囱的壁面向晾房内释放余热，就这样使晾房增温降湿，故而加快烟叶晾制进程。同时，可根据晾房内具体温湿度情况，调节烟囱内的调风阀片 6 的开合程度来调节烟囱 5 的排风量，以控制燃烧灶内的燃烧速度，进而达到调节增温排湿的速度。

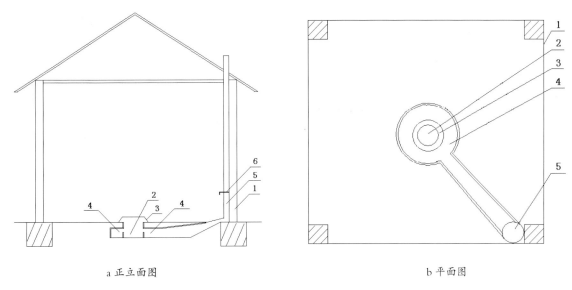

a 正立面图   b 平面图

1—晾房；2—燃烧灶膛；3—安全护盖；4—散热腔；5—烟囱；6—调风阀片。

图 2.2.19 增温地炉修建工程示意图

（2）辅助升温排湿设施——太阳能式改造

本太阳能增温排湿晾房系统利用太阳能，采用晾房顶强制流动空气型太阳能集热器与南墙下自然流动空气型太阳能集热器相结合，通过分布式出风管路循环系统，实现烟叶晾房增温排湿，提升烟叶晾制品质。由于使用太阳能加热空气，使空气流动，整个晾制过程排除了人工的加热过程，从而降低了晾制过程劳动强度。由于空气加热过程使用太阳能，因而可节省能耗，消除了传统加热过程空气污染。此太阳能增温排湿晾房的改造办法可参照如下方案执行。

如图 2.2.20 所示，该太阳能增温排湿晾房系统包括晾房、集热器和支撑板，具体结构的搭建如下：

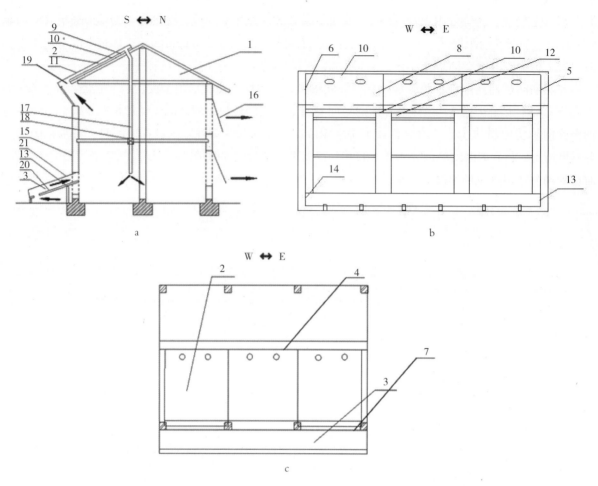

1—晾房；2—第一集热器；3—第二集热器；4—北支撑板；5—东支撑板；6—西支撑板；7—南支撑板；8—中支撑板；9—第一底部保温板；10—第一集热板；11—第一阳光板；12—南支撑板；13—东支撑板；14—西支撑板；15—围护幕；16—围护窗；17—出风管路；18—风机；19—进气口；20—第二底部集热板；21—第二阳光板。

图 2.2.20　太阳能式改造晾房结构示意图

晾房 1，其为框架式晾制支撑建筑，包括：多个立柱，将相邻的两个立柱围起来可形成墙面，按照方位进行划分，可将墙面分为东、西、南、北 4 面墙，这些墙面就围成了晾制空间；在立柱之间搭接的横杆，用于晾制烟叶等。

第一集热器 2，其设置在晾房 1 的顶部，为强制空气循环式集热器。第一集热器 2 包括：第一集热板 10，其用于接受太阳光辐照，以使自身升温；第一阳光板 11，其设置在第一集热板 10 之上，并与第一集热板相隔预定距离以形成第一气流通道，用于使阳光透过并辐射到第一集热板上，并能防止第一集热板上热量扩散到大气中；第一底部保温板 9，其设置在第一集热板后面，用于对第一集热板 10 起保温作用。

出风管路 17，其与第一气流通道的一端相通，第一气流通道的另一端为进气口 19。在本实施例中，出风管路 17 优选为柔性管，或者出风管路 17 的出口连接到至少带有两个通路的连接器，该连接器的每个通路连接到柔性管。这样，可改变风管路 17 出口的位置，从而使晾房 1 内各处均有气流流动，从而提高了晾制效果。从第一底部保温板上开有通孔，用软管由此处将集热器中的热空气导入晾房中，从图上可以看到，在第一集热板上和第一底部保温板 9 设有若干通孔，该孔设有连接头，该连接头再与出风管路 17 相接。

风机 18，其设置在出风管路 17 中，用于驱动气流使气流从进气口 19 进入第一阳光板 11 与第一集热板 10 之间的第一气流通道，气流经过第一集热板 10 表面时，与第一集热板 10 表面进行热交换成为高温的热空气流，该热空气流通过出风管路 17 进入晾房 1 的烟叶晾制通道中，以使循环气流对烟叶进行晾制。

其中，第一集热器 2 受到北支撑板 4、东支撑板 5、西支撑板 6、南支撑板 7 及中支撑板 8 的支撑，上述支撑板对第一集热器 2 的第一底部保温板 9、第一集热板 10、第一阳光板 11 起支撑作用。其中，中支撑板 8 与东支撑板 5、中支撑板 8 与西支撑板 6 可分别围成两路气流通道，使热空气在该气流通道内流动。由于中支撑板 8 的支撑作用，避免了第一阳光板 11 因跨度大而导致的凹陷、变形。

在改造方案中，还设有第二集热器 3，其设置晾房的南墙下部，为自然空气对流式集热器，可促使气流自流向上流动。第二集热器 3 包括：第二集热板 20，其用于接受太阳光辐照，以使自身升温；第二阳光板 21，其设置在第二集热板 20 之上，并与第二集热板 20 相隔预定距离以形成第二气流通道，用于使阳光透过并辐射到第二集热板 20 上，并防止第二集热板 20 上热量扩散到大气中。

第二集热器 3 受到东支撑板 13 和西支撑板 14 的支撑。东支撑板 13、西支撑板 14 与第二集热板 20、第二阳光板 21 合围成气流通道。在该气流通道的出风口处，第二集热板 20 与第二阳光板 21 之间的间距比进风口处的间距要大，有利于气流流动进入晾房 1 内；另外，气流从位于第二集热器 3 底部的第二集热板 20 与第二阳光板 21 之间的通道，受浮升力的作用进入晾房 1 内，无须风机强制引力作用，起增强晾制的作用。第二集热器 3 的第二底部保温板 13 对第二集热板 20 具有保温作用，避免散热。

晾房 1 的四面墙可以是围护幕 15，以避免阳光直接照射到烟叶上，从而提高晾制品质，并起保温作用；在晾房的面墙上可设置一个或几个围护窗 16，开启晾房围护窗 16 可使潮湿空气排出晾房；关闭晾房围护窗 16 可起到保温作用，及避免阴雨天潮湿空气进入晾房。在本发明的实施例中，优选地，晾房的围护窗 16 设置在晾房的北面墙上。

支撑第一集热器 2 的北支撑板 4、东支撑板 5、西支撑板 6、南支撑板 7、中支撑板 8 均设有连接孔，通过这些连接孔可使上述支撑板与晾房 1 南墙连接在一起。支撑第二集热器 3 的东支撑板 13、西支撑板 14 形成支架，以支撑第二集热器 3。

第一集热器 2、第二集热器 3 与水平面呈 30° 倾斜角，该倾斜角可使阳光分别垂直照射到集热板上。

4. 晾制技术

晾烟晾制受自然气候条件影响较大，因此，晾烟晾制技术也应根据当时、当地的气候条件和各晾制阶段的要求进行调整。

（1）凋萎期

凋萎阶段要求迅速地将烟株内多余的水分排出，因此，要求在白天将门窗全部打开，使晾房内相对湿度最好低于 80%，该阶段一般持续 6～8 天。

（2）变黄期

当晾房内相对湿度低于 70% 时，关闭门窗，注意保湿，相对湿度高于 75% 时，应打开门窗及时排湿。当用开关门窗调节湿度不能及时奏效时，则应通过调整烟杆距离来辅助调节，湿度低时适当缩小杆距，以增加湿度，湿度高时则拉大杆距，以加强通风排湿。该阶段一般持续 7～9 天。

（3）变褐期

晾房内相对湿度应继续保持在 70%～75%，调控方法同变黄期；待最后一片顶叶变为红黄色时，即可将晾房门窗全部关闭，以加深叶片颜色，增加香气，但每天都要查看晾房内湿度情况。该阶段一般持续 11～13 天。

（4）干筋期

晾房内相对湿度应保持在 40%～50%，调控方法仍以开关门窗与调节烟杆距离来实现。该阶段一般持续 11 ～ 13 天。

（5）低海拔地区晾制技术

低海拔地区一般指海拔高度低于 800 m 的地区，针对该地区晾制季节相对湿度较低的气候特点，晾制技术须进行调整，即在湿度过低的情况下，采取各种便捷、可行的保湿、增湿手段来保障晾房内适宜的相对湿度，主要包括：

①晾房房顶铺盖的麦秸（或毛草、稻草）及四周遮围的草帘应加厚，厚度大于 5 cm；

②白天将晾房门窗紧闭以保湿，夜间打开晾房门窗以吸潮；

③在晾房地面上泼水；

④缩小烟杆及烟株之间的距离，使之更紧密。

（6）高海拔地区晾制技术

高海拔地区一般指海拔高度高于 1000 m 的地区，针对该地区晾制季节相对湿度较高、气温低的气候特点，晾制技术须进行调整，即在湿度过高的情况下，采取各种有效的增温排湿手段来保障晾房内达到适宜的相对湿度，主要包括：

①夜间和早晨关闭门窗，白天打开门窗通风；

②将烟杆及烟株之间的距离调大，以改善烟株之间的通风情况；

③在晾房地面铺设薄膜等隔潮、防潮材料；

④在晾房内修建安装升温排湿设施。

在采取其他措施不能将过高湿度降下来的情况下，可使用修建安装火龙升温和排风扇排湿，以降低湿度。

（7）适时下架，按部位剥叶堆放醇化

当全部烟叶主脉干燥易折，晾房内相对湿度 70% 左右时，即可下架剥叶。剥叶应按顶叶、上二棚、腰叶和下二棚 4 个部位堆放，以便分级。晾制好的烟叶水分含量应严格控制在 16% ～ 17%，应妥善堆放保管，自然醇化一段时间。

5. 国产晾烟白肋烟和马里兰烟的分级技术要求

国产晾烟的品质等级划分主要是依据叶片自然生长特性及调制后的外观特征，并按照先分组、后分级的思路进行。在具体分级方法的执行细节上，白肋烟和马里兰烟有一些差异，分述如下。

（一）国产白肋烟的分级技术要求

1. 分组

分组是烟叶等级划分的第一步，是依据等级划分上可区分性较强且易于识别的关键分组因素（如叶片着生部位和叶片颜色）将纷繁复杂的烟叶进行粗略划分。

（1）按叶片着生部位分组

按叶片自然着生部位，自下而上可划分为脚叶、下部、中部、上部、顶叶 5 个部位，并用英文大写字母表述，各部位组的特征描述见表 2.2.2。

表 2.2.2　白肋烟各部位组的特征描述

部位	代号	特征		
		脉相	叶形	厚度
脚叶	P	较细	较宽圆、叶尖钝	薄
下部	X	遮盖	宽、叶尖较钝	稍薄

部位	代号	特征		
		脉相	叶形	厚度
中部	C	微露	较宽、叶尖较钝	适中
上部	B	较粗	较窄、叶尖较锐	稍厚
顶叶	T	显露、突起	窄、叶尖锐	厚

注：在部位特征不明显的情况下，部位划分以脉相、叶形为依据。

（2）按叶片颜色分组

按调制后的叶片颜色，由浅至深可划分为浅红黄色、浅红棕色、红棕色3种颜色；鉴于调制后部分叶片呈多色相杂的情况，加设杂色组，用英文大写字母表述，各颜色组的特征描述见表2.2.3。

表 2.2.3　白肋烟各颜色组的特征描述

颜色	代号	颜色特征
浅红黄色	L	浅红黄带浅棕色
浅红棕色	F	浅棕色带红色
红棕色	R	棕色带红色
杂色	K	烟叶表面存在着20%或以上与基本色不同的颜色斑块，包括带黄、灰色斑块、变白、褪色、水渍斑、蚜虫为害等

烟叶分组的实务操作中，是将部位组和颜色组综合划分，以"部位（P/X/C/B/T）"+"颜色（L/F/R/K）"的方式表述，如"PL""XF""CF""BR"等。

2. 分级

分级是烟叶等级划分的第二步，是在烟叶分组的基础上，依据烟叶品质要素的细分指标，如叶片的成熟度、身份、叶片结构、叶面、光泽、颜色强度、宽度、长度、均匀度、损伤度等的优劣差异进一步细分品质级别（简称"品级"，上述品质要素的细分指标简称"品级要素"）。

（1）品级要素的划分

每一个品级要素依据优劣程度划分成不同的程度档次，各品级对应的程度档次划分见表2.2.4。

表 2.2.4　要素及程度

品级要素	程度
成熟度	欠熟、熟、成熟、过熟
身份	厚、稍厚、适中、稍薄、薄
叶片结构	密、稍密、尚疏松、疏松、松
叶面	皱、稍皱、展、舒展
光泽	暗、中、亮、明亮
颜色强度	差、淡、中、浓
均匀度	以百分比表示
长度	以厘米（cm）表示
宽度	窄、中、宽、阔
损伤度	以百分比控制

（2）各等级的品质规定

烟叶品级的最终划分是将各相关品级要素及其程度档次综合考量，确定细分品级，并对各细分品级给予明确的参数规定，依此准确勾画出各品级的质量状态，从而便于确定各品级的相应价值。分级实务操作上，在分组之后，按品质优劣顺序以阿拉伯数字代号的形式划分为1—优、2—良、3——一般和4—差，如 P_1L、P_2L、C_1F、C_2F、C_3F 等。最终具体分为：脚叶组 2 个级，下部叶组 5 个级，中部叶组 7 个级，上部叶组 6 个级，顶叶 3 个级，顶、上、中、下部组的杂色各 1 个级，末级 1 个级，即共 28 个级。各品级的详细品质规定见表2.2.5。

表2.2.5　品质规定

部位	等级代号	成熟度	身份	叶片结构	叶面	光泽	颜色强度	宽度	长度/cm	均匀度/%	损伤度/%
脚叶 P	P_1L	成熟	薄	松	稍皱	暗	差	窄	35	70	20
	P_2L	过熟	薄	松	稍皱	暗	差	窄	30	60	30
下部 X	X_1F	成熟	稍薄	疏松	展	亮	中	中	45	80	10
	X_2F	成熟	薄	疏松	展	中	淡	窄	40	70	20
	X_1L	成熟	稍薄	疏松	展	亮	中	中	45	80	10
	X_2L	熟	薄	疏松	展	中	差	窄	40	70	20
	X_3	过熟	薄	松	稍皱	暗	—	窄	40	60	30
中部 C	C_1F	成熟	适中	疏松	舒展	明亮	浓	阔	55	90	10
	C_2F	成熟	适中	疏松	舒展	亮	中	宽	50	85	20
	C_3F	成熟	稍薄	疏松	展	亮	淡	中	45	80	30
	C_1L	成熟	适中	疏松	舒展	明亮	浓	阔	55	90	10
	C_2L	成熟	适中—稍薄	疏松	舒展	亮	中	宽	50	85	20
	C_3L	成熟	稍薄	疏松	展	中	淡	中	45	80	30
	C_4	过熟	稍薄	松	展	中	—	宽	45	70	30
上部 B	B_1F	成熟	适中—稍厚	尚疏松	舒展	亮	浓	宽	55	90	10
	B_2F	成熟	适中—稍厚	尚疏松	展	亮	中	宽	50	85	20
	B_3F	熟	稍厚	稍密	稍皱	中	淡	窄	45	80	30
	B_1R	成熟	稍厚	尚疏松	展	亮	浓	宽	50	90	10
	B_2R	成熟	稍厚—厚	稍密	稍皱	亮	中	宽	50	85	20
	B_3R	熟	稍厚—厚	稍密	皱	中	淡	窄	45	80	30
顶叶 T	T_1R	成熟	稍厚—厚	稍密	稍皱	中	中	中	45	80	20
	T_2R	熟	厚	密	皱	暗	淡	窄	40	70	20
	T_3R	熟	厚	密	皱	暗	差	窄	30	60	30
杂色 K	TK	欠熟	厚	密	皱	—		窄	30		30
	BK	欠熟	厚	密	皱	—		窄	45		30
	CK	熟	稍薄	松	展	—		中	45		30
	XK	熟	薄	松	稍皱	—		窄	40		30
N	无法列入上述等级，尚有使用价值的烟叶										

3. 烟叶等级验收规则

①定级原则：白肋烟的成熟度、身份、叶片结构、叶面、光泽、颜色强度、宽度、长度、均匀度、损伤度都达到某级规定，才能定为某级。

②若同部位的烟叶在两种颜色的界线上，视其身份和其他品质指标先定色后定级。

③杂色面积规定：杂色面积超过 20% 的烟叶，在杂色组相应部位定级；CK、BK 允许杂色面积不超过 30%，XK、TK 允许杂色面积不超过 40%。

④叶面含青面积不超过 15% 的烟叶，允许在末级定级。

⑤烟筋未干、含水率超标、掺杂、砂土率超过规定的烟叶暂不分级，待重新晾干并整理好后再行分级；枯黄烟叶、死青烟叶、霉烂烟叶、糠枯烟叶、杈烟叶及有异味的烟叶，视为无使用价值烟叶，均不列级、不收购。

⑥纯度允差指混级的允许度，允许在上、下一级总和之内，以百分比表示。关于烟叶分级的纯度允差及各等级对水分、自然砂土率的允许规定见表 2.2.6。

表 2.2.6　白肋烟分级的纯度允差以及各等级对水分、自然砂土率的允许规定

级别	纯度允差 / %	水分 / %		自然砂土率 / %	
		原烟	复烤烟	原烟	复烤烟
C₁F、C₂F、C₃F、C₁L、C₂L、B₁F、B₂F、B₁R	≤ 10	16 ～ 18	11 ～ 13	≤ 1.0	≤ 1.0
C₃L、C₄、B₂R、B₃F、B₃R、X₁F、X₁L、X₂F、T₁R	≤ 15				
X₂L、X₃、T₂R、T₃R、XK、CK、BK、TK	≤ 20				
P₁L、P₂L、N				≤ 2.0	

（二）国产马里兰烟的分级技术要求

国产马里兰烟的分级，相对于国产白肋烟而言，思路和方法基本相同，在实务操作上做了适度简化。

1. 分组

马里兰烟的分组主要按照叶片着生部位划分，分为下部、中部、上部 3 个组，各组的特征描述见表 2.2.7。实务操作中，鉴于杂色对品质影响的重要性，加设了杂色组。

表 2.2.7　马里兰烟各部位分组特征

组别	代号	部位特征			颜色
		脉相	叶形	厚度	
下部	X	较细	较宽圆	薄至稍薄	多浅黄色
中部	C	适中，遮盖至微露，叶尖处稍弯曲	宽至较宽，叶尖部较钝	稍薄至适中	多红黄色
上部	B	较粗至粗，较显露至突起	较窄、叶尖部较锐	适中至稍厚	多红黄色、红棕色

2. 分级

（1）品级要素的划分

根据烟叶的成熟度、身份、叶片结构、弹性、颜色、光泽、长度、损伤度等品级要素进行烟叶品级细分。各品级要素及其程度划分见表 2.2.8。

表 2.2.8　马里兰烟各品级要素及其程度划分

品级要素	程　度	品级要素	程　度
成熟度	成熟、尚熟、欠熟	颜色	浅黄、浅红黄、红黄、红棕
身份	薄、稍薄、适中、稍厚、厚	光泽	亮、中、暗
叶片结构	松、疏松、尚疏松、稍密、密	长度	以厘米（cm）表示
弹性	好、中、差	损伤度	以百分比（%）表示

（2）各等级的品质规定

马里兰烟的烟叶等级最终细分为：下部叶 2 个级，中部叶 3 个级，上部叶 3 个级、上部杂色叶 1 个级、中下部杂色叶 1 个级，共 10 个级。各品级的详细品质规定见表 2.2.9。

表 2.2.9　马里兰烟各烟叶等级的品质规定

部位	等级	等级代号	成熟度	身份	叶片结构	弹性	颜色	光泽	长度下限/cm	损伤度上限/%
下部 X	下一	X_1	成熟	稍薄	松	中	浅红黄	中	40	20
	下二	X_2	成熟—尚熟	稍薄—薄	松	差	浅黄	暗	35	25
中部 C	中一	C_1	成熟	适中	疏松	好	红黄	亮	55	10
	中二	C_2	成熟	适中	疏松	好	红黄—浅红黄	亮	50	15
	中三	C_3	成熟—尚熟	适中—稍薄	尚疏松	中	浅红黄	中	40	20
上部 B	上一	B_1	成熟	稍厚	尚疏松	好	红黄	亮	50	15
	上二	B_2	成熟—尚熟	稍厚—厚	稍密	中	红黄—红棕	中	45	20
	上三	B_3	尚熟	厚	密	中	红棕	暗	35	25
杂色 K	中下部	CXK	尚熟	—	—	—	—	—	35	30
	上部	BK	欠熟	—	—	—	—	—	30	35

3. 烟叶等级验收规则

①定级原则：马里兰烟的成熟度、身份、叶片结构、组织、弹性、光泽、颜色、长度、损伤度都达到某级规定，才能定为某级。

②几种烟叶处理原则：烟筋未干或含水率超过规定，以及掺杂、砂土率超标的烟叶必须重新整理后再行分级；枯黄烟叶、死青烟叶、霉烂烟叶、有异味烟叶、晒制烟叶、烤制烟叶或半晾半晒烟叶及含青面积超过 30% 的烟叶，视为无使用价值烟叶，均不列级、不收购。

③品质达不到中部叶组最低等级质量要求的，允许在下部叶组定级。

④中部三级允许微带青面积不超过 10%；下部一级、上部二级允许微带青面积不超过 15%；下部二级、上部三级允许微带青面积不超过 20%。

⑤杂色面积超过 20% 的烟叶，在杂色定级；中下部杂色（CXK）面积不得超过 30%，上部杂色（BK）面积不得超过 40%。

⑥各烟叶等级的纯度允差及水分、自然砂土率的允许规定，见表 2.2.10。

表 2.2.10　马里兰烟分级的纯度允差、水分、自然砂土率的允许规定

级别	纯度允差 /%	水分 /%		自然砂土率 /%	
		原烟	复烤烟	原烟	复烤烟
中一、中二、上一	≤ 10	17 ～ 19	12 ～ 14	≤ 1.0	≤ 1.0
中三、下一、上二、上三	≤ 15				
下二、上杂、中下杂	≤ 20			≤ 2.0	

马里兰烟分级的其他原则及具体要求可参考附录中的湖北省地方标准《马里兰烟》(DB42/T 250 —2003)。

第三节　国产白肋烟、马里兰烟的质量状况

一、国产白肋烟烟叶质量概况

(一) 湖北白肋烟质量

1. 湖北恩施州白肋烟质量

外观质量：颜色浅红棕—浅红黄色，成熟度成熟；中、下部烟叶叶片结构疏松，上部烟叶结构尚疏松；中、下部烟叶身份稍薄—适中，上部烟叶身份稍厚；叶面稍皱；光泽中—亮；颜色强度中；叶片宽度以中为主。建始县外观质量相对较好，建始县、恩施市白肋烟叶外观质量年度间呈现一定波动，不够稳定[1]。

化学质量：上、中、下部位烟碱、总氮含量略偏高；上、下部烟叶总糖含量适宜，中部叶总糖含量略偏高；上、中、下部烟叶钾、氯含量较适宜。

感官质量：中部烟叶的香气质较好，上、下部烟叶的香气质中等；烟叶的香气量尚充足，有杂气和刺激性，余味尚舒适，燃烧性较好，烟气的浓度和劲头中等偏大，中、上部烟叶的工业可用性较好。建始县烟叶感官质量较好。

物理特性：上部烟叶叶长 65.26 cm，叶宽 27.62 cm，厚度 0.05 mm，叶面密度 48.44g/ cm^2，单叶重 11.97 g，拉力 1.22 N，含梗率 28.54%，填充值 5.56 cm^3/g；中部烟叶叶长 67.20 cm，叶宽 24.59 cm，厚度 0.04 mm，叶面密度 39.91g/ cm^2，单叶重 10.52 g，拉力 1.17 N，含梗率 28.42%，填充值 4.61 cm^3/g。

生物碱及烟碱转化率：上部烟叶烟碱 4.92%，降烟碱 0.50%，烟碱转化率 8.69%，假木贼碱 0.055%，新烟草碱 0.217%。中部烟叶烟碱 4.14%，降烟碱 0.18%，烟碱转化率 4.12%，假木贼碱 0.032%，新烟草碱 0.145%。

2. 湖北宜昌白肋烟质量

外观质量：颜色浅红棕色，成熟度成熟；中、下部烟叶身份稍薄—适中，上部烟叶身份稍厚；中、下部烟叶叶片结构疏松，上部烟叶结构尚疏松；叶面稍皱—展；光泽中—亮；颜色强度中—浓；叶片宽度以中为主。长阳白肋烟外观质量稍好于五峰。宜昌白肋烟叶外观质量年度间不够稳定，呈现一定波动。

化学质量：上、中、下部位烟碱、总氮含量均偏高；上、中、下部烟叶总糖、钾、氯含量较适宜，协调性指标氮碱比较适宜。

---

[1]　以 2011—2013 年湖北省烟叶质量评价为依据，下同。

感官质量：上、中、下部烟叶的香气质较好，香气量尚充足，有杂气和刺激性，余味尚舒适，燃烧性较好，烟气的浓度和劲头中等偏大，工业可用性中等，五峰感官质量稍好于长阳。

3. 四川白肋烟质量

外观质量：上部烟叶成熟度好，颜色以红黄—浅红棕色为主，光泽尚鲜明—鲜明，身份中等、稍厚各50%，结构以稍疏松和疏松为多，其身份有待进一步的改善。中部烟叶成熟度好，颜色以红黄颜色为主，光泽尚鲜明—鲜明，身份中等、厚各占50%，结构稍细致—细致。

化学质量：白肋烟上部叶总氮、烟碱、钾、氯、钾氯比处于较适宜范围，总糖、还原糖和氮碱比较低。中部烟叶总氮、烟碱、钾、氯和钾氯比达达优质白肋烟要求，但总糖、还原糖较低，氮碱比稍低。

感官质量：白肋烟香型风格为白肋型，风格程度"较显著"，香气量"有—尚足"，浓度"中等—较浓"，劲头"中等—较大"，杂气"有—较轻"，刺激性"有"，余味"尚舒适"，工业可用性"较强"，感官质量档次为"较好"。

物理特性：上部烟叶叶长59.96 cm，叶宽25.81 cm，厚度0.04 mm，叶面密度44.97g/cm^2，单叶重9.07g，拉力1.31N，含梗率33.04%，填充值5.15 cm^3/g；中部烟叶叶长67.81 cm，叶宽30.41 cm，厚度0.04 mm，叶面密度33.89 g/cm^2，单叶重9.46 g，拉力1.24 N，含梗率29.40%，填充值4.51 cm^3/g。

生物碱及烟碱转化率：上部烟叶烟碱5.97%，降烟碱0.12%，烟碱转化率1.93%，假木贼碱0.039%，新烟草碱0.177%。中部烟叶烟碱5.07%，降烟碱0.10%，烟碱转化率1.97%，假木贼碱0.044%，新烟草碱0.146%。

4. 重庆白肋烟质量

外观质量：上部叶烟叶成熟度较好，颜色多为浅红棕色或红棕色，光泽较强，身份较厚，油分有，结构不够疏松。中部叶成熟度好，颜色以红棕色为主，光泽尚鲜明，身份中等—厚，结构疏松—稍疏松为主。

化学质量：白肋烟上部叶还原糖、总氮、钾、氯、钾氯比处于较适宜范围，但烟碱含量偏高，总糖和氮碱比较低。中部烟叶总糖、还原糖、总氮、钾、氯和钾氯比达到优质白肋烟烟叶要求，烟碱含量偏高，氮碱比较低。

感官质量：白肋烟香型风格为白肋型和地方晾晒型，风格程度"有—较显著"，香气量"有"，浓度"中等—较浓"，劲头"中等—较大"，杂气"有—略重"，刺激性"有—略大"，余味"微苦—尚舒适"，工业可用性"一般"，感官质量档次为"中等"。

物理特性：上部烟叶叶长61.66 cm，叶宽24.33 cm，厚度0.05 mm，叶面密度45.13g/cm^2，单叶重11.15 g，拉力1.38 N，含梗率33.11%，填充值5.15 cm^3/g；中部烟叶叶长68.10 cm，叶宽26.80 cm，厚度0.04 mm，叶面密度34.00 g/cm^2，单叶重10.76 g，拉力1.31 N，含梗率30.02%，填充值4.73 cm^3/g。

生物碱及烟碱转化率：上部烟叶烟碱5.29%，降烟碱0.72%，烟碱转化率11.27%，假木贼碱0.041%，新烟草碱0.203%。中部烟叶烟碱4.29%，降烟碱0.494%，烟碱转化率10.65%，假木贼碱0.047%，新烟草碱0.186%。

5. 云南白肋烟质量

外观质量：上部烟叶成熟度较好，颜色多为红棕色，光泽强，身份中等—稍厚，结构稍细致。中部烟叶成熟度好，颜色多为浅红棕色或红棕色，光泽较强，身份中等，结构稍疏松。

化学质量：白肋烟上部叶总氮、钾、氯、氮碱比、钾氯比处于较适宜范围，总糖、还原糖和烟碱含量较低。中部烟叶总氮、钾、氯、氮碱比和钾氯比处于较适宜范同，而总糖、还原糖、烟碱含量偏低。

感官质量：白肋烟香型风格为白肋型，风格程度"有—较显著"，香气量"尚足"，浓度"中等—较浓"，劲头"中等—较大"，杂气"有"，刺激性"有"，余味"尚舒适"，工业业可用性"一般"，感官质量档次为"中等"，质量均衡性差。

物理特性：上部烟叶叶长61.11 cm，叶宽30.41 cm，厚度0.06 mm，叶面密度56.82 g/cm^2，单叶重11.06 g，拉力1.50 N，含梗率29.08%，填充值5.39 cm^3/g；中部烟叶叶长65.48 cm，叶宽31.78 cm，厚度0.05 mm，叶

面密度 48.72 g/ cm^2，单叶重 10.91 g，拉力 1.29 N，含梗率 29.03%，填充值 5.52 cm^3/g。

生物碱及烟碱转化率：上部烟叶烟碱 3.54%，降烟碱 0.12%，烟碱转化率 3.41%，假木贼碱 0.034%，新烟草碱 0.131%。中部烟叶烟碱 2.96%，降烟碱 0.095%，烟碱转化率 3.08%，假木贼碱 0.037%，新烟草碱 0.137%。

（二）国产白肋烟化学成分详细情况及形成规律

1. 国产白肋烟常规化学成分总体范围

烟叶的内在化学成分通常认为是评价烟叶质量好坏的重要指标之一。优质白肋烟不仅要求各种化学成分含量适宜，而且要求各种成分之间的比例要协调。通常用来衡量质量的化学成分指标包括还原糖、总氮、烟碱、氯等。优质白肋烟化学成分适宜范围见表 2.3.1。

表 2.3.1　白肋烟化学成分要求

成分	含量	成分	含量
总糖 / %	1.0 ～ 2.5	氯 / %	＜ 1.0
还原糖 / %	＜ 1.0	钾 / %	2.00 ～ 3.75
总氮 / %	2.5 ～ 5.0	氮碱比	1.0 ～ 2.0
烟碱 / %	2.5 ～ 4.5	钾氯比	4 ～ 10

①总糖和还原糖。白肋烟属晾烟类，晾制时间长，糖类物质消耗多，总糖和还原糖含量均较低，一般总糖含量在 1.0% ～ 2.5%，还原糖含量在 0.55% ～ 0.85%，以不超过 1% 为宜。

②总氮。白肋烟总氮含量在 3.0% ～ 4.0%，以 3.5% 为宜。如果含氮化合物太高，则烟气辛辣味苦，刺激性强烈，含氮量太低，则烟气平淡无味。

③烟碱。烟碱一般含量在 2% ～ 5%，以 2.5% ～ 4.5% 较适宜。烟碱含量过低，劲头小，吸食淡而无味，不具白肋烟特征香；烟碱含量过高，则劲头大，使人有呛刺不悦之感。白肋烟烟碱含量受叶位和叶数影响较大，打顶后烟碱积累显著增加。品种、肥料、土壤、干旱的气候条件等均对烟碱含量有不同程度的影响。

④钾和氯。烟叶钾的含量高低对烟叶品质有着重要的影响，它对提高烟叶的燃烧性和持火力、提高烟叶弹性、改善烟叶色泽有重要作用。与钾相关的是烟叶的含氯量，当烟叶氯大于 1% 时，吸湿性强，填充能力差，易熄火，通常在我国北方烟区表现较为突出。小于 0.3% 时，烟叶吸湿性变差，弹性下降。通常认为烟叶含氯量在 0.3% ～ 0.6% 为宜。

⑤氮碱比（总氮 / 烟碱）。总氮与烟碱的含量较接近，两者的比值大小与烟叶成熟过程中氮素转化为烟碱氮的程度有关。白肋烟总氮值比烟碱值稍大，总氮与烟碱比值在 1.0 ～ 2.0，以 1.2 ～ 1.5 较为合适。比值增大，烟叶成熟不佳，烟气的香味减少；比值低于 1 时，烟味转浓，但刺激性加重。因此，协调适宜的氮碱比是提高白肋烟品质的关键。

⑥钾氯比。优质白肋烟 K 含量应大于 2.0%，Cl 含量应小于 0.8%。若烟叶 Cl 离子含量大于 1.0%，烟叶燃烧速度减慢，含量大于 1.5%，显著阻燃，含量大于 2.0%，黑灰熄火。钾氯比值大于 1 时烟叶不熄火，比值大于 2 时燃烧性好。钾氯比值越大，烟叶的燃烧性越好，适宜的钾氯比值为 4 ～ 10。

2. 国内各主产区白肋烟常规化学成分详细情况

（1）湖北恩施白肋烟常规化学成分状况分析

湖北白肋烟主产区为恩施州下辖的恩施市、建始县和巴东县等 3 个县市，上述地区的白肋烟主栽品种鄂烟1号的常规化学成分含量见表2.3.2，就表述集中趋势的平均数而言，湖北白肋烟上部叶（B_2F）烟叶的总氮（3.94%）、氯（0.81%）和钾氯比（6.12）均在一般优质白肋烟要求范围内，烟碱（4.92%）含量偏高，而总糖（0.45%）、还原糖（0.25%）、氮碱比（0.86）较低，钾含量（4.96%）较高。湖北白肋烟中部叶（C_3F）烟叶的烟碱（3.22%）、总氮（4.28%）、钾（3.63%）、氯（0.66%）、氮碱比（1.37）和钾氯比（7.69）均在一般优质白肋烟要求范围内，而总糖（0.39%）、还原糖（0.20%）较低。

表2.3.2　湖北不同产地白肋烟常规化学成分分析

等级	地点	品种	烟碱 / %	总氮 / %	总糖 / %	还原糖 / %	氯 / %	钾 / %	氮碱比	钾氯比
B_2F	恩施	鄂烟1号	4.72	3.85	0.48	0.28	0.88	4.76	0.82	5.41
	巴东		5.06	4.02	0.40	0.22	0.75	4.90	0.79	6.53
	建始		4.14	3.96	0.48	0.25	0.81	5.21	0.96	6.43
	平均值		4.64	3.94	0.45	0.25	0.81	4.96	0.86	6.12
C_3F	恩施	鄂烟1号	4.08	4.26	0.42	0.20	0.69	4.90	1.04	7.10
	巴东		2.80	4.18	0.39	0.22	0.56	5.39	1.49	9.63
	建始		2.79	4.39	0.37	0.19	0.73	4.64	1.57	6.36
	平均值		3.22	4.28	0.39	0.20	0.66	4.98	1.37	7.69

从湖北不同地域白肋烟化学成分上看，巴东白肋烟上部叶烟碱、总氮含量最高，建始白肋烟上部叶烟碱含量最低，而中部叶烟碱含量则为恩施市最高，巴东和建始白肋烟中部叶烟碱含量较低。其他化学成分含量稍有差异，但差异不明显。湖北白肋烟中部叶氮碱比平均值（1.37）明显高于上部叶氮碱比平均值（0.86），主要是总氮含量上部叶与中部叶基本相当，而中部叶烟碱含量（3.22%）明显低于上部叶（4.64%）。

表2.3.3为湖北白肋烟的描述性统计分析结果，湖北白肋烟上部叶（B_2F）的总氮（3.97%）、氯（0.63%）、钾氯比（8.13）处于比较适宜的范围内，总糖（0.48%）、还原糖（0.37%）较低，烟碱（4.64%）、钾（4.49%）含量较高。烟叶化学成分中，总氮和烟碱的变异系数较小，分别为6.51%和6.47%，其次为氮碱比，钾氯比的变异系数最大，达到48.27%，最不稳定，其次为氯，变异系数为31.71%。烟碱、总氮、氯、氮碱比的偏度系数小于零，其他偏度系数大于零。且除了钾氯比外，偏度系数的绝对值均小于1，说明除钾氯比外其他数据分布形态的偏斜程度不大。烟碱、钾、氯、氮碱比峰度系数均大于0，为尖峭峰，说明数据大多集中在平均值附近，而其他指标的峰度系数均小于0，为平阔峰，数据较分散。

表2.3.3　湖北白肋烟化学成分的描述统计分析

等级	指标	最小值	最大值	平均值	标准偏差	变异系数 / %	偏度系数	峰度系数
B_2F	总糖	0.40%	0.62%	0.48%	0.06%	12.65	0.98	2.40
	还原糖	0.20%	0.41%	0.37%	0.05%	13.52	0.78	1.07
	总氮	3.47%	4.43%	3.97%	0.26%	6.51	−0.06	1.28
	烟碱	4.14%	5.06%	4.64%	0.30%	6.47	−0.60	−0.70
	钾	3.81%	5.21%	4.49%	0.42%	9.36	0.08	−0.40
	氯	0.24%	0.88%	0.63%	0.20%	31.71	−0.76	−0.13
	氮碱比	0.73	0.96	0.86	0.07	8.57	−0.09	−0.82
	钾氯比	5.41	18.71	8.13	3.92	48.27	2.61	7.28

续表

等级	指标	最小值	最大值	平均值	标准偏差	变异系数 / %	偏度系数	峰度系数
C_3F	总糖	0.37%	0.49%	0.41%	0.04%	8.46	1.15	1.44
	还原糖	0.15%	0.31%	0.25%	0.03%	12.25	0.69	0.89
	总氮	4.09%	4.74%	4.33%	0.19%	4.41	0.83	1.30
	烟碱	2.08%	4.30%	3.06%	0.66%	21.60	0.88	0.67
	钾	4.04%	5.58%	4.91%	0.52%	10.64	−0.57	−0.72
	氯	0.37%	1.12%	0.63%	0.21%	33.90	1.27	3.02
	氮碱比	0.96	2.10	1.47	0.33	22.18	0.16	0.72
	钾氯比	3.61	13.68	8.69	2.99	34.38	0.24	0.12

　　湖北白肋烟中部叶（C_3F）的总氮（4.33%）、烟碱（3.06%）、氯（0.63%）、氮碱比（1.47）、钾氯比（8.69）处于较适宜的范围，总糖、还原糖含量较低，钾含量较高。烟叶化学成分中，钾氯比和氯的变异系数最大，分别为34.38%和33.90%，最不稳定，其次为氮碱比和烟碱，总氮的变异系数最小，为4.41%，较稳定。钾含量的偏度系数小于零，其他化学成分含量偏度系数均大于0，为右偏。钾峰度系数小于0，为平阔峰，数据较分散。其他指标峰度系数均大于0，为尖峭峰，说明数据大多集中在平均值附近。

　　（2）四川达州白肋烟常规化学成分状况分析

　　对四川白肋烟上部叶（B_2F）的主要常规化学成分描述统计分析，结果见表2.3.4。四川白肋烟上部叶（B_2F）的总氮（3.27%）、烟碱（5.67%）、钾（2.94%）、氯（0.52%）、钾氯比（6.18）处于比较适宜的范围内，总糖（0.73%）、还原糖（0.43%）和氮碱比（0.61）较低。烟叶化学成分中，总氮的变异系数最小，为9.58%，其次为氮碱比（11.86%），比较稳定；氯的变异系数最大，为26.37%，最不稳定，其次是钾氯比和还原糖，变异系数分别为25.57%、23.92%。除钾的偏度系数小于0外，其他指标的偏度系数均大于0，为右偏，且各偏度系数的绝对值大部分都小于1，说明数据分布形态的偏斜程度不大。还原糖、烟碱、钾、氮碱比和钾氯比的峰度系数均大于0，为尖峭峰，说明数据大多集中在平均值附近，而其他指标的峰度系数均小于0，为平阔峰，数据较分散。

表2.3.4　四川白肋烟化学成分的描述统计分析

等级	指标	最小值	最大值	平均值	标准偏差	变异系数 / %	偏度系数	峰度系数
B_2F	总糖	0.51%	1.02%	0.73%	0.16%	21.24	0.56	−0.83
	还原糖	0.26%	0.78%	0.43%	0.10%	23.92	1.21	0.58
	总氮	3.04%	3.68%	3.27%	0.31%	9.58	0.95	−0.35
	烟碱	2.92%	6.77%	5.67%	0.73%	17.20	1.01	2.46
	钾	2.10%	3.49%	2.94%	0.36%	12.51	−0.97	2.26
	氯	0.29%	1.09%	0.52%	0.13%	26.37	0.05	−0.63
	氮碱比	0.48	1.06	0.61	0.09	11.86	0.51	0.65
	钾氯比	3.20	10.17	6.18	1.62	25.57	1.74	3.25
	总糖	0.57%	1.32%	0.87%	0.13%	20.99	0.83	0.02
	还原糖	0.27%	0.95%	0.50%	0.08%	23.28	0.43	−0.11

等级	指标	最小值	最大值	平均值	标准偏差	变异系数 / %	偏度系数	峰度系数
C₃F	总氮	2.80%	3.34%	3.06%	0.27%	8.64	1.45	2.42
	烟碱	2.48%	5.87%	4.81%	0.52%	14.89	0.46	0.24
	钾	3.02%	4.37%	3.32%	0.40%	11.95	2.50	6.78
	氯	0.42%	1.47%	0.78%	0.13%	21.40	−0.43	−1.28
	氮碱比	0.49	1.24	0.67	0.15	16.04	−0.20	0.46
	钾氯比	2.17	7.64	4.78	1.23	23.37	0.51	−0.79

四川白肋烟中部叶（C_3F）的总氮（3.06%）、烟碱（4.81%）、钾（3.32%）、氯（0.78%）和钾氯比（4.78）均在一般优质白肋烟烟叶要求范围内，但总糖（0.87%）、还原糖（0.50%）较低，氮碱比（0.67）稍低。各指标中以总氮的变异系数最小（8.64%），最为稳定；还原糖的变异系数最大（23.28%），最不稳定，其次是钾氯比、氯、总糖和糖碱比。就刻画分布形态的偏度系数而言，大多为右偏，且多数偏度系数的绝对值都小于1，说明数据分布形态的偏斜程度较小。多数峰度系数都大于0，为尖峭峰，说明数据大多集中在平均值附近。

（3）重庆万州白肋烟常规化学成分状况分析

由表2.3.5可见，重庆白肋烟上部叶（B_2F）的还原糖、总氮、钾、氯、钾氯比处于较适宜范围内，但烟碱含量偏高，总糖和氮碱比较低。烟叶化学成分，总氮的变异系数最小（3.96%），氮碱比次之（5.80%），比较稳定；钾氯比的变异系数最大，为29.43%，最不稳定，其次是还原糖、糖碱比和总糖，变异系数分别为24.52%、22.00%和20.07%。由偏度系数可以看出，总氮、氯和氮碱比的偏度系数小于0，为负向偏态峰，其余为正向偏态峰。还原糖、总氮、烟碱、氮碱比和糖碱比的峰度系数均大于0，为尖峭峰，说明数据大多集中在平均值附近，而其他指标的峰度系数均小于0，为平阔峰，数据较分散。重庆白肋烟中部叶（C_3F）的10种主要化学成分指标中，就表现集中趋势的平均数而言，总糖（1.12%）、还原糖（0.72%）、总氮（3.11%）、钾（2.75%）、氯（0.45%）和钾氯比（7.47）均在一般优质白肋烟烟叶要求范围内；烟碱（4.29%）含量偏高，氮碱比（0.76）较低。各个指标中，以总氮的变异系数最小（6.12%），其次为总糖（8.02%）、烟碱（9.73%）、糖碱比（9.79%），比较稳定；氯的变异系数最大，为34.28%，最不稳定，其次是钾氯比（25.49%）、还原糖（19.68%）。就刻画分布形态的偏度系数而言，大多为右偏，除还原糖外，各偏度系数的绝对值均小于1，说明数据分布形态的偏斜程度不大。除还原糖和烟碱外，其他指标的峰度系数均小于0，为平阔峰，数据分散。

表2.3.5　重庆白肋烟化学成分的描述统计分析

等级	指标	最小值	最大值	平均值	标准偏差	变异系数 / %	偏度系数	峰度系数
B₂F	总糖	0.63%	1.12%	0.82%	0.20%	20.07	0.44	−0.59
	还原糖	0.34%	0.89%	0.52%	0.13%	24.52	1.08	0.30
	总氮	2.99%	3.41%	3.22%	0.13%	3.96	−1.74	3.77
	烟碱	4.79%	6.03%	5.29%	0.25%	6.97	0.42	1.08
	钾	2.24%	3.09%	2.59%	0.32%	12.31	0.41	−1.17
	氯	0.39%	0.65%	0.52%	0.10%	19.07	−0.01	−1.61

续表

等级	指标	最小值	最大值	平均值	标准偏差	变异系数 / %	偏度系数	峰度系数
	氮碱比	0.53	0.65	0.61	0.05	5.80	−0.55	3.18
	钾氯比	3.49	7.59	5.23	1.54	29.43	0.90	−0.51
C₃F	总糖	0.87%	1.46%	1.12%	0.05	8.02	0.30	−0.76
	还原糖	0.50%	1.02%	0.72%	0.08	19.68	1.95	4.26
	总氮	2.91%	3.39.6	3.11%	0.20	6.12	−0.07	−1.12
	烟碱	3.35%	5.97%	4.29%	0.33	9.73	−0.71	1.21
	钾	2.50%	3.54%	2.75%	0.40	12.98	0.26	−1.86
	氯	0.24%	1.03%	0.45%	0.13	34.28	0.65	−0.69
	氮碱比	0.52	0.95	0.76	0.12	12.44	−0.53	−0.42
	钾氯比	2.45	10.63	7.47	2.15	25.49	−0.30	−0.30

（4）云南宾川白肋烟常规化学成分状况分析

由表2.3.6得出，云南白肋烟上部叶（B₂F）的总氮（3.42%）、钾（3.32%）、氯（0.53%）、氮碱比（1.02）、钾氯比（6.69）处于比较适宜的范围内，总糖（0.46%）、还原糖（0.26%）和烟碱（3.54%）含量较低。烟叶化学成分中，总氮的变异系数最小，为8.02%，最为稳定；钾氯比的变异系数最大，为32.35%，最不稳定，其次是糖碱比、氯和氮碱比，变异系数分别为29.20%、28.12%和27.30%。除总糖和钾氯比的偏度系数小于0外，其他指标的偏度系数均大于0，为正向偏态峰。还原糖、总氮、钾、氯、氮碱比的峰度系数均大于0，为尖峭峰，说明数据大多集中在平均值附近，而其他指标的峰度系数均小于0，为平阔峰，数据较分散。

表2.3.6 云南白肋烟化学成分的描述统计分析

等级	指标	最小值	最大值	平均值	标准偏差	变异系数 / %	偏度系数	峰度系数
B₂F	总糖	0.33%	0.65%	0.46%	0.08%	14.19	−0.16	−1.29
	还原糖	0.20%	0.35%	0.26%	0.06%	20.65	1.54	3.23
	总氮	3.09%	4.01%	3.42%	0.27%	8.02	0.79	0.40
	烟碱	2.58%	5.25%	3.54%	0.52%	20.23	0.20	−0.52
	钾	2.18%	4.46%	3.32%	0.61%	18.79	0.18	0.48
	氯	0.40%	0.88%	0.53%	0.15%	28.12	1.40	1.44
	氮碱比	0.67	1.44	1.02	0.38	27.30	1.29	1.62
	钾氯比	3.32	9.30	6.69	2.12	32.35	−0.29	−1.39
C₃F	总糖	0.41%	0.81%	0.57%	0.08%	17.72	0.63	0.08
	还原糖	0.21%	0.45%	0.31%	0.04%	16.78	1.19	0.76
	总氮	2.59%	3.37%	3.03%	0.18%	5.72	−0.08	−0.44
	烟碱	2.30%	5.07%	2.95%	0.57%	25.80	0.78	−0.18
	钾	2.32%	4.65%	3.35%	0.67%	19.33	0.06	−0.28

等级	指标	最小值	最大值	平均值	标准偏差	变异系数 / %	偏度系数	峰度系数
	氯	0.37%	1.26%	0.54%	0.11%	22.38	1.22	1.57
	氮碱比	0.63	1.38	1.07	0.36	24.69	−0.05	−1.47
	钾氯比	2.93	10.00	6.88	2.02	27.81	−0.11	−1.90

云南白肋烟中部叶（C_3F）的总氮（3.03%）、钾（3.35%）、氯（0.54%）、氮碱比（1.07）和钾氯比（6.88）处于比较适宜的范围内，而总糖（0.57%）、还原糖（0.31%）和烟碱（2.95%）含量偏低。就表现指标稳定性的变异系数而言，总氮的变异系数最小（5.72%），最为稳定；糖碱比的变异系数最大（29.84%），其次为钾氯比、烟碱和氮碱比，变异系数分别为27.81%、25.80%和24.69%。除总氮、氮碱比和钾氯比的偏度系数小于0外，其他指标的偏度系数均大于1，为右偏。多数偏度系数的绝对值都小于1，说明数据分布形态的偏斜程度稍小。总糖、还原糖和氯的峰度系数都大于0，为尖峭峰，说明数据大多集中在平均值附近，而其他指标的峰度系数均小于0，为平阔峰，数据较分散。

（三）不同产区白肋烟常规化学成分的多重比较

由表2.3.7可知：国内外白肋烟的化成分和比值均差异显著。B_2F等级的烟叶除重庆地区外，总糖和还原糖含量都较低，而云南白肋烟更甚，总糖含量仅为0.46%，湖北和美国烟叶也较低，均为0.51%。总氮，国内外产区白肋烟均在3%以上，较为适宜。国内产区云南宾川样品的烟碱含量较低，只有3.54%，马拉维烟碱含量也偏低，为2.86%。国内外白肋烟的钾、氯和钾氯比都较为适宜。氮碱比，除云南的氮碱比较为适宜外，国内其他产区均小于1，美国和马拉维的氮碱比都接近1，也较为适宜。

在国内外不同产区C_3F烟叶化学成分和比值均差异显著。重庆和美国烟叶总糖和还原糖含量在适宜范围内，国内外其他产区白肋烟的总糖和还原糖含量都偏低。总氮，美国和国内各产区白肋烟均在3%以上，马拉维偏低，为2.81%。国内产区云南宾川样品的烟碱含量较低，只有2.95%，马拉维白肋烟碱含量也偏低，为2.73%。国内外白肋烟的钾、氯和钾氯比都较为适宜。氮碱比，云南、美国和马拉维的氮碱比都接近1，较为适宜。

表2.3.7 不同产地白肋烟与国外优质白肋烟的化学成分多重比较

等级	产区	总糖 / %	还原糖 / %	总氮 / %	烟碱 / %	钾 / %	氯 / %	氮碱比	钾氯比
B_2F	湖北恩施	0.51[c]	0.30[c]	3.50[a]	4.92[b]	3.25[ab]	0.60[ab]	0.72[c]	5.93[c]
	四川达州	0.73[b]	0.43[b]	3.27[ab]	5.67[a]	2.94[abc]	0.52[c]	0.61[d]	6.18[b]
	重庆万州	0.82[a]	0.52[a]	3.22[ab]	5.29[b]	2.59[c]	0.52[bc]	0.61[d]	5.23[c]
	云南宾川	0.46[cd]	0.26[d]	3.42[a]	3.54[c]	3.32[a]	0.53[b]	1.02[a]	6.69[a]
B_2F	美国	0.51[c]	0.27[d]	3.63[a]	3.96[c]	2.75[abc]	0.62[a]	0.92[b]	5.27[c]
	马拉维	0.73[b]	0.41[c]	3.09[b]	2.86[c]	3.16[bc]	0.53[b]	1.08[a]	5.96[b]
C_3F	湖北恩施	0.63[c]	0.36[c]	3.17[a]	4.14[a]	3.63[bc]	0.48[c]	0.77[b]	7.97[a]
	四川达州	0.87[b]	0.50[b]	3.06[ab]	4.81[a]	3.32[bc]	0.78[a]	0.67[c]	4.78[d]
	重庆万州	1.12[a]	0.72[a]	3.11[a]	4.29[a]	2.75[d]	0.45[c]	0.76[b]	7.47[a]
	云南宾川	0.57[d]	0.31[d]	3.03[ab]	2.95[b]	3.35[bc]	0.54[c]	1.07[a]	6.88[c]
	美国	0.73[c]	0.37[c]	3.30[a]	3.41[c]	3.04[c]	0.47[c]	0.98[a]	6.48[c]
	马拉维	0.97[a]	0.53[b]	2.81[b]	2.73[c]	4.40[a]	0.60[b]	1.03[a]	7.33[b]

注：同一列小写字母不同表示差异达到5%显著水平。

（四）不同产区白肋烟常规化学成分的聚类分析

国内白肋烟按照化学成分可以被分为三大类（图2.3.1），三类地点化学成分的方差分析结果（表2.3.8）表明，除总糖、还原糖和总氮未达到显著差异水平外，其他指标均存在显著差异，说明化学成分在不同类间存在广泛的差异。

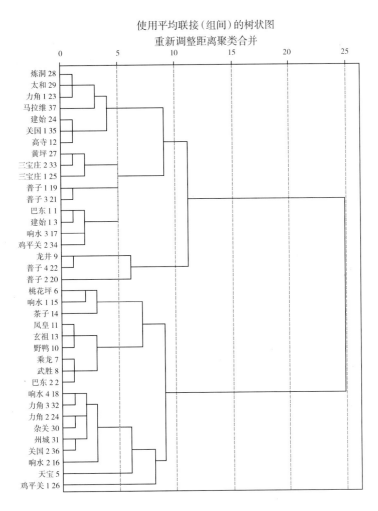

图2.3.1　不同产区白肋烟 C_3F 烟叶常规化学成分的聚类分析树状图

表2.3.8　类间化学指标平均值的方差分析

指标	差异来源	平方和	df	均方	F	显著性
总糖	类间	0.135	2	0.068	0.960	0.393
还原糖	类间	0.092	2	0.046	1.022	0.371
总氮	类间	0.011	2	0.006	0.139	0.871
烟碱	类间	13.053	2	6.527	6.959	0.003
钾	类间	3.183	2	1.591	5.442	0.009
氯	类间	1.064	2	0.532	11.849	0.000
氮碱比	类间	0.411	2	0.206	3.877	0.030
钾氯比	类间	165.159	2	82.579	59.917	0.001

对三类样品的化学成分进行描述性统计结果显示：第Ⅲ类的总糖、还原糖最高，两糖含量在适宜范围内，但烟碱含量偏高，会导致吸食时劲头太强，氮碱比又偏低，化学成分不协调，这是由低氮高烟碱含量造成的；第Ⅰ类的除总糖、还原糖含量稍低外，其他所有指标均在优质白肋烟化学成分要求的适宜范围内，表现较好；第Ⅱ类的总糖、还原糖、总氮和氮碱比含量稍低，钾、氯和钾氯比较为适宜。总体来说，第Ⅰ类的总氮、烟碱、钾、氯和钾氯比均在适宜范围内，氮碱比糖相对第Ⅱ类和第Ⅲ类更接近适宜范围，化学成分最为适宜。第Ⅱ类的化学成分也较为适宜。第Ⅲ类样品化学成分适宜性最差。

（五）白肋烟生育期化学成分的变化

赵晓东等对打顶至调制结束白肋烟中常规化学成分变化进行了研究，结果表明：白肋烟中总糖从打顶到调制前期急剧下降，此后变化不大；除打顶到采收上部烟叶的总氮含量降低较快外，上、中、下部烟叶的总氮含量均变化不大；上、中、下部烟叶的氯含量均较低，但总体上明显增加；从打顶、采收至调制的前2周，上、中部烟叶的总挥发碱含量显著增加，此后增幅平缓。下部烟叶的总挥发碱含量变化不大，且除打顶后的10天外，明显低于上、中部烟叶；上、中、下部烟叶的总植物碱含量均呈先增后降的变化趋势，即打顶到采收阶段急剧上升，调制期间缓慢降低。图2.3.2～图2.3.6分别为白肋烟不同化学成分在打顶至调制结束的变化规律图。

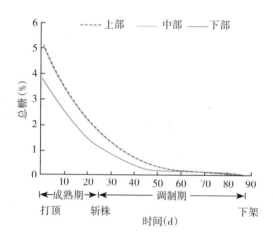

图 2.3.2　打顶至调制结束时白肋烟总糖含量的变化

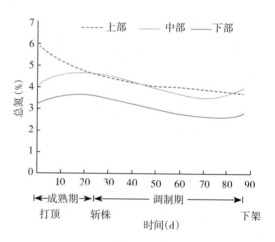

图 2.3.3　打顶至调制结束时白肋烟总氮含量的变化

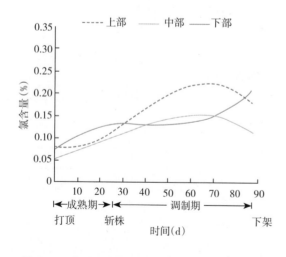

图 2.3.4　打顶至调制结束时白肋烟氯含量的变化

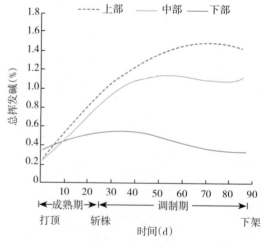

图 2.3.5　打顶至调制结束时白肋烟总挥发碱含量的变化

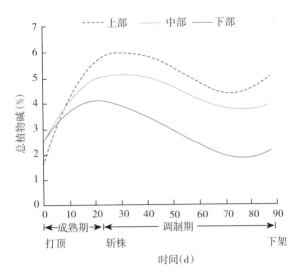

图 2.3.6　打顶至调制结束时白肋烟总植物碱含量的变化

李进平等对白肋烟烟碱的田间积累动态及其与海拔高度的关系进行了研究，结果表明：打顶时上部叶烟碱含量平均为 1%，然后急剧上升。烟碱含量的日平均增量，在打顶后第一个 10 天为 0.175%，第二个 10 天为 0.163%，第三个 10 天为 0.133%，30 天后日增量急降。打顶至斩株期间烟碱平均日增量 0.15%，二次曲线方程 $y = 0.20x - 0.0015x_2 + 0.97$ 可以用作描述白肋烟打顶后烟碱积累的数学模型。海拔高度增加，烟碱积累速率降低。

黄文昌等对鄂烟 1 号在相同栽培条件下不同叶位叶片的化学成分含量的变化规律进行研究，结果表明：①不同叶位叶片的无机非金属元素中，Cl 和 P 随着叶位的变化，其含量变化波动较小，其中 Cl 的变化最小，且这两种元素的含量变化与叶位均不存在相关性。②不同叶位叶片的无机金属元素中，Zn 的变化程度最大，K、Mn、Ca 及 Mg 的含量变化均较小。在无机金属元素中，Zn 与叶位呈显著相关性，K、Mn、Ca 及 Mg 与叶位均呈极显著相关。③不同叶位叶片的有机成分含量中，烟碱的含量变化最大，总氮和总糖的含量变化程度小。烟碱与叶位呈极显著相关性，总氮和总糖与叶位不存在相关性。图 2.3.7 为鄂烟 1 号不同叶位烟碱、总氮、总糖含量变化图。

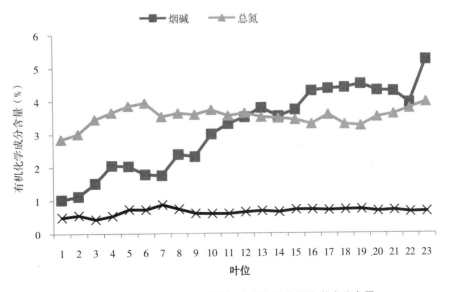

图 2.3.7　鄂烟 1 号不同叶位烟叶叶片的有机化学成分含量

（六）生物碱组成及烟碱转化率

生物碱是烟草中重要的一类化学成分，生物碱含量和组成比例对白肋烟感官品质和安全性有重要影响。在正常情况下，烟碱含量占总生物碱含量的93%以上，降烟碱含量一般不超过总生物碱含量的3%，在栽培品种的烟株群体中，一些植株会因为基因突变形成烟碱去甲基酶，烟碱在此酶的作用下脱去甲基，形成降烟碱，导致烟碱含量相应显著降低，降烟碱含量相应增加，这种具有烟碱向降烟碱转化能力的烟株称为转化株。与烟碱相比，降烟碱是仲胺类生物碱，具有较大的不稳定性，在烟叶调制和陈化过程中降烟碱易发生氧化、酰化和亚硝化反应，分别生成麦斯明、酰基降烟碱和N-亚硝基降烟碱（NNN）等，这些化学成分影响烟叶香味品质，增加有害物质含量，使烟叶安全性降低。

应用气相色谱GC检测4种生物碱成分。不同产地白肋烟烟叶中所含生物碱物质的种类相同，但各生物碱成分含量却有所差异。在生物碱所有成分中烟碱的平均含量最高，假木贼碱的平均含量最低。

1. 湖北恩施白肋烟生物碱组成及烟碱转化率分析

湖北恩施 B_2F 烟叶，烟碱含量的变化幅度为 4.436 ～ 5.763%，平均含量为4.916%；总生物碱的变化范围为4.808% ～ 6.348%，平均值为5.689%。巴东地区的样品烟碱转化率分别为25.075% 和 2.977%。湖北恩施 C_3F 烟叶，烟碱含量的变化幅度为3.985% ～ 4.391%，平均含量为4.138%；总生物碱的变化范围为4.236% ～ 4.812%，平均值为4.493%。近几年，湖北烟草科学研究院一直致力于白肋烟的低烟碱转化改良，通过10多年对低烟碱转化株系的筛选及繁育，目前已在全省推广鄂烟1号LC及鄂烟3号LC低烟碱转化品种，2014年起湖北白肋烟群采用低烟碱转化改良品种。

2. 四川达州白肋烟生物碱组成及烟碱转化率分析

四川达州 B_2F 烟叶，烟碱含量的变化幅度为2.922% ～ 6.765%，平均含量为5.669%；总生物碱的变化范围为4.163% ～ 7.157%，平均值为6.093%。供试的10个地点的样品中，天高的，这可能与供试品种 YNBS 1 未改良有一定的关系。3个供试的品种，TN 90 烟叶的烟碱和生物碱含量显著高于 YNBS 1 和 TN 86 品种。云南宾川 C_3F 烟叶，烟碱含量的变化范围为2.297% ～ 5.069%，平均含量为2.955%；总生物碱的变化范围为2.514% ～ 5.566%，平均值为3.224%。供试样品中有58.33%的样品烟碱转化率小于3%，为非转化株；所有取样点的样品烟碱转化率小于10%，说明云南宾川白肋烟中部叶存在烟碱转化问题，但烟碱转化问题较小。

3. 重庆万州白肋烟生物碱组成及烟碱转化率分析

重庆万州 B_2F 烟叶，烟碱含量的变化幅度为4.785% ～ 6.033%，平均含量为5.289%；总生物碱的变化范围为5.308% ～ 7.370%，平均值为6.256%。供试的样品中有12.50%的样品烟碱转化率小于3%，为非转化株；75.00%的样品烟碱转化率在3% ～ 20%。

4. 云南宾川白肋烟生物碱组成及烟碱转化率分析

云南宾川 B_2F 烟叶，烟碱含量的变化幅度为2.580% ～ 5.255%，平均含量为3.541%；总生物碱的变化范围为2.723% ～ 5.607%，平均值为3.828%。供试的12个地点的样品中有75.00%的样品烟碱转化率小于3%，为非转化株；25.00%的样品烟碱转化率大于3%，为低转化株，说明云南宾川白肋烟上部叶存在烟碱转化问题，但烟碱转化问题较小。

5. 不同产区白肋烟的生物碱组成及烟碱转化率分析

国内各产区和美国烟叶烟碱和生物碱含量都较高，特别是四川、重庆和湖北地区，生物碱总量在4.50%以上，云南烟叶生物碱含量较低，马拉维烟叶生物碱含量更低，B_2F 和 C_3F 烟叶生物碱含量分别为2.977%和2.898%。湖北地区烟叶烟碱转化率平均水平较高，是由于巴东地区样品烟碱转化率过高造成的。四川烟叶除鄂烟1号样品外，其他种植的达白系列上部和中部叶烟碱转化率均小于2.00%，烟碱转化问题很小，这与近几年来达州地区严格对白肋烟品种进行优化改良有直接的关系。重庆样品按照地区分为两类：响水和普子。两地区种植的烟叶品种均为鄂烟系列，但响水地区烟碱转化率均值为18.875%，烟碱转化问题严重；而普子地区烟碱转化率均值为3.659%，烟碱转化问题较小。这可能与当地所种植的鄂烟系列品种未改良且烟碱转化性状不稳定有关。云南样品烟碱转化率较小，烟碱转化问题不突出，但也存在一定比例的烟碱转化现象，在实际生产中应加以注意。美国和马拉维烟叶烟碱转化都较小。

二、国产马里兰烟烟叶质量状况

1. 国产马里兰烟烟叶中常规化学成分分布情况

马里兰烟具有纤维素和果胶含量高，而总糖烟碱含量低的特点，优质马里兰烟不仅要求各种化学成分的含量适宜，而且更要求各种化学成分之间的比例协调。通常衡量优质马里兰烟主要化学成分的指标和适宜含量如下：

烟碱含量：一般在0.5%～4.5%；总氮含量：一般在2%～4.5%；总糖含量：一般在2%以下，以1%～1.5%较适宜；蛋白质含量：一般在8%～12%，以10%较适宜；氯含量：一般在1%以下；氮碱比：一般在2%～4%，以3%左右较适宜。

五峰1号为湖北省烟草公司宜昌市公司选育的马里兰烟新品种，该品种的选育历史为：1997—2002年，宜昌市公司先后从青州烟草研究所引进Md 10、Md 40、Md 201、Md 341、Md 872和MdBL等种质资源，进行优异种质资源筛选；2003年开始系统选育，从Md 609自然变异群体中选择出优异单株材料50份；2004—2005年进行株系比较试验，筛选出长势整齐一致、综合性状显著优于对照(Md 609)的株系材料5份；2006—2007年进行品系比较试验，筛选出综合性状显著优于对照的"Md 609.3"新品系。2008年，对"Md 609.3"新品系进行中间试验和示范，结果显示，"Md 609.3"品系株型、叶型好，生长势强，整齐一致，抗逆抗病性较强，成熟期适中，综合农艺性状和经济性状良好，烟叶化学成分协调，评吸结果优良，田间表现较常规栽培品种纯度高，烟叶质量评价较好，适宜示范种植。2009年开始示范推广，经湖北省烟草专卖局组织专家组田间鉴评，"Md 609.3"新品系性状稳定，田间性状整齐一致，综合性状表现突出。2010年，通过全国烟草品种审定委员会组织的全国农业评审，将"Md 609.3"新品系定名为"五峰1号"。2011年12月13日，马里兰烟新品种"五峰1号"通过全国烟草品种审定委员会审定。

五峰1号田间生长势强，遗传性状较对照品种稳定，群体整齐一致。株型筒形，叶片长椭圆形，叶面平展，叶色深绿。株高较高，茎围较粗，节距较大，茎叶角度中等，有效叶数较多。叶片较长，叶片宽度中等。抗黑胫病和根黑腐病，TMV、CMV和PVY等花叶病毒病发生率与对照相当，气候斑点病、野火病、角斑病、空茎病和赤星病等发生率与对照相当，但五峰1号病情指数较低，病害危害程度相对较小。五峰1号适应性较对照好，田间通气透光性较强，抗逆抗病性略优于对照。烟叶产量中等，下部叶发育充分，上部叶开片好，叶片身份适中，低次烟、霉变烟、杂色及含青烟相对较少，上中等烟率高。原烟颜色为红黄色，弹性强，光泽鲜明，叶片结构疏松，厚度薄至适中。五峰1号烟叶化学成分协调，马里兰烟香型风格显著，香气质较好，香气量较足，杂气较轻，刺激性有，余味尚舒适，浓度、劲头中等，燃烧性强，灰色灰白，烟气质量均衡，烟叶的可用性较好。施氮量中等，磷钾肥需求量较大，适宜有机质含量充足、磷钾含量丰富的缓坡地栽培。抗逆性较强，较耐旱，不耐涝，适宜烟叶生长前期雨水充沛、生长后期光照充足的阳坡地种植。大田生育期适中，适宜低山和半高山烟区种植。成熟较集中，适宜现行采收晾制方式。

对湖北五峰马里兰烟样品的常规化学成分检测结果进行统计分析，结果见表2.3.9，从表中可以看出，马里兰烟常规化学成分中，氯含量变异系数最大，为43.04%，含量分布在0.11%～0.96%，相差约8倍，其次为钾和总糖，变异系数分别为23.18%和21.81%，钾含量分布在2.26%～5.66%，总糖分布在0.31%～1.43%。

马里兰烟总植物碱分布在 2.94%～6.34%，平均含量为 4.86%，变异系数为 13.08%，总氮分布在 2.98%～5.94%，平均含量为 4.39%，变异系数为 12.83%。从检测结果看，五峰马里兰烟烟碱和总氮含量较高，与美国马里兰烟相比，平均含量高出 2～3 倍，主要与国内生产方式及工业公司的需求有关。

表 2.3.9　五峰马里兰烟烟叶中常规化学成分分布情况

成分	含量范围 /%	平均值 /%	中位数 /%	偏度系数	标准偏差 /%	变异系数 /%
总植物碱	2.94～6.34	4.86	4.86	−0.24	0.64	13.08
总氮	2.98～5.94	4.39	4.36	0.32	0.56	12.83
总糖	0.31～1.43	0.55	0.54	2.91	0.12	21.81
氯	0.11～0.96	0.48	0.48	0.09	0.20	43.04
钾	2.26～5.66	3.48	3.22	0.50	0.81	23.18
蛋白质	6.64～9.51	8.11	7.95	−0.01	0.86	10.63

2. 国产马里兰烟烟叶烟碱转化及五种烟碱分布情况

对湖北五峰 36 份马里兰烟烟碱转化进行检测，其中烟碱转化率小于等于 3% 的为 12 份，占比为 33.3%，烟碱转化率介于 3%～20% 为 17 份，占比为 47.2%，转化率大于 20% 为 7 份，占比为 19.5%。结果表明，马里兰烟中转化及高转化株系占比较高，非转化株系仅占 1/3。湖北省烟草科学研究院研究表明，降低晾晒烟的烟碱转化率，可明显提高烟叶的香吃味及 TSNAs 含量，马里兰烟非转化株系筛选方面有待进一步研究。

对五峰马里兰烟 5 种生物碱含量检测结果进行统计分析，结果见表 2.3.10，从表中可以看出马里兰烟 5 种生物碱中，平均含量按照高低顺序排序为烟碱＞降烟碱＞新烟草碱＞假木贼碱＞麦斯明，马里兰烟生物碱以烟碱及降烟碱为主，占比接近 95%，假木贼碱及麦斯明含量较低，分别占总烟碱的 0.35% 及 0.54%。

表 2.3.10　马里兰烟烟叶 5 种生物碱含量分布情况

生物碱	含量范围 / (mg·g⁻¹)	平均值 / (mg·g⁻¹)	中位数 / (mg·g⁻¹)	偏度系数	标准偏差 / (mg·g⁻¹)	变异系数 /%	占总烟碱比例 /%
烟碱	23.54～84.99	39.22	35.18	1.76	16.20	41.31	75.92
降烟碱	0.61～26.94	9.61	6.80	1.05	7.17	74.63	18.60
麦斯明	0.06～0.36	0.18	0.17	0.54	0.08	44.39	0.35
新烟草碱	1.09～4.19	2.37	2.04	0.35	1.15	48.41	4.59
假木贼碱	0.17～0.52	0.28	0.26	0.93	0.10	36.23	0.54
总烟碱	27.98～96.63	51.67	44.56	0.98	19.69	38.12	

5 种生物碱中，降烟碱的含量差异最大，变异系数达 74.63%，含量范围为 0.61～26.96 mg/g，相差达到 44 倍。其他 4 种生物碱含量较集中，变异系数介于 36%～48%。马里兰烟总植物碱含量范围为 27.98～96.63 mg/g，平均值为 51.67 mg/g。

三、不同产区的白肋烟和马里兰烟烟叶中常规化学成分的比较

1. 常规化学成分间的平均值比较

按前面的平均值统计结果，将不同产区的白肋烟和马里兰烟烟叶中常规化学成分间的平均值放在一起，进行比较，结果详见表 2.3.11，图示比较分析结果详见图 2.3.8 至图 2.3.10。

表 2.3.11　不同产区的白肋烟和马里兰烟常规化学成分平均值

	云南宾川	四川达州 宣汉、万源	重庆罗天	湖北恩施	湖北鹤峰	湖北巴东	湖北宜昌 五峰
还原糖 / %	0.145	0.821	0.297	0.220	0.313	0.235	0.633
总糖 / %	0.418	1.149	0.660	0.607	0.815	0.590	1.090
总植物碱 / %	4.385	5.232	4.367	5.508	5.448	4.880	4.456
总氮 / %	4.510	4.466	4.057	4.479	4.538	4.760	4.345
钾 / %	4.060	4.598	3.917	5.044	4.538	3.935	4.787
氯 / %	0.845	0.733	0.410	0.747	0.615	0.420	0.373
蛋白质 / %	7.910	8.064	7.100	7.638	7.500	7.855	8.106
硝酸盐 / %	1.939	1.330	0.885	1.522	1.057	1.515	1.337
糖碱比	0.100	0.255	0.175	0.123	0.150	0.121	0.417
钾氯比	5.598	9.849	11.151	7.110	7.889	10.771	13.357
氮碱比	1.067	0.976	1.038	0.885	0.841	0.976	1.107
两糖比	0.350	0.594	0.456	0.362	0.381	0.404	0.522
施木克值	0.053	0.145	0.093	0.080	0.109	0.075	0.186

注：糖碱比 = 总糖 / 总烟碱，钾氯比 = 钾 / 氯，氮碱比 = 总氮 / 总烟碱，两糖比 = 还原糖 / 总糖，施木克值 = 总糖 / 蛋白质。

从表 2.3.11 得平均值统计知总体情况，总糖和还原糖含量较低，总植物碱和总氮含量都在 4.3% 以上，钾含量都在 3.9% 以上，氯含量都低于 0.85%，蛋白质含量都在 7.1% 以上，硝酸盐含量都在 0.89% 以上，糖碱比都在 0.10% 以上，钾氯比都在 7.1% 以上，氮碱比都在 0.84% 以上，两糖比在 0.35 ～ 0.60，施木克值在 0.053 ～ 0.186。

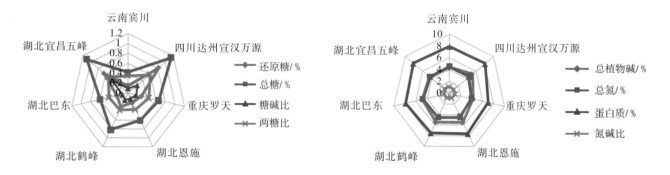

图 2.3.8　不同产区的白肋烟和马里兰烟的糖类
含量与关系

图 2.3.9　不同产区的白肋烟和马里兰烟的
氮碱比关系

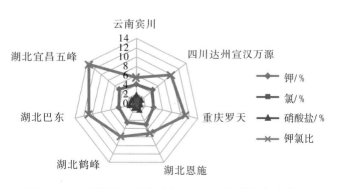

图 2.3.10　不同产区的白肋烟和马里兰烟的钾氯比关系

2. 不同部位烟叶中常规化学成分间的平均值比较

按前面的平均值统计结果，将不同产区的白肋烟和马里兰烟烟叶中常规化学成分间的平均值放在一起，进行比较，结果详见图 2.3.11。

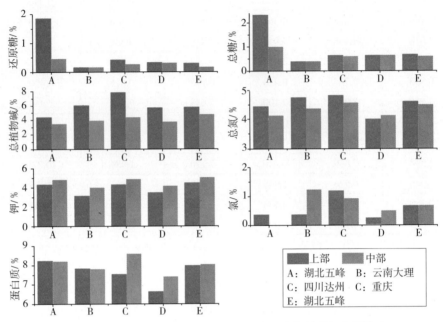

图 2.3.11　不同产区的白肋烟和马里兰烟上中部的常规化学情况

从图 2.3.4 中知总体趋势，马里兰烟和白肋烟烟叶中的总糖与还原糖含量较低；总烟碱、总氮、蛋白质及氧化钾较高，上部叶的烟碱含量普遍比中部的高，最高达 7.82%；云南大理宾川的中部叶和四川达州的上部叶的氯含量都超过 1%，不利于烟叶燃烧。

四、不同产区白肋烟和马里兰烟中 5 种生物碱的平均值与所占比例比较

对不同产区的白肋烟和马里兰烟中 5 种生物碱含量进行描述性统计，各产区烟叶中 5 种生物碱含量范围详见表 2.3.12，各产区烟叶中 5 种生物碱平均值情况详见图 2.3.12，各种生物碱占 5 种生物碱总量比例统计情况详见图 2.3.13。

表 2.3.12　不同产区的白肋烟和马里兰烟中 5 种生物碱含量范围　　　单位：mg/g

地区	烟碱 nicotine	降烟碱 nornicotine	麦斯明 mysomine	新烟草碱 anatabine	假木贼碱 anabasine
云南宾川	30.88 ～ 41.44	0.79 ～ 2.16	0.032 ～ 0.053	1.28 ～ 2.41	0.10 ～ 0.19
四川达州宣汉、万源	19.12 ～ 71.13	0.76 ～ 10.53	0.024 ～ 0.184	0.99 ～ 3.13	0.12 ～ 0.29
重庆罗天	22.13 ～ 43.12	0.89 ～ 3.01	0.057 ～ 0.096	0.90 ～ 2.34	0.11 ～ 0.29
湖北恩施	17.12 ～ 84.12	1.79 ～ 14.11	0.064 ～ 0.279	2.63 ～ 3.75	0.251 ～ 0.395
湖北巴东	39.69 ～ 40.40	4.36 ～ 10.29	0.121 ～ 0.178	2.77 ～ 3.51	0.282 ～ 0.345
湖北鹤峰	34.92 ～ 68.23	3.66 ～ 21.58	0.066 ～ 0.226	2.38 ～ 3.45	0.252 ～ 0.427
湖北宜昌五峰	5.50 ～ 84.99	0.61 ～ 26.94	0.062 ～ 0.360	0.39 ～ 4.19	0.055 ～ 0.516

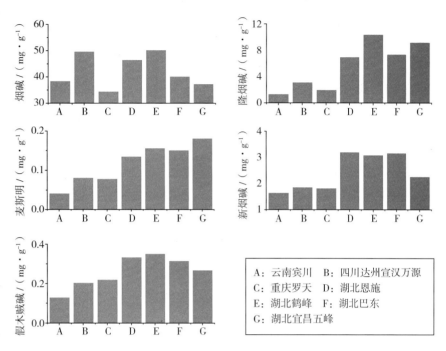

A：云南宾川　　B：四川达州宣汉万源
C：重庆罗天　　D：湖北恩施
E：湖北鹤峰　　F：湖北巴东
G：湖北宜昌五峰

图 2.3.12　不同产区的白肋烟和马里兰烟 5 种生物碱含量

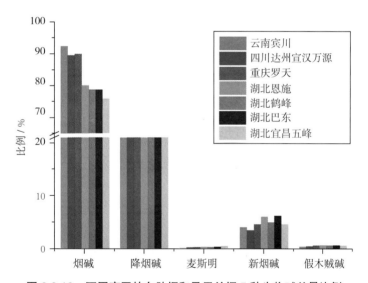

图 2.3.13　不同产区的白肋烟和马里兰烟 5 种生物碱总量比例

　　从图 2.3.13 中知，在马里兰烟和白肋烟烟叶的 5 种生物碱中，烟碱所占比例最高，在 75.87% ～ 92.41%；降烟碱所占比例次之（除了云南宾川产地外），新烟草碱所占比例排在第 3 位，假木贼碱所占比例排在第 4 位，麦斯明所占比例排在最后。

第四节　国产白肋烟和马里兰烟烟叶中 TSNAs 分布情况

一、国产白肋烟烟叶中 TSNAs 分布情况

1. 湖北白肋烟烟叶中 TSNAs 分布情况

对从湖北恩施建始县、巴东县及鹤峰县收集的白肋烟烟叶样品的 TSNAs 含量进行检测，结果见表 2.4.1 和表 2.4.2。从表 2.4.1 中知，湖北产白肋烟上部烟叶 4 种 TSNAs 含量差异较为显著，变异系数在 37.70% ～ 56.16%。TSNAs 总量平均为 10 034.05 ng/g，含量分布在 3282.32 ～ 13 878.51 ng/g。4 种 TSNAs 中 NNN 含量最高，平均含量为 4877.48 ng/g，含量分布在 1381.34 ～ 7761.75 ng/g，占总 TSNAs 的 48.60%；其次为 NAT，平均含量为 4642.82 ng/g，含量分布在 1688.68 ～ 6908.28 ng/g，占总 TSNAs 的 46.3%；NNK 和 NAB 含量较低，分别占总 TSNAs 的 3.7% 和 1.4%，其中 NNK 平均含量为 376.54 ng/g，含量分布在 142.92 ～ 648.03 ng/g，NAB 含量最低，平均含量为 137.2 ng/g，含量分布在 69.39 ～ 195.19 ng/g。

表 2.4.1　湖北白肋烟烟叶 TSNAs 含量分布情况（上部叶）

组分	含量范围 /(ng·g⁻¹)	平均值 /(ng·g⁻¹)	中位数 /(ng·g⁻¹)	偏度系数	标准偏差 /(ng·g⁻¹)	变异系数 / %
NNK	142.92 ～ 648.03	376.54	335.71	0.53	208.13	55.28
NAT	1688.68 ～ 6908.28	4642.82	4246.24	−0.76	2250.51	48.47
NNN	1381.34 ～ 7761.75	4877.48	4239.83	−0.55	2739.22	56.16
NAB	69.39 ～ 195.19	137.2	139.25	−0.56	51.72	37.70
TSNAs 总量	3282.32 ～ 13 878.51	10 034.05	10 492.42	−1.51	4710.73	46.95

由表 2.4.2 可知，湖北产白肋烟中部烟叶 4 种 TSNAs 含量差异较为显著，变异系数在 34.30% ～ 81.46%。TSNAs 总量平均为 15 687.30 ng/g，含量分布在 7748.87 ～ 28 336.06 ng/g。4 种 TSNAs 中 NNN 含量最高，平均含量为 10 651.40 ng/g，含量分布在 2861.77 ～ 21 995.10 ng/g，占总 TSNAs 的 67.9%；其次为 NAT，平均含量为 4594.50 ng/g，含量分布在 2414.95 ～ 5948.89 ng/g，占总 TSNAs 的 29.3%；NNK 和 NAB 含量较低，分别占总 TSNAs 的 2.2% 和 0.6%，其中 NNK 平均含量为 346.91 ng/g，含量分布在 153.23 ～ 653.86 ng/g，NAB 含量最低，平均含量为 94.49 ng/g，含量分布在 39.82 ～ 119.10 ng/g。

表 2.4.2　湖北白肋烟烟叶 TSNAs 含量分布情况（中部叶）

组分	含量范围 /(ng·g⁻¹)	平均值 /(ng·g⁻¹)	中位数 /(ng·g⁻¹)	偏度系数	标准偏差 /(ng·g⁻¹)	变异系数 / %
NNK	153.23 ～ 653.86	346.91	272.96	1.42	215.05	61.99
NAT	2414.95 ～ 5948.89	4594.50	4493.85	−1.21	1576.08	34.30
NNN	2861.77 ～ 21 995.10	10 651.40	4989.84	0.83	8676.65	81.46
NAB	39.82 ～ 119.10	94.49	85.66	−0.84	41.57	43.99
TSNAs 总量	7748.87 ～ 28 336.06	15 687.30	11 297.40	1.32	8988.58	57.30

2. 四川白肋烟烟叶中 TSNAs 分布情况

对从四川达州收集的白肋烟烟叶样品的 TSNAs 含量进行检测，结果详见表 2.4.3 和表 2.4.4。由表 2.4.3 可知，四川产白肋烟上部烟叶 4 种 TSNAs 含量差异较为显著，变异系数在 20.78% ～ 57.63%。TSNAs 总量平均为 27 328.58 ng/g，含量分布在 18 443.79 ～ 41 904.58 ng/g。4 种 TSNAs 中 NNN 含量最高，平均含量为 18 048.57 ng/g，含量分布在 10 795.58 ～ 29 966.74 ng/g，占总 TSNAs 的 66.0%；其次为 NAT，平均含量

为 8930.07 ng/g，含量分布在 7371.29 ～ 11 409.85 ng/g，占总 TSNAs 的 29.3%；NNK 和 NAB 含量较低，分别占总 TSNAs 的 0.8% 和 0.4%，其中 NNK 平均含量为 232.81 ng/g，含量分布在 143.46 ～ 382.82 ng/g，NAB 含量最低，平均含量为 117.14 ng/g，含量分布在 101.47 ～ 145.18 ng/g。

表 2.4.3　四川白肋烟烟叶 TSNAs 含量分布情况（上部叶）

组分	含量范围 /(ng·g⁻¹)	平均值 /(ng·g⁻¹)	中位数 /(ng·g⁻¹)	偏度系数	标准偏差 /(ng·g⁻¹)	变异系数 /%
NNK	143.46 ～ 382.82	232.81	172.16	1.64	130.70	56.14
NAT	7371.29 ～ 11 409.85	8930.07	8009.06	1.57	2171.10	24.31
NNN	10 795.58 ～ 29 966.74	18 048.57	10 795.58	1.61	10 402.22	57.63
NAB	101.47 ～ 145.18	117.14	104.76	1.70	24.34	20.78
TSNAs 总量	18 443.79 ～ 41 904.58	27 328.58	21 637.37	1.61	12 723.78	46.56

由表 2.4.4 可知，四川产白肋烟中部烟叶 4 种 TSNAs 含量差异较为显著，变异系数在 50.93% ～ 81.30%。TSNAs 总量平均为 46 569.60 ng/g，含量分布在 9635.51 ～ 72 885.13 ng/g。4 种 TSNAs 中 NNN 含量最高，平均含量为 29 688.11 ng/g，含量分布在 5801.84 ～ 49 445.65 ng/g，占总 TSNAs 的 63.8%；其次为 NAT，平均含量为 16 226.47 ng/g，含量分布在 3595.36 ～ 36 756.42 ng/g，占总 TSNAs 的 34.8%；NNK 和 NAB 含量较低，分别占总 TSNAs 的 1.0% 和 0.4%，其中 NNK 平均含量为 446.93 ng/g，含量分布在 172.04 ～ 825.93 ng/g，NAB 含量最低，平均含量为 208.09 ng/g，含量分布在 66.27 ～ 373.16 ng/g。

表 2.4.4　四川白肋烟烟叶 TSNAs 含量分布情况（中部叶）

组分	含量范围 /(ng·g⁻¹)	平均值 /(ng·g⁻¹)	中位数 /(ng·g⁻¹)	偏度系数	标准偏差 /(ng·g⁻¹)	变异系数 /%
NNK	172.04 ～ 825.93	446.93	492.01	0.21	240.63	53.84
NAT	3595.36 ～ 36 756.42	16 226.47	10 118.94	0.79	13 193.14	81.30
NNN	5801.84 ～ 49 445.65	29 688.11	28 828.70	−0.53	15 119.46	50.93
NAB	66.27 ～ 373.16	208.09	248.71	0.06	123.40	59.30
TSNAs 总量	9635.51 ～ 72 885.13	46 569.60	66 471.94	−0.46	23 836.99	51.19

3. 重庆白肋烟烟叶中 TSNAs 分布情况

对从重庆万州收集的白肋烟烟叶样品的 TSNAs 含量进行检测，结果详见表 2.4.5 和表 2.4.6。由表 2.4.5 可知，重庆产白肋烟上部烟叶 4 种 TSNAs 含量差异较为显著，变异系数在 47.18% ～ 81.71%。TSNAs 总量平均为 8695.35 ng/g，含量分布在 3301.41 ～ 13962.64 ng/g。4 种 TSNAs 中 NNN 含量最高，平均含量为 4686.61 ng/g，含量分布在 2129.56 ～ 7023.11 ng/g，占总 TSNAs 的 53.9%；其次为 NAT，平均含量为 3471.41 ng/g，含量分布在 1092.05 ～ 5149.50 ng/g，占总 TSNAs 的 39.9%；NNK 和 NAB 含量较低，分别占总 TSNAs 的 4.3% 和 1.9%，其中 NNK 平均含量为 372.84 ng/g，含量分布在 88.52 ～ 609.93 ng/g，NAB 含量最低，平均含量为 164.50 ng/g，含量分布在 64.19 ～ 301.07 ng/g。

表 2.4.5　重庆白肋烟烟叶 TSNAs 含量分布情况（上部叶）

组分	含量范围 /(ng·g⁻¹)	平均值 /(ng·g⁻¹)	中位数 /(ng·g⁻¹)	偏度系数	标准偏差 /(ng·g⁻¹)	变异系数 /%
NNK	88.52 ～ 609.93	372.84	302.12	−0.69	104.48	66.83
NAT	1092.05 ～ 5149.50	3471.41	2901.84	1.98	2007.74	47.18
NNN	2129.56 ～ 7023.11	4686.61	4799.79	1.64	2180.55	49.39
NAB	64.19 ～ 301.07	164.50	153.94	0.85	1103.39	59.62
TSNAs 总量	3301.41 ～ 13 962.64	8695.35	7942.07	1.77	3279.70	81.71

　　由表 2.4.6 可知，重庆产白肋烟中部烟叶 4 种 TSNAs 含量差异较为显著，变异系数在 48.88% ～ 74.05%。TSNAs 总量平均为 8786.24 ng/g，含量分布在 2511.36 ～ 12 048.77 ng/g。4 种 TSNAs 中 NNN 含量最高，平均含量为 5448.79 ng/g，含量分布在 1987.68 ～ 8084.51 ng/g，占总 TSNAs 的 62.0%；其次为 NAT，平均含量为 2894.43 ng/g，含量分布在 1092.05 ～ 5149.50 ng/g，占总 TSNAs 的 32.9%；NNK 和 NAB 含量较低，分别占总 TSNAs 的 3.7% 和 1.4%，其中 NNK 平均含量为 324.03 ng/g，含量分布在 81.39 ～ 84.92 ng/g，NAB 含量最低，平均含量为 119.00 ng/g，含量分布在 41.02 ～ 196.69 ng/g。

表 2.4.6　重庆白肋烟烟叶 TSNAs 含量分布情况（中部叶）

组分	含量范围 /(ng · g⁻¹)	平均值 /(ng · g⁻¹)	中位数 /(ng · g⁻¹)	偏度系数	标准偏差 /(ng · g⁻¹)	变异系数 /%
NNK	81.39 ～ 584.92	324.03	303.16	1.19	73.14	49.05
NAT	964.36 ～ 5013.63	2894.43	3087.28	1.85	1087.04	69.11
NNN	1987.68 ～ 8084.51	5448.79	5122.49	1.07	1659.73	74.05
NAB	41.02 ～ 196.69	119.00	119.82	1.83	57.10	48.88
TSNAs 总量	2511.36 ～ 12 048.77	8786.24	6998.05	1.69	4699.18	60.19

4. 云南白肋烟烟叶中 TSNAs 分布情况

　　对从云南宾川收集的白肋烟烟叶样品的 TSNAs 含量进行检测，结果详见表 2.4.7 和表 2.4.8。由表 2.4.7 可知，云南产白肋烟上部烟叶 4 种 TSNAs 含量差异较为显著，变异系数在 39.21% ～ 70.33%。TSNAs 总量平均为 7244.78 ng/g，含量分布在 3968.97 ～ 10 520.6 ng/g。4 种 TSNAs 中 NNN 含量最高，平均含量为 3951.44 ng/g，含量分布在 2037.01 ～ 5865.88 ng/g，占总 TSNAs 的 54.5%；其次为 NAT，平均含量为 2931.64 ng/g，含量分布在 1740.46 ～ 4122.81 ng/g，占总 TSNAs 的 40.5%；NNK 和 NAB 含量较低，分别占总 TSNAs 的 3.8% 和 1.2%，其中 NNK 平均含量为 276.94 ng/g，含量分布在 141.74 ～ 412.14 ng/g，NAB 含量最低，平均含量为 84.75 ng/g，含量分布在 49.75 ～ 119.77 ng/g。

表 2.4.7　云南白肋烟烟叶 TSNAs 含量分布情况（上部叶）

组分	含量范围 /(ng · g⁻¹)	平均值 /(ng · g⁻¹)	中位数 /(ng · g⁻¹)	偏度系数	标准偏差 /(ng · g⁻¹)	变异系数 /%
NNK	141.74 ～ 412.14	276.94	258.12	1.21	97.57	53.76
NAT	1740.46 ～ 4122.81	2931.64	2813.04	−0.79	2523.88	50.13
NNN	2037.01 ～ 5865.88	3951.44	4158.93	0.84	2015.62	66.29
NAB	49.75 ～ 119.77	84.75	90.11	1.35	63.72	39.21
TSNAs 总量	3968.97 ～ 10 520.6	7244.78	6987.06	1.44	3090.19	70.33

　　由表 2.4.8 可知，云南产白肋烟中部烟叶 4 种 TSNAs 含量差异较为显著，变异系数在 50.72% ～ 74.26%。TSNAs 总量平均为 8208.76 ng/g，含量分布在 4950.58 ～ 10 466.95 ng/g。4 种 TSNAs 中 NNN 含量最高，平均含量为 3535.67 ng/g，含量分布在 2048.21 ～ 5023.13 ng/g，占总 TSNAs 的 43.1%；其次为 NAT，平均含量为 2961.88 ng/g，含量分布在 2150.63 ～ 4773.14 ng/g，占总 TSNAs 的 36.1%；NNK 和 NAB 含量较低，分别占总 TSNAs 的 1.9% 和 1.2%，其中 NNK 平均含量为 163.22 ng/g，含量分布在 85.56 ～ 340.88 ng/g，NAB 含量最低，平均含量为 97.99 ng/g，含量分布在 43.66 ～ 152.31 ng/g。

表 2.4.8　云南白肋烟烟叶 TSNAs 含量分布情况（中部叶）

组分	含量范围 /(ng · g⁻¹)	平均值 /(ng · g⁻¹)	中位数 /(ng · g⁻¹)	偏度系数	标准偏差 /(ng · g⁻¹)	变异系数 / %
NNK	85.56 ～ 340.88	163.22	142.16	1.84	76.30	50.72
NAT	2150.63 ～ 4773.14	2961.88	2804.47	0.95	2033.89	74.26
NNN	2048.21 ～ 5023.13	3535.67	3419.94	1.33	1045.72	61.94
NAB	43.66 ～ 152.31	97.99	106.24	1.67	51.26	48.29
TSNAs 总量	4950.58 ～ 10 466.95	8208.76	7449.98	1.06	3921.48	55.71

5. 不同产区白肋烟烟叶中 TSNAs 含量比较

对不同产区白肋烟上部烟叶 4 种 TSNAs 的平均含量进行对比分析，结果详见表 2.4.9 和表 2.4.10。由表 2.4.9 可知，4 种 TSNAs 含量存在显著差异，变异系数在 22.71% ～ 85.96%。4 种 TSNAs 中 NAT 和 NNN 的含量较高，这两种 TSNAs 占 TSNAs 总量的 96.7%，4 种 TSNAs 由高到低的排列顺序为 NNN>NAT>NNK>NAB。4 个白肋烟产区 NNK 含量分布在 232.81 ～ 376.54 ng/g，平均含量为 314.78 ng/g。其中，四川样品的 NNK 含量最低，湖北样品的 NNK 含量最高，不同产区 NNK 含量从低到高顺序为四川 < 云南 < 重庆 < 湖北。4 个白肋烟产区 NAT 含量分布在 2931.64 ～ 8930.07 ng/g，平均含量为 4993.99 ng/g。其中，云南产区样品的 NAT 含量最低，四川产区样品的 NAT 含量最高，不同产区 NAT 含量从低到高顺序为云南 < 重庆 < 湖北 < 四川。4 个白肋烟产区 NNN 含量分布在 3951.44 ～ 18 048.57 ng/g，平均含量为 7891.03 ng/g。其中，云南产区样品的 NNN 含量最低，四川产区样品的 NNN 含量最高，不同产区 NNN 含量从低到高顺序为云南 < 重庆 < 湖北 < 四川。4 个白肋烟产区 NAB 含量分布在 84.75 ～ 164.5 ng/g，平均含量为 125.90 ng/g。其中，云南产区样品的 NAB 含量最低，重庆产区样品的 NAB 含量最高，不同产区 NAB 含量从低到高顺序为云南 < 四川 < 湖北 < 重庆。4 个白肋烟产区 TNSAs 总量分布在 7244.78 ～ 27 328.58 ng/g，平均含量为 13 325.69 ng/g。其中，云南产区样品的 TNSAs 总量最低，四川产区样品的 TNSAs 总量最高，不同产区 TNSAs 总量从低到高顺序为云南 < 重庆 < 湖北 < 四川。

表 2.4.9　不同产区白肋烟烟叶 TSNAs 含量比较（上部叶）

	NNK	NAT	NNN	NAB	TSNAs 总量
湖北 /(ng · g⁻¹)	376.54	4642.82	4877.48	137.2	10 034.05
四川 /(ng · g⁻¹)	232.81	8930.07	18 048.57	117.14	27 328.58
云南 /(ng · g⁻¹)	276.94	2931.64	3951.44	84.75	7244.78
重庆 /(ng · g⁻¹)	372.84	3471.41	4686.61	164.5	8695.35
平均值 /(ng · g⁻¹)	314.78	4993.99	7891.03	125.90	13 325.69
标准偏差 /(ng · g⁻¹)	71.49	2719.53	6783.45	33.60	9404.49
变异系数 / %	22.71	54.46	85.96	26.69	70.57

由表 2.4.10 可知，对不同产区白肋烟中部烟叶 4 种 TSNAs 的平均含量进行对比分析，结果表明，4 种 TSNAs 含量存在显著差异，变异系数在 36.69% ～ 96.96%。4 种 TSNAs 中 NAT 和 NNN 的含量较高，这两种 TSNAs 占 TSNAs 总量的 95.9%，4 种 TSNAs 由高到低的排列顺序为 NNN>NAT>NNK>NAB。4 个白肋烟产区 NNK 含量分布在 163.22 ～ 446.93 ng/g，平均含量为 320.27 ng/g。其中，云南样品的 NNK 含量最低，四川样品的 NNK 含量最高，不同产区 NNK 含量从低到高顺序为云南 < 重庆 < 湖北 < 四川。4 个白肋烟产区 NAT 含量分布在 2894.43 ～ 16 226.47 ng/g，平均含量为 46 669.32 ng/g。其中，重庆产区样品的 NAT 含量最低，四川产区样品的 NAT 含量最高，不同产区 NAT 含量从低到高顺序为重庆 < 云南 < 湖北 < 四川。4 个白肋烟产区 NNN 含量分布在 3535.67 ～ 29 688.11 ng/g，平均含量为 12 330.99 ng/g。其中，云南产

样品的 NNN 含量最低，四川产区样品的 NNN 含量最高，不同产区 NNN 含量从低到高顺序为云南＜重庆＜湖北＜四川。4 个白肋烟产区 NAB 含量分布在 94.49～208.09 ng/g，平均含量为 129.89 ng/g。其中，湖北产区样品的 NAB 含量最低，四川产区样品的 NAB 含量最高，不同产区 NAB 含量从低到高顺序为湖北＜云南＜重庆＜四川。4 个白肋烟产区 TNSAs 总量分布在 8208.76～46 569.6 ng/g，平均含量为 19 812.98 ng/g。其中，云南产区样品的 TNSAs 总量最低，四川产区样品的 TNSAs 总量最高，不同产区 TNSAs 总量从低到高顺序为云南＜重庆＜湖北＜四川。

表 2.4.10　不同产区白肋烟烟叶 TSNAs 含量比较（中部叶）

	NNK	NAT	NNN	NAB	TSNAs 总量
湖北 /(ng·g^{-1})	346.91	4594.5	10651.4	94.49	15 687.3
四川 /(ng·g^{-1})	446.93	16 226.47	29 688.11	208.09	46 569.6
云南 /(ng·g^{-1})	163.22	2961.88	3535.67	97.99	8208.76
重庆 /(ng·g^{-1})	324.03	2894.43	5448.79	119	8786.24
平均值 /(ng·g^{-1})	320.27	6669.32	12 330.99	129.89	19 812.98
标准偏差 /(ng·g^{-1})	117.52	6419.73	11 955.65	53.24	18 158.42
变异系数 /%	36.69	96.26	96.96	40.99	91.65

二、国产马里兰烟烟叶中 TSNAs 分布情况

对从湖北五峰县收集的马里兰烟烟叶样品的 TSNAs 含量进行检测，结果详见表 2.4.11 和表 2.4.12。由表 2.4.11 可知，湖北产马里兰烟上部烟叶 4 种 TSNAs 含量差异较为显著，变异系数在 42.32%～77.91%。TSNAs 总量平均为 16 582.45 ng/g，含量分布在 3139.26～32 022.25 ng/g。4 种 TSNAs 中 NNN 含量最高，平均含量为 13 667.57 ng/g，含量分布在 2184.30～26 238.55 ng/g，占总 TSNAs 的 82.4%；其次为 NAT，平均含量为 2653.09 ng/g，含量分布在 838.46～5365.13 ng/g，占总 TSNAs 的 15.9%；NNK 和 NAB 含量较低，分别占总 TSNAs 的 1.2% 和 0.4%，其中 NNK 平均含量为 191.29 ng/g，含量分布在 90.62～280.20 ng/g，NAB 含量最低，平均含量为 70.49 ng/g，含量分布在 25.87～138.37 ng/g。

表 2.4.11　湖北马里兰烟烟叶 TSNAs 含量分布情况（上部叶）

组分	含量范围 /(ng·g^{-1})	平均值 /(ng·g^{-1})	中位数 /(ng·g^{-1})	偏度系数	标准偏差 /(ng·g^{-1})	变异系数 /%
NNK	90.62～280.20	191.29	203.54	−0.25	80.96	42.32
NAT	838.46～5365.13	2653.09	1510.57	0.68	2066.99	77.91
NNN	2184.30～26 238.55	13 667.57	13 248.94	0.26	8910.42	65.19
NAB	25.87～138.37	70.49	64.29	1.23	41.86	59.38
TSNAs 总量	3139.26～32 022.25	16 582.45	14 702.88	0.39	10 915.86	65.83

从表 2.4.12 中知，湖北产马里兰烟中部烟叶 4 种 TSNAs 含量差异较为显著，变异系数在 68.56%～91.53%。TSNAs 总量平均为 17 886.95 ng/g，含量分布在 4211.51～39 177.69 ng/g。4 种 TSNAs 中 NNN 含量最高，平均含量为 12 698.20 ng/g，含量分布在 3394.01～33 526.59 ng/g，占总 TSNAs 的 71.0%；其次为 NAT，平均含量为 5677.25 ng/g，含量分布在 2797.27～15 631.32 ng/g，占总 TSNAs 的 31.7%；NNK 和 NAB 含量较低，分别占总 TSNAs 的 1.6% 和 0.5%，其中 NNK 平均含量为 287.39 ng/g，含量分布在 149.58～645.06 ng/g，NAB 含量最低，平均含量为 81.24 ng/g，含量分布在 22.83～240.66 ng/g。

表 2.4.12　湖北马里兰烟烟叶 TSNAs 含量分布情况（中部叶）

组分	含量范围 /(ng·g⁻¹)	平均值 /(ng·g⁻¹)	中位数 /(ng·g⁻¹)	偏度系数	标准偏差 /(ng·g⁻¹)	变异系数 /%
NNK	149.58 ～ 645.06	287.39	184.65	1.39	197.04	68.56
NAT	2797.27 ～ 15631.32	5677.25	3646.29	2.41	4489.71	79.08
NNN	3394.01 ～ 33 526.59	12 698.20	8225.58	1.48	10 647.59	83.85
NAB	22.83 ～ 240.66	81.24	64.71	2.1	74.36	91.53
TSNAs 总量	4211.51 ～ 39 177.69	17 886.95	13 872.91	0.66	12 547.08	70.15

第五节　国产白肋烟和马里兰烟单料烟主流烟气中 TSNAs 释放情况

一、国产白肋烟单料烟主流烟气 TSNAs 释放情况

1. 湖北白肋烟单料烟主流烟气中 TSNAs 释放情况

以湖北恩施建始县、巴东县及鹤峰县等地收集的白肋烟烟叶样品为原料制作成无嘴卷烟（每支卷烟 0.8 g），考察主流烟气中 TSNAs 的释放量，对检测结果进行统计分析，结果详见表 2.5.1 和表 2.5.2。由表 2.5.1 可知，湖北白肋烟上部叶单料烟 4 种 TSNAs 释放量差异较为显著，变异系数在 34.96% ～ 95.83%。TSNAs 总释放量平均为 1728.51 ng/cig，释放量分布在 437.53 ～ 3616.62 ng/cig。4 种 TSNAs 中 NAT 释放量最高，平均释放量为 904.00 ng/cig，释放量分布在 240.55 ～ 2162.54 ng/cig，占总 TSNAs 释放量的 52.3%；其次为 NNN，平均释放量为 657.56 ng/cig，释放量分布在 126.44 ～ 1136.32 ng/cig；NNK 和 NAB 释放量较低，其中 NNK 平均释放量为 57.78 ng/cig，释放量分布在 28.70 ～ 75.23 ng/cig，NAB 释放量为 109.17 ng/cig，释放量分布在 41.84 ～ 242.52 ng/cig。

表 2.5.1　湖北白肋烟上部叶单料烟主流烟气 TSNAs 的释放量

组分	含量范围 /(ng·cig⁻¹)	平均值 /(ng·cig⁻¹)	中位数 /(ng·cig⁻¹)	偏度系数	标准偏差 /(ng·cig⁻¹)	变异系数 /%
NNK	28.70 ～ 75.23	57.78	65.40	−1.52	20.20	34.96
NAT	240.55 ～ 2162.54	904.00	765.07	1.64	866.31	95.83
NNN	126.44 ～ 1136.32	657.56	774.64	−0.35	419.99	63.87
NAB	41.84 ～ 242.52	109.17	84.67	1.77	90.63	83.18
TSNAs 总量	437.53 ～ 3616.62	1728.51	1504.36	1.24	1344.24	77.77

由表 2.5.2 可知，湖北白肋烟中部叶单料烟 4 种 TSNAs 释放量差异较为显著，变异系数在 41.70% ～ 83.49%。TSNAs 总释放量平均为 2349.12 ng/cig，释放量分布在 1129.05 ～ 4001.81 ng/cig。4 种 TSNAs 中 NNN 释放量最高，平均释放量为 1296.10 ng/cig，释放量分布在 240.55 ～ 2162.54 ng/cig，占总 TSNAs 释放量的 55.2%；其次为 NAT，平均释放量为 894.81 ng/cig，释放量分布在 241.00 ～ 1348.08 ng/cig；NNK 和 NAB 释放量较低，其中 NNK 平均释放量为 74.00 ng/cig，释放量分布在 50.40 ～ 118.74 ng/cig，NAB 释放量为 84.21 ng/cig，释放量分布在 24.65 ～ 116.31 ng/cig。

表 2.5.2　湖北白肋烟中部叶单料烟主流烟气 TSNAs 的释放量

组分	含量范围 /(ng·cig⁻¹)	平均值 /(ng·cig⁻¹)	中位数 /(ng·cig⁻¹)	偏度系数	标准偏差 /(ng·cig⁻¹)	变异系数 / %
NNK	50.40～118.74	74.00	69.59	1.62	30.86	41.70
NAT	241.00～1348.08	894.81	932.33	−1.17	469.37	52.45
NNN	585.99～2908.24	1296.10	878.02	1.92	1082.07	83.49
NAB	24.65～116.31	84.21	91.65	−1.65	40.96	48.64
TSNAs 总量	1129.05～4001.81	2349.12	2158.82	1.03	1199.29	51.05

2. 四川白肋烟单料烟主流烟气中 TSNAs 释放情况

以四川达州等地收集的白肋烟烟叶样品为原料制作成无嘴卷烟（每支卷烟 0.8 g），考察主流烟气中 TSNAs 的释放量，对检测结果进行统计分析，结果详见表 2.5.3 和表 2.5.4。从表 2.5.3 中知，四川白肋烟上部叶单料烟 4 种 TSNAs 释放量差异较为显著，变异系数在 22.91%～37.87%。TSNAs 总释放量平均为 3266.44 ng/cig，释放量分布在 2417.81～3831.71 ng/cig。4 种 TSNAs 中 NAT 释放量最高，平均释放量为 1808.22 ng/cig，释放量分布在 867.68～1808.74 ng/cig，占总 TSNAs 释放量的 53.4%；其次为 NNN，平均释放量为 1727.46 ng/cig，释放量分布在 1432.32～2243.06 ng/cig；NNK 和 NAB 释放量较低，其中 NNK 平均释放量为 78.82 ng/cig，释放量分布在 47.12～106.38 ng/cig，NAB 释放量为 120.14 ng/cig，释放量分布在 70.69～151.65 ng/cig。

表 2.5.3　四川白肋烟上部叶单料烟主流烟气 TSNAs 的释放量

组分	含量范围 /(ng·cig⁻¹)	平均值 /(ng·cig⁻¹)	中位数 /(ng·cig⁻¹)	偏度系数	标准偏差 /(ng·cig⁻¹)	变异系数 / %
NNK	47.12～106.38	78.82	82.95	−0.61	29.84	37.87
NAT	867.68～1808.74	1808.22	1340.03	−0.04	470.28	35.10
NNN	1432.32～2243.06	1727.46	1506.99	1.68	448.08	25.94
NAB	70.69～151.65	120.14	138.09	−1.54	43.36	36.09
TSNAs 总量	2417.81～3831.71	3266.44	3549.81	−1.46	748.33	22.91

由表 2.5.4 可知，四川白肋烟中部叶单料烟 4 种 TSNAs 释放量差异较为显著，变异系数在 44.32%～70.63%。TSNAs 总释放量平均为 4271.24 ng/cig，释放量分布在 1450.26～9037.04 ng/cig。4 种 TSNAs 中 NNN 释放量最高，平均释放量为 2225.35 ng/cig，释放量分布在 597.38～5539.93 ng/cig，占总 TSNAs 释放量的 52.1%；其次为 NAT，平均释放量为 1753.42 ng/cig，释放量分布在 428.39～4029.98 ng/cig；NNK 和 NAB 释放量较低，其中 NNK 平均释放量为 115.22 ng/cig，释放量分布在 45.29～182.14 ng/cig，NAB 释放量为 177.26 ng/cig，释放量分布在 45.84～386.36 ng/cig。

表 2.5.4　四川白肋烟中部叶单料烟主流烟气 TSNAs 的释放量

组分	含量范围 /(ng·cig⁻¹)	平均值 /(ng·cig⁻¹)	中位数 /(ng·cig⁻¹)	偏度系数	标准偏差 /(ng·cig⁻¹)	变异系数 / %
NNK	45.29～182.14	115.22	119.05	−0.26	51.07	44.32
NAT	428.39～4029.98	1753.42	1449.39	1.20	1107.96	63.19
NNN	597.38～5539.93	2225.35	1547.60	1.35	1562.81	70.23
NAB	45.84～386.36	177.26	156.31	1.08	125.19	70.63
TSNAs 总量	1450.26～9037.04	4271.24	3299.82	1.03	2333.10	54.62

3. 重庆白肋烟单料烟主流烟气中烟草特有亚硝胺（TSNAs）释放情况

以重庆万州等地收集的白肋烟烟叶样品为原料制作成无嘴卷烟（每支卷烟 0.8 g），考察主流烟气中 TSNAs 的释放量，对检测结果进行统计分析，结果详见表 2.5.5 和表 2.5.6。从表 2.5.5 中知，重庆白肋烟上部叶单料烟 4 种 TSNAs 释放量差异较为显著，变异系数在 29.81% ～ 82.10%。TSNAs 总释放量平均为 1228.94 ng/cig，释放量分布在 838.19 ～ 1784.65 ng/cig。4 种 TSNAs 中 NNN 释放量最高，平均释放量为 687.71 ng/cig，释放量分布在 5362.95 ～ 826.17 ng/cig，占总 TSNAs 释放量的 55.9%；其次为 NAT，平均释放量为 556.30 ng/cig，释放量分布在 356.05 ～ 793.77 ng/cig；NNK 和 NAB 释放量较低，其中 NNK 平均释放量为 63.86 ng/cig，释放量分布在 20.18 ～ 137.21 ng/cig，NAB 释放量为 70.92 ng/cig，释放量分布在 40.22 ～ 119.14 ng/cig。

表 2.5.5　重庆白肋烟上部叶单料烟主流烟气 TSNAs 的释放量

组分	含量范围 /(ng·cig⁻¹)	平均值 /(ng·cig⁻¹)	中位数 /(ng·cig⁻¹)	偏度系数	标准偏差 /(ng·cig⁻¹)	变异系数 /%
NNK	20.18 ～ 137.21	63.86	56.77	1.02	16.48	82.10
NAT	356.05 ～ 793.77	556.30	491.19	0.95	173.16	40.18
NNN	362.95 ～ 826.17	687.71	508.51	−0.44	189.54	33.21
NAB	40.22 ～ 119.14	70.92	81.42	1.90	47.28	56.82
TSNAs 总量	838.19 ～ 1784.65	1228.94	1117.48	0.52	668.10	29.81

由表 2.5.6 可知，重庆白肋烟中部叶单料烟 4 种 TSNAs 释放量差异较为显著，变异系数在 20.18% ～ 80.85%。TSNAs 总释放量平均为 1963.94 ng/cig，释放量分布在 798.69 ～ 2697.28 ng/cig。4 种 TSNAs 中 NNN 释放量最高，平均释放量为 957.55 ng/cig，释放量分布在 391.42 ～ 1592.65 ng/cig，占总 TSNAs 释放量的 48.8%；其次为 NAT，平均释放量为 718.05 ng/cig，释放量分布在 294.74 ～ 1098.66 ng/cig；NNK 和 NAB 释放量较低，其中 NNK 平均释放量为 83.12 ng/cig，释放量分布在 33.27 ～ 180.52 ng/cig，NAB 释放量为 65.22 ng/cig，释放量分布在 40.54 ～ 83.21 ng/cig。

表 2.5.6　重庆白肋烟中部叶单料烟主流烟气 TSNAs 的释放量

组分	含量范围 /(ng·cig⁻¹)	平均值 /(ng·cig⁻¹)	中位数 /(ng·cig⁻¹)	偏度系数	标准偏差 /(ng·cig⁻¹)	变异系数 /%
NNK	33.27 ～ 180.52	83.12	64.12	1.94	30.12	80.85
NAT	294.74 ～ 1098.66	718.05	692.13	1.05	173.90	59.04
NNN	391.42 ～ 1592.65	957.55	888.20	0.62	209.10	38.38
NAB	40.54 ～ 83.21	65.22	63.32	0.36	10.34	20.18
TSNAs 总量	798.69 ～ 2697.28	1963.94	1898.95	0.56	396.75	25.44

4. 云南白肋烟单料烟主流烟气中 TSNAs 释放情况

以云南宾川等地收集的白肋烟烟叶样品为原料制作成无嘴卷烟（每支卷烟 0.8 g），考察主流烟气中 TSNAs 的释放量，对检测结果进行统计分析，结果详见表 2.5.7 和表 2.5.8。由表 2.5.7 可知，云南白肋烟上部叶单料烟 4 种 TSNAs 释放量差异较为显著，变异系数在 36.93% ～ 64.64%。TSNAs 总释放量平均为 1950.50 ng/cig，释放量分布在 1068.35 ～ 3232.74 ng/cig。4 种 TSNAs 中 NAT 释放量最高，平均释放量为

1068.98 ng/cig，释放量分布在 558.12 ～ 1898.35 ng/cig，占总 TSNAs 释放量的 54.8%；其次为 NNN，平均释放量为 708.18 ng/cig，释放量分布在 365.21 ～ 1672.11 ng/cig；NNK 和 NAB 释放量较低，其中 NNK 平均释放量为 67.92 ng/cig，释放量分布在 51.95 ～ 83.89 ng/cig，NAB 释放量为 105.42 ng/cig，释放量分布在 62.97 ～ 191.35 ng/cig。

表 2.5.7　云南白肋烟上部叶单料烟主流烟气 TSNAs 的释放量

组分	含量范围 /(ng·cig⁻¹)	平均值 /(ng·cig⁻¹)	中位数 /(ng·cig⁻¹)	偏度系数	标准偏差 /(ng·cig⁻¹)	变异系数 / %
NNK	51.95 ～ 83.89	67.92	62.12	0.87	21.73	55.10
NAT	558.12 ～ 1898.35	1068.98	973.04	1.22	281.45	36.93
NNN	365.21 ～ 1672.11	708.18	594.76	1.93	309.75	63.19
NAB	62.97 ～ 191.35	105.42	88.90	0.84	30.83	64.64
TSNAs 总量	1068.35 ～ 3232.74	1950.50	2055.62	1.46	778.45	60.17

由表 2.5.8 可知，云南白肋烟中部叶单料烟 4 种 TSNAs 释放量差异较为显著，变异系数在 29.81% ～ 77.87%。TSNAs 总释放量平均为 1787.97 ng/cig，释放量分布在 1099.76 ～ 2987.18 ng/cig。4 种 TSNAs 中 NAT 释放量最高，平均释放量为 924.86 ng/cig，释放量分布在 471.58 ～ 1678.13 ng/cig，占总 TSNAs 释放量的 51.7%；其次为 NNN，平均释放量为 734.13 ng/cig，释放量分布在 415.98 ～ 1052.28 ng/cig；NNK 和 NAB 释放量较低，其中 NNK 平均释放量为 52.13 ng/cig，释放量分布在 25.44 ～ 101.31 ng/cig，NAB 释放量为 76.85 ng/cig，释放量分布在 32.46 ～ 121.25 ng/cig。

表 2.5.8　云南白肋烟中部叶单料烟主流烟气 TSNAs 的释放量

组分	含量范围 /(ng·cig⁻¹)	平均值 /(ng·cig⁻¹)	中位数 /(ng·cig⁻¹)	偏度系数	标准偏差 /(ng·cig⁻¹)	变异系数 / %
NNK	25.44 ～ 101.31	52.13	49.84	0.87	23.33	59.80
NAT	471.58 ～ 1678.13	924.86	1078.65	1.99	521.55	77.87
NNN	415.98 ～ 1052.28	734.13	688.19	0.62	108.33	29.81
NAB	32.46 ～ 121.25	76.85	69.32	1.21	20.01	36.88
TSNAs 总量	1099.76 ～ 2987.18	1787.97	2020.54	1.08	641.33	40.90

5. 不同产区白肋烟单料烟主流烟气 TSNAs 释放比较

对不同产区白肋烟单料烟主流烟气中 4 种 TSNAs 的平均释放量进行对比分析，结果详见表 2.5.9 和表 2.5.10。从表 2.5.9 中知，不同产区白肋烟上部叶单料烟主流烟气中 4 种 TSNAs 释放量存在显著差异，变异系数在 13.20% ～ 55.21%。4 种 TSNAs 中 NAT 和 NNN 的释放量较高，4 种 TSNAs 释放量由高到低的排列顺序为 NAT>NNN>NAB>NNK。4 个产区 NNK 释放量分布在 57.78 ～ 78.82 ng/cig，平均含量为 67.10 ng/cig，不同产区主流烟气中 NNK 释放量从低到高顺序为湖北 < 重庆 < 云南 < 四川。4 个产区主流烟气中 NAT 的释放量分布在 556.3 ～ 1808.22 ng/cig，平均含量为 1084.38 ng/cig，不同产区 NAT 释放量从低到高顺序为重庆 < 湖北 < 云南 < 四川。4 个产区主流烟气中 NNN 的释放量分布在 657.56 ～ 1727.46 ng/cig，平均释放量为 945.22 ng/cig，不同产区 NNN 释放量从低到高顺序为湖北 < 重庆 < 云南 < 四川。4 个产区主流烟气中 NAB 释放量分布在 70.92 ～ 120.14 ng/cig，平均释放量为 101.41 ng/cig，不同产区 NAB 释放量从低到高顺序为重庆 < 云南 < 湖北 < 四川。4 个产区主流烟气 TSNAs 总释放量分布在 1228.94 ～ 3266.44 ng/cig，平均释放量为 2043.60 ng/cig，不同产区 TNSAs 总释放量从低到高顺序为重庆 < 湖北 < 云南 < 四川。

表 2.5.9 不同产区白肋烟上部叶单料烟 TSNAs 释放比较

	NNK	NAT	NNN	NAB	TSNAs 总量
湖北 /(ng·g⁻¹)	57.78	904	657.56	109.17	1728.51
四川 /(ng·g⁻¹)	78.82	1808.22	1727.46	120.14	3266.44
云南 /(ng·g⁻¹)	67.92	1068.98	708.18	105.42	1950.5
重庆 /(ng·g⁻¹)	63.86	556.3	687.71	70.92	1228.94
平均值 /(ng·g⁻¹)	67.10	1084.38	945.22	101.41	2043.60
标准偏差 /(ng·g⁻¹)	8.86	527.76	521.90	21.27	869.28
变异系数 / %	13.20	48.67	55.21	20.97	42.53

由表 2.5.10 可知，不同产区白肋烟中部叶单料烟主流烟气中 4 种 TSNAs 释放量存在显著差异，变异系数在 32.29% ～ 51.06%。4 种 TSNAs 中 NAT 和 NNN 的释放量较高，4 种 TSNAs 释放量由高到低的排列顺序为 NNN>NAT>NAB>NNK。4 个产区 NNK 释放量分布在 52.13% ～ 115.22 ng/cig，平均含量为 81.11 ng/cig，不同产区主流烟气中 NNK 释放量从低到高顺序为云南 < 湖北 < 重庆 < 四川。4 个产区主流烟气中 NAT 的释放量分布在 718.05 ～ 1753.42 ng/cig，平均含量为 1072.79 ng/cig，不同产区 NAT 释放量从低到高顺序为重庆 < 湖北 < 云南 < 四川。4 个产区主流烟气中 NNN 的释放量分布在 734.13 ～ 2225.35 ng/cig，平均释放量为 1303.28 ng/cig，不同产区 NNN 释放量从低到高顺序为云南 < 重庆 < 湖北 < 四川。4 个产区主流烟气中 NAB 释放量分布在 65.22 ～ 177.26 ng/cig，平均释放量为 100.89 ng/cig，不同产区 NAB 释放量从低到高顺序为重庆 < 云南 < 湖北 < 四川。4 个产区主流烟气 TNSAs 总释放量分布在 1787.97 ～ 4271.24 ng/cig，平均释放量为 2593.07 ng/cig，不同产区 TNSAs 总释放量从低到高顺序为云南 < 重庆 < 湖北 < 四川。

表 2.5.10 不同产区白肋烟中部叶单料烟主流烟气中 TSNAs 释放比较

	NNK	NAT	NNN	NAB	TSNAs 总量
湖北 /(ng·g⁻¹)	74	894.81	1296.1	84.21	2349.12
四川 /(ng·g⁻¹)	115.22	1753.42	2225.35	177.26	4271.24
云南 /(ng·g⁻¹)	52.13	924.86	734.13	76.85	1787.97
重庆 /(ng·g⁻¹)	83.12	718.05	957.55	65.22	1963.94
平均值 /(ng·g⁻¹)	81.11	1072.79	1303.28	100.89	2593.07
标准偏差 /(ng·g⁻¹)	26.19	462.84	656.69	51.51	1143.06
变异系数 / %	32.29	43.14	50.39	51.06	44.08

二、国产马里兰烟单料烟主流烟气中 TSNAs 释放情况

以从湖北五峰县收集的马里兰烟烟叶样品为原料制作成无嘴卷烟（每支卷烟 0.8 g），考察主流烟气中 TSNAs 的释放量，对检测结果进行统计分析，结果详见表 2.5.11 和表 2.5.12。由表 2.5.11 可知，湖北马里兰烟上部叶单料烟 4 种 TSNAs 释放量差异较为显著，变异系数在 43.18% ～ 87.82%。TSNAs 总释放量平均为 2852.32 ng/cig，释放量分布在 447.46 ～ 6139.78 ng/cig。4 种 TSNAs 中 NNN 释放量最高，平均释放量为 2145.07 ng/cig，释放量分布在 276.28 ～ 4680.48 ng/cig，占总 TSNAs 释放量的 75.2%；其次为 NAT，平均释放量为 570.05 ng/cig，释放量分布在 110.30 ～ 1208.25 ng/cig；NNK 和 NAB 释放量较低，其中 NNK 平均释放量为 63.20 ng/cig，释放量分布在 42.20 ～ 103.70 ng/cig，NAB 释放量为 74.00 ng/cig，释放量分布

在 17.53 ～ 171.75 ng/cig。

表 2.5.11　湖北马里兰烟上部叶单料烟主流烟气 TSNAs 的释放量

组分	含量范围 /(ng·cig⁻¹)	平均值 /(ng·cig⁻¹)	中位数 /(ng·cig⁻¹)	偏度系数	标准偏差 /(ng·cig⁻¹)	变异系数 / %
NNK	42.20 ～ 103.70	63.20	47.20	1.02	27.29	43.18
NAT	110.30 ～ 1208.25	570.05	551.63	0.39	472.09	82.82
NNN	276.28 ～ 4680.48	2145.07	2172.38	0.84	1647.51	76.80
NAB	17.53 ～ 171.75	74.00	60.07	0.91	64.99	87.82
TSNAs 总量	447.46 ～ 6139.78	2852.32	3046.48	0.76	2172.73	76.17

由表 2.5.12 可知，湖北马里兰烟中部叶单料烟 4 种 TSNAs 释放量差异较为显著，变异系数在 58.60% ～ 78.63%。TSNAs 总释放量平均为 2876.01 ng/cig，释放量分布在 825.36 ～ 5978.39 ng/cig。4 种 TSNAs 中 NNN 释放量最高，平均释放量为 1865.09 ng/cig，释放量分布在 281.87 ～ 3936.05 ng/cig，占总 TSNAs 释放量的 64.8%；其次为 NAT，平均释放量为 814.31 ng/cig，释放量分布在 156.14 ～ 2275.81 ng/cig；NNK 和 NAB 释放量较低，其中 NNK 平均释放量为 102.32 ng/cig，释放量分布在 40.92 ～ 229.27 ng/cig，NAB 释放量为 94.29 ng/cig，释放量分布在 20.33 ～ 188.77 ng/cig。

表 2.5.12　湖北马里兰烟中部叶单料烟主流烟气 TSNAs 的释放量

组分	含量范围 /(ng·cig⁻¹)	平均值 /(ng·cig⁻¹)	中位数 /(ng·cig⁻¹)	偏度系数	标准偏差 /(ng·cig⁻¹)	变异系数 / %
NNK	40.92 ～ 229.27	102.32	84.59	1.20	59.96	58.60
NAT	156.14 ～ 2275.81	814.31	838.03	1.59	640.31	78.63
NNN	281.87 ～ 3936.05	1865.09	1520.00	0.36	1425.60	76.43
NAB	20.33 ～ 188.77	94.29	87.14	0.46	57.91	61.41
TSNAs 总量	825.36 ～ 5978.39	2876.01	2264.46	0.50	1988.95	69.16

第三章
国产晒红烟的资源调查

第一节　国产晒红烟的信息调研

我国晒红烟栽培历史悠久，资源丰富，多样的香型和风格，是混合型卷烟发展的宝贵资源。各地栽培经验丰富的烟农，创造了许多独特的晒制方法，如四川的"泉烟""大烟""毛烟"和"柳烟"，江西的"紫老烟"，山东的"沂水绺子"，吉林的"关东烟"等，早已驰名中外。我国晒红烟分布较集中的地区有四川、吉林、湖南、贵州、浙江、山东、江西和黑龙江等省。

一、四川晒红烟的信息调研

晒红烟自明末清初传入四川后，在四川各地广为种植，代表品种有什邡毛烟和新都柳烟等。在20世纪90年代中期之前，乐山、达州、泸州、宜宾、南充和广元皆是我国的名晾晒烟产区，所产烟叶风格独特，烟香明显，吃味醇和，劲头足，杂气少。后来，随着消费者吸食习性变化及区域经济转移，晒红烟种植规模逐步递减，有些产区仅保留自用部分。

四川晒红烟优质产区主要分布在德阳、达州、乐山、泸州和宜宾地区，自然条件优越，土地资源丰富，土壤气候适宜，具有气候温和、雨量充沛、四季分明和无霜期长的特点，能满足不同阶段晒红烟生长需要。其中，德阳种植的晒红烟主要分布区域为什邡的师古、南泉、隐峰、马祖、禾丰、元石、皂角、洄澜和双盛等乡镇，绵竹的土门、广济、玉泉、新市和孝德等镇，以及广汉的兴隆、金轮和南丰等乡镇，其他区域旌阳、中江和罗江也有少量种植；达州种植的晒红烟主要分布于万源市草坝镇、河口镇和黄钟镇；乐山种植的晒红烟主要分布于犍为县孝姑乡、五一坝、机场坝、八一坝和苦河坝，夹江县迎江乡和甘江乡等地，其余分布于峨眉、五通桥和市中区等地；泸州种植的晒红烟主要位于为合江县、古蔺县、叙永县和纳溪区；宜宾种植的晒红烟主要位于宜宾县、江安县、长宁县和南溪县。

二、吉林晒红烟的信息调研

吉林省晒红烟种植历史悠久，主要分布在蛟河市和延边市。吉林省属温带大陆性季风气候，地势、土质、无霜期、气温和降雨量等自然条件均比较优越，适宜种植。除满足本省市场需要外，吉林省晒烟还远销关内各省市及国外，是雪茄型和混合型卷烟的工业原料。

蛟河市（县级市），位于吉林省东北部的长白山支脉、松花江沿岸，与延边朝鲜自治州接壤。土壤类型以灰棕壤、红棕壤和白浆土为主，土壤 pH 为 6.6 左右，年日照时间为 2450 h，年积温 3150℃（15℃

以上有效积温 2200℃），无霜期 138 天，年降雨量 730 mm。中国历史名晒烟——蛟河晒红烟，亦称漂河烟，也叫"关东烟"。其香气醇正，燃烧性好，在全国特别是沿海一带及华中地区和内蒙古等地久负盛名，因此关东烟成为我国历史名晒烟。蛟河晒红烟（漂河烟）的栽培始于清代初期，至清咸丰（1861 年）时已闻名遐迩并初具规模，吉林城的烟商将漂河烟经沈阳载入山海关内，分发沿海及内地货栈销售。漂河—吉林—沈阳—山海关，自然成为近代历史上的"漂河烟之路"。新中国成立前，栽培了多达十几个品种，其中种植较多的为"柳叶尖""大青筋""胎里黄"和"铁锉子"等，烟农多数开垦新烟地种植晒烟，尤其讲究掐心抹杈、割、捂、捆等传统工艺。割下的烟拐形状各异，有算盘型、荞麦型等。漂河烟经过 350 多年的种植历史，烟农们经过长期生产实践中总结了很多种植经验，从选种、育苗、移栽、调制、上架晒烟、捆把运输等都有自己独特的方法和技巧。晒出的烟叶色泽红黄，具有香烟醇厚、油分充足、弹性好、燃烧性强的特点，有"青筋暴绺虎皮色，锦皮细纹豹花点，小巧玲珑蒜株管，灰白火亮串味足"的美誉。晒红烟是蛟河市传统的特色农业之一，从 20 世纪 80—90 年代开始有规模有计划的稳步增长，活跃在烟草区的技术员们不满足于将种烟技术局限在漂河镇。种植范围已经推广到蛟河市的白石山镇、黄松甸镇、庆岭镇、青背乡和乌林乡新农街等 7 个乡镇街道，所以现在发展成为蛟河烟草农业。

蛟河市有过种植晒烟史的土地面积为 50 000 亩，农业人均种烟 0.17 亩，占农业人均耕地面积的 6.8%。从 2010 年起蛟河市晒红烟种植面积稳步增长，到 2013 年增长 86.26%，平均每年增长 28.7%。蛟河市晒烟种植区主要分布在漂河镇和白石山镇，是吉林省重点产烟区和烟叶生产优势地区，近两年平均种植面积都在 5000 亩以上。目前蛟河市种植晒烟的乡镇有漂河镇、白石山镇、拉法街、河南街、新农乡、乌林乡、庆岭镇和黄松甸镇等 8 个乡镇街道，万亩以上的镇只有白石山镇。即使在蛟河市烟草农业处于低谷的时候，仍然保留了烟叶公司的牌子，为蛟河市晒烟产业的振兴打下了基础。特别是近年来加大了农业结构战略调整的力度，蛟河市政府确定把发展晒烟生产作为重点农产品来扶持，作为蛟河农业增效、农民增收的重大举措。

吉林省延边朝鲜族自治州处于长白山区，山地占延边总面积的 54.8%，高原占 6.4%，谷地占 13.2%，河谷平原占 12.3%，丘陵占 13.3%，基本上是"八山一水半草半分田"。整个地貌呈山地、丘陵、盆地 3 个梯度，山岭多分布在周边地带，丘陵多分布在山地边沿，盆地主要分布在江河两岸和山岭之间。延边地区种植烟草历史较早，延边晒红烟主要分布在长白山和老爷岭之间的低山地丘陵地带，生产的晒红烟被列为国家三大名晒烟之一，主要分布在汪清、珲春、和龙、龙井和延吉等县（市）。20 世纪 70 年代以前种植的晒红烟主要是农民为了自己消费，在房前屋后零星种植，烟户根据本地的特点，从地方品种中筛选出来自留自种，品种杂乱。20 世纪 70 年代后延边地区的晒红烟逐步实行计划管理，20 世纪 80 年代初期，完全转入商品性生产。延边农科院烟草所在大量收集地方品种的基础上先后培育和推广了优质适产品种延晒一号（八大香）、延晒二号（自来红）、延晒三号（风林一号）和延晒四号（8804）等。但在品种的选择上烟农自留自种仍为严重，80% 左右种子是烟农自引自留的，良种化程度较差。

三、湖南晒红烟的信息调研

湖南位于长江中游，处在云贵高原向江南丘陵过渡和南岭山地向江汉平原过渡的地带，属亚热带湿润季风气候区，烟草主要生长期在 4 月上旬至 7 月中旬，气温一般为 18～28℃，光照充足，雨量丰沛，非常适宜烟草的生长。烟区生态类型多样，是我国烟叶主产区之一。自 17 世纪开始，湖南种植晒红烟已有 300 多年的历史。湖南省的晒红烟种植，主要分布在湘西山地武陵山区的凤凰、吉首、沪溪、古丈、麻阳和雪峰山区的沅陵、辰溪、淑浦；湘中丘陵的新邵、邵阳、隆回、洞口；湘西北的临遭、石门；南岭山地的桂东、汝城和资兴等县（市）。湖南省种植的晒红烟，品种资源丰富，晒红烟品种分布范围较广的有小花青、小花、大花、香烟、枇杷叶、茄把烟、密叶子和稀叶子等。各县种植的晒烟品种较纯，因地制宜，各具特色。

湘西晒红烟是我国名优晾晒烟之一，是低焦油混合型卷烟的重要原料。集中分布于湖南省西部武陵山区和雪峰山脉的湘西自治州和怀化市（地区）境内。怀化是湖南历史上最早种植烟叶的地区之一。晒烟种植有400多年的历史，在晒烟栽培调制上具有独特的技术，烟叶品质独具一格。怀化烤烟种植于起始于20世纪50年代初，已有60多年的历史，与湖南省烤烟种植时间基本同步。全市13个县（市、区）绝大部分适宜烟叶生产，也是湖南烟区最具发展潜力的地区之一。怀化晒红烟种植开始于明朝万历年间，从菲律宾的吕宋岛传入怀化，在清雍正年间开始大规模种植。从新中国建立到2002年，晒红梧烟发展规模稳定，年产量在4万～5万担，由于消费市场萎缩，现年产量在2万担左右。怀化烟叶的生产具有得天独厚的优越条件。据湖南省烟草专卖局（公司）2010年发布的《湖南烟草种植区划》公布，怀化的绝大部分地区适宜烟叶种植全市宜烟耕地有195万亩，占耕地面积475万亩的41.05%，其中稻田180万亩，旱地15万亩，中南部的会同、靖州和通道是最具有发展潜力的区域，辰溪、新晃、麻阳和正江等是最适宜烟叶种植区。

辰溪县，隶属于湖南省怀化市，位于湖南省西部，怀化市北部。辰溪县属中亚热带季风湿润气候，境内平均气温在16.5～17.9℃，降雨量为1328.4 mm，日照时数1476.8 h。具有春夏秋冬四季分明、雨量充沛、热量丰富和无霜期长的特点，适宜晒红烟的种植。辰溪全县均有晒红烟栽培的习惯，常年种植面积在300万～400万亩，总产量1万担左右。1980年以来随着国内混合型卷烟的开发，市场扩大，晒红烟有较快的发展。1989年全县晒红烟面积达到34 000亩，总产5.1万担。

麻阳苗族自治县位于湘黔边界的湖南省西部，怀化市西北部，由于这里的气候、土壤非常适合种植晒红烟叶，加之出产的烟叶其内外在品质优良，所以早在明万历年间麻阳晒红烟已被列为朝廷贡品。近几年来，麻阳晒红烟经过艰辛探索、科技创新、品种改良，现已逐步得到恢复性发展。

四、贵州晒红烟的信息调研

晒红烟传入贵州，至今已有200多年的历史。经过长期的自然演变和广大劳动人民的精心选择、培育，形成了分布面积广、类型种类多的品种资源。主要有册亨打宾烟、兴仁巴铃烟、惠水摆金烟、天柱金山烟和镇远焦溪烟等主要品种。

册亨打宾烟产于黔西南自治州册亨县双江区的打宾乡。种植历史比较悠久，烟叶品质好，尤以距离打宾数十里外的伟俄、谭寨两地所产烟叶品质最好，清朝时曾作过贡品，当年法国传教士也曾作为名产购买。由于种植历史长，形成的地方品种较多，主要栽培品种有谭寨柳叶（又名伟俄小柳叶），批把烟（又名万年烟或大匹烟），其次是冗贝大柳叶节骨稀、大柳叶节骨密、罗植小柳叶等。

兴仁巴铃烟主产于黔西南自治州兴仁县巴铃区的巴铃、紫冲、民建、陆吴、公德、木桥等乡镇，早在光绪年间就有种植。新中国成立前，该区的巴铃、紫冲、民建等乡镇的农户中，几乎有一半以种土烟为业，因此，种植面积大（每年全县约600万～650万亩），品质好。由于种植历史比较悠久，形成的地方品种也比较多。主要栽培品种有小柳叶、大柳叶、转刀柳叶、护耳柳叶、光柄柳叶等。

惠水摆金烟主产于黔南自治州惠水县摆金区的摆金、关山、宁旺、甲烈和甲浪等乡。栽培历史较长。栽培品种过去曾有大白花、小白花、大红花、小红花，青秆烟和包耳烟等，除小白花品种保存至今外，其余品种早已失传绝种。

天柱金山烟主产于黔东南自治州天柱县的社学、帮洞、渡马及兰田乡属于金凤山的地区。其中以社学乡的金山村所产烟叶最有名。金山烟种植历史悠久，质量好、销路广，每年都有大量烟叶远销浙北、东北及两广等地。地方品种较多，主要栽培种有大鸡尾、大柳叶和小柳叶，有把烟、无把烟、批杷烟和芭蕉叶等。

镇远焦溪烟主产于黔东南自治州镇远县焦溪区的焦溪、罗溪等乡，并以这两地烟叶品质最好。焦溪镇地处中亚热带季风湿润气候区，年平均日照时数 1188 h，年平均气温 17℃，无霜期 292 天，一年积温超过 6500℃，年降雨量 1093 mm。焦溪镇南北高、中间低，由西北向东南倾斜，属贵州高原向湘西丘陵过渡的斜坡地带。全镇东西长 15 km，南北宽 12 km，略呈正方形。海拔最高达 1300 余米，最低 410 m，地形以高山为主，占总面积的 70% 以上，境内舞阳河穿镇而过，适宜晒红烟的种植。焦溪晒红烟烟质香气属近白肋型，是混合型卷烟的良好原料。镇远县晒晾烟栽培历史悠久，种植分布区域广，各个乡镇均有种植，种植品繁多，其中以焦溪镇产小花烟最为著名。镇远县晒晾烟主要分布在镇远的焦溪乡、舞阳镇、羊场镇、江古乡、涌溪乡和青溪镇等地，其中焦溪产的晒红烟最为有名。近年来由于各种植户都是分散种植，经营模式为自产自销，产量极不稳定。焦溪烟主要产于镇远县的焦溪镇路溪村，品种有大莲花烟、中莲花烟等。过去种植农户较多，每户种植 7 ~ 10 亩，产量 50 ~ 80 kg，既用于自吸又用于市场交售。

荔波县地处贵州省黔南州南部，位于地球东经 107°37′ 和北纬 25°7′ 之间。东与黔东南州的从江县、榕江县接壤，南与广西壮族自治区的环江县、南丹县毗邻，西与独山县相连，北与三都县交界。全县行政区域总面积 2400 km²，辖 17 个乡（镇），94 个村委会，总人口 17.1 万人，其中少数民族人口占 85%。县境内平均海拔 759 m，年均温度 18℃ 左右，属中亚热带季风性湿润气候。据历史资料，荔波晒红烟（又名老皮烟、晾晒烟）种植在明末清初开始流入，到 20 世纪 80 年代，规模较大，几乎每个村寨都有种植，以其叶大片厚、气香味浓为主要特色，广销到"两广"一带。进入 21 世纪后，晒红烟种植大幅度减少，目前只有零星种植，掌握种植和调制技术的对象年龄均为 70 岁以上、烟龄 40 年以上的老人，从我们走访的 10 户老烟民中，年龄最大的为 85 岁，最小的为 74 岁；种植规模最少的仅为 30 株，最多的为 120 株，产量在 5 ~ 20 kg。不仅面积小、产量低，而且多为自种自吸，偶有少量上市交易，对象也是年纪大的老人。对于烟的品种名称有称"铧口烟"，也有称"大包耳"，但大部分少数民族老人均笼统称为"老皮烟"。烟叶种子多为烟农自留，或亲朋好友相互赠送，均为本地老品种。据老烟民介绍，现在年轻人都吸食卷烟了，没有人再去种植这种晾晒烟，随着老烟民的不断减少，晒红烟的生产量逐年减少。乐观估计，今年全县种植晒红烟的总面积在 10 亩以内，产量 1500 kg 以内。

五、山东晒红烟的信息调研

山东是我国种植烟草的主要地区，明末烟草传播到山东后，至今已有 350 多年的历史。山东晒红烟主要集中在沂水、蒙阴、兖州和栖霞等地，这些地区种烟历史悠久，是历史上名晾晒烟的主要产地，所产的晾晒烟油润劲足、燃性好、香味浓，是制作混合型卷烟和雪茄的优质原料。

沂水县位于沂蒙山区北部，沂山山脉南侧，南北宽 67 km，东西长 78 km，总面积 2416 km²，西、北与沂源、蒙阴、安丘、临朐烟区相邻，东、南与营县、诸城、沂南、临沂等产烟县接壤，地形地貌"山六、水三、田一"。总耕地面积 132 万亩，分布于西和西北部石灰岩地区，是沂水塔子的集中产区。沂河两岸的潮土类型耕地也有部分晒烟种植。沂水塔子烟的种植历史悠久，沂水塔子烟按其调制方法的不同，分为板烟和扎给两种。所谓"板烟"，即在烟叶捂黄后，把叶片两侧向背面折叠，调制后叶片板平成剑状，群众称之为"板烟"。所谓"扎给"就是把即将晒干的叶片，再受露潮软，用手把叶片连续握塔多次，使叶片成细棍棒状，即成"扎给"。晒烟历史上多用饼肥种植，经加工后，颜色红黄至棕色，叶片柔软，吃味醇香，劲头、油分足，用手揉搓干后的叶不碎，而像西湖龙井茶一样呈细条状。在适宜的条件下，存放一段时间后，叶片表面会出现一层白色粉状物，烟农称之为"俊毛"。生了俊毛的烟叶吃味醇和，香气浓郁，青杂气减少，燃吸时持火力强。

蒙阴县"坦埠绺子"是我国著名的晒烟之一，明朝万历年间已大有名气，"坦埠绺子"以夏烟为主，多于清明、谷雨时节催芽播种，苗期为 60 天左右，麦收后移栽，移栽后最忌下雨，须让太阳晒苗 2～3 天，几近干枯时，大水浇灌复苏，否则烟株生长高细不壮，叶短烟薄，栽种前以土杂肥为底肥，当烟苗放开 8～10 个叶时，施豆饼肥调沟培土，展到 16～20 个叶片时，打尖去头，然后施豆油使其上烟，在整个栽培过程中，还要掌握好管理、治虫、打顶和抹杈 4 个环节。中秋时节是"坦埠绺子"烟成熟期，当叶片厚实微黄出鼓，已显成熟时，择阳光明丽的大晴天，利用专用烟刀进行截茎割收菸。收割后的制作工艺更复杂精细，要求更严格，须经晒、露、分、扎、捂、绺、攥、垛和发酵、调剂等十几道工序，用时 3 个多月，才能生产出色泽紫红、香气独特浓郁的成品"坦埠绺子烟"，并且陈放 1～2 年其味更加醇正。"坦埠绺子"的叶片质量以上部叶片为佳，其含糖量较低，蛋白质和烟碱含量较高，香味浓、劲头足，上等"坦埠绺子"烟表面看生有"俊毛"（叶片表面有一层白色粉状物），叶片十分柔软。

六、江西晒红烟的信息调研

江西省是我国晒烟主要产区之一，种植历史悠久，品种资源丰富，烟叶质量上乘，具有叶片肥厚、油分足、劲头大、弹性强、香气浓郁、燃烧性好和焦油含量低等特点，素有"紫老"和"黑老"烟著称，是混合型卷烟和雪茄烟的优质原料。晒烟主产区大多集中在武夷山北麓和西麓与福建毗邻的几个边远山区县，境内低山、中山、高丘陵、低丘陵、山间均层次分明，在丘陵起伏的坡地上布有梯田，通风通光好，是种植烟草的良好地形条件。晒烟产区属中亚热带，太阳辐射量较多，热量资源丰富，季风盛行，雨量充沛，为烟草生长提供充分的水热条件。

晒红烟种植比较集中，全省有广丰、上饶、广昌、石城和宁都 5 个县种植。江西晒烟种植 30 多年来，广为传播，通过长期栽培，已形成了各具特色的晒烟品种。但由于长期以来研究工作未全面开展，品种混杂退化现象相当严重，有的名贵品种已濒于灭绝和失传，如新中国成立前的晒烟优良品种会昌的皇天宝，瑞金的段早、条早，波阳的狗骨头、三角尖等 5 个名晒烟品种，现已绝迹多年难以寻觅。我们考察收集的 14 个品种中，晒红烟农家种，如广丰的大牛舌、小牛舌和广昌的铁赤烟品种，质量上乘，种植面积较大，栽培和晒制技术考究，仍然保持江西传统名晒红烟"紫老"和"黑老"烟的誉称。晒黄烟的铁骨烟、青梗烟和软骨矮秆烟等品种，目前种植面积较大，色泽黄亮，吸味较佳，在我国市场上享有较大声誉，其他品种种植面积较小。

广昌晒红烟俗称"黑老虎"，主要有铁赤烟、柳叶烟和木勺烟 3 个品种，在广昌县驿前、头坡、赤水等几个乡镇种植，自明朝万历年间开始，已有 400 多年种植历史。叶大肉厚，纤维细致，深红透黑，味醇劲足，被列入全国名优晒烟品牌之一。"黑老虎"清末已远销广东、江苏、武汉等地。1978 年广昌县被列入省晒烟外贸出口基地县，1986 年又被国家烟草专卖局定位晒烟生产基地。历史上广昌晒烟曾发展到 1 万多亩，产量 100 多万千克，在农业经济中起了重要作用。据原轻工业部烟草研究所鉴定，广昌晒红烟（"黑老虎"）是生产低焦油混合型香烟和雪茄烟的上乘原料。自 20 世纪 90 年代中期以来，"黑老虎"在市场上的竞争力逐渐降低，种植面积不断缩小。

江西石城的晒烟种植，始于明万历年间（1573—1621 年），品种主要有柳叶烟和蒲杓烟。小松、木兰、高田、丰山、横江等地生产晒红烟，色呈紫红或深红色，烟味浓，后劲大，燃性好，弹性强，素有黑老虎之称（俗称黑烟或乌烟）。新中国成立后，晒烟种植曾一度纳入国家计划。后来，随着烤烟生产的迅猛发展，卷烟销量的增大，晒烟种植呈下降趋势，且销方市场逐年缩小。1992 年后烟草公司不再收购晒烟，农户只有小量的零星种植，烟农自产自销。

七、浙江晒红烟的信息调研

浙江省晒红烟叶规模小、布局散，但特色突出，质量优异，深受用户欢迎。晒红烟主要分布在嘉兴地区的桐乡和丽水地区的松阳。

桐乡市位于浙江杭嘉湖平原的中部，地处京杭大运河两侧。全县东西长 36 km，南北宽 34 km，面积约为 723 km²。桐乡市地势较低洼，为河流冲积平原和湖淤积平原，地势从东南略向西北倾斜，河港密布、湖塘众多、密如蛛网的水系构成了江南水乡的特色。桐乡地区属亚热带季风气候，温暖湿润、四季分明、雨量充沛。在正常年份降雨量和温度条件均能满足烟株生长发育的需要。4 月、5 月和 6 月降雨较多，对促进烟株的根系发育，开楷开片较为有利。7 月雨量减少，光照增加，有利于烟叶的采收和调制。

桐乡晒红烟以其"颜色均匀，组织细致紧密，质地柔韧，油分足，弹性强，筋脉细，出丝率高香味浓郁"等特征而闻名遐迩。历经多年种植历史列为国家烟草专卖局名优晾晒烟产品之一，与杭白菊、小湖羊皮并称为"桐乡三宝"。可以作为雪茄包皮烟芯烟混合型卷烟旱烟丝嚼烟的主要原料。据资料记载，桐乡晒红烟生产波动很大，20 世纪 50 年代桐乡晒红烟种植面积比较大，年总产最高达到 6 万多担，出口 1 万多担，是桐乡晒红烟生产的高峰。进入 90 年代中期以后，随着地方经济的快速发展烟叶的种植面积和产量呈现出不同程度的下降趋势。2000 年全市晒红烟的总产量只有 1137 担，达到历史的最低谷。最近几年，全市烟叶种植面积维持在总产量 3000～6000 担。

松阳县隶属于浙江省丽水市，位于浙江省西南部。松阳县地处浙南山地，全境以中、低山丘陵地带为主，四面环山，中部盆地以其开阔平坦称"松古平原"，又称"松古盆地"。地势西北高、东南低。总面积中，山地占 76%，耕地占 8%，水域及其他占 16%，谓"八山一水一分田"。松阳县属亚热带季风气候，温暖湿润，四季分明，雨量充沛，无霜期长，冬暖春早，气候垂直差异明显。松古盆地年平均气温 17.7℃，月平均气温最高为 7 月，极端最高气温 40℃，出现在 1997 年 7 月 10 日；最低为 1 月，极端最低气温 –9.7℃，为 1997 年 1 月 5 日记录。境内多年平均降水量 1700 mm，以 3—6 月为多雨季节，平均降水量 816.8 mm；7—8 月高温晴热，易出现伏旱；11 月份雨量最小，仅 40～50 mm。全年无霜期约 236 天。年日照时数 1840 h，适宜晒红烟的种植。

松阳晒红烟（又名松阳晒烟）以叶大片厚、气香味浓闻名中外，主销埃及、马里、几内亚、德国、菲律宾、比利时和科威特等国家。松阳晒红烟的品种很多，其中以望松乡六都烟叶为上乘，素有"松北大烟"的美称。松阳烟叶在长期种植中，经过反复选种、引种、杂交和单培体育种等试验，已培育出"蒲扇烟""牛舌烟""松选十四号"等品种。

八、黑龙江晒红烟的信息调研

黑龙江省地处中纬度亚洲东大陆，属于中温带大陆性季风气候，冬季漫长，严寒而干燥，春季冰霜风寒，热量极少，夏季日照充足，降雨集中，气候温热，湿润良好，秋季降温迅速，适于烟草种植。全年热量集中分布在 5—9 月，平均气温 12.2℃，活动积温 210～290℃，其中 90% 以上分布在 5—9 月，大田期 5 月 31 日—9 月 10 日，平均气温 18.2℃，有利于优质烟叶形成。日照充足，日照率占 60%～65%，5—9 月总日照时数 1160～1380 h。雨量充沛，5—9 月降水量为 350～460 mm，占年降水量的 70% 左右，其年变率 20% 以下，是全国降水最稳定地区。黑龙江省晒红烟资源分布广泛，遍及全省 57 个市县，分布区域在北纬 43°～50°，最适宜区域是北纬 43°～47°，其中包括地方名晒烟产地林口、海林、宁安、齐齐哈尔和全国名晒烟产地穆棱市、尚志市等。穆棱市晒红烟分布最多，穆棱市近几年晒烟种植面积稳步发展。

穆棱晒红烟，是国家名晒烟，以其风格独特而久享"关东烟"的盛名。穆棱晒红烟色泽醇正，香味浓郁，烟劲适中，调制（晾晒）后颜色浓香，吸味醇正，燃烧性好，烟灰白、脱落，焦油含量低，吸用比较安全。

早在清末时期，穆棱晒烟就成为进贡朝廷的佳品。1983 年，穆棱成为黑龙江省晒烟商品基地。1992 年，穆棱晒烟列入国家名晒烟名录。2009 年，穆棱晒烟被确定为国家农产品地理标志。2010 年，"穆棱晒烟"被国家工商总局正式核准为注册商标。

穆棱市烟区气候温和，日照充足，雨量充沛。在烟草生长的 5—9 月，大于或等于 10℃的有效活动积温历年在 2300 ～ 2500℃，无霜期 120 ～ 135 天，烟草旺盛生长期的 7 月历年平均气温 21.2℃，最高达 32℃，在烟叶成熟采收的 8 月下旬到 9 月上旬，昼夜温差大，有利于烟叶干物质积累及采收晒制。5—9 月历年平均大田日照时数为 1256 ～ 1355 h，平均每天 8 h 以上，能充分满足优质烟生长对光照的要求。年平均降雨量 400 ～ 700mm，且 60% 以上雨量集中在晒烟生长季节的 6 月、7 月和 8 月 3 个月。完全可以满足晒烟生长发育的需要。土壤方面，穆棱晒烟区的土壤是山地暗棕壤，速效钾的含量高。种植技术方面，穆棱晒红烟的品种小护脖香具有自然浓郁的香味，加上穆棱晒红烟的栽培调制技术，形成了有地方特点和风格的穆棱晒烟。穆棱市坚持"规模化种植、专业化服务、集约化经营、信息化管理"的原则，推进名晒烟基地建设。到 2010 年，马桥河、下城子、兴源、穆棱 4 个晒烟主产乡镇面积均在 5000 亩以上，有千亩基地 6 个，百亩以上示范园区 20 个。基地、园区实行品种、育苗、机械整地、专用肥、田间管理及病虫害防治"六统一"。组建晒烟农机合作社 2 个，全部实行大型机械整地。建立健全烟农档案，实行微机管理。2007 年起穆棱晒烟进入红塔集团、红河集团、武汉中烟等国内大型卷烟工业，取得国家晒烟种植收购计划。2010 年全市晒烟种植面积 4 万亩。穆棱晒烟列入了国家烟草专卖局"十二五"规划。

第二节　国产晒红烟的种植与调制特点

一、四川晒红烟的种植与调制特点

四川省对晒烟生产没有统一规范的栽培和调制方式，因此各地晒烟生产情况有不同程度的差异。

1.德阳晒烟生产情况

德阳晒烟种植共有两种方式：一是烟农自由种植其从上年的生产田中选择的几株长势较好的，采用传统的生产习惯进行种植；二是烟草公司建立晒烟基地，与烟农签订合同实行订单种植由烟草公司或工业企业提供品种，统一育苗施肥标准采收和调制加工德阳晒烟主栽品种为什烟一号和 GH 系列，除与川渝中烟共建基地全部种植 GH 系列外，其他区域多种植什烟一号，部分是柳烟或其他品种。烟农种植什烟一号多采用传统的种植习惯，种植密度为 2400 ～ 2500 株 / 亩，不留二烟，留叶数为 13 ～ 14 片，全部采用烟稻轮作，农户根据经验，自行决定肥料和农药的施用，什烟一号亩产接近 4 担。与川渝中烟共建基地内种植的 GH 系列品种，严格按照工业企业要求，由烟草公司组织生产和调制，种植密度为 1600 ～ 1700 株 / 亩，不留二烟，留叶数为 18 片，全部进行烟稻轮作，统一施肥标准和农药用量，亩产 2.2 担左右。德阳晒烟调制方式主要以自建晒棚和烟草公司提供钢结构活动式晒烟房为主，在自然条件下晾晒，调制周期为 25 天左右，其中 GH 系列需要半遮阴晾制。德阳烟农很少自制糊米烟，主要以出售白毛烟为主，烟草公司收购毛烟后炒制糊米水以堆码发酵的方式加工糊米烟。

2.达州晒烟生产情况

达州对晒烟采取严格的专卖管理，根据国际国内晒烟销售市场情况下达生产收购计划，全达州按照当地晒烟生产技术方案，统一生产标准施肥量和农药施用量。达州主栽品种为万毛一号和万毛三号，亩均种植 1200～1300 株，普遍留有二烟，头烟留叶数 14～16 片，二烟留叶数 8～10 片，亩产 4 担左右，与水稻油菜等非茄科作物轮作，烟农在房前屋后自建晒棚进行晒烟调制。

3. 乐山、泸州和宜宾晒烟生产情况

乐山、泸州和宜宾皆是坚持以销定产的原则，烟草公司委托经营者进行生产指导，由受托者与烟农签订收购协议的方式进行生产，主要以自由土地（河漫滩荒地）为主，同时根据土地闲置情况，进行土地租赁和承包，种植区域相对集中连片，乐山、泸州和宜宾主栽品种主要有柳烟和白毛烟，种植密度约为 1600～1800 株/亩，乐山晒烟种植留有二烟，头烟留叶数 8～9 片，二烟留叶数 6～7 片，亩产接近 5 担；泸州和宜宾晒烟种植因与玉米蔬菜作物套种，基本不留二烟，留叶数为 11～18 片，亩产晒烟 3～3.5 担三地烟农根据经验自行决定施肥量，调制方式为自建晾晒房，自由晒制晾房有两种方式：一是在自家房前屋后搭建晾棚，以晾制为主；二是在空地上搭建可移动晾棚进行调制，以晒制为主，糊米烟主要由委托经营者进行加工。

二、吉林晒红烟的种植与调制特点

蛟河晒烟的从种植到捆烟分为以下几个阶段：第一阶段选择合适的品种，种植方法独特。老的种植品种是红（白）花贴毪子，这个品种烟片短厚，颜色红黄，油分足、香味好，有串味不截火，烟筋是两个一对，呈人字形。第二阶段采摘方式独特，收烟叶要用特制的烟刀子，呈半月形，烟刀锋利，割下来带烟拐在，为了晒烟时候方便上绳，带烟拐子也可以增加重量，也就增加效益。第三阶段是捂黄上绳上架，采收方式独特。蛟河烟的调制方法分为捂黄、上绳上架、吃露水变红这 3 个步骤。分三次采收充分成熟的叶片，直接单叶上架，烟绳拉紧，用塑料布盖严，上盖草帘，防止暴晒和雨淋。3～4 天烟叶的叶绿素转为叶黄素，揭开草帘、塑料，分绳距 15 cm 左右进行晒制，使烟叶变红后，再次加宽绳距 20～25 cm。吃露 3～4 次，（每晚 8 点到早晨 5 点）。吃露后将绳距缩小到 3～5 cm 进行干劲。干劲后选择阴天无风无雨天，加宽绳距使烟叶自然回潮，水分控制在 16%～17% 下架。第四阶段是捆扎方法独特多样。捆烟要按照烟叶的成色、油分、长短和颜色等分别捆。一类烟叫"片子眼"，二类烟叫"绺子烟"，三等烟叫"把烟"，四等烟叫作"烟砖"或者"辫子烟"。这几种烟捆法便于管理和运输，烟民吸烟也方便。这是蛟河晒烟传统如独特的种烟，晒烟方法，是保证产出高质量、高品质的烟叶的基础。蛟河晒烟种植方法需要传统技术与现代技术更好的相结合，消除传统种植方法的劣势，发挥当代科技的优势，所以蛟河烟草农业存在着很大的优势和潜质。

吉林省延边朝鲜族自治州晒红烟产区的地带性土壤多为暗棕壤、棕壤和河淤土。土层厚、土壤肥沃，适宜晒红烟生长。珲春、延吉等 5 县（市），地处老爷岭长白山之间低山丘陵地带，无霜期 110～135 天，积温 2200～2800 ℃，年降雨量 50～600 mm。春季气温回升快，干燥多风，易出现春旱，秋季降温较快，但能满足晒红烟对雨量和热量的要求。8 月充足的降水量和较高的空气湿度，使调制后的晒红烟色泽红棕、光泽鲜明、油润，具有良好的外观品质。多年来，延边农科所、延边烟草研究所和延边烟叶公司等单位收集当地晒红烟品种资源，并选育出延晒一号等生长期短、易调制的品种。收集保存了大量的优质晒红烟品种，如大青筋、碧水烟、土山烟、泗水烟、风林烟、智新一号和智新二号等，为开发当地晒红烟资源打下了基础。

三、湖南晒红烟的种植与调制特点

1. 湖南辰溪栽培调制技术

（1）栽培情况烟叶亩产 100～125 kg，单叶重 6 g 以上，顶叶长度大于 40 cm，上中部 1 级、2 级、

3 级烟比例 65% 以上，颜色黄红—红棕色，成熟充分，总糖 3%～5%，烟碱 5%～7%，蛋白质 15% 以下，香型明显，香气足，燃烧性强，灰分白，评吸质量好。

（2）品种

选用良种小花、小花、香烟。实行统一供种，淘汰杂劣品种。

（3）育苗

常规育苗、塑料大棚集约化育苗、塑料大棚漂浮式育苗。

常规育苗采用母床和干床稻草营养假植两段式育苗。

播种日期：1 月下旬至 2 月上旬。

播种量：每 $4m^2$ 苗床播种 1 g。

间苗：烟苗 3～4 片针叶时选取晴天下午进行间苗，取出弱小、病苗、小苗、变异苗，使烟苗大小整齐一致。

假植：每亩大田需 $10m^2$。

起苗假植：烟叶 1 心 4～5 叶时，从苗床拔起，植于营养圈里，并随即喷水盖膜。

子床管理：假植后做到保温、保湿，膜内温度不超过 28℃。晴天要控温保湿，阴天要控湿保温，直到假植苗成活。6～7 片真叶后注意控制苗床水分，逐步揭膜炼苗，8～9 片真叶时移栽大田。

移栽：平均积温稳定在 12℃后，一般在 4 月中旬至 5 月上旬移栽。

密度：稻田和肥力较高的旱土 1000～1100 株 / 亩，行株距为 0.60～0.67 m，中低肥力旱土亩栽 1200～1300 株，行株距 0.5～0.55 m。

施肥：亩施纯氮 7.5～10 kg，氮磷钾配比为 1∶1.5∶3。基肥占总施肥的 40%～50%。

（4）采收晒制

下部叶成熟标准：叶色大部分呈黄绿色，出现少量黄斑，茎叶角度增大，叶尖下垂，叶面茸毛基本脱落。

中上部也成熟标准：叶色由绿变黄，顶叶布满突起黄斑，叶尖下垂枯焦，叶缘卷起，主支脉变白，茎叶角度增大，茸毛脱落。

调制：变黄期—变红期—干筋期。

变黄期：索烟上架后，现在室外拉开晒制 4～5 h，然后挤紧，用塑料薄膜将烟叶三面盖住，两端及中间用绳子捆好，绕过烟叶在薄膜内变黄，一般下部叶 3 天，上中部 3～5 天，叶片达到八九成黄以上，开始卷筒，即可进入变红期。

变红期：采用草地变红（打地铺），晴天选择洁净的草坪，待露水干后，将变黄后的索晒平铺地上进行暴晒，晚上烟叶回潮后收起，第二天晒制另一面，一般 2～3 天即可变红。遇雨天，将烟叶移至棚内铺在地上或者挂在架上进行。

干筋：采用草地干筋，早晨露水干后，将变红烟叶铺在清洁的草地上，一索压住一索，排成鱼鳞状，露出主筋和烟拐，晚上回潮后收起，第二天晒另一面，随着烟筋干燥程度的增加，不断加大压叶面积，直至主筋和烟拐完全干燥为止。雨天挂在晒棚内干筋，防止雨水淋湿烟叶。

烟叶处理：堆码发酵在室内进行，要求干燥、清洁、避风，不漏雨。

堆码方法：先在地上铺一层薄膜或者垫一层木板，上面放一层 10～15 cm 厚的干稻草，然后将索烟拐朝外，叶尖相对一索压一索，堆顶再普一层干稻草，并加盖木板，用石块或者其他重物压紧，四周用稻草或者其他防潮物封严，堆码高度以 1.5 cm 为宜。

堆码时间：15～20 天或者更长。

下绳去拐：堆码结束后，将索烟折下进行下绳去拐，按照《湘西晒红烟》标准规定，分级扎把交售。

四、贵州晒红烟的种植与调制特点

1. 黔东南镇远县种植与调制特点

（1）种子繁育

每年选取长势好，无病的烟株留种，其余在现蕾时全部打顶抹杈。一般只留 1～2 株做种。育苗技术：选择背风向阳的田或土翻犁后，开厢、平整，用草木灰、大粪或牛、羊粪做底肥。播种时，将种子（包衣种）用手搓散，与细土或火土灰拌匀后，均匀地播撒在苗床上，稻草覆盖保湿、保温，用竹子起拱，再用薄膜覆盖，等到出苗后，去掉稻草。苗床期管理：看情况进行间苗、追肥、浇水，大太阳天揭膜通风降温，夜晚盖好薄膜，直到烟苗长到 7～9 片叶，去掉薄膜炼苗待移栽。播种期一般在农历十二月到次年一月。

（2）烟地选择

选择向阳、肥力中上等的榜坡土为烟地，翻犁过冬，或种上油菜，到次年 3 月间，把油菜翻犁后，平整烟土，开沟排水，打窝下肥料，等待移栽。

（3）整地起垄及施肥

采用传统的栽烟方法，即平地栽烟，按一定的距离打窝，施肥后移栽。

底肥：用提前烧好的草木灰拌上牛、羊粪穴施做底肥，施肥量为 1000kg/ 亩左右；追肥：移栽后 10 天左右，进行第一次浅锄中耕松窝，用少量的清粪水或沼液进行提苗。移栽后 30 天左右，结合中耕追施偏心肥，烟株长势差、缺肥、烟叶变黄的烟株，用清粪水或沼液淋施于烟株周围，用量视情况而定。

（4）移栽期

一般在清明前后的阴天或雨后移栽，移栽密度为 60×110 cm,每亩移栽 1000 株左右；移栽方法：在平整好的烟地上用小锄头按距离打窝，将烟苗栽于窝中间，并将肥料拌匀施在周围，注意烟苗不要直接接触到肥料，然后覆土，烟心距土面 2～3 cm，注意及时查苗补苗。

（5）田间管理

一般中耕 2 次，移栽后 10 天左右结合追肥第一次中耕，移栽后 30 天左右，结合施偏心肥第二次中耕，并培土上厢，厢面高 15 cm 左右。烟株长至 80 cm 左右，即移栽后 55～60 天时现蕾打顶，打顶后株高约 50 cm，留叶 22～24 片。打顶后每隔 7～10 天打一次烟杈，共抹杈 3～4 次，直到整株烟叶成熟。

（6）病虫害防治

病害有花叶病、青枯病和黑胫病等，无法防治。虫害：烟青虫用人工捕捉；地老虎、蚜虫等用菊酯类农药喷杀。

（7）采收调制

成熟采收：采收方法为根据整株成熟情况分批次整株一次性采收，采收时间一般在移栽后 65 天，即农历六月中旬左右，最开始选择采收的烟株主要是肥料不足，烟株长势差，下部叶片已黄，中部烟叶淡黄，上部烟叶青黄（未熟）的烟叶，采收方式为一次性采收。采收方法为从上到下，每片烟叶从叶根部下面 1～2 cm，用特制镰刀割断，即左手握烟叶叶柄，右手镰刀柄，方向从下往上，将烟杆割断，依次向下割完，下部叶看情况，过熟或烂了的烟叶不采收。一般在晴天下午或阴天进行采收，忌带露水采收烟叶。采收专用工具为特制小镰刀，这种小镰刀比普通镰刀小，刀刃也窄很多，专用于晾晒烟的收割。一般是在屋檐、房屋上层空处，用搓好的稻草绳两头绑在屋檐柱上做编烟绳。编烟绳一般 4 m 左右长，绳与绳距离约 40 cm，两头留有 8～10 cm。早上或晚上将采收来的鲜烟叶编在草绳上，每扣 5 片烟叶，每绳 75～80 扣不等。烟叶编好后，晴天、阴天不再进行管理，雨天用薄膜覆盖在烟的上面，以防漏雨烟叶发生霉变，直到烟叶、烟肋、烟杆晒干为止。烟叶调制一般需 30～45 天。

（8）贮藏堆放及分级出售

待整片烟叶晒干、烟叶变软时，在阴雨天或早上有露水的天气，及时将烟收藏。方法是将烟绳两头解下，把烟放在楼板上，一绳烟卷一捆，用稻草将烟捆1～2道，将捆好的烟堆放在仓库或楼上空间里，堆放时叶尖朝里，叶柄朝外，用稻草垫底并覆盖周围，然后用木板围四周，进行天然发酵。烟农在晒烟出售前一般要自行进行加工，然后再拿到农贸市场出售。出售时不进行分级，一捆烟就是一个等级，按捆论价，或是按烟堆论价，价格交易双方自行商定。

2. 贵州黔南州荔波晒红种植与调制特点

（1）生产技术

荔波晒红烟自古以来都不属于主要家作物，因此很少用良田好土种植晒红烟，多选新开垦的荒地或田边地角，土质以相对贫瘠的黄泥沙土或火石沙土为主，一般不用黑色石灰土和菜园土种植（据说这两种土壤种出的烟色灰黑，味辛辣，口感不好）。

育苗。播种期为春节前的"腊八"前后，苗床土多用渥火土，或深耕细整后用干茅草覆盖点火"炼土"，深施农家肥、发酵过的菜籽饼做底肥，与土拌匀并上厢。播种后，泼浇人畜粪水，用杉木桠覆盖以防鸡鸭进入破坏。

移栽。移栽一般在清明前后，烟苗长到1～3片叶时可移栽。用腐熟的家畜圈肥做底肥深施于烟土里，移栽前田土要整细，有坡度的土一般不掏厢，如栽在田里则要掏厢防水，密度以本着肥土栽稀、瘦土栽密原则，株行距一般为60×60 cm，挖窝施入用与发酵过的菜籽饼拌匀的火土灰，每株150～250 g，然后将烟苗移栽。

除草打虫。烟苗大田移栽后，一般松土除草1～2次，视烟叶生长情况在松土前适当施入发酵过的菜籽饼和草木灰用人畜粪水拌匀进行追肥，很少用化肥(据说用化肥烟叶不易接火)。打虫则根据具体情况，一般用人工打杀，不用杀虫剂。

打顶。烟株长成后视烟苗长势，去除胎叶、脚叶，一般留叶在10～12片，少则8～9片时打顶。

（2）调制技术

采收。一般到农历八月（白露前后），烟叶成熟后（烟叶成熟的特征为上部3片叶翻顶，叶尖鱼钩下坠，黄斑呈现牛皮皱）采收，多用一次性全株采割。采割后，拿回家放一个晚上，用利刀从顶部一片一片的连叶带茎向上斜割，然后用葛藤绑绕，以3～4叶为一扣，边缠边裹成捆，烟茎头朝上，堆放在木板上，第二天解开，捆绑于竹竿上置于通风好的木楼上晾挂。

晾晒。晾挂数日后。选择晴朗天气，白天放到大太阳底下暴晒，晚上收回成捆，如此反复数日，直到叶片干而叶柄和主脉未干透时，卷成捆状，头朝外，叶尖朝内堆放在室内3～5天，用干稻草覆盖，使烟叶充分醇化、转色、定型，然后解捆再晾，直到全干为止，其间还要进行1～2次"潮露"，即在晴朗天气傍晚时把烟叶放到室外过夜（不能放在地上）吸露水（但不能淋雨水），第二天早上收回来，然后再裹紧成捆，置于木楼上用干稻草覆盖好。如此调制约20天左右，晴雨无常时需月余，即可吸食或上市。经过调制后的烟叶，会呈现出亮红的颜色，并有浓郁的烟香味。

五、山东晒红烟的种植与调制特点

1. 沂水晒红烟栽培技术和调制方法

（1）栽培技术

沂水境内西部的褐土石灰岩地区，是沂水塔子烟生长发育最适宜的土壤类型，沂河两岸的潮土类型次之，其他类型土壤种植很少。春烟一般于2月中旬，在背风向阳处制作苗床,塑料薄膜覆盖保温育苗，苗龄约60～70天，于4月下旬气温逐渐稳定上升后，进行挖苗带土移栽，由于春季干旱少雨，栽后要连续浇水2～3次，一般采取窝浇，经过一周左右当烟苗成活后，松土保墒，提高地温，促苗早发快长。一般基肥用量每亩施土粪十车（约1500 kg），复合化肥10～15 kg或饼肥5 kg，尿素5～10 kg，草木灰2.5～5 kg，采取窝施或沟施。追肥1～2遍，用硫酸铵10 kg左右或尿素5 kg左右促苗，一般在栽后一个月内追完，并结合进行中耕培土。移栽密度一般每亩1500～1800株，大小行、品字形种植，每株留叶14～16片。7月下旬采收。夏烟4月上旬育苗，当6月上中旬收完了油菜、豌豆、大麦或小麦后，抢茬移栽。有浇水条件的可在收麦前套栽，套栽的田块一般在小麦播种时已留出了较宽的田埂，以便在栽烟时操作方便。栽后注意浇水还苗，中耕培土，促使烟株尽快恢复生长。8月上中旬采收晾晒。轮作换茬一般采用3年轮作制。由于采用了3年轮作制度，使一些地区的黑胫病、根黑腐病等病害大幅度减轻。

（2）采收晾晒

采收晾晒的方法是：当中下部烟叶依次落黄成熟时，分2～3次逐叶采收，然后停止采叶，直到中上部烟叶充分成熟。用镰刀从上而下逐叶带茎收刈，拐子的形状呈马蹄形，长约两指。也有的先刈掉顶部2～3片叶，再过5～6天再刈剩余叶片。下部烟叶片薄劲小，对于初学抽烟者或烟瘾小的人尤为喜爱。板烟的调制方法是将采收后的烟叶，叶尖对叶尖并互压叶长的香，分3层堆成长方形"躺子"，进行捂黄，躺子长可因地势和烟叶多少而定，一般长5～10 m，高30 cm左右，层与层之间用23根玉米楷隔开，以利透气散热，一般捂3～5天，注意检查叶间温度，以手感微热为宜，当烟叶大部分变黄适度后，逐叶把叶片两侧向背面折叠成剑状，然后日晒夜露，进行调色。如夜间露大，晚上要把烟叶收回室内或棚下堆捂，白天再拿出摊晒。如天气干燥，夜间无露，烟叶调色不足时，要用喷雾器喷水使烟叶潮润并堆捂。经过捂晒，颜色逐渐加深，由黄变红，约经半月左右，当叶片已干而拐子还未干时，把烟叶每15～20片扎成一把，拐子朝外，叶尖朝内，四面摆烟，堆成四方垛，垛高约1～1.2 m，垛底和四周用草帘麻袋等物围护，上压重物，进行堆积发酵，并注意检查垛内温度，如手感发热，要立即翻堆散热，当叶片颜色变棕红而均匀时，即可存放待售。

六、江西晒红烟的种植与调制特点

江西省晒红烟苗床地为两季晚稻田，秋天寒露霜降播种，冬天搭棚育苗，翌年春天春分清明移栽，苗床期长，苗床管理粗放，多为高脚苗移栽。大田为平原水田，少数为丘陵岗地。水田采用与晒烟、晚稻—绿肥"5年两头栽烟"制度，旱地采用与晒烟—红茹互作"4年两头栽烟"轮作制度。全部实行筑畦双行三角移栽。平原水田土质肥沃，亩栽180～2000株，每株留叶10～14片；丘陵旱地亩栽2000～2200株，每株留叶14～18片（多为黄烟，要求叶薄）。打顶抹杈，开秆开片，增产增质。烟田施肥量大，特别是施用人粪尿和枯饼多。

广丰县晒红烟，每亩施人粪尿15～20担，枯饼75～100 kg，牛栏粪40～50担，氮、磷、钾复合肥料10～15 kg，草木灰30～40担。除草木灰用于移栽前拌烟窝外，其余肥料全部在移栽后30天内分3次施完。江西晒红烟全部采用烟搭夹晒。烟搭用毛竹片编制而成，规格长6尺、宽2.2尺（约合长2 m、宽0.73 m）。一副两扇，另加竹签4根。烟叶成熟要求，叶片下垂，叶面青色减退，叶面青黄，呈现黄色斑块。每株自下而上分3次采完。第一次采摘2～3片，第二次采摘3～4片，第3次全部采完。烟叶采摘后置阴凉处3～4 h，再按叶片大小和好坏分别上搭。上搭时，叶背向上，叶面向下，叶片向前直叠时，上叶压下叶1/2，横叠时，上叶压下叶2/3。搭面叠满叶片后，加上付盖搭，穿上4根竹签，即可晒制。晒制时，开初每天上午10时到下午4时将烟搭叶背朝外，两副烟搭架成八字形，放成八字形，放置于晒场南北向晒。当晒到烟叶叶面发终时收回室内，待到叶片变为黄色，再搬到室外晒太阳。叶片晒干后，叶色基本固定，此时将烟搭背朝上整天平放于草地上晒，直至烟叶主脉晒干为止。晒好后，50～60搭合并在一起，放置仓楼上，待分级出售。

七、浙江晒红烟的种植与调制特点

1. 桐乡晒红烟的种植与调制特点

当地部分烟区有的采用薄膜育苗法，盖膜时间一般在雨水前后3～4天。出苗后隔一天浇一次清水或清水粪，遇干旱炎热天气需每天浇水一次，一般在早晚进行。对弱苗及时追偏心肥，促使其烟叶生长一致。桐乡晒红烟过去习惯种在旱地上或套种在桑园中，由于灌溉条件差，对产质影响很大。近几年通过改革耕作制度，扩大了种烟水浇地面积，促进了粮烟双丰收。采用薄膜育苗的一般在"谷雨"前后移栽，自然育苗的一般在5月初移栽，大田生长期100天左右。当地很注重根据土壤条件施肥，田地一般用垃圾泥和饼肥，旱地习惯用稻秆泥和饼肥。每亩约施肥5 kg左右，田地施垃圾泥50～750 kg，旱地施稻秆泥10担。移栽前20天在小行距中间开沟将肥施入，甩土覆盖。乡县位于沿海地区，雨量较大，烟地易板结。因此要及时中耕松土，以利烟株的根条发育。松土时，做到近根浅、远根深。一般到培土前需中耕2～3次，移栽后24～30天开始培土。若天气久旱无雨，应及时浇水。及时打顶抹杈是桐乡晒红烟优质适产的有效措施。根据地力条件及烟株长势决定留叶数打顶，打顶后要达到顶叶翻顶，又要不使顶叶倒挂成"伞"型。

桐乡晒红烟重视采收和晒制。根据多年的采收经验认为，生长正常的烟株，烟叶成熟的标准是叶色由绿变淡，叶尖叶缘出现黄色，叶面有黄斑。采收时严格掌握成熟标准，做到成熟一批、采收一批，自下而上分6次采光，一般小暑至立秋采收结束。鲜叶采回后，及时上折进行晒制。上折采用大叶2片、小叶3片的成贴办法、贴与贴较紧密的排放在烟折上（当地称烟笠），然后进行"釉叶"（当地称"釉"是促进变黄的思）。釉叶方法有两种，一是将两幅烟折合并在一起，用竹竿撑好，尽量直立，减少阳光直射，数日后两折互换，此法变色均匀，色泽鲜亮；二是将单幅烟折靠成工字形，四周及顶部用草帘或芦帘彼盖，避免阳光直射，此法调制的烟叶色泽较暗淡，但占地较少，烟农易接受，故采用此法的较多。当青辛叶面由黄变褐、叶脉青绿消退，釉叶即告完成，一般需6～7天。釉叶结束后，即可架棚暴晒。架棚方法是两幅烟折架成人字形，也可单幅烟折撑起，釉叶充分的先晒叶面后晒叶背，如釉叶不充分或天气不好，应先晒叶背后晒叶面。暴晒1～2天后，待叶肉基本干燥，将烟折成鱼鳞状排放于晒场，使未干的主脉和茎块继续干燥。约5～6天后即可拆折捆把，贮存仓房等待分级出售。

2. 松阳县晒红烟的种植与调制特点

（1）选拔留种

过去松阳烟的种子都是烟农各家自选自用，在一丘烟田里选留1～2株。选择株形好，无病害的烟株，用稻草打一个结作为记号，待烟籽成熟后取回家，扎在柱上，到播种时取下硕果脱粒，经过风选后的种子即可播种。后来由于耕种制度的变化，留烟籽要影响晚稻插秧季节，再则所留种子也不纯。根据这一情况，县里采取委托农户专门留烟籽，并在烟籽田里严格去杂、去劣、去病，符合松阳烟特点的留下做种株。种子成熟收获后，交售县烟草公司。烟草公司收到烟籽后进行消毒，浸种和发芽试验，检验合格再装袋，每袋约重4 g，供3～4亩烟田使用。袋上注明留种人代号，品种名称等，以便将来追究责任。播种时，由烟叶辅导员把烟籽发放到烟农手里，这样，实行统一留种，统一处理，统一发放以后，既保证了种子质量，又方便了烟农，深受群众欢迎。

（2）播种育苗

选择地势高、燥、向阳避风、排灌方便的晚稻田做苗床。苗床一般高15～20 cm，宽100 cm，长不等，于11月下旬播种，播后搭烟寮或覆盖薄膜防冻，过十几天出芽，随着烟苗的成长，进行拔草、间苗、浇水、施肥等工作。育苗期间注意防冻，天冷时及时在烟苗上加盖一层稻草或一层薄膜。长到 5～7 叶时，进行第二次育苗，在烟田做小畦，把苗床的烟苗拔出来，移栽到小畦上，盖上薄膜。培育 20～30 天，再带土移栽大田。由于小畦里的烟苗株行距加大，营养充足，经过培育以后，使烟苗粗壮，根系发达，移入大田以后可以很快成活，这个方法叫两段育苗带土移栽，好处很多。1983 年获省农业厅科技成果推广三等奖。

（3）选地作畦

一般选择经 2～3 年种植稻谷作物以后的大田来种烟。这样，一则可以减轻病害，二则通过种烟又可改良土壤，两者在地力上可以互相利用，各得其好处。烟田确定以后，于年前耕好地挖成畦。一般畦宽 70～80 cm，畦底宽 120 cm，畦中间成槽型，便于冬季装牛猪栏肥。约到 3 月下旬，进行开掘，每亩开烟穴掘 1300～1500 穴不等。施上土肥，准备移栽烟苗。

（4）适时移栽

我县烟苗移栽时间，早栽的在惊蛰边，晚栽的在清明边。前者受自然灾害侵蚀机会多，不高产，后者发病多，亦不高产。根据烟苗生育特点及我县气象情况，选在 3 月下旬移栽为宜。移栽时选择晴天，将小畦上的烟苗用铁铲带土撬起，移入预先开好的沟内，用手围土压实，浇水。

（5）中耕培土

烟苗移栽以后，每隔五天左右浇一次稀薄人粪尿，促苗生根。经两段培育的烟苗一般没有成活期，因此管理工作一定要抓紧，否则容易出现旱花现象。最好是烟苗移栽后即进行埋穴，实践证明埋穴能赶到很好的防冻作用。紧接着做好上半土，上烟土农活。遇上久雨，用工具松土，避免土壤板结，影响发根。松阳有句俗语："烟有三次白，自然会得摘"。要求挖烟畦、栽烟、上烟土抢晴天完成。

（6）施肥灌水

过去种烟用肥都用豆枯，即豆饼。有"一担烟一担枯"的讲法，且种的烟质量好。随着豆枯的开发利用，直接施于烟叶上已基本没有了，取代的是化学氮肥。一段时间，为了单纯追求产量，大量增施氮肥，结果产量上去，质量下降，有损于松阳烟的声誉。近几年按照烟叶喜欢钾肥的特点，强调氮、磷、钾配方施肥，控施氮肥，增施磷、钾肥，逐步扭转了不合理的施肥状况。使烟叶所需的肥料逐步趋向协调。施肥一般一亩烟田施土杂肥 30 担，硝铵 80 kg，尿素 10 kg，磷肥 50 kg，草木灰 100～150 kg，焦泥灰 20～30 担，猪鸡粪 7～8 担，还有少量的人粪尿。大概一亩烟田的化肥成本在 100 元左右，烟叶收入在 350 元左右。施肥分埋掘、上半土、上烟土、开面肥，大部分肥料施于移栽后一个月内。此外，还不时用磷酸二氢钾进行根外喷施。光有肥，没有水分，施入的营养，烟叶不能吸收，因此烟叶培土以后，需引水浅灌，让肥料充分溶解，以满足烟叶在旺长期大量需肥的要求。

（7）打顶抹蘖

一般烟叶长到 16～18 张叶时须把头打掉，促使下部叶片长大增厚，达到较好的经济指标。留叶过多，产量虽高但质量不好。留叶过少了，人力、肥料浪费，经济效益不高，得不偿失。烟叶打顶后，顶端优势被破坏，腋芽开始旺盛生长。一般隔 5～7 天抹一次腋芽。目前推广抑芽剂，抑制烟蘖生长，效果较好，可以节省劳力，增加烟叶产量。

（8）防止病虫害

烟叶的虫害有地蚕、蚜蚰、青虫等。病有花叶病、气候性病斑、赤星病和黑胫病等。虫害用乐果、敌百虫、除虫菊酯防治，方法简便效果好。病害中的赤星病、黑胫病用托布津、甲霜灵防治。对付气候性病斑只要种上"松选三号"，该病就基本消除。花叶病目前尚无花剂防治，只是采取农业综合防治方法，适当提早移植避开发病高峰期。总之，喷农药防蚜，铺"银膜"驱蚜，减少传毒媒介物，及做好田间卫生，精心管理，促烟株苗壮成长，增强植株抗病力，把病情损失降低到最低程度，是烟叶生产的重要环节。

（9）适时收晒。

五月底脚叶变黄，需及时采摘。这样可促进烟田通风换气，减轻病害，并保证上部烟叶长好。等到顶叶由绿变淡黄，叶面茸毛脱落，叶主脉发亮，出现"鸡冠花""云斑""花斑"以后，表示晒叶已经成熟，可以开始采摘。过早采摘容易出现青坑，有损质量；过熟采摘产量下降有损收益。采叶时，采顶叶2～3张，堆放一天，待叶子有些萎谢再上烟夹，减少烟叶破损。一般一丘烟田要分6～7次采回，每次相隔7天左右。

八、黑龙江晒红烟的种植与调制特点

黑龙家晒红烟最佳晾晒期是8月25日（处暑后）—9月5日（白露前），因为这一段时间雨季刚过，温度高、湿度大，早晚温差大，大雾天气多，有利于晒烟的晾晒。晒烟的大田生长期需90天左右，苗期一次成苗需45天，假植需55～60天，故要求4月5—10日播种育苗，5月25日—6月5日移栽大田。可改进耕作制度，提前大田移栽，提前采收晾晒，避开叶斑病易发期，提高烟叶的质量。若通过晚移栽避开病害高发期，采收过晚，就会因温度低、湿度小、雾天减少和空气干燥而不利于烟叶内部营养物质的转化，晒成青烟（烟厂无法使用），最好的也是黄多青少，背面带青。晒烟一般株距50 cm、行距80 cm，垄小的可以加大株距，同时也要根据品种、土壤肥力和栽培条件等确定适宜的种植密度。烟株现蕾后由营养生长转为生殖生长，为了生产出优质烟需及时打顶抹杈。晒红烟每株留叶8～14片。顶部叶片大，先成熟，先采收上部叶4～5片，让整个烟株养分集中供给留下的叶片，改善光照强度，延长中部、下部叶片光合作用的时间，经过7～10天叶片明显变厚，此时采收有明显的增产、增质效果。

晒红烟是靠自然的温度、湿度进行调制，包括凋萎、变色、定色和干筋阶段。若烟叶采收后直接上架晾晒，温度高水分蒸发快，烟叶内物质来不及转化，没有完全变黄，容易晒出青烟，所以要捂黄晾晒。一种方法是堆积捂黄，烟叶采收后就地放堆捂黄，病叶、底叶放在堆的上面或下面，好叶放在中间，捂黄的时间要根据烟叶的成熟度和温度而定，等烟叶到七八成黄时上架晾晒。另一种方法是架上捂黄，烟叶上架后，将烟叶靠在一起（并架）以叶片刚接触为宜，上面用草帘子和农膜盖好，不使其失水过快，过4～5天烟叶由绿变黄后，就可以敞开架晾晒。架捂不如堆捂的效果好，但比较省工。

第三节　晒红烟烟叶外观质量

一、四川晒红烟烟叶外观质量

四川德阳、达州、成都等地区共收集能够代表当地品种特点的不同农户的晒红烟样品12份，对收集到的晒红烟样品的外观质量进行鉴定。四川晒红烟中部叶部位相对纯正，颜色偏深棕色以红棕、深棕色为主，身份偏中等，结构疏松，有油分。其中，德阳晒红烟颜色为深棕偏红棕色，叶片大小基本一致，成熟度一般，身份偏中等，结构疏松，油分偏少，身份略偏薄，部分叶背含青，细致程度偏尚细，弹性较好，有特殊气味（有氨气刺激性）；达州晒红烟成熟度较好，纯度较好，颜色均匀，正反色差小，结构疏松，含青度相对较小；成都晒红烟等级纯度一般，正反色差较大，身份偏薄，皱褶严重，成熟度略差，身份稍薄偏中等，结构疏松，含青相对较大，细致程度较好，光泽偏稍暗，弹性较好。

二、吉林晒红烟烟叶外观质量

吉林蛟河和延边等地区共收集能够代表当地品种特点的不同农户的晒红烟样品 22 份，对收集到的晒红烟样品的外观质量进行鉴定。吉林晒红烟颜色为浅红棕—红棕色，成熟度均较好，身份稍薄偏中等，结构疏松，有油分，略含青细致程度较好，弹性一般偏较好。其中，蛟河晒红烟纯度较好，颜色均匀成熟度好，正反色差小，结构疏松，油分较好，弹性较好，个别身份偏薄，内含物欠充实；延边晒红烟纯度一般，颜色均匀，正反色差较大，结构疏松，油分较好，弹性较好，部分叶片身份偏薄，内含物欠充实。

三、湖南晒红烟烟叶外观质量

湖南怀化市和湘西土家族苗族自治州等地区共收集能够代表当地品种特点的不同农户的晒红烟样品 29 份，对收集到的晒红烟样品的外观质量进行鉴定。怀化晒红烟总体纯度一般，叶片大小均匀一致性好，细致程度和弹性较好。麻阳县晒红烟等级纯度好，颜色均匀，成熟度好，结构疏松，有油分，光泽强度整体偏稍暗，细致程度和弹性较好；辰溪县晒红烟结构疏松，有油分，颜色尚鲜亮—稍暗；湘西州晒红烟中部叶纯度和成熟较好，颜色均匀，结构疏松，叶片中等偏稍薄，结构疏松，油分偏少，细致程度较好，弹性一般。怀化晒红烟成熟度略优于湘西部分晒红烟，上部烟叶身份中等，结构疏松，有油分，怀化晒红烟上部烟叶含青较轻，湘西晒红烟均有不同程度含青现象；怀化晒红烟细致程度偏尚细，略优于湘西晒红烟。

四、贵州晒红烟烟叶外观质量

贵州铜仁市、黔西南布依族苗族自治州、黔东南苗族侗族自治州和黔南布依族苗族自治州等地区共收集能够代表当地品种特点的不同农户的晒红烟样品 26 份，对收集到的晒红烟样品的外观质量进行鉴定。贵州晒红烟均为小叶型，存在混部位现象，其中黔西南晒红烟颜色略偏浅，成熟度略差，身份中等—偏中等，结构疏松，细致程度较好，光泽鲜亮，弹性较好。榕江晒红烟颜色红棕偏深棕色，成熟度相对较差，身份偏薄，结构疏松，有油分，含青度相对小，结构偏较粗，弹性好。镇远晒红烟深棕偏红棕色，成熟度稍差，身份偏薄，结构疏松，油分多，含青10%，结构细，弹性好。黔东南晒红烟颜色偏红棕色，成熟度差，身份中等—偏中等，结构疏松，有油分，细致程度偏较粗，弹性一般。铜仁晒红烟叶形较小，偏红棕色，成熟度好，身份偏稍薄，结构疏松，油分多，不含青，结构细致，弹性好。综合评价贵州不同地区晒红烟中部叶外观质量存在差异，铜仁晒红烟的等级纯度，油分正反色差，弹性较好，其他地区晒红烟存在色域较宽的现象。

五、山东晒红烟烟叶外观质量

山东临沂沂南、蒙阴和沂水等地区共收集能够代表当地品种特点的不同农户的晒红烟样品 23 份，对收集到的晒红烟样品的外观质量进行鉴定。山东晒红烟颜色为深棕偏红棕色，成熟度稍差，含少许尚熟烟叶，身份为稍厚偏中等，油分较好，均存在不同程度含青现象；沂水晒红烟和蒙阴晒红烟为小叶型，沂南晒红烟为大叶型，蒙阴晒红烟分小叶型和大叶型两种。山东晒红烟主体颜色为红棕—深棕色，成熟度均略差。沂南晒红烟纯度较好，部位纯正，颜色均匀，身份适中，结构疏松，光泽暗蒙阴晒红烟纯度较好，颜色基本均匀，个别含青较重。沂水晒红烟等级纯度一般，成熟度略差，部位纯度差，干燥，油分少，部分叶片含青较重。综合评价山东晒红烟部位相对纯正，沂水晒红烟颜色均匀，蒙阴晒红烟色域相对宽泛。

六、江西晒红烟烟叶外观质量

江西抚州、赣州等地区共收集能够代表当地品种特点的不同农户的晒红烟样品10份，对收集到的晒红烟样品的外观质量进行鉴定。江西抚州晒红烟上部烟叶颜色为深棕色，抚州晒红烟部位纯正，颜色偏深棕色，成熟度略差，颜色欠均匀，个别样品身份偏薄；石城晒红烟颜色深棕—偏深棕色，成熟度较好，身份中等，结构疏松，色域较宽，光泽暗，为原生态晒制。抚州晒红烟油分略好于石城晒红烟，但存在含青现象，光泽强度整体偏较暗，抚州晒红烟弹性、油分优于石城晒红烟。

七、陕西晒红烟烟叶外观质量

陕西汉中和咸阳等地区共收集能够代表当地品种特点的不同农户的晒红烟样品4份，对收集到的晒红烟样品的外观质量进行鉴定。汉中晒红烟中部叶颜色偏深棕色，成熟度好，身份中等，结构疏松，油分多，含青度较轻，结构疏松，油分多，有特殊气温（腥味），等级纯度差。陕西咸阳晒红烟为小叶型，部位纯度差，混中下部叶，颜色红棕色（青黄叶较多），成熟度差，身份中等偏稍薄，结构偏紧密，油分较好，含青度较大，细致程度为稍粗，光泽强度偏较暗。

八、浙江晒红烟烟叶外观质量

浙江丽水和嘉兴等地区共收集能够代表当地品种特点的不同农户的晒红烟样品6份，对收集到的晒红烟样品的外观质量进行鉴定。浙江晒红烟叶形宽圆，颜色为红棕—偏深棕色；浙江丽水晒红烟中部叶颜色浅棕—偏红棕色，成熟度差，身份中等，结构尚疏松偏舒适，油分足，含青较重，细致程度尚细—细，弹性较好，存在混部位现象，色域较宽泛，叶形椭圆。桐乡晒红烟颜色深棕，成熟度一般，身份偏中等，结构疏松，含青相对较轻，细致程度偏尚细，光泽强度偏较暗，弹性较好。综合评价浙江丽水等级纯度差，色域宽泛，光泽暗，部位特征不明显，叶片似有蜡纸层。浙江桐乡晒红烟等级纯度较好，颜色均匀，正反色差小。

九、黑龙江晒红烟烟叶外观质量

黑龙江牡丹江林口、穆棱、汤原等地区共收集能够代表当地品种特点的不同农户的晒红烟样品4份，对收集到的晒红烟样品的外观质量进行鉴定。黑龙江晒红烟颜色为红棕色，成熟度一般，身份中等—偏中等，结构疏松，稍有含青，细致程度尚细，光泽强度稍暗—偏尚鲜亮，弹性好。综合评价林口晒红烟纯度差，含水率较低，破碎较严重；穆棱晒红烟纯度较好，颜色均匀，叶片大小一致性好，结构疏松，弹性好，油分足。

十、内蒙古晒红烟中部烟叶外观质量

内蒙古赤峰共收集能够代表当地品种特点的不同农户的晒红烟样品2份，对收集到的晒红烟样品的外观质量进行鉴定。内蒙古赤峰晒红烟部位纯正，颜色为浅红棕色，叶面颜色均匀，身份中等，叶片结构疏松，油分多，光泽尚鲜亮，弹性一般。

第四节　国产晒红烟烟叶中常规化学成分分布情况

一、四川晒红烟烟叶中常规化学成分分布情况

对从四川成都、达州、德阳等地区收集到的 12 个晒红烟样品的常规化学成分检测结果进行统计分析，结果见表 3.4.1，由表可知，四川晒红烟常规化学成分差异较大，其中还原糖的变异系数最大（110.66%），平均含量为 0.38%，含量分布在 0.04% ~ 1.14%，相差 28.5 倍；其次是氯和总糖，氯平均含量为 0.69%，含量分布在 0.16% ~ 1.95%，相差 12 倍，总糖平均含量为 0.72%，含量分布在 0.25% ~ 1.67%，相差 7 倍；变异系数最小的是总氮，平均含量为 4.33%，含量分布在 3.52% ~ 4.90%。其余成分的变异系数在 16% ~ 65%，平均含量分别为总植物碱 3.24%、钾 4.33%、蛋白质 10.95%、硫酸根 1.42% 和硝酸根 2.29%。

表 3.4.1　四川晒红烟烟叶中常规化学成分分布情况

成分	含量范围 / %	平均值 / %	中位数 / %	偏度系数	标准偏差 / %	变异系数 / %
还原糖	0.04 ~ 1.14	0.38	0.16	0.88	0.42	110.66
总糖	0.25 ~ 1.67	0.72	0.43	0.87	0.53	74.07
总植物碱	1.91 ~ 5.36	3.24	3.04	0.69	1.11	34.25
总氮	3.52 ~ 4.90	4.33	4.44	−0.59	0.42	9.75
钾	3.34 ~ 5.97	4.33	4.10	0.75	0.89	20.59
氯	0.16 ~ 1.95	0.69	0.54	1.38	0.54	79.37
蛋白质	7.87 ~ 13.47	10.95	11.20	−0.29	1.79	16.38
硫酸根	0.47 ~ 2.57	1.42	1.46	0.11	0.69	48.65
硝酸根	0.61 ~ 5.26	2.29	1.84	0.84	1.48	64.51

二、吉林晒红烟烟叶中常规化学成分分布情况

对从吉林蛟河和延边等地区收集到的 22 个晒红烟样品的常规化学成分检测结果进行统计分析，结果见表 3.4.2，由表可知，吉林晒红烟化学成分也存在较大差异，其中硝酸根的变异系数最大（96.04%），平均含量为 0.22%，含量分布在 0.01% ~ 0.70%，相差 70 倍；其次是还原糖和总糖，还原糖平均含量为 3.55%，含量分布在 0.37% ~ 9.36%，相差 25 倍，总糖平均含量为 4.08%，含量分布在 0.85% ~ 9.67%，相差 11 倍；变异系数最小的是总氮（10.23%），平均含量为 3.63%，含量分布在 2.88% ~ 4.44%。其余成分的变异系数在 12.45% ~ 41.66%，平均含量分别为总植物碱 4.38%、钾 3.38%、氯 0.47%、蛋白质 7.25% 和硫酸根 1.87%。

表 3.4.2　吉林晒红烟烟叶中常规化学成分分布情况

成分	含量范围 / %	平均值 / %	中位数 / %	偏度系数	标准偏差 / %	变异系数 / %
还原糖	0.37 ~ 9.36	3.55	2.71	0.76	2.70	76.22
总糖	0.85 ~ 9.67	4.08	3.30	0.74	2.75	67.45
总植物碱	3.45 ~ 6.18	4.38	4.07	1.05	0.83	18.97
总氮	2.88 ~ 4.44	3.63	3.69	−0.03	0.37	10.23
钾	2.78 ~ 4.28	3.38	3.28	0.57	0.42	12.45

成分	含量范围 / %	平均值 / %	中位数 / %	偏度系数	标准偏差 / %	变异系数 / %
氯	0.20 ~ 0.88	0.47	0.46	0.32	0.20	41.66
蛋白质	5.86 ~ 9.52	7.25	7.10	0.66	0.93	12.77
硫酸根	0.76 ~ 2.97	1.87	1.83	−0.01	0.62	33.18
硝酸根	0.01 ~ 0.70	0.22	0.12	1.12	0.21	96.04

三、湖南晒红烟烟叶中常规化学成分分布情况

对从湖南怀化市和湘西土家族苗族自治州等地收集到的 29 个晒红烟样品的常规化学成分检测结果进行统计分析，结果见表 3.4.3，由表可知，湖南晒红烟硝酸盐和氯含量差异最为显著，变异系数分别为 127.13% 和 111.58%，硝酸根的平均含量为 0.23%，含量分布在 0.02% ~ 1.38%，相差 69 倍，氯的平均含量为 0.98%，含量分布在 0.09% ~ 3.81%，相差 42 倍；其次是还原糖和总糖，还原糖平均含量为 3.51%，含量分布在 0.40% ~ 7.65%，相差 19 倍，总糖平均含量为 4.24%，含量分布在 0.63% ~ 8.44%，相差 13 倍；变异系数最小的是总氮（15.74），平均含量为 3.60%，含量分布在 2.84% ~ 5.36%。其余成分的变异系数在 17.79% ~ 21.36%，平均含量分别为总植物碱 5.80%、钾 2.96%、蛋白质 7.39% 和硫酸根 1.60%。

表 3.4.3　湖南晒红烟烟叶中常规化学成分分布情况

成分	含量范围 / %	平均值 / %	中位数 / %	偏度系数	标准偏差 / %	变异系数 / %
还原糖	0.40 ~ 7.65	3.51	2.98	0.44	2.37	67.59
总糖	0.63 ~ 8.44	4.24	3.83	0.31	2.49	58.66
总植物碱	4.01 ~ 9.30	5.80	5.66	0.95	1.24	21.36
总氮	2.84 ~ 5.36	3.60	3.54	1.02	0.57	15.74
钾	1.80 ~ 4.06	2.96	2.95	0.09	0.61	20.45
氯	0.09 ~ 3.81	0.98	0.40	1.25	1.10	111.58
蛋白质	5.74 ~ 12.98	7.39	7.18	2.55	1.35	18.27
硫酸根	1.09 ~ 2.18	1.60	1.56	0.24	0.28	17.79
硝酸根	0.02 ~ 1.38	0.23	0.13	2.63	0.29	127.13

四、贵州晒红烟烟叶中常规化学成分分布情况

对从贵州铜仁市、黔西南布依族苗族自治州、黔东南苗族侗族自治州和黔南布依族苗族自治州等地区收集到的 26 个晒红烟样品的常规化学成分检测结果进行统计分析，结果见表 3.4.4，由表可知，贵州晒红烟化学成分含量存在较大差异，还原糖、硝酸根、总糖和氯的变异系数均大于 100%，其中还原糖的变异系数最大（170.76%），平均含量为 1.58 %，含量分布在 0.17% ~ 4.37%，相差 26 倍，氯的平均含量为 0.98%，含量分布在 0.09% ~ 3.81%，相差 42 倍；其次为硝酸根，变异系数为 151.02%，平均含量为 0.11%，含量分布在 0.01% ~ 0.78%，相差 78 倍；变异系数最小的是总氮（13.11%），平均含量为 3.22%，含量分布在 2.44% ~ 4.44%。其余成分的变异系数在 21.97% ~ 114.88%，平均含量分别为总糖 2.34%、总植物碱 4.60%、钾 2.59%、蛋白质 7.20% 和硫酸根 1.82%。

表 3.4.4　贵州晒红烟烟叶中常规化学成分分布情况

成分	含量范围 / %	平均值 / %	中位数 / %	偏度系数	标准偏差 / %	变异系数 / %
还原糖	0.17 ~ 4.37	1.58	0.56	3.88	2.69	170.76
总糖	0.79 ~ 5.49	2.34	1.37	3.76	2.69	114.88
总植物碱	2.74 ~ 7.48	4.63	4.38	0.78	1.20	26.00
总氮	2.44 ~ 4.44	3.22	3.18	0.98	0.42	13.11
钾	1.20 ~ 4.74	2.59	2.41	0.84	1.04	40.06
氯	0.15 ~ 2.38	0.72	0.30	1.19	0.73	101.39
蛋白质	2.73 ~ 10.29	7.20	7.44	−1.13	1.58	21.97
硫酸根	0.94 ~ 2.68	1.82	1.70	0.55	0.58	31.82
硝酸根	0.01 ~ 0.78	0.11	0.05	3.08	0.17	151.02

五、山东晒红烟烟叶中常规化学成分分布情况

对从山东临沂沂南、蒙阴、沂水等地区收集到的 23 个晒红烟样品的常规化学成分检测结果进行统计分析，结果见表 3.4.5，由表可知，山东晒红烟氯和还原糖含量差异最为显著，变异系数分别为 103.72% 和 101.27%，氯的平均含量为 0.60%，含量分布在 0.16% ~ 2.36%，相差 15 倍，还原糖的平均含量为 2.76%，含量分布在 0.13% ~ 10.20%，相差 78 倍；其次是总糖和硝酸根，总糖平均含量为 3.48%，含量分布在 0.65% ~ 11.30%，相差 17 倍，硝酸根平均含量为 0.57%，含量分布在 0.07% ~ 1.47%，相差 21 倍；变异系数最小的是总氮（12.05%），平均含量为 3.81%，含量分布在 2.90% ~ 4.62%。其余成分的变异系数在 14.65% ~ 32.75%，平均含量分别为总植物碱 5.93%、钾 1.38%、蛋白质 14.65% 和硫酸根 0.54%。

表 3.4.5　山东晒红烟烟叶中常规化学成分分布情况

成分	含量范围 / %	平均值 / %	中位数 / %	偏度系数	标准偏差 / %	变异系数 / %
还原糖	0.13 ~ 10.20	2.76	2.13	1.59	2.80	101.27
总糖	0.65 ~ 11.30	3.48	2.79	1.51	3.05	87.69
总植物碱	2.92 ~ 7.30	5.93	6.26	−1.36	1.04	17.60
总氮	2.90 ~ 4.62	3.81	3.80	0.11	0.46	12.05
钾	0.87 ~ 2.95	1.38	1.26	2.08	0.45	32.75
氯	0.16 ~ 2.36	0.60	0.34	2.04	0.63	103.72
蛋白质	6.64 ~ 10.40	8.27	8.01	0.75	1.21	14.65
硫酸根	0.30 ~ 0.85	0.54	0.53	0.57	0.16	29.73
硝酸根	0.07 ~ 1.47	0.57	0.43	0.84	0.43	76.50

六、江西晒红烟烟叶中常规化学成分分布情况

对从江西赣州、抚州等地区收集到的 10 个晒红烟样品的常规化学成分检测结果进行统计分析，结果见表 3.4.6，由表可知，江西晒红烟还原糖和总糖含量差异最为显著，变异系数分别为 246.76% 和 161.56%，还原糖的平均含量为 0.67%，含量分布在 0.04% ~ 5.33%，相差 133 倍，总糖的平均含量为 1.06%，含量分布在 0.30% ~ 5.93%，相差 20 倍；其次是氯，变异系数为 64.97%，氯平均含量为 1.64%，含量分布在 0.30% ~ 2.73%，相差 9 倍；变异系数最小的是总氮（11.61%），平均含量为 4.49%，含量分布在 3.25% ~ 5.18%。其余成分的变异系数在 14.23% ~ 39.71%，平均含量分别为总植物碱 4.49%、钾 4.52%、蛋

白质 13.13%、硫酸根 1.51% 和硝酸根 1.59%。

表 3.4.6　江西晒红烟烟叶中常规化学成分分布情况

成分	含量范围 / %	平均值 / %	中位数 / %	偏度系数	标准偏差 / %	变异系数 / %
还原糖	0.04 ～ 5.33	0.67	0.13	3.13	1.64	246.76
总糖	0.30 ～ 5.93	1.06	0.63	3.11	1.72	161.56
总植物碱	2.19 ～ 7.24	4.81	5.16	−0.14	1.58	32.84
总氮	3.25 ～ 5.18	4.49	4.49	−1.31	0.52	11.61
钾	3.93 ～ 5.60	4.52	4.46	0.25	0.64	14.23
氯	0.30 ～ 2.73	1.64	1.35	0.75	1.07	64.97
蛋白质	6.99 ～ 16.65	13.13	13.69	−1.18	2.73	20.82
硫酸根	0.62 ～ 2.10	1.51	1.78	−0.75	0.60	39.71
硝酸根	0.86 ～ 2.19	1.59	1.64	−0.47	0.37	23.00

七、陕西晒红烟烟叶中常规化学成分分布情况

对从陕西咸阳和汉中等地收集到的 4 个晒红烟样品的常规化学成分检测结果进行统计分析，结果见表 3.4.7，从表中知，陕西晒红烟还原糖的变异系数最大（107.66%），平均含量为 2.01%，含量分布在 0.12% ～ 4.35%，相差 36 倍；其次是总糖和硝酸根，总糖含量为 2.52%，含量分布在 0.62% ～ 4.77%，相差 8 倍，硝酸根平均含量为 0.51%，含量分布在 0.17% ～ 0.87%；蛋白质、钾和总氮的变异系数均较小，分别为 1.93%、6.23% 和 13.34%，平均含量分别为 10.17%、1.41% 和 3.88%。其余成分的变异系数在 37.67% ～ 74.61%，平均含量分别为总植物碱 3.85%、氯 1.02%、硫酸根 0.48% 和硝酸根 0.51%。

表 3.4.7　陕西晒红烟烟叶中常规化学成分分布情况

成分	含量范围 / %	平均值 / %	中位数 / %	偏度系数	标准偏差 / %	变异系数 / %
还原糖	0.12 ～ 4.35	2.01	1.79	0.18	2.16	107.66
总糖	0.62 ～ 4.77	2.52	2.34	0.09	2.20	87.58
总植物碱	2.23 ～ 5.41	3.85	3.89	−0.02	1.69	43.74
总氮	3.32 ～ 4.38	3.88	3.91	−0.13	0.52	13.34
钾	1.36 ～ 1.50	1.41	1.41	−0.10	0.09	6.23
氯	0.52 ～ 1.45	1.02	1.05	−0.46	0.38	37.67
蛋白质	9.99 ～ 10.41	10.17	10.14	0.51	0.20	1.93
硫酸根	0.16 ～ 0.74	0.48	0.51	−0.15	0.30	62.91
硝酸根	0.17 ～ 0.87	0.51	0.50	0.03	0.38	74.61

八、浙江晒红烟烟叶中常规化学成分分布情况

对从浙江嘉兴和丽水等地区收集到的 6 个晒红烟样品的常规化学成分检测结果进行统计分析，结果见表 3.4.8，由表可知，浙江晒红烟常规成分中还原糖含量差异最大，变异系数为 73.01%，还原糖的平均含量为 0.67%，含量分布在 0.17% ～ 1.21%，相差 7 倍；其次是总糖和硝酸根，变异系数分别为 48.77% 和

47.14%，总糖平均含量分别为 1.08%，含量分布在 0.44% ～ 1.73%，相差 4 倍，硝酸根平均含量分别为 1.32%，含量分布在 0.61% ～ 2.30%，相差 4 倍；变异系数最小的是总氮（13.38%），平均含量为 4.48%，含量分布在 3.94% ～ 5.42%。其余成分的变异系数在 16.17% ～ 35.26%，平均含量分别为总植物碱 6.40%、钾 2.80%、氯 32.28%、蛋白质 9.13% 和硫酸根 1.26%。

表 3.4.8　浙江晒红烟烟叶中常规化学成分分布情况

成分	含量范围 / %	平均值 / %	中位数 / %	偏度系数	标准偏差 / %	变异系数 / %
还原糖	0.17 ～ 1.21	0.67	0.65	0.06	0.49	73.01
总糖	0.44 ～ 1.73	1.08	0.94	0.40	0.52	48.77
总植物碱	4.88 ～ 7.44	6.40	6.70	−0.71	1.03	16.17
总氮	3.94 ～ 5.42	4.48	4.25	0.94	0.60	13.38
钾	2.14 ～ 3.61	2.80	2.64	0.42	0.68	24.26
氯	0.36 ～ 0.96	0.66	0.63	0.14	0.21	32.28
蛋白质	8.01 ～ 12.48	9.13	8.36	1.12	1.99	21.74
硫酸根	0.80 ～ 1.91	1.26	1.11	0.74	0.44	35.26
硝酸根	0.61 ～ 2.30	1.32	1.29	0.59	0.62	47.14

九、黑龙江晒红烟烟叶中常规化学成分分布情况

对从黑龙江牡丹江林口、穆棱、汤原等地区收集到的 4 个晒红烟样品的常规化学成分检测结果进行统计分析，结果见表 3.4.9。由表可知，黑龙江晒红烟还原糖和总糖含量差异最为显著，变异系数分别为 149.89% 和 128.17%，还原糖的平均含量为 2.50%，含量分布在 0.13% ～ 8.08%，相差 62 倍，总糖的平均含量为 3.01%，含量分布在 0.44% ～ 8.75%，相差 20 倍；其次是硝酸根，变异系数为 85.93%，平均含量为 0.91%，含量分布在 0.13% ～ 1.88%，相差 14 倍；变异系数最小的是总氮（15.03%），平均含量为 3.80%，含量分布在 2.95% ～ 4.22%。其余成分的变异系数在 22.63% ～ 53.25%，平均含量分别为总植物碱 31.21%、钾 3.23%、氯 0.53%、蛋白质 8.30% 和硫酸根 1.05%。

表 3.4.9　浙江晒红烟烟叶中常规化学成分分布情况

成分	含量范围 / %	平均值 / %	中位数 / %	偏度系数	标准偏差 / %	变异系数 / %
还原糖	0.13 ～ 8.08	2.50	0.89	1.93	3.74	149.89
总糖	0.44 ～ 8.75	3.01	1.43	1.89	3.86	128.17
总植物碱	3.45 ～ 6.83	4.80	4.47	1.03	1.50	31.21
总氮	2.96 ～ 4.22	3.80	4.01	−1.75	0.57	15.03
钾	3.48 ～ 4.01	3.23	3.54	−1.64	0.95	29.37
氯	0.22 ～ 0.87	0.53	0.51	0.30	0.28	53.25
蛋白质	6.63 ～ 10.74	8.30	8.05	0.68	1.88	22.63
硫酸根	0.36 ～ 1.56	1.05	1.14	−0.68	0.54	51.54
硝酸根	0.13 ～ 1.88	0.91	0.82	0.48	0.79	85.93

十、内蒙古晒红烟烟叶中常规化学成分分布情况

对从内蒙古赤峰收集到的 2 个晒红烟样品的常规化学成分检测，平均含量分别为还原糖 0.83%、总糖 1.14%、总植物碱 5.88%、总氮 3.83%、钾 1.71%、氯 1.13%、蛋白质 6.56% 和硝酸根 0.77%。

十一、不同产区晒红烟烟叶常规成分含量比较

1. 常规成分间含量平均值比较

对不同产区的晒红烟中常规化学成分含量进行描述性统计，各产区烟叶中常规化学成分平均值情况详见表 3.4.10，图示分析详见图 3.4.1 至图 3.4.3。

表 3.4.10　不同产区晒红烟烟叶常规成分含量比较

成分	还原糖 /%	总糖 /%	总烟碱 /%	总氮 /%	钾 /%	氯 /%	蛋白质 /%	硫酸根 /%	硝酸根 /%
四川	0.38	0.72	3.24	4.33	4.33	0.69	10.95	1.42	2.29
吉林	3.55	4.08	4.38	3.63	3.38	0.47	7.25	1.87	0.22
江西	0.67	1.06	4.81	4.49	4.52	1.64	13.13	1.51	1.59
湖南	3.51	4.24	5.80	3.60	2.96	0.98	7.39	1.60	0.23
贵州	1.58	2.34	4.63	3.22	2.59	0.72	7.20	1.82	0.11
山东	2.76	3.48	5.93	3.81	1.38	0.60	8.27	0.54	0.57
陕西	2.01	2.52	3.85	3.88	1.41	1.02	10.17	0.48	0.51
浙江	0.67	1.08	6.40	4.48	2.80	0.66	9.13	1.26	1.32
黑龙江	2.50	3.01	4.80	3.80	3.23	0.53	8.30	1.05	0.91
内蒙古	1.58	2.04	5.60	4.14	3.01	0.59	8.72	—	1.16
平均值	1.92	2.46	4.94	3.94	2.96	0.79	9.05	1.28	0.89
标准偏差	1.09	1.19	0.94	0.39	0.98	0.33	1.80	0.48	0.67
变异系数	56.98	48.57	19.01	10.02	33.14	41.74	19.84	37.21	74.96

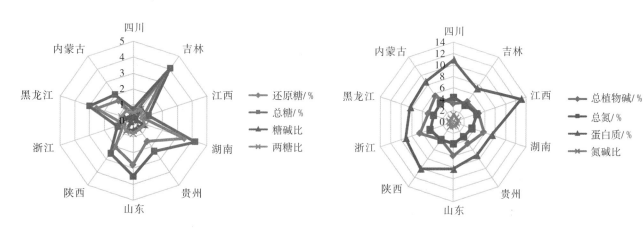

图 3.4.1　不同产区晒红烟的糖类含量与关系　　　　图 3.4.2　不同产区晒红烟的氮碱比关系

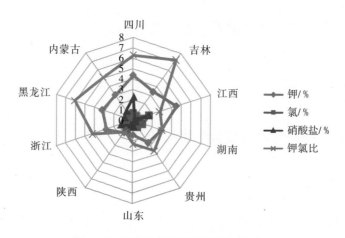

图 3.4.3　不同产区晒红烟的钾氯比关系

2. 不同部位烟叶中常规成分间含量平均值比较

对不同产区的晒红烟中不同部位烟叶中常规化学成分含量平均值统计结果详见图 3.4.4。

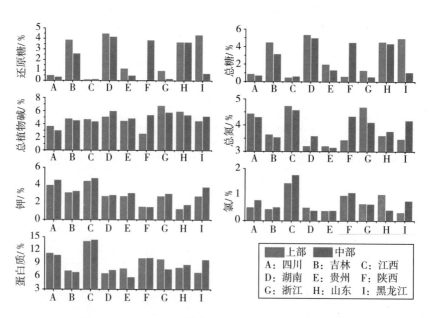

图 3.4.4　不同产区晒红烟上中部的常规化学成分情况

从图 3.4.4 中知晒红烟的总体趋势，总糖和还原糖含量略低；总氮和蛋白质较为适中，烟碱含量普遍比中部的高，浙江的最高达 6.74%；江西的晒红烟和陕西的中部叶及山东的上部叶的氯含量都超过 1%，不利于烟叶燃烧。

第五节　国产晒红烟烟叶中 5 种生物碱分布情况

一、四川晒红烟烟叶中 5 种生物碱分布情况

对从四川成都、达州、德阳等地区收集到的 12 个晒红烟样品的 5 种生物碱检测结果进行统计分

析，结果见表 3.5.1，从表中可以看出四川晒红烟 5 种生物碱中降烟碱含量差异较为显著，变异系数为 83.94%，含量分布在 0.21% ～ 1.93%。除降烟碱外，其余 4 种生物碱含量相对集中，变异系数均低于 39%。5 种生物碱中烟碱含量最高，含量分布在 15.43% ～ 45.37%，平均含量为 27.16 mg/g。生物碱组分由高到低的排列顺序均为烟碱 > 新烟草碱 > 降烟碱 > 假木贼碱 > 麦斯明，分别占总植物碱的 91.8%、6.0%、1.9%、0.6% 和 0.2%。

表 3.5.1　四川晒红烟烟叶 5 种生物碱含量分布情况

生物碱	含量范围 / （mg·g⁻¹）	平均值 / （mg·g⁻¹）	中位数 / （mg·g⁻¹）	偏度系数	标准偏差 / （mg·g⁻¹）	变异系数 / %	占总植物碱 比例 / %
烟碱	15.43 ～ 45.37	27.16	25.68	0.61	10.35	38.09	91.8
降烟碱	0.21 ～ 1.93	0.56	0.39	2.54	0.47	83.94	1.9
麦斯明	0.03 ～ 0.10	0.06	0.06	1.49	0.02	29.36	0.2
新烟草碱	0.77 ～ 2.35	1.60	1.56	−0.02	0.58	36.04	6.0
假木贼碱	0.10 ～ 0.25	0.17	0.16	0.27	0.05	31.61	0.6
总植物碱	17.02 ～ 48.61	29.54	27.76	0.54	11.06	37.45	

二、吉林晒红烟烟叶中 5 种生物碱分布情况

对从吉林蛟河和延边等地区收集到的 22 个晒红烟样品的 5 种生物碱检测结果进行统计分析，结果见表 3.5.2，从表中可以看出吉林晒红烟 5 种生物碱含量范围相对集中，5 种生物碱含量的变异系数均低于 33%。5 种生物碱中烟碱含量最高，含量分布在 34.37% ～ 67.10%，平均含量为 41.68 mg/g。5 种生物碱由高到低的排列顺序为烟碱 > 新烟草碱 > 降烟碱 > 假木贼碱 > 麦斯明，分别占总植物碱的 93.9%、4.1%、1.8%、0.4% 和 0.1%。

表 3.5.2　吉林晒红烟烟叶 5 种生物碱含量分布情况

生物碱	含量范围 / （mg·g⁻¹）	平均值 / （mg·g⁻¹）	中位数 / （mg·g⁻¹）	偏度系数	标准偏差 / （mg·g⁻¹）	变异系数 / %	占总植物碱 比例 / %
烟碱	34.37 ～ 67.10	41.68	40.55	2.44	6.97	16.72	93.9
降烟碱	0.52 ～ 1.34	0.80	0.75	0.73	0.24	29.70	1.8
麦斯明	0.03 ～ 0.07	0.04	0.04	0.46	0.01	30.46	0.1
新烟草碱	0.70 ～ 3.16	1.69	1.73	0.24	0.55	32.62	4.1
假木贼碱	0.11 ～ 0.32	0.18	0.18	0.99	0.05	25.20	0.4
总植物碱	36.84 ～ 71.50	44.39	43.03	2.52	7.36	16.57	

三、湖南晒红烟烟叶中 5 种生物碱分布情况

对从湖南怀化市和湘西土家族苗族自治州等地区收集到的 29 个晒红烟样品的 5 种生物碱检测结果进行统计分析，结果见表 3.5.3，从表中可以看出湖南晒红烟 5 种生物碱中降烟碱含量差异较为显著，变异系数为 65.02%，含量分布在 0.41% ～ 4.12%。除降烟碱外，其余 4 种生物碱含量相对集中，变异系数均低于 35%。5 种生物碱中烟碱含量最高，含量分布在 32.72% ～ 109.04%，平均含量为 58.26 mg/g。5 种生物碱

由高到低的排列顺序为烟碱>新烟草碱>降烟碱>假木贼碱>麦斯明,分别占总植物碱的94.1%、3.0%、2.5%、0.5% 和 0.1%。

表 3.5.3　湖南晒红烟烟叶 5 种生物碱含量分布情况

生物碱	含量范围 /（mg·g⁻¹）	平均值 /（mg·g⁻¹）	中位数 /（mg·g⁻¹）	偏度系数	标准偏差 /（mg·g⁻¹）	变异系数 / %	占总植物碱比例 / %
烟碱	32.72 ～ 109.04	58.26	54.16	1.23	20.05	34.41	94.1
降烟碱	0.41 ～ 4.12	1.57	1.42	1.16	1.02	65.02	2.5
麦斯明	0.04 ～ 0.08	0.05	0.05	0.46	0.01	25.51	0.1
新烟草碱	0.95 ～ 2.21	1.62	1.62	0.01	0.33	20.58	3.0
假木贼碱	0.19 ～ 0.42	0.28	0.28	0.71	0.06	19.83	0.5
总植物碱	34.49 ～ 113.62	61.80	58.45	1.13	20.69	33.48	

四、贵州晒红烟烟叶中 5 种生物碱分布情况

对从贵州铜仁市、黔西南布依族苗族自治州、黔东南苗族侗族自治州和黔南布依族苗族自治州等地区收集到的 26 个晒红烟样品的 5 种生物碱检测结果进行统计分析,结果见表 3.5.4,从表中可以看出贵州晒红烟 5 种生物碱中降烟碱含量差异较为显著,变异系数为 91.09%,含量分布在 0.32% ～ 3.92%。除降烟碱外,其余 4 种生物碱含量相对集中,变异系数均低于 42%。5 种生物碱中烟碱含量最高,含量分布在 24.55% ～ 67.09%,平均含量为 43.85 mg/g。5 种生物碱由高到低的排列顺序为烟碱 > 新烟草碱 > 降烟碱 > 假木贼碱 > 麦斯明,分别占总植物碱的 95.1%、2.6%、1.8%、0.5% 和 0.1%。

表 3.5.4　贵州晒红烟烟叶 5 种生物碱含量分布情况

生物碱	含量范围 /（mg·g⁻¹）	平均值 /（mg·g⁻¹）	中位数 /（mg·g⁻¹）	偏度系数	标准偏差 /（mg·g⁻¹）	变异系数 / %	占总植物碱比例 / %
烟碱	24.55 ～ 67.09	43.85	39.45	0.70	11.72	26.73	95.1
降烟碱	0.32 ～ 3.92	0.87	0.54	2.91	0.79	91.09	1.8
麦斯明	0.02 ～ 0.11	0.06	0.06	0.36	0.02	41.82	0.1
新烟草碱	0.64 ～ 2.03	1.16	1.08	0.64	0.44	37.88	2.6
假木贼碱	0.11 ～ 0.38	0.22	0.23	0.55	0.08	35.65	0.5
总植物碱	27.01 ～ 73.46	46.16	41.67	0.76	12.57	27.23	

五、山东晒红烟烟叶中 5 种生物碱分布情况

对从山东临沂沂南、蒙阴和沂水等地区收集到的 23 个晒红烟样品的 5 种生物碱检测结果进行统计分析,结果见表 3.5.5,从表中可以看出山东晒红烟 5 种生物碱含量范围相对集中,5 种生物碱含量的变异系数均低于 34%。5 种生物碱中烟碱含量最高,含量分布在 25.73% ～ 77.21%,平均含量为 55.36 mg/g。5 种生物碱由高到低的排列顺序均为烟碱>新烟草碱>降烟碱>假木贼碱>麦斯明,分别占总植物碱的 94.5%、3.7%、1.5%、0.5% 和 0.1%。

表 3.5.5　山东晒红烟烟叶 5 种生物碱含量分布情况

生物碱	含量范围 / (mg·g⁻¹)	平均值 / (mg·g⁻¹)	中位数 / (mg·g⁻¹)	偏度系数	标准偏差 / (mg·g⁻¹)	变异系数 / %	占总植物碱比例 / %
烟碱	25.73 ～ 77.21	55.36	54.20	−0.14	13.00	23.47	94.5
降烟碱	0.49 ～ 1.47	0.86	0.83	0.52	0.29	33.99	1.5
麦斯明	0.02 ～ 0.07	0.04	0.04	1.74	0.01	24.97	0.1
新烟草碱	1.03 ～ 2.61	1.94	1.87	−0.10	0.45	23.09	3.7
假木贼碱	0.19 ～ 0.36	0.27	0.26	0.28	0.04	14.27	0.5
总植物碱	27.96 ～ 80.36	58.47	57.01	−0.15	13.22	22.61	

六、江西晒红烟烟叶中 5 种生物碱分布情况

对从江西赣州、抚州等地区收集到的 10 个晒红烟样品的 5 种生物碱检测结果进行统计分析，结果见表 3.5.6，从表中可以看出江西晒红烟 5 种生物碱中降烟碱和新烟草碱含量差异较为显著，变异系数分别为 128.53% 和 56.44%，降烟碱含量分布在 0.23% ～ 1.08%，新烟草碱含量分布在 0.28% ～ 1.75%。其余 3 种生物碱含量相对集中。5 种生物碱中烟碱含量最高，含量分布在 14.82% ～ 71.04%，平均含量为 42.68 mg/g。5 种生物碱由高到低的排列顺序为烟碱 > 新烟草碱 > 降烟碱 > 假木贼碱 > 麦斯明，分别占总植物碱的 95.7%、1.9%、1.7%、0.6% 和 0.3%。

表 3.5.6　江西晒红烟烟叶 5 种生物碱含量分布情况

生物碱	含量范围 / (mg·g⁻¹)	平均值 / (mg·g⁻¹)	中位数 / (mg·g⁻¹)	偏度系数	标准偏差 / (mg·g⁻¹)	变异系数 /%	占总植物碱比例 / %
烟碱	14.82 ～ 71.04	42.68	43.03	0.02	18.23	42.70	95.7
降烟碱	0.23 ～ 1.08	0.87	0.51	2.91	1.12	128.53	1.7
麦斯明	0.04 ～ 0.14	0.09	0.08	0.01	0.03	32.68	0.3
新烟草碱	0.28 ～ 1.75	0.80	0.68	1.23	0.45	56.44	1.9
假木贼碱	0.16 ～ 0.28	0.22	0.20	0.19	0.05	21.07	0.6
总植物碱	15.60 ～ 77.15	44.66	44.39	0.15	19.41	43.46	

七、陕西晒红烟烟叶中 5 种生物碱分布情况

对从陕西咸阳和汉中等地区收集到的 4 个晒红烟样品的 5 种生物碱检测结果进行统计分析，结果见表 3.5.7，从表中可以看出陕西晒红烟 5 种生物碱中降烟碱含量差异较为显著，变异系数为 83.57%，含量分布在 0.18% ～ 1.45%。其余 4 种生物碱含量相对集中，变异系数均小于 46%。5 种生物碱中烟碱含量最高，含量分布在 16.06% ～ 43.46%，平均含量为 29.72 mg/g。5 种生物碱由高到低的排列顺序均为烟碱 > 新烟草碱 > 降烟碱 > 假木贼碱 > 麦斯明，分别占总植物碱的 94.0%、3.4%、2.0%、0.5% 和 0.2%。

表 3.5.7　陕西晒红烟烟叶 5 种生物碱含量分布情况

生物碱	含量范围 / (mg·g⁻¹)	平均值 / (mg·g⁻¹)	中位数 / (mg·g⁻¹)	偏度系数	标准偏差 / (mg·g⁻¹)	变异系数 / %	占总植物碱比例 / %
烟碱	16.06 ～ 43.46	29.72	29.70	0.00	13.58	45.71	94.0

生物碱	含量范围 / （ mg·g⁻¹ ）	平均值 / （ mg·g⁻¹ ）	中位数 / （ mg·g⁻¹ ）	偏度系数	标准偏差 / （ mg·g⁻¹ ）	变异系数 / %	占总植物碱 比例 / %
降烟碱	0.18 ～ 1.45	0.79	0.77	0.04	0.66	83.57	2.1
麦斯明	0.04 ～ 0.06	0.05	0.05	0.36	0.01	11.95	0.2
新烟草碱	0.62 ～ 1.06	0.90	0.96	−1.14	0.20	22.45	3.4
假木贼碱	0.11 ～ 0.16	0.13	0.14	−0.13	0.02	17.62	0.5
总植物碱	16.97 ～ 46.18	31.60	31.62	0.00	14.37	45.48	

八、浙江晒红烟烟叶中 5 种生物碱分布情况

对从浙江嘉兴和丽水等地区收集到的 6 个晒红烟样品的 5 种生物碱检测结果进行统计分析，结果见表 3.5.8，从表中可以看出浙江晒红烟 5 种生物碱含量范围相对集中，5 种生物碱含量的变异系数均低于 48%。5 种生物碱中烟碱含量最高，含量分布在 43.23% ～ 62.56%，平均含量为 55.19 mg/g。5 种生物碱由高到低的排列顺序为烟碱 > 新烟草碱 > 降烟碱 > 假木贼碱 > 麦斯明，分别占总植物碱的 94.4%、3.2%、1.9%、0.6% 和 0.1%。

表 3.5.8　浙江晒红烟烟叶 5 种生物碱含量分布情况

生物碱	含量范围 / （ mg·g⁻¹ ）	平均值 / （ mg·g⁻¹ ）	中位数 / （ mg·g⁻¹ ）	偏度系数	标准偏差 / （ mg·g⁻¹ ）	变异系数 / %	占总植物碱 比例 / %
烟碱	43.23 ～ 62.56	55.19	58.14	−0.86	7.89	14.29	94.4
降烟碱	0.74 ～ 1.67	1.10	0.94	0.80	0.41	37.45	1.9
麦斯明	0.05 ～ 0.13	0.07	0.05	2.08	0.03	47.31	0.1
新烟草碱	1.43 ～ 2.36	1.79	1.68	0.82	0.37	20.64	3.2
假木贼碱	0.26 ～ 0.44	0.36	0.36	−0.12	0.07	19.96	0.6
总植物碱	45.72 ～ 67.11	58.51	60.97	−0.73	8.54	14.60	

九、黑龙江晒红烟烟叶中 5 种生物碱分布情况

对从黑龙江牡丹江林口、穆棱、汤原等地区收集到的 4 个晒红烟样品的 5 种生物碱检测结果进行统计分析，结果见表 3.5.9，从表中可以看出浙江晒红烟 5 种生物碱含量范围相对集中，5 种生物碱含量的变异系数均低于 41%。5 种生物碱中烟碱含量最高，含量分布在 26.68% ～ 52.30%，平均含量为 37.16 mg/g。5 种生物碱由高到低的排列顺序为烟碱 > 新烟草碱 > 降烟碱 > 假木贼碱 > 麦斯明，分别占总植物碱的 94.2%、3.8%、1.6%、0.5% 和 0.1%。

表 3.5.9　浙江晒红烟烟叶 5 种生物碱含量分布情况

生物碱	含量范围 / （ mg·g⁻¹ ）	平均值 / （ mg·g⁻¹ ）	中位数 / （ mg·g⁻¹ ）	偏度系数	标准偏差 / （ mg·g⁻¹ ）	变异系数 / %	占总植物碱 比例 / %
烟碱	26.68 ～ 52.30	37.16	34.84	0.75	11.76	31.65	94.2
降烟碱	0.34 ～ 0.84	0.61	0.63	−0.44	0.21	34.56	1.6
麦斯明	0.03 ～ 0.06	0.04	0.04	0.85	0.01	28.46	0.1

续表

生物碱	含量范围 /（mg·g⁻¹）	平均值 /（mg·g⁻¹）	中位数 /（mg·g⁻¹）	偏度系数	标准偏差 /（mg·g⁻¹）	变异系数 / %	占总植物碱比例 / %
新烟草碱	0.69～2.05	1.42	1.47	−0.43	0.58	40.67	3.8
假木贼碱	0.13～0.29	0.21	0.21	0.11	0.08	36.22	0.5
总植物碱	27.92～43.45	39.44	37.35	0.65	12.42	31.49	

表头单位：含量范围、平均值、中位数、标准偏差为 mg·g⁻¹。

十、内蒙古晒红烟烟叶中 5 种生物碱分布情况

对从内蒙古赤峰收集到的 2 个晒红烟样品的 5 种生物碱检测，平均含量分别为烟碱 67.56%、降烟碱 1.39%、麦斯明碱 0.03%、新烟草碱 2.03% 和假木贼碱 0.17%。

十一、不同产区晒红烟烟叶中 5 种生物碱含量比较

对不同产区的白肋烟和马里兰烟中 5 种生物碱含量进行描述性统计，各产区烟叶中 5 种生物碱平均值情况详见图 3.5.1。

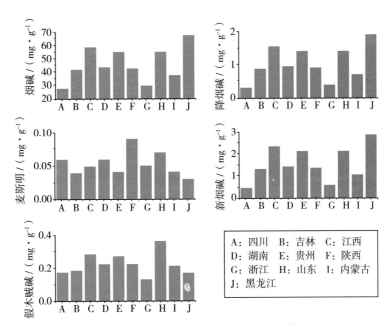

图 3.5.1　不同产区晒红烟中 5 种生物碱含量

对不同产区晒红烟烟叶 5 种生物碱的平均含量进行对比分析，由图 3.5.1 中的平均值结果统计可知，5 种生物碱中烟碱含量最高，5 种生物碱由高到低的排列顺序为烟碱＞新烟草碱＞降烟碱＞假木贼碱＞麦斯明。10 个晒红烟产区烟碱含量分布在 27.16～67.56 mg/g，平均含量为 48.56 mg/g。其中，四川产区样品的烟碱含量最低，内蒙古产区样品的烟碱含量最高，不同产区烟碱含量从低到高顺序为四川＜陕西＜黑龙江＜吉林＜山东＜湖南＜浙江＜贵州＜江西＜内蒙古。10 个晒红烟产区新烟草碱含量分布在 0.08～2.03 mg/g，平均含量为 1.49 mg/g。其中，山东产区样品的新烟草碱含量最低，内蒙古产区样品的新烟草碱含量最高，不同产区新烟草碱含量从低到高顺序为山东＜陕西＜湖南＜黑龙江＜四川＜江西＜吉林＜浙江＜贵州＜内蒙古。10 个晒红烟产区降烟碱含量分布在 0.56～1.57 mg/g，平均含量为 0.94 mg/g。其中，四川产区样品的降烟碱含量最低，江西产区样品的降烟碱含量最高，不同产区降烟碱含量从低到高顺序

为四川<黑龙江<陕西<吉林<贵州<湖南<山东<浙江<内蒙古<江西。10个晒红烟产区假木贼碱含量分布在0.13～0.36 mg/g，平均含量为0.22 mg/g。其中，四川产区样品的假木贼碱含量最低，江西产区样品的假木贼碱含量最高，不同产区假木贼碱含量从低到高顺序为陕西<内蒙古<四川<吉林<黑龙江<山东<湖南<贵州<江西<浙江。10个晒红烟产区麦斯明碱含量分布在0.03～0.09 mg/g，平均含量为0.05 mg/g。其中，四川产区样品的麦斯明碱含量最低，江西产区样品的麦斯明碱含量最高，不同产区麦斯明碱含量从低到高顺序为内蒙古<贵州<黑龙江<吉林<陕西<江西<四川<湖南<浙江<山东。10个晒红烟产区总植物碱含量分布在29.54%～71.18%，平均含量为48.58 mg/g。其中，四川产区样品的总植物含量最低，内蒙古产区样品的总植物含量最高，不同产区总植物含量从低到高顺序为四川<陕西<黑龙江<吉林<山东<湖南<贵州<浙江<江西<内蒙古。各种生物碱占总植物碱总量比例统计情况详见图3.5.2。

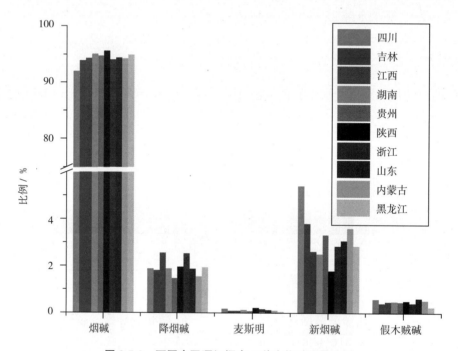

图3.5.2　不同产区晒红烟中5种生物碱总量比例

从图3.5.2知，在马里兰烟和白肋烟烟叶的5种生物碱中，烟碱所占比例最高，在91.80%～95.69%；降烟碱所占比例次之（除山东和内蒙古产地外），新烟草碱所占比例排在第3位，假木贼碱所占比例排在第4位，麦斯明所占比例排在最后一位。

第六节　国产晒红烟烟叶中烟草特有亚硝胺分布情况

一、四川晒红烟烟叶中亚硝胺（TSNAs）分布情况

对从四川成都、达州、德阳等地区收集到的12个晒红烟样品的TSNAs检测结果进行统计分析，结果见表3.6.1，从表中可以看出四川晒红烟4种TSNAs含量差异较为显著，变异系数在57.79%～77.12%。

TSNAs 总量平均为 7814.53 ng/g，含量分布在 3924.80 ～ 19 698.57 ng/g。4 种 TSNAs 中 NNN 含量最高，平均含量为 4613.48 ng/g，含量分布在 220.38 ～ 1075.72 ng/g，占总 TSNAs 的 59.0%；其次为 NAT，平均含量为 2595.64 ng/g，含量分布在 2165.56 ～ 11 878.22 ng/g，占总 TSNAs 的 33.2%；NNK 和 NAB 含量较低，分别占总 TSNAs 的 6.1% 和 1.6%，其中 NNK 平均含量为 478.35 ng/g，含量分布在 220.38 ～ 1075.72 ng/g，NAB 含量最低平均含量为 127.06 ng/g，含量分布在 71.60 ～ 374.78 ng/g。

表 3.6.1　四川晒红烟烟叶 TSNAs 含量分布情况

组分	含量范围 / (ng·g⁻¹)	平均值 / (ng·g⁻¹)	中位数 / (ng·g⁻¹)	偏度系数	标准偏差 / (ng·g⁻¹)	变异系数 / %
NNK	220.38 ～ 1075.72	478.35	362.99	1.42	276.42	57.79
NAT	2165.56 ～ 11 878.22	4613.48	3569.07	1.97	2906.98	63.01
NNN	1330.79 ～ 6484.43	2595.64	1866.33	1.53	1705.79	65.72
NAB	71.60 ～ 374.78	127.06	88.71	2.03	97.98	77.12
TSNAs 总量	3924.80 ～ 19 698.57	7814.53	5913.56	1.93	4838.28	61.91

二、吉林晒红烟烟叶中 TSNAs 分布情况

对从吉林蛟河和延边等地区收集到的 22 个晒红烟样品的 TSNAs 检测结果进行统计分析，结果见表 3.6.2，从表中可以看出吉林晒红烟 4 种 TSNAs 含量差异较为显著，变异系数在 115.57% ～ 125.50%。TSNAs 总量平均为 2637.96 ng/g，含量分布在 522.09 ～ 13 689.02 ng/g。4 种 TSNAs 中 NAT 含量最高，平均含量为 1380.63 ng/g，含量分布在 230.84 ～ 7570.33 ng/g，占总 TSNAs 的 52.3%；其次为 NNN，平均含量为 942.50 ng/g，含量分布在 224.76 ～ 4647.76 ng/g，占总 TSNAs 的 35.7%；NNK 平均含量为 279.80 ng/g，含量分布在 55.43 ～ 1030.21 ng/g，占总 TSNAs 的 10.6%；NAB 含量最低，NAB 平均含量为 35.04 ng/g，含量分布在 7.50 ～ 173.73 ng/g，占总 TSNAs 的 1.3%。

表 3.6.2　吉林晒红烟烟叶 TSNAs 含量分布情况

组分	含量范围 / (ng·g⁻¹)	平均值 / (ng·g⁻¹)	中位数 / (ng·g⁻¹)	偏度系数	标准偏差 / (ng·g⁻¹)	变异系数 / %
NNK	55.43 ～ 1030.21	279.80	163.10	2.39	313.56	112.06
NAT	230.84 ～ 7570.33	1380.63	871.42	2.84	1663.69	120.50
NNN	224.76 ～ 4647.76	942.50	678.58	2.76	1089.26	115.57
NAB	7.50 ～ 173.73	35.04	19.95	2.55	40.61	115.90
TSNAs 总量	522.09 ～ 13 689.02	2637.96	1722.48	2.79	3074.48	116.55

三、湖南晒红烟烟叶中 TSNAs 分布情况

对从湖南怀化市和湘西土家族苗族自治州等地区收集到的 29 个晒红烟样品的 TSNAs 检测结果进行统计分析，结果见表 3.6.3，从表中可以看出湖南晒红烟 4 种 TSNAs 含量差异较为显著，变异系数在 84.21% ～ 194.35%。TSNAs 总量平均为 4664.15 ng/g，含量分布在 701.96 ～ 40 133.37 ng/g。4 种 TSNAs 中 NAT 含量最高，平均含量为 2195.69 ng/g，含量分布在 295.88 ～ 23 451.11 ng/g，占总 TSNAs 的 47.1%；其次为 NNN，平均含量为 2137.92 ng/g，含量分布在 300.20 ～ 15 576.07 ng/g，占总 TSNAs 的 45.8%；NNK 平均含量为 237.93 ng/g，含量分布在 33.96 ～ 839.88 ng/g，占总 TSNAs 的 5.1%；NAB 含量最低，NAB 平均

含量为 92.62 ng/g，含量分布在 15.88 ～ 592.26 ng/g，占总 TSNAs 的 2.0%。

表 3.6.3　湖南晒红烟烟叶 TSNAs 含量分布情况

组分	含量范围 / (ng · g⁻¹)	平均值 / (ng · g⁻¹)	中位数 / (ng · g⁻¹)	偏度系数	标准偏差 / (ng · g⁻¹)	变异系数 / %
NNK	33.96 ～ 839.88	237.93	190.75	1.83	200.37	84.21
NAT	295.88 ～ 23451.11	2195.69	1139.01	4.75	4267.24	194.35
NNN	300.20 ～ 15 576.07	2137.92	1271.33	3.99	2867.15	134.11
NAB	15.88 ～ 592.26	92.62	56.03	3.26	117.23	126.57
TSNAs 总量	701.96 ～ 40 133.37	4664.15	2773.73	4.39	7320.99	156.96

四、贵州晒红烟烟叶中 TSNAs 分布情况

对从贵州铜仁市、黔西南布依族苗族自治州、黔东南苗族侗族自治州和黔南布依族苗族自治州等地区收集到的 26 个晒红烟样品的 TSNAs 检测结果进行统计分析，结果见表 3.6.4，从表中可以看出贵州晒红烟 4 种 TSNAs 含量差异较为显著，变异系数在 59.52% ～ 76.97%。TSNAs 总量平均为 1924.93 ng/g，含量分布在 344.41 ～ 4222.86 ng/g。4 种 TSNAs 中 NAT 含量最高，平均含量为 858.53 ng/g，含量分布在 169.27 ～ 2618.18 ng/g，占总 TSNAs 的 44.6%；其次为 NNN，平均含量为 841.78 ng/g，含量分布在 132.23 ～ 2846.39 ng/g，占总 TSNAs 的 43.7%；NNK 平均含量为 173.82 ng/g，含量分布在 16.47 ～ 335.33 ng/g，占总 TSNAs 的 9.0%；NAB 含量最低，NAB 平均含量为 50.79 ng/g，含量分布在 8.11 ～ 110.43 ng/g，占总 TSNAs 的 2.6%。

表 3.6.4　贵州晒红烟烟叶 TSNAs 含量分布情况

组分	含量范围 / (ng · g⁻¹)	平均值 / (ng · g⁻¹)	中位数 / (ng · g⁻¹)	偏度系数	标准偏差 / (ng · g⁻¹)	变异系数 / %
NNK	16.47 ～ 335.33	173.82	193.69	-0.10	103.46	59.52
NAT	169.27 ～ 2618.18	858.53	631.08	1.15	643.30	74.93
NNN	132.23 ～ 2846.39	841.78	645.31	1.57	647.93	76.97
NAB	8.11 ～ 110.43	50.79	45.77	0.36	33.46	65.88
TSNAs 总量	344.41 ～ 4222.86	1924.93	1643.25	1.23	1394.83	72.46

五、山东晒红烟烟叶中 TSNAs 分布情况

对从山东临沂沂南、蒙阴和沂水等地区收集到的 23 个晒红烟样品的 TSNAs 检测结果进行统计分析，结果见表 3.6.5，从表中可以看出山东晒红烟 4 种 TSNAs 含量差异较为显著，变异系数在 110.93% ～ 203.09%。TSNAs 总量平均为 18 001.70 ng/g，含量分布在 2525.33 ～ 126 638.54 ng/g。4 种 TSNAs 中 NAT 含量最高，平均含量为 8553.50 ng/g，含量分布在 1446.82 ～ 43 211.32 ng/g，占总 TSNAs 的 47.5%；其次为 NNN，平均含量为 8127.03 ng/g，含量分布在 925.70 ～ 71 962.84 ng/g，占总 TSNAs 的 45.1%；NNK 平均含量为 1097.34 ng/g，含量分布在 107.98 ～ 9735.76 ng/g，占总 TSNAs 的 6.1%；NAB 含量最低，NAB 平均含量为 223.84 ng/g，含量分布在 40.59 ～ 1728.62 ng/g，占总 TSNAs 的 1.2%。

表 3.6.5　山东晒红烟烟叶 TSNAs 含量分布情况

组分	含量范围 / (ng·g⁻¹)	平均值 / (ng·g⁻¹)	中位数 / (ng·g⁻¹)	偏度系数	标准偏差 / (ng·g⁻¹)	变异系数 / %
NNK	107.98 ～ 9735.76	1097.34	371.57	3.59	2116.01	192.83
NAT	1446.82 ～ 43 211.32	8553.50	4429.70	2.62	9488.00	110.93
NNN	925.70 ～ 71 962.84	8127.03	2629.68	3.35	16 505.09	203.09
NAB	40.59 ～ 1728.62	223.84	110.47	3.53	372.94	166.61
TSNAs 总量	2525.33 ～ 126 638.54	18 001.70	7515.99	3.22	28 096.11	156.07

六、江西晒红烟烟叶中 TSNAs 分布情况

对从江西赣州、抚州等地区收集到的 10 个晒红烟样品的 TSNAs 检测结果进行统计分析，结果见表 3.6.6，从表中可以看出江西晒红烟 4 种 TSNAs 中除 NNN 外，其余 3 种 TSNAs 含量差异较为显著，变异系数在 38.53% ～ 111.85%。TSNAs 总量平均为 24 419.93 ng/g，含量分布在 9531.54 ～ 68 323.55 ng/g。4 种 TSNAs 中 NNN 含量最高，平均含量为 11 876.56 ng/g，含量分布在 5639.04 ～ 22 987.44 ng/g，占总 TSNAs 的 48.6%；其次为 NAT，平均含量为 9965.06 ng/g，含量分布在 2842.56 ～ 11 896.43 ng/g，占总 TSNAs 的 40.8%；NNK 平均含量为 1633.78 ng/g，含量分布在 136.51 ～ 3477.75 ng/g，占总 TSNAs 的 6.7%；NAB 含量最低，NAB 平均含量为 944.54 ng/g，含量分布在 83.20 ～ 1945.38 ng/g，占总 TSNAs 的 3.9%。

表 3.6.6　江西晒红烟烟叶 TSNAs 含量分布情况

组分	含量范围 / (ng·g⁻¹)	平均值 / (ng·g⁻¹)	中位数 / (ng·g⁻¹)	偏度系数	标准偏差 / (ng·g⁻¹)	变异系数 / %
NNK	136.51 ～ 3477.75	1633.78	1784.98	0.20	1014.36	62.09
NAT	2842.56 ～ 11 896.43	9965.06	6681.96	2.91	11 149.74	111.89
NNN	5639.04 ～ 22 987.44	11 876.56	11 942.06	1.54	4576.00	38.53
NAB	83.20 ～ 1945.38	944.54	838.08	0.40	517.92	54.83
TSNAs 总量	9531.54 ～ 68 323.55	24 419.93	21 283.36	2.52	16 333.33	66.89

七、陕西晒红烟烟叶中 TSNAs 分布情况

对从陕西咸阳和汉中等地区收集到的 4 个晒红烟样品的 TSNAs 检测结果进行统计分析，结果见表 3.6.7，从表中可以看出陕西晒红烟 4 种 TSNAs 含量差异较为显著，变异系数在 60.62% ～ 114.48%。TSNAs 总量平均为 7311.72 ng/g，含量分布在 1991.73 ～ 17 186.55 ng/g。4 种 TSNAs 中 NAT 含量最高，平均含量为 4182.05 ng/g，含量分布在 724.93 ～ 3848.36 ng/g，占总 TSNAs 的 57.2%；其次为 NNN，平均含量为 2556.45 ng/g，含量分布在 1062.93 ～ 4727.76 ng/g，占总 TSNAs 的 35.0%；NNK 平均含量为 388.75 ng/g，含量分布在 166.93 ～ 902.47 ng/g，占总 TSNAs 的 5.3%；NAB 含量最低，NAB 平均含量为 184.47 ng/g，含量分布在 36.94 ～ 490.48 ng/g，占总 TSNAs 的 2.5%。

表 3.6.7　陕西晒红烟烟叶 TSNAs 含量分布情况

组分	含量范围 / (ng·g⁻¹)	平均值 / (ng·g⁻¹)	中位数 / (ng·g⁻¹)	偏度系数	标准偏差 / (ng·g⁻¹)	变异系数 / %
NNK	166.93 ～ 902.47	388.75	242.81	1.93	344.40	88.59
NAT	724.93 ～ 3848.36	4182.05	2468.71	1.54	4796.40	114.69
NNN	1062.93 ～ 4727.76	2556.45	2217.56	1.22	1549.75	60.62

组分	含量范围 / (ng·g⁻¹)	平均值 / (ng·g⁻¹)	中位数 / (ng·g⁻¹)	偏度系数	标准偏差 / (ng·g⁻¹)	变异系数 / %
NAB	36.94 ~ 490.48	184.47	105.22	1.63	211.17	114.48
TSNAs 总量	1991.73 ~ 17 186.55	7311.72	5034.30	1.61	6823.09	93.32

八、浙江晒红烟烟叶中 TSNAs 分布情况

对从浙江嘉兴和丽水等地区收集到的 6 个晒红烟样品的 TSNAs 检测结果进行统计分析,结果见表 3.6.8,从表中可以看出浙江晒红烟 4 种 TSNAs 含量差异较为显著,变异系数在 48.57% ~ 85.33%。TSNAs 总量平均为 54 945.97 ng/g,含量分布在 30 785.30 ~ 115 433.99 ng/g。4 种 TSNAs 中 NAT 含量最高,平均含量为 29 601.28 ng/g,含量分布在 14 114.35 ~ 63 017.30 ng/g,占总 TSNAs 的 53.9%;其次为 NNN,平均含量为 22 260.76 ng/g,含量分布在 11 419.26 ~ 45 079.28 ng/g,占总 TSNAs 的 40.5%;NNK 平均含量为 2101.01 ng/g,含量分布在 618.81 ~ 2506.98 ng/g,占总 TSNAs 的 3.8%;NAB 含量最低,NAB 平均含量为 982.92 ng/g,含量分布在 472.54 ~ 1812.05 ng/g,占总 TSNAs 的 1.8%。

表 3.6.8　浙江晒红烟烟叶 TSNAs 含量分布情况

组分	含量范围 / (ng·g⁻¹)	平均值 / (ng·g⁻¹)	中位数 / (ng·g⁻¹)	偏度系数	标准偏差 / (ng·g⁻¹)	变异系数 / %
NNK	618.81 ~ 2506.98	2101.01	1442.97	1.83	1792.79	85.33
NAT	14 114.35 ~ 63 017.30	29 601.28	24 364.21	1.33	18 769.08	63.41
NNN	11 419.26 ~ 45 079.28	22 260.76	18 701.01	1.56	12 338.09	55.43
NAB	472.54 ~ 1812.05	982.92	795.97	1.20	477.45	48.57
TSNAs 总量	30 785.30 ~ 115 433.99	54 945.97	43 124.54	1.50	33 125.03	60.29

九、黑龙江晒红烟烟叶中 TSNAs 分布情况

对从黑龙江牡丹江林口、穆棱和汤原等地区收集到的 4 个晒红烟样品的 TSNAs 检测结果进行统计分析,结果见表 3.6.9,从表中可以看出黑龙江晒红烟 4 种 TSNAs 含量差异较为显著,变异系数在 63.41% ~ 72.35%。TSNAs 总量平均为 15 088.74 ng/g,含量分布在 2472.14 ~ 23 300.62 ng/g。4 种 TSNAs 中 NAT 含量最高,平均含量为 7163.62 ng/g,含量分布在 1380.33 ~ 12141.63 ng/g,占总 TSNAs 的 47.5%;其次为 NNN,平均含量为 7128.14 ng/g,含量分布在 982.17 ~ 11 978.17 ng/g,占总 TSNAs 的 47.2%;NNK 平均含量为 657.01 ng/g,含量分布在 89.34 ~ 1220.81 ng/g,占总 TSNAs 的 4.4%;NAB 含量最低,NAB 平均含量为 153.48 ng/g,含量分布在 20.30 ~ 232.64 ng/g,占总 TSNAs 的 0.9%。

表 3.6.9　黑龙江晒红烟烟叶 TSNAs 含量分布情况

组分	含量范围 / (ng·g⁻¹)	平均值 / (ng·g⁻¹)	中位数 / (ng·g⁻¹)	偏度系数	标准偏差 / (ng·g⁻¹)	变异系数 / %
NNK	89.34 ~ 1220.81	657.01	658.95	−0.02	475.34	72.35
NAT	1380.33 ~ 12 141.63	7163.62	7566.25	−0.30	4919.40	68.67
NNN	982.17 ~ 11 978.17	7128.14	7776.11	−0.60	4841.24	67.92
NAB	20.30 ~ 232.64	139.98	153.48	−0.86	88.76	63.41
TSNAs 总量	2472.14 ~ 23 300.62	15 088.74	17 291.10	−0.62	10 111.19	67.01

十、内蒙古晒红烟烟叶中 TSNAs 分布情况

对从内蒙古赤峰收集到的 2 个晒红烟样品的 TSNAs 进行检测分析，NAT 平均含量为 2053.87 ng/g，占总 TSNAs 的 51.5%，NNN 平均含量为 1731.02 ng/g，占总 TSNAs 的 43.4%，NNK 平均含量为 167.20 ng/g，占总 TSNAs 的 4.2%，NAB 平均含量为 39.50 ng/g，占总 TSNAs 的 1.0%。

十一、不同产区晒红烟烟叶中 TSNAs 含量比较

对不同产区晒红烟烟叶 4 种 TSNAs 的平均含量进行对比分析，结果见表 3.6.10。4 种 TSNAs 中 NAT 和 NNN 的含量较高，这两种 TSNAs 占 TSNAs 总量的 92.9%，4 种 TSNAs 由高到低的排列顺序为 NAT>NNN>NNK>NAB。10 个晒红烟产区 NNK 含量分布在 167.20～2101.01 ng/g，平均含量为 721.50 ng/g。其中，内蒙古产区样品的 NNK 含量最低，浙江产区样品的 NNK 含量最高，不同产区 NNK 含量从低到高顺序为内蒙古＜贵州＜湖南＜吉林＜陕西＜四川＜黑龙江＜山东＜江西＜浙江。10 个晒红烟产区 NAT 含量分布在 858.53～29 601.28 ng/g，平均含量为 7056.77 ng/g。其中，贵州产区样品的 NAT 含量最低，浙江产区样品的 NAT 含量最高，不同产区 NAT 含量从低到高顺序为贵州＜吉林＜内蒙古＜湖南＜陕西＜四川＜黑龙江＜山东＜江西＜浙江。10 个晒红烟产区 NNN 含量分布在 841.78～22 260.76 ng/g，平均含量为 6019.78 ng/g。其中，吉林产区样品的 NNN 含量最低，浙江产区样品的 NNN 含量最高，不同产区 NNN 含量从低到高顺序为贵州＜吉林＜内蒙古＜湖南＜陕西＜四川＜黑龙江＜山东＜江西＜浙江。10 个晒红烟产区 NAB 含量分布在 35.04～982.92 ng/g，平均含量为 282.07 ng/g。其中，吉林产区样品的 NAB 含量最低，浙江产区样品的 NAB 含量最高，不同产区 NAB 含量从低到高顺序为吉林＜内蒙古＜贵州＜湖南＜四川＜黑龙江＜陕西＜山东＜江西＜浙江。10 个晒红烟产区 TSNAs 总量分布在 1924.93～54 945.97 ng/g，平均含量为 14 080.13 ng/g。其中，贵州产区样品的 TSNAs 总量最低，浙江产区样品的 TSNAs 总量最高，不同产区 TSNAs 总量从低到高顺序为贵州＜吉林＜内蒙古＜湖南＜陕西＜四川＜黑龙江＜山东＜江西＜浙江。

表 3.6.10　不同产区晒红烟烟叶 TSNAs 含量比较

组分	NNK	NAT	NNN	NAB	TSNAs 总量
四川 / (ng·g⁻¹)	478.35	4613.48	2595.64	127.06	7814.53
吉林 / (ng·g⁻¹)	279.80	1380.63	942.50	35.04	2637.96
江西 / (ng·g⁻¹)	1633.78	9965.06	11 876.56	944.54	24 419.93
湖南 / (ng·g⁻¹)	237.93	2195.69	2137.92	92.62	4664.15
贵州 / (ng·g⁻¹)	173.82	858.53	841.78	50.79	1924.93
山东 / (ng·g⁻¹)	1097.34	8553.50	8127.03	223.84	18 001.70
陕西 / (ng·g⁻¹)	388.75	4182.05	2556.45	184.47	7311.72
浙江 / (ng·g⁻¹)	2101.01	29 601.28	22 260.76	982.92	54 945.97
黑龙江 / (ng·g⁻¹)	657.01	7163.62	7128.14	139.98	15 088.74
内蒙古 / (ng·g⁻¹)	167.20	2053.87	1731.02	39.50	3991.60
平均值 / (ng·g⁻¹)	721.50	7056.77	6019.78	282.07	14 080.13
标准偏差 / (ng·g⁻¹)	639.27	8077.71	6430.49	345.90	15 321.57
变异系数 / %	88.60	114.47	106.82	122.63	108.82

第七节　国产晒红烟单料烟主流烟气中焦油、烟碱及 4 种烟草特有亚硝胺释放情况

一、四川晒红烟主流烟气中焦油、烟碱及 4 种亚硝胺（TSNAs）释放情况

以四川成都、达州、德阳等地区收集到的 12 个晒红烟样品为原料制作成无嘴卷烟（每支卷烟 0.8 g），考察主流烟气中焦油、烟碱及 4 种 TSNAs 的释放量，检测结果见表 3.7.1，四川晒红烟主流烟气中焦油量差异相对较小，分布在 11.41 ～ 22.25 mg/cig，平均量为 16.46 mg/cig，而主流烟气中烟碱释放量差异较大，分布在 0.90 ～ 4.33 mg/cig，平均含量为 2.34 mg/cig。四川晒红烟主流烟气中 4 种 TSNAs 释放量差异较为显著，变异系数在 46.50% ～ 70.52%。TSNAs 总释放量平均为 1625.26 ng/cig，释放量分布在 675.66 ～ 3066.07 ng/cig。4 种 TSNAs 中 NAT 释放量最高，平均释放量为 874.02 ng/cig，释放量分布在 388.72 ～ 1808.74 ng/cig，占总 TSNAs 释放量的 53.8%；其次为 NNN，平均释放量为 505.47 ng/cig，释放量分布在 198.33 ～ 1266.96 ng/cig，占总 TSNAs 的 31.10%；NNK 和 NAB 释放量较低，分别占总 TSNAs 释放量的 7.8% 和 7.4%，其中 NNK 平均释放量为 126.23 ng/cig，释放量分布在 42.66 ～ 311.52 ng/cig，NAB 释放量最低平均释放量为 119.54 ng/cig，释放量分布在 45.25 ～ 117.61 ng/cig。

表 3.7.1　四川晒红烟主流烟气中焦油、烟碱及 4 种 TSNAs 释放量

组分	含量范围	平均值	中位数	偏度系数	标准偏差	变异系数 / %
烟碱	0.90 ～ 4.33	2.34	2.17	0.36	1.21	51.83
焦油	11.41 ～ 22.25	16.46	17.83	−0.06	4.13	25.12
NNK	42.66 ～ 311.52	126.23	95.52	1.34	89.01	70.52
NAT	388.72 ～ 1808.74	874.02	792.97	1.14	421.17	48.19
NNN	198.33 ～ 1266.96	505.47	397.59	1.52	304.87	60.31
NAB	45.25 ～ 117.61	119.54	102.41	1.51	71.51	59.82
TSNAs 总量	675.66 ～ 3066.07	1625.26	1513.38	0.64	755.74	46.50

注：含量范围、平均值、中位数、标准偏差的单位：烟碱和焦油为 mg/cig，TSNAs 为 ng/cig。

二、吉林晒红烟主流烟气中焦油、烟碱及 4 种 TSNAs 释放情况

以吉林蛟河和延边等地区收集到的 22 个晒红烟样品为原料制作成无嘴卷烟（每支卷烟 0.8 g），考察主流烟气中焦油、烟碱及 4 种 TSNAs 的释放量，检测结果见表 3.7.2。吉林晒红烟主流烟气中焦油量分布在 13.97 ～ 20.89 mg/cig，平均量为 19.03 mg/cig，而主流烟气中烟碱释放量分布在 2.73 ～ 5.63 mg/cig，平均含量为 3.99 mg/cig。吉林晒红烟 4 种 TSNAs 释放量差异较为显著，变异系数在 87.22% ～ 104.04%。TSNAs 总释放量平均为 453.33 ng/cig，释放量分布在 104.35 ～ 1685.27 ng/cig。4 种 TSNAs 中 NAT 释放量最高，平均释放量为 238.91 ng/cig，释放量分布在 52.50 ～ 807.22 ng/cig，占总 TSNAs 释放量的 52.7%；其次为 NNN，平均释放量为 135.22 ng/cig，释放量分布在 28.26 ～ 591.82 ng/cig，占总 TSNAs 的 29.8%；NNK 平均释放量为 51.43 ng/cig，释放量分布在 10.38 ～ 192.64 ng/cig，占总 TSNAs 释放量的 11.3%；NAB 释放量最低平均释放量为 27.76 ng/cig，释放量分布在 5.48 ～ 93.59 ng/cig，占总 TSNAs 释放量的 6.1%。

表 3.7.2　吉林晒红烟主流烟气中焦油、烟碱及 4 种 TSNAs 释放量

组分	含量范围	平均值	中位数	偏度系数	标准偏差	变异系数 / %
烟碱	2.73 ～ 5.63	3.99	3.80	0.83	0.83	20.82
焦油	13.97 ～ 20.89	19.03	19.78	2.32	2.32	12.20
NNK	10.38 ～ 192.64	51.43	39.35	2.30	47.42	92.20
NAT	52.50 ～ 807.22	238.91	135.68	1.33	208.38	87.22
NNN	28.26 ～ 591.82	135.22	79.14	2.32	140.69	104.04
NAB	5.48 ～ 93.59	27.76	16.15	1.41	24.58	88.54
TSNAs 总量	104.35 ～ 1685.27	453.33	260.66	1.77	414.33	91.40

注：含量范围、平均值、中位数、标准偏差的单位：烟碱和焦油为 mg/cig，TSNAs 为 ng/cig。

三、湖南晒红烟主流烟气中焦油、烟碱及 4 种 TSNAs 释放情况

以湖南怀化市和湘西土家族苗族自治州等地区收集到的 29 个晒红烟样品为原料制作成无嘴卷烟（每支卷烟 0.8 g），考察主流烟气中焦油、烟碱及 4 种 TSNAs 的释放量，检测结果见表 3.7.3。湖南晒红烟主流烟气中焦油量分布在 11.75 ～ 26.59 mg/cig，平均含量为 19.97 mg/cig，而主流烟气中烟碱释放量分布在 2.50 ～ 7.19 mg/cig，平均含量为 4.50 mg/cig。湖南晒红烟 4 种 TSNAs 释放量差异较为显著，变异系数在 119.00% ～ 136.59%。TSNAs 总释放量平均为 599.84 ng/cig，释放量分布在 98.71 ～ 3909.09 ng/cig。4 种 TSNAs 中 NAT 释放量最高，平均释放量为 308.40 ng/cig，释放量分布在 43.66 ～ 1973.96 ng/cig，占总 TSNAs 释放的 51.4%；其次为 NNN，平均释放量为 211.03 ng/cig，释放量分布在 40.30 ～ 1420.58 ng/cig，占总 TSNAs 的 35.2%；NAB 平均释放量为 46.18 ng/cig，释放量分布在 7.61 ～ 259.29 ng/cig，占总 TSNAs 释放量的 7.7%；NNK 释放量最低平均释放量为 34.23 ng/cig，释放量分布在 7.59 ～ 255.26 ng/cig，占总 TSNAs 释放量的 5.71%。

表 3.7.3　湖南晒红烟主流烟气中焦油、烟碱及 4 种 TSNAs 释放量

组分	含量范围	平均值	中位数	偏度系数	标准偏差	变异系数 / %
烟碱	2.50 ～ 7.19	4.50	4.54	0.17	1.17	26.02
焦油	11.75 ～ 26.59	19.97	21.00	−0.33	4.36	21.83
NNK	7.59 ～ 255.26	34.23	17.91	46.76	46.76	136.59
NAT	43.66 ～ 1973.96	308.40	191.57	391.67	391.67	127.00
NNN	40.30 ～ 1420.58	211.03	105.54	277.20	277.20	131.36
NAB	7.61 ～ 259.29	46.18	27.25	54.95	54.95	119.00
TSNAs 总量	98.71 ～ 3909.09	599.84	338.23	762.51	762.51	127.12

注：含量范围、平均值、中位数、标准偏差的单位：烟碱和焦油为 mg/cig，TSNAs 为 ng/cig。

四、贵州晒红烟主流烟气中焦油、烟碱及 4 种 TSNAs 释放情况

以贵州铜仁市、黔西南布依族苗族自治州、黔东南苗族侗族自治州和黔南布依族苗族自治州等地区收集到的 29 个晒红烟样品为原料制作成无嘴卷烟（每支卷烟 0.8 g），考察主流烟气中焦油、烟碱及 4 种 TSNAs 的释放量，检测结果见表 3.7.4。贵州晒红烟主流烟气中焦油量分布在 7.83 ～ 25.12 mg/cig，平均量为 18.55 mg/cig，而主流烟气中烟碱释放量分布在 1.72 ～ 5.46 mg/cig，平均含量为 3.40 mg/cig。贵州

TSNAs 总释放量平均为 296.14 ng/cig，释放量分布在 56.46 ~ 1117.55 ng/cig。4 种 TSNAs 中 NAT 释放量最高，平均释放量为 148.71 ng/cig，释放量分布在 32.48 ~ 555.11 ng/cig，占总 TSNAs 释放量的 50.2%；其次为 NNN，平均释放量为 102.37 ng/cig，释放量分布在 14.84 ~ 422.71 ng/cig，占总 TSNAs 的 34.9%；NNK 平均释放量为 23.49 ng/cig，释放量分布在 3.37 ~ 62.59 ng/cig，占总 TSNAs 释放量的 7.9%；NAB 释放量最低平均释放量为 21.57 ng/cig，释放量分布在 2.47 ~ 77.13 ng/cig，占总 TSNAs 释放量的 7.3%。

表 3.7.4　贵州晒红烟主流烟气中焦油、烟碱及 4 种 TSNAs 释放量

组分	含量范围	平均值	中位数	偏度系数	标准偏差	变异系数 / %
烟碱	1.72 ~ 5.46	3.40	3.00	0.62	1.11	32.66
焦油	7.83 ~ 25.12	18.55	19.41	−0.97	4.65	25.08
NNK	3.37 ~ 62.59	23.49	19.95	1.04	13.91	59.21
NAT	32.48 ~ 555.11	148.71	98.54	1.60	130.14	87.52
NNN	14.84 ~ 422.71	102.37	60.56	1.84	101.92	99.56
NAB	2.47 ~ 77.13	21.57	15.43	1.57	18.00	83.45
TSNAs 总量	56.46 ~ 1117.55	296.14	180.54	1.72	259.89	87.76

注：含量范围、平均值、中位数、标准偏差的单位：烟碱和焦油为 mg/cig，TSNAs 为 ng/cig。

五、山东晒红烟主流烟气中焦油、烟碱及 4 种 TSNAs 释放情况

以山东临沂沂南、蒙阴和沂水等地区收集到的 23 个晒红烟样品为原料制作成无嘴卷烟（每支卷烟 0.8 g），考察主流烟气中焦油、烟碱及 4 种 TSNAs 的释放量，检测结果见表 3.7.5。山东晒红烟主流烟气中焦油含量分布在 17.72 ~ 28.66 mg/cig，平均含量为 23.49 mg/cig，而主流烟气中烟碱释放量分布在 2.42 ~ 8.28 mg/cig，平均含量为 5.72 mg/cig。山东 TSNAs 总释放量平均为 1686.65 ng/cig，释放量分布在 387.54 ~ 5090.61 ng/cig。4 种 TSNAs 中 NAT 释放量最高，平均释放量为 848.50 ng/cig，释放量分布在 233.13 ~ 1638.26 ng/cig，占总 TSNAs 释放量的 50.3%；其次为 NNN，平均释放量为 518.73 ng/cig，释放量分布在 77.36 ~ 2084.67 ng/cig，占总 TSNAs 的 30.8%；NNK 平均释放量为 182.43 ng/cig，释放量分布在 37.39 ~ 1486.82 ng/cig，占总 TSNAs 释放量的 10.8%；NAB 释放量最低平均释放量为 136.98 ng/cig，释放量分布在 30.13 ~ 330.26 ng/cig，占总 TSNAs 释放量的 8.1%。

表 3.7.5　江西晒红烟主流烟气中焦油、烟碱及 4 种 TSNAs 释放量

组分	含量范围	平均值	中位数	偏度系数	标准偏差	变异系数 / %
烟碱	2.42 ~ 8.28	5.74	6.10	1.74	1.74	30.36
焦油	17.72 ~ 28.66	23.49	23.71	3.19	3.19	13.58
NNK	37.39 ~ 1486.82	182.43	99.47	3.81	310.92	170.43
NAT	233.13 ~ 1638.26	848.50	740.41	0.35	417.91	49.25
NNN	77.36 ~ 2084.67	518.73	296.57	1.81	507.44	97.82
NAB	30.13 ~ 330.26	136.98	95.13	0.82	92.95	67.85
TSNAs 总量	387.54 ~ 5090.61	1686.65	1252.27	1.34	1147.71	68.05

注：含量范围、平均值、中位数、标准偏差的单位：烟碱和焦油为 mg/cig，TSNAs 为 ng/cig。

六、江西晒红烟主流烟气中焦油、烟碱及 4 种 TSNAs 释放情况

以从江西赣州和抚州等地区收集到的 10 个晒红烟样品为原料制作成无嘴卷烟（每支卷烟 0.8g），考察主流烟气中焦油、烟碱及 4 种 TSNAs 的释放量，检测结果见表 3.7.6。江西晒红烟主流烟气中焦油量分布在 13.09 ～ 21.28 mg/cig，平均量为 16.67 mg/cig，而主流烟气中烟碱释放量分布在 1.03 ～ 7.03 mg/cig，平均含量为 3.38 mg/cig。江西 TSNAs 总释放量平均为 2155.44 ng/cig，释放量分布在 836.06 ～ 4380.28 ng/cig。4 种 TSNAs 中 NNN 释放量最高，平均释放量为 892.65 ng/cig，释放量分布在 402.72 ～ 1487.73 ng/cig，占总 TSNAs 释放量的 41.4%；其次为 NAT，平均释放量为 774.16 ng/cig，释放量分布在 180.35 ～ 1627.47 ng/cig，占总 TSNAs 的 35.9%；NNK 平均释放量为 297.95 ng/cig，释放量分布在 53.61 ～ 471.18 ng/cig，占总 TSNAs 释放量的 13.8%；NAB 释放量最低平均释放量为 190.68 ng/cig，释放量分布在 82.29 ～ 353.73 ng/cig，占总 TSNAs 释放量的 8.8%。

表 3.7.6　江西晒红烟主流烟气中焦油、烟碱及 4 种 TSNAs 释放量

组分	含量范围	平均值	中位数	偏度系数	标准偏差	变异系数 / %
烟碱	1.03 ～ 7.03	3.38	2.80	2.14	2.14	63.40
焦油	13.09 ～ 21.28	16.67	16.44	2.76	2.76	16.58
NNK	53.61 ～ 471.18	297.95	295.24	−0.07	137.61	46.19
NAT	180.35 ～ 1627.47	774.16	514.29	1.45	594.72	76.82
NNN	402.72 ～ 1487.73	892.65	762.92	0.88	361.96	40.55
NAB	82.29 ～ 353.73	190.68	165.21	0.71	94.59	49.61
TSNAs 总量	836.06 ～ 4380.28	2155.44	1778.95	1.25	1091.98	50.66

注：含量范围、平均值、中位数、标准偏差的单位：烟碱和焦油为 mg/cig，TSNAs 为 ng/cig。

七、陕西晒红烟主流烟气中焦油、烟碱及 4 种 TSNAs 释放情况

以从陕西咸阳和汉中等地区收集到的 4 个晒红烟样品为原料制作成无嘴卷烟（每支卷烟 0.8 g），考察主流烟气中焦油、烟碱及 4 种 TSNAs 的释放量，检测结果见表 3.7.7。陕西晒红烟主流烟气中焦油量分布在 18.63 ～ 22.61 mg/cig，平均量为 20.35 mg/cig，而主流烟气中烟碱释放量分布在 1.82 ～ 5.96 mg/cig，平均含量为 3.81 mg/cig。陕西 TSNAs 总释放量平均为 1103.95 ng/cig，释放量分布在 426.15 ～ 2281.68 ng/cig。4 种 TSNAs 中 NAT 释放量最高，平均释放量为 532.32 ng/cig，释放量分布在 213.02 ～ 1228.93 ng/cig，占总 TSNAs 释放量的 48.2%；其次为 NNN，平均释放量为 397.81 ng/cig，释放量分布在 235.63 ～ 651.33 ng/cig，占总 TSNAs 的 36.0%；NNK 平均释放量为 98.74 ng/cig，释放量分布在 19.54 ～ 254.22 ng/cig，占总 TSNAs 释放量的 8.9%；NAB 释放量最低平均释放量为 75.09 ng/cig，释放量分布在 24.46 ～ 147.19 ng/cig，占总 TSNAs 释放量的 6.8%。

表 3.7.7　陕西晒红烟主流烟气中焦油、烟碱及 4 种 TSNAs 释放量

组分	含量范围	平均值	中位数	偏度系数	标准偏差	变异系数 / %
烟碱	1.82 ～ 5.96	3.81	3.73	0.11	1.98	52.06
焦油	18.63 ～ 22.61	20.35	20.08	0.28	2.00	9.83

组分	含量范围	平均值	中位数	偏度系数	标准偏差	变异系数 / %
NNK	19.54 ～ 254.22	98.74	60.59	1.41	110.04	111.45
NAT	213.02 ～ 1228.93	532.32	376.91	1.36	495.36	93.06
NNN	235.63 ～ 651.33	397.81	352.14	1.10	185.91	46.73
NAB	24.46 ～ 147.19	75.09	64.34	0.63	57.51	76.59
TSNAs 总量	426.15 ～ 2281.68	1103.95	853.98	1.27	846.92	76.72

注：含量范围、平均值、中位数、标准偏差的单位：烟碱和焦油为 mg/cig，TSNAs 为 ng/cig。

八、浙江晒红烟主流烟气中焦油、烟碱及 4 种 TSNAs 释放情况

以从浙江嘉兴和丽水等地区收集到的 6 个晒红烟样品为原料制作成无嘴卷烟（每支卷烟 0.8 g），考察主流烟气中焦油、烟碱及 4 种 TSNAs 的释放量，检测结果见表 3.7.8。浙江晒红烟主流烟气中焦油量分布在 16.65 ～ 25.09 mg/cig，平均量为 20.38 mg/cig，而主流烟气中烟碱释放量分布在 3.44 ～ 6.72 mg/cig，平均释放量为 5.34 mg/cig。浙江 TSNAs 总释放量平均为 3554.14 ng/cig，释放量分布在 1494.97 ～ 5040.90 ng/cig。4 种 TSNAs 中 NAT 释放量最高，平均释放量为 1718.03 ng/cig，释放量分布在 736.22 ～ 2440.08 ng/cig，占总 TSNAs 释放量的 48.3%；其次为 NNN，平均释放量为 1297.72 ng/cig，释放量分布在 538.31 ～ 1983.81 ng/cig，占总 TSNAs 的 36.5%；NAB 平均释放量为 299.21 ng/cig，释放量分布在 106.85 ～ 452.60 ng/cig，占总 TSNAs 释放量的 8.4%；NNK 释放量最低平均释放量为 239.18 ng/cig，释放量分布在 113.59 ～ 533.65 ng/cig，占总 TSNAs 释放量的 6.7%。

表 3.7.8　浙江晒红烟主流烟气中焦油、烟碱及 4 种 TSNAs 释放量

组分	含量范围	平均值	中位数	偏度系数	标准偏差	变异系数 / %
烟碱	3.44 ～ 6.72	5.34	5.46	−0.57	1.22	22.89
焦油	16.65 ～ 25.09	20.38	20.57	0.16	3.36	16.47
NNK	113.59 ～ 533.65	239.18	187.72	1.91	152.43	63.73
NAT	736.22 ～ 2440.08	1718.03	1842.92	−0.61	632.87	36.84
NNN	538.31 ～ 1983.81	1297.72	1291.13	−0.07	568.27	43.79
NAB	106.85 ～ 452.60	299.21	286.09	−0.12	140.23	46.87
TSNAs 总量	1494.97 ～ 5040.90	3554.14	3792.48	−0.66	1320.59	37.16

注：含量范围、平均值、中位数、标准偏差的单位：烟碱和焦油为 mg/cig，TSNAs 为 ng/cig。

九、黑龙江晒红烟主流烟气中焦油、烟碱及 4 种 TSNAs 释放情况

以从黑龙江牡丹江林口、穆棱和汤原等地区收集到的 4 个晒红烟样品为原料制作成无嘴卷烟（每支卷烟 0.8 g），考察主流烟气中焦油、烟碱及 4 种 TSNAs 的释放量，检测结果见表 3.7.9。黑龙江晒红烟主流烟气中焦油量分布在 14.09 ～ 24.16 mg/cig，平均量为 17.78 mg/cig，而主流烟气中烟碱释放量分布在 1.93 ～ 3.54 mg/cig，平均含量为 5.34 mg/cig。黑龙江 TSNAs 总释放放量平均为 997.29 ng/cig，释放量分布在 267.77 ～ 1714.20 ng/cig。4 种 TSNAs 中 NAT 释放量最高，平均释放量为 476.81 ng/cig，释放量分布在 158.83 ～ 837.54 ng/cig，占总 TSNAs 释放量的 47.8%；其次为 NNN，平均释放量为 322.18 ng/cig，释放量分布在 52.64 ～ 515.15 ng/cig，占总 TSNAs 的 32.3%；NNK 平均释放量为 125.05 ng/cig，释放量分布在

39.49 ～ 270.20 ng/cig，占总 TSNAs 释放量的 12.5%；NAB 释放量最低平均释放量为 73.25 ng/cig，释放量分布在 16.81 ～ 101.65 ng/cig，占总 TSNAs 释放量的 7.3%。

表 3.7.9　黑龙江晒红烟主流烟气中焦油、烟碱及 4 种 TSNAs 释放量

组分	含量范围	平均值	中位数	偏度系数	标准偏差	变异系数 / %
烟碱	1.93 ～ 5.47	3.54	3.39	0.19	1.77	49.84
焦油	14.09 ～ 24.16	17.78	18.59	−0.30	6.98	39.25
NNK	39.49 ～ 270.20	125.05	95.26	1.10	64.70	51.74
NAT	158.83 ～ 837.54	476.81	455.43	0.32	269.14	56.45
NNN	52.64 ～ 515.15	322.18	360.47	−0.88	198.50	61.61
NAB	16.81 ～ 101.65	73.25	87.47	−1.79	47.96	65.47
TSNAs 总量	267.77 ～ 1714.20	997.29	1003.60	−0.06	577.65	57.92

注：含量范围、平均值、中位数、标准偏差的单位：烟碱和焦油为 mg/cig，TSNAs 为 ng/cig。

十、内蒙古晒红烟主流烟气 TSNAs 释放情况

以从内蒙古赤峰收集到的 2 个晒红烟样品为原料制作成无嘴卷烟（每支卷烟 0.8 g），考察主流烟气中 TSNAs 的释放量，NAT 平均含量为 1775.21 ng/cig，占总 TSNAs 的 59.3%；NNN 平均含量为 565.15 ng/cig，占总 TSNAs 的 31.8%；NNK 平均含量为 44.59 ng/cig，占总 TSNAs 的 2.5%；NAB 平均含量为 113.62 ng/cig，占总 TSNAs 的 6.4%。

十一、不同产区晒红烟主流烟气烟碱、焦油及 4 种 TSNAs 释放量比较

对不同产区晒红烟主流烟气中焦油、烟碱及 4 种 TSNAs 的平均释放量进行对比分析，结果详见表 3.7.10。

表 3.7.10　不同产区晒红烟主流烟气焦油、烟碱及 4 种 TSNAs 释放量比较

	烟碱	焦油	NNK	NAT	NNN	NAB	TSNAs 总量
四川	2.34	16.46	126.23	874.02	505.47	119.54	1625.26
吉林	3.99	19.03	51.43	238.91	135.22	27.76	453.33
江西	3.38	16.67	297.95	774.16	892.65	190.68	2155.44
湖南	4.50	19.97	34.23	308.40	211.03	46.18	599.84
贵州	3.40	18.55	23.49	148.71	102.37	21.57	296.14
山东	5.74	23.49	182.43	848.50	518.73	136.98	1686.65
陕西	3.81	20.35	98.74	532.32	397.81	75.09	1103.95
浙江	5.34	20.38	239.18	1718.03	1297.72	299.21	3554.14
黑龙江	3.54	17.78	125.05	476.81	322.18	73.25	997.29
内蒙古	—	—	44.59	1051.85	565.15	113.62	1775.21
平均值	4.01	19.19	122.33	697.17	494.83	110.39	1424.72
标准偏差	0.99	2.06	92.67	467.35	366.91	84.57	970.87
变异系数 / %	24.70	10.72	75.75	67.04	74.15	76.61	68.14

注：不同产区释放量、平均值、标准偏差的单位：烟碱和集油为 mg/cig，TSNAS 为 ng/cig。

由表 3.7.10 可知，10 个晒红烟产区主流烟气中焦油释放量分布在 16.46 ～ 23.49 mg/cig，平均含量为 19.19 mg/cig。其中，四川产区样品主流烟气焦油量最低，山东产区样品的焦油量最高，不同产区主流烟气中焦油量从低到高顺序为四川＜江西＜黑龙江＜贵州＜吉林＜湖南＜陕西＜浙江＜山东。10 个晒红烟产区主流烟气中烟碱释放量分布在 2.34 ～ 5.74 mg/cig，平均含量为 4.01 mg/cig。其中，贵州产区样品主流烟气烟碱的释放量最低，浙江产区样品的烟碱释放量最高，不同产区主流烟气中烟碱释放量从低到高顺序为贵州＜黑龙江＜湖南＜吉林＜江西＜山东＜陕西＜四川＜浙江。不同产区晒红烟主流烟气中 4 种 TSNAs 释放量存在显著差异，变异系数在 67.04% ～ 76.61%。4 种 TSNAs 中 NAT 和 NNN 的释放量较高，这两种 TSNAs 占 TSNAs 总量的 83.7%，4 种 TSNAs 释放量由高到低的排列顺序均为 NAT>NNN>NNK>NAB。10 个晒红烟产区 NNK 释放量分布在 23.49 ～ 297.95 ng/cig，平均含量为 122.33 ng/cig。其中，贵州产区样品主流烟气 NNK 的释放量最低，江西产区样品的 NNK 释放量最高，不同产区主流烟气中 NNK 释放量从低到高顺序为贵州＜湖南＜内蒙古＜吉林＜陕西＜黑龙江＜四川＜山东＜浙江＜江西。10 个晒红烟产区主流烟气中 NAT 的释放量分布在 148.71 ～ 1718.03 ng/cig，平均含量为 697.17 ng/cig。其中，贵州产区样品主流烟气中 NAT 的释放量最低，浙江产区样品的主流烟气中 NAT 的释放量最高，不同产区 NAT 释放量从低到高顺序为贵州＜吉林＜湖南＜黑龙江＜陕西＜江西＜山东＜四川＜内蒙古＜浙江。10 个晒红烟产区主流烟气中 NNN 的释放量分布在 102.37 ～ 1297.72 ng/cig，平均释放量为 494.83 ng/cig。其中，贵州产区主流烟气中 NNN 的释放量最低，浙江产区主流烟气中 NNN 的释放量最高，不同产区 NNN 释放量从低到高顺序为贵州＜吉林＜湖南＜黑龙江＜陕西＜四川＜山东＜内蒙古＜江西＜浙江。10 个晒红烟产区主流烟气中 NAB 释放量分布在 21.57 ～ 299.21 ng/cig，平均释放量为 110.39 ng/cig。其中，贵州产区样品主流烟气中 NAB 的释放量最低，浙江产区样品主流烟气中 NAB 的释放量最高，不同产区 NAB 释放量从低到高顺序为贵州＜吉林＜湖南＜黑龙江＜陕西＜内蒙古＜四川＜山东＜江西＜浙江。10 个晒红烟产区主流烟气 TNSAs 总释放量分布在 296.14 ～ 3554.14 ng/cig，平均释放量为 1424.72 ng/cig。其中，贵州产区样品主流烟气中 TNSAs 总释放量最低，浙江产区样品主流烟气中 TNSAs 总释放量最高，不同产区 TNSAs 总释放量从低到高顺序为贵州＜吉林＜湖南＜黑龙江＜陕西＜四川＜山东＜内蒙古＜江西＜浙江。

第八节　国产晒红烟感官质量评价

参照标准 YC/T 138—1998 建立了单料烟评吸质量指标及评分标准。根据制定的标准，由国农业科学院烟草研究所 10 人组成评吸小组，分别对香型风格、香型程度、劲头和使用价值进行评价并对香气质（15 分）、香气量（25 分）、浓度（10 分）、余味（20 分）、杂气（10 分）、刺激性（10 分）、燃烧性（5 分）和灰色（5 分）共 8 个单项指标进行打分，各评委分别打分，然后取平均值。

一、四川单料烟感官质量评价

对从四川成都、达州和德阳等地区收集到的 12 个晒红烟样品进行单料烟感官质量评价。样品香型风格中 50.0% 的样品有晒红烟香气特征，33.3% 的样品有似白肋香气特征，16.7% 的样品有调味香气特征。50.0% 的样品香型程度较显著，其余 50.0% 的样品有香型特征。66.7% 的样品劲头较大，其余 33.3% 的样品劲头适中。香气质等 8 个评价项目评分情况见表 3.8.1，从表中可看出 8 个评价项目得分差异不大（相对标准偏差 1.30% ～ 4.45%），总得分范围为 71.60 ～ 77.20，平均得分为 74.40。质量档次较好的占 33.3%，其余质量档次为中等，可应用于混合型、混烤型和雪茄型卷烟及雪茄。

表 3.8.1　四川单料烟感官质量评价表

评价项目	得分范围	平均得分	标准偏差	相对标准偏差 / %
香气质	10.50 ～ 11.58	11.11	0.32	2.92
香气量	19.21 ～ 20.42	19.90	0.38	1.92
浓度	7.17 ～ 7.50	7.37	0.11	1.43
余味	14.93 ～ 20.50	15.62	0.38	2.43
杂气	6.50 ～ 7.50	6.93	0.31	4.45
刺激性	6.71 ～ 7.42	7.01	0.23	3.22
燃烧性	3.33 ～ 3.50	3.41	0.07	2.08
灰色	3.00 ～ 3.08	3.03	0.04	1.30
总得分	71.60 ～ 77.20	74.40	1.63	2.19

二、吉林单料烟感官质量评价

以吉林蛟河和延边等地区收集到的 22 个晒红烟样品进行单料烟感官质量评价。样品香型风格中 27.3% 的样品有晒红烟香气特征，72.7% 的样品有调味香气特征。63.6% 的样品香型程度较显著，其余 36.4% 的样品有香型特征。63.6% 的样品劲头较大，其余 36.4% 的样品劲头适中。香气质等 8 个评价项目评分情况见表 3.8.2，从表中可看出 8 个评价项目得分差异不大（相对标准偏差 1.60% ～ 6.26%），总得分范围为 72.2 ～ 76.7，平均得分为 74.4。质量档次较好的占 45.5%，其余质量档次为中等，可应用于混合型、混烤型和雪茄型卷烟及雪茄。

表 3.8.2　吉林单料烟感官质量评价表

评价项目	得分范围	平均得分	标准偏差	相对标准偏差 / %
香气质	10.88 ～ 11.57	11.19	0.21	1.89
香气量	18.30 ～ 20.25	19.60	0.54	2.75
浓度	7.00 ～ 7.57	7.29	0.15	2.09
余味	15.38 ～ 16.25	15.92	0.26	1.63
杂气	6.64 ～ 7.50	7.04	0.26	3.74
刺激性	6.63 ～ 7.30	7.07	0.19	2.74
燃烧性	3.00 ～ 3.50	3.25	0.20	6.26
灰色	3.00 ～ 3.20	3.03	0.06	2.08
总得分	72.2 ～ 76.7	74.40	1.19	1.60

三、湖南单料烟感官质量评价

以湖南怀化市和湘西土家族苗族自治州等地区收集到的 29 个晒红烟样品进行单料烟感官质量评价。样品香型风格中 48.3% 的样品有晒红烟香气特征，48.3% 的样品有调味香气特征，3.4% 的样品有亚雪茄香气特征。44.8%的样品香型程度较显著，其余55.2%的样品有香型特征。55.2%的样品劲头较大，其余44.8%的样品劲头适中。香气质等8个评价项目评分情况见表3.8.3，从表中可看出8个评价项目得分差异不大（相对标准偏差2.4%～10.2%），总得分范围为68.7～76.6，平均得分为73.5。质量档次较好的占24.1%，其余质量档次为中等，可应用于混合型、混烤型和雪茄型卷烟及雪茄。

表3.8.3 湖南单料烟感官质量评价表

评价项目	得分范围	平均得分	标准偏差	相对标准偏差 / %
香气质	10.4～11.8	11.1	0.3	3.1
香气量	18.3～20.1	19.4	0.5	2.7
浓度	7.0～7.6	7.3	0.2	2.4
余味	14.9～16.6	15.8	0.4	2.4
杂气	6.3～7.4	7.0	0.3	3.8
刺激性	6.6～7.4	7.0	0.2	2.7
燃烧性	2.5～3.5	3.1	0.3	10.2
灰色	2.3～3.1	2.8	0.3	10.1
总得分	68.7～76.6	73.5	2.0	2.7

四、贵州单料烟感官质量评价

以贵州铜仁市、黔西南布依族苗族自治州、黔东南苗族侗族自治州和黔南布依族苗族自治州等地区收集到的29个晒红烟样品进行单料烟感官质量评价。样品香型风格中62.1%的样品有晒红烟香气特征，34.5%的样品有调味香气特征，3.4%的样品有亚雪茄香气特征。41.4%的样品香型程度较显著，其余58.6%的样品有香型特征。44.8%的样品劲头较大，其余55.2%的样品劲头适中。香气质等8个评价项目评分情况见表3.8.4，从表中可看出8个评价项目得分差异不大（相对标准偏差2.0%～5.8%），总得分范围为69.2～76.1，平均得分为74.2。质量档次较好的占37.9%，其余质量档次为中等，可应用于混合型、混烤型和雪茄型卷烟及雪茄。

表3.8.4 贵州单料烟感官质量评价表

评价项目	得分范围	平均得分	标准偏差	相对标准偏差 / %
香气质	10.3～11.6	11.2	0.3	2.9
香气量	17.5～20.1	19.5	0.6	2.9
浓度	6.7～7.5	7.3	0.2	2.8
余味	15.1～16.4	15.7	0.3	2.0
杂气	6.5～7.4	7.1	0.2	3.0
刺激性	6.9～7.4	7.2	0.2	2.4
燃烧性	2.9～3.4	3.2	0.2	5.8
灰色	2.5～3.1	2.9	0.2	5.2
总得分	69.2～76.1	74.2	1.6	2.2

五、山东单料烟感官质量评价

以山东临沂沂南、蒙阴和沂水等地区收集到的 23 个晒红烟样品进行单料烟感官质量评价。样品香型风格中 82.6% 的样品有晒红烟香气特征，8.7% 的样品有调味香气特征，8.7% 的样品有似白肋香气特征。43.5% 的样品香型程度较显著，其余 56.5% 的样品有香型特征。56.5% 的样品劲头较大，其余 43.5% 的样品劲头适中。香气质等 8 个评价项目评分情况见表 3.8.5，从表中可看出 8 个评价项目得分差异不大（相对标准偏差 1.8% ～ 9.2%），总得分范围为 70.8 ～ 75.8，平均得分为 73.1。质量档次较好的占 13.0%，其余质量档次为中等，可应用于混合型、混烤型和雪茄型卷烟及雪茄。

表 3.8.5　山东单料烟感官质量评价表

评价项目	得分范围	平均得分	标准偏差	相对标准偏差 / %
香气质	10.5 ～ 11.3	10.9	0.2	2.1
香气量	18.2 ～ 20.2	19.3	0.5	2.8
浓度	7.1 ～ 7.7	7.4	0.2	2.3
余味	15.1 ～ 16.0	15.5	0.3	1.8
杂气	6.6 ～ 7.4	6.9	0.2	3.2
刺激性	6.8 ～ 7.6	7.1	0.2	2.9
燃烧性	2.4 ～ 3.3	3.0	0.3	8.8
灰色	2.4 ～ 3.3	3.0	0.3	9.2
总得分	70.8 ～ 75.8	73.1	1.4	1.9

六、江西单料烟感官质量评价

以从江西赣州和抚州等地区收集到的 10 个晒红烟样品进行单料烟感官质量评价。所评价样品均为晒红烟香气特征。40% 的样品香型程度较显著，其余 60% 的样品有香型特征。60% 的样品劲头较大，其余 40% 的样品劲头适中。香气质等 8 个评价项目评分情况见表 3.8.6，从表中可看出 8 个评价项目得分差异不大（相对标准偏差 1.3% ～ 6.7%），总得分范围为 71.2 ～ 74.5，平均得分为 72.9。样品质量档次均为中等，可应用于混合型和雪茄型卷烟及雪茄。

表 3.8.6　江西单料烟感官质量评价表

评价项目	得分范围	平均得分	标准偏差	相对标准偏差 / %
香气质	10.5 ～ 11.3	10.9	0.2	2.1
香气量	18.9 ～ 19.9	19.4	0.3	1.5
浓度	7.1 ～ 7.8	7.3	0.2	3.3
余味	15.1 ～ 15.9	15.5	0.3	1.9
杂气	6.3 ～ 6.9	6.6	0.2	3.6
刺激性	6.3 ～ 6.9	6.7	0.3	4.2
燃烧性	3.0 ～ 3.6	3.4	0.2	6.7
灰色	2.9 ～ 3.0	3.0	0.0	1.3
总得分	71.2 ～ 74.5	72.9	1.1	1.5

七、陕西单料烟感官质量评价

以从陕西咸阳和汉中等地区收集到的 4 个晒红烟样品进行单料烟感官质量评价。所评价样品均为晒红烟香气特征。有 1 个样品有香型特征，其余 3 个样品微有香型特征。4 个样品劲头均适中。香气质等 8 个评价项目评分情况见表 3.8.7，从表中可看出 8 个评价项目得分差异不大（相对标准偏差 1.3% ～ 12.5%），总得分范围为 65.5 ～ 69.9，平均得分为 67.8。质量档次均为中等，4 个样品均无工业使用价值。

表 3.8.7　陕西单料烟感官质量评价表

评价项目	得分范围	平均得分	标准偏差	相对标准偏差 / %
香气质	9.3 ～ 10.1	9.7	0.3	3.4
香气量	17.7 ～ 18.5	18.2	0.3	1.9
浓度	6.5 ～ 6.8	6.7	0.1	2.1
余味	13.5 ～ 14.5	14.0	0.4	3.0
杂气	6.1 ～ 6.5	6.3	0.2	3.3
刺激性	7.4 ～ 7.6	7.5	0.1	1.3
燃烧性	2.5 ～ 3.0	2.8	0.3	10.5
灰色	2.4 ～ 3.0	2.7	0.3	12.8
总得分	65.5 ～ 69.9	67.8	1.8	2.7

八、浙江单料烟感官质量评价

以从浙江嘉兴和丽水等地区收集到的 6 个晒红烟样品进行单料烟感官质量评价。样品香型风格中 3 个样品有晒红烟香气特征，2 个样品有调味香气特征，1 个样品有似白肋香气特征。所以样品均有香型特征。2 个样品劲头较大，其余 4 个样品劲头适中。香气质等 8 个评价项目评分情况见表 3.8.8，从表中可看出 8 个评价项目得分差异不大（相对标准偏差 2.2% ～ 11.3%），总得分范围为 69.1 ～ 73.8，平均得分为 72.0。样品质量档次均为中等，可应用于混合型、混烤型和雪茄型卷烟及雪茄。

表 3.8.8　浙江单料烟感官质量评价表

评价项目	得分范围	平均得分	标准偏差	相对标准偏差 / %
香气质	10.2 ～ 10.9	10.6	0.3	2.6
香气量	18.6 ～ 19.9	19.2	0.4	2.2
浓度	6.9 ～ 7.3	7.2	0.2	2.6
余味	14.4 ～ 15.8	15.1	0.5	3.0
杂气	6.4 ～ 7.0	6.9	0.3	3.9
刺激性	7.1 ～ 7.5	7.3	0.2	2.6
燃烧性	2.8 ～ 3.0	2.9	0.1	2.8
灰色	2.5 ～ 3.2	2.8	0.3	11.3
总得分	69.1 ～ 73.8	72.0	1.7	2.4

九、黑龙江单料烟感官质量评价

以从黑龙江牡丹江林口、穆棱和汤原等地区收集到的 4 个晒红烟样品进行单料烟感官质量评价。样品香型风格中 2 个样品有晒红烟香气特征，2 个样品有调味香气特征。所以样品香型特征均较显著。有 1 个样品劲头较大，其余 3 个样品劲头适中。香气质等 8 个评价项目评分情况见表 3.8.9，从表中可看出 8 个评价项目得分差异不大（相对标准偏差 0.0% ～ 7.0%），总得分范围为 75.0 ～ 76.9，平均得分为 75.8。样品质量档次均较好，可应用于混合型、混烤型和雪茄型卷烟及雪茄。

表 3.8.9　黑龙江单料烟感官质量评价表

评价项目	得分范围	平均得分	标准偏差	相对标准偏差 / %
香气质	11.3 ～ 11.5	11.4	0.1	0.8
香气量	19.6 ～ 20.3	19.9	0.3	1.5
浓度	7.4 ～ 7.6	7.5	0.1	1.1
余味	16.0 ～ 16.3	16.2	0.1	0.8
杂气	7.0 ～ 7.3	7.2	0.2	2.1
刺激性	7.1 ～ 7.2	7.2	0.1	0.8
燃烧性	3.2 ～ 3.2	3.2	0.0	0.0
灰色	3.1 ～ 3.5	3.3	0.2	7.0
总得分	75.0 ～ 76.9	75.8	0.8	1.1

十、内蒙古单料烟感官质量评价

对内蒙古赤峰收集到的 2 个晒红烟样品进行单料烟感官质量评价。2 个样品均有晒红烟香气特征，香型特征均较显著，劲头适中。香气质等 8 个评价项目平均得分分别为香气质 10.9、香气量 18.8、浓度 7.1、余味 15.6、杂气 6.9、刺激性 7.0、燃烧性 3.0 和灰色 3.0，总得分为 72.4。样品质量档次均为中等，可应用于混合型和雪茄型卷烟及雪茄。

第四章

国产晾晒烟烟叶中化学成分的近红外快速测定方法及转移率研究

第一节　国产晾晒烟烟叶中化学成分近红外快速定量分析法

烟叶的化学成分影响了烟草的内在品质，其含量高低对评价烟叶用途至关重要。常用检测分析方法有流动分析法和离子色谱法等，其实验周期长，不能满足收购环节现场快速、准确、无损分析需求，近红外分析法成功解决了此问题。近红外光是指介于可见光与中红外光之间的电磁波，波长为 780～2526 nm（即 12 800～3959 cm^{-1}），其光谱包含物质 C—H，N—H，O—H 等基团基频振动的合频与倍频吸收信息。运用近红外光谱和化学计量学多元校正方法，可建立烟叶中化学成分的校正模型，通过建立的模型和待测样品的近红外光谱，实现对其化学成分的准确、快速定量分析，此技术已广泛应用于烟草行业。科研人员多侧重于研发烤烟烟叶中常规化学成分定量方法，在晾晒烟或微量化学成分方面却少有人涉足。上海烟草集团北京卷烟厂技术中心科研人员针对晒红烟、白肋烟和马里兰烟的烟叶特点与用途，成功研发了 3 种烟叶中的蛋白质、还原糖、总糖、总植物碱、总氮、氯和钾等常规化学成分的近红外快速准确定量分析方法外，还研发了白肋烟、马里兰烟中 4 种特有 N- 亚硝胺和游离氨基酸等微量成分近红外快速定量分析方法。

一、国产晒红烟常规化学成分近红外分析法

1. 实验部分

收集不同晒红烟产区的代表性烟叶样品 94 个，按照行业标准《YC/T 31—1996 烟草及烟草制品试样的制备和水分的测定　烘箱法》，在低温下烘干样品，并使用旋风磨研磨后过 40 目筛，供后续分析。采用一台带积分球附件的 MPA 光谱仪（Bruker Optics Inc., 德国）用于采集 94 个烟草样品的近红外光谱图。采用漫反射模式，波数范围为 11995～3498 cm^{-1}，间隔大约为 4 cm^{-1}，共 2204 个变量点。扫描次数为 64 次，测量温度保持在 25 ℃。图 4.1.1 为 94 个晒红烟的漫反射光谱图。

依次按照行业标准 YC/T 249—2008《烟草及烟草制

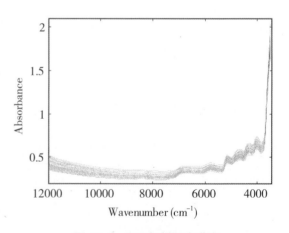

图 4.1.1　晒红烟样品光谱图

138

品　蛋白质的测定　连续流动法》测定蛋白质、YC/T 159—2002《烟草及烟草制品　水溶性糖的测定　连续流动法》测定总糖和还原糖、YC/T 160—2002《烟草及烟草制品　总植物碱的测定　连续流动法》测定总植物碱、YC/T 161—2002《烟草及烟草制品　总氮的测定　连续流动法》测定总氮、YC/T 162—2011《烟草及烟草制品　氯的测定　连续流动法》测定氯、YC/T 173—2003《烟草及烟草制品　钾的测定　火焰光度法》测定钾。94 个样品的化学成分含量见表 4.1.1。从表中看出，94 个样品化学成分差异很大，如还原糖、总糖、蛋白质，样品含量的极差大于 10 %，蛋白质、总氮和总植物碱含量较高，总糖和还原糖含量较低。

表 4.1.1　晒红烟样品化学成分含量统计表

	最小值 / %	最大值 / %	平均值 / %	标准偏差 / %
蛋白质	3.480	16.650	8.429	2.249
还原糖	0.040	10.200	2.075	2.351
总糖	0.250	11.300	2.712	2.479
总植物碱	1.910	9.300	5.019	1.438
总氮	2.440	5.420	3.749	0.604
钾	0.870	5.970	2.855	1.168
氯	0.090	2.730	0.711	0.654

2. 建模部分

使用 Kennard-Stone 方法将样品分为建模集、验证集两部分，分别包含样品 62 个和 32 个。使用连续小波变换结合标准归一化进行光谱预处理，小波基为 haar，尺度参数为 20。使用竞争性自适应权重取样法进行变量选择。使用偏最小二乘法建立校正模型，方法因子数采用蒙特卡洛交叉验证法确定。用建模集样品建立校正模型建立后，计算预测集的预测均方根误差（RMSEP）。

$$RMSEP = \sqrt{\frac{\sum_{i=1}^{N}(y_i - \hat{y}_i)^2}{N}},$$

其中，N 表示建模样品个数，i 代表样品序号，y_i 代表第 i 个样品的预测值，$\hat{y}_i$ 是第 i 个样品的测量值。如果 y_i 和 $\hat{y}_i$ 为留一交叉验证（loocv）计算的建模集样品的预测值及测量值，通过上式可以计算出交叉验证均方根误差（RMSECV）。建模集交叉验证结果、验证集样品预测结果见图 4.1.2 ～图 4.1.8，从图中看出，验证集样品 7 个常规指标的预测值和测量值接近，模型预测效果较好。

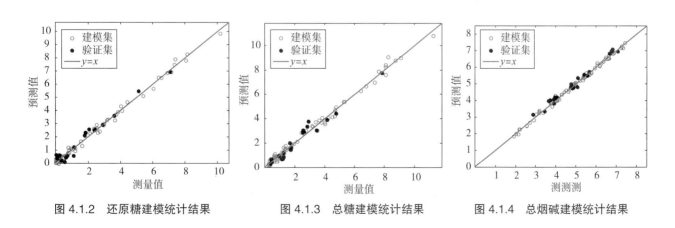

图 4.1.2　还原糖建模统计结果　　　　图 4.1.3　总糖建模统计结果　　　　图 4.1.4　总烟碱建模统计结果

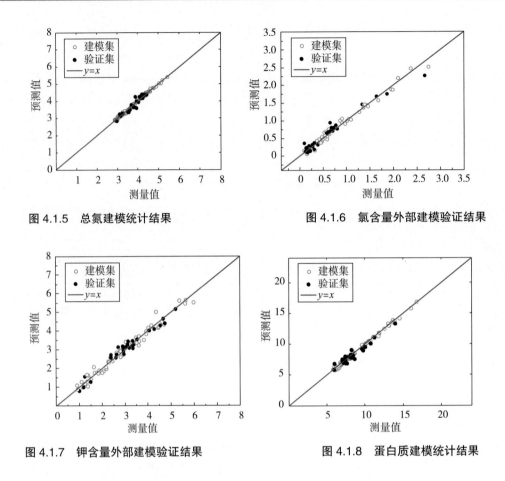

图 4.1.5　总氮建模统计结果　　　　　图 4.1.6　氯含量外部建模验证结果

图 4.1.7　钾含量外部建模验证结果　　　图 4.1.8　蛋白质建模统计结果

　　表 4.1.2 列出了校正集留一交叉验证测量值和预测值得相关系数、均方根误差，验证集样品测量值和预测值的相关系数、均方根误差。从表中看出，蛋白质、总氮、氯、钾等成分的验证集和校正集的均方根误差接近，其余指标验证集均方根误差大于验证集样品，可能由于样品量少，样品代表性较差的原因。模型的相关系数均大于 0.93，均方根误差均较小。还原糖、钾的模型优于其余指标。通过表 4.1.2 表明晒红烟常规化学成分近红外模型较好，可以用于晒红烟常规化学成分的快速分析。

表 4.1.2　晒红烟建模结果统计表

	校正集相关系数	校正集均方根误差	验证集相关系数	验证集均方根误差
蛋白质	0.976	0.527	0.949	0.546
还原糖	0.981	0.421	0.975	0.611
总糖	0.985	0.399	0.959	0.796
总植物碱	0.979	0.298	0.942	0.467
总氮	0.982	0.123	0.951	0.143
氯	0.968	0.317	0.933	0.342
钾	0.982	0.134	0.975	0.114

二、国产白肋烟和马里兰烟烟叶中常规化学成分近红外快速定量分析方法

　　针对白肋烟和马里兰烟烟叶中的总烟碱、总氮含量高，总糖含量低的特点，科研人员研发了其总糖、总烟碱、总氮、钾和氯等含量近红外快速准确定量分析方法。

1. 实验部分

收集不同烟叶产地的白肋烟及马里兰烟代表性烟叶样品 340 个，按照书中前面的方法制样、扫描和化学分析等方法测定其化学成分。样品的化学成分分布见表4.1.3。对比表4.1.3 和4.1.1 可以看出马里兰、白肋烟和晒红烟一致，总植物碱、总氮含量都较高、总糖含量较低。

表 4.1.3　白肋烟及马里兰烟样品化学成分含量统计表

	最小值 / %	最大值 / %	平均值 / %	标准偏差 / %
总糖	0.020	1.110	0.438	0.257
总植物碱	0.790	7.839	3.739	1.439
总氮	1.690	5.622	3.873	0.700
氯	0.090	1.790	0.516	0.258
钾	1.400	5.490	3.573	0.682

2. 计算部分

使用 OPUS 软件中 QUANT 22 近红外定量分析软件包进行建模分析。按照样品序号把样品分为建模集、验证集。总糖、总烟碱、总氮、钾、氯建模集和验证集测量值和预测值之间的关系见图 4.1.9 ～图 4.1.13。

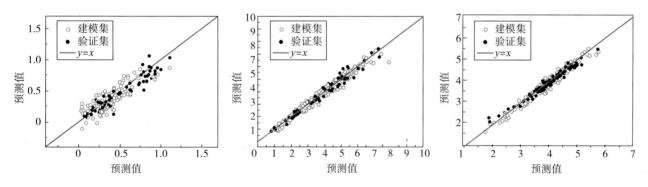

图 4.1.9　总糖测量值和预测值关系图　　图 4.1.10　总烟碱测量值和预测值关系图　　图 4.1.11　总氮测量值和预测值关系图

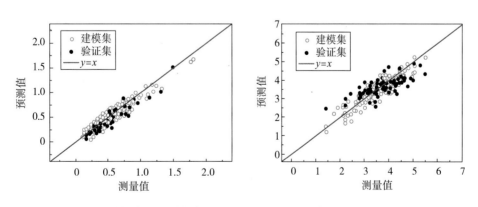

图 4.1.12　氯测量值和预测值关系图　　图 4.1.13　钾测量值和预测值关系图

表 4.1.4 列出了 OPUS 优化后，建模使用的预处理方法、校正集留一交叉验证均方根误差、验证集样品测量值和预测值的均方根误差。和表4.1.2 中各常规指标的平均值相比可以看出，模型的均方根误差较小，近红外漫反射法可以用于马里兰烟、白肋烟常规指标化学成分的快速分析。

表4.1.4 马里兰烟、白肋烟建模结果统计表

	预处理法	建模集均方根误差	验证集均方根误差
总糖	一阶导数（MSC）	0.117	0.107
总植物碱	一阶导数（MSC）	0.224	0.281
总氮	一阶导数	0.129	0.138
氯	SNV	0.085	0.125
钾	一阶导数（扣除直线背景）	0.301	0.507

三、国产白肋烟和马里兰烟烟叶中 N– 亚硝胺（TSNAs）近红外快速分析方法

烟草特有的 N– 亚硝胺类化合物（TSNAs）是潜在的致癌物。其中，N– 亚硝基降烟碱（NNN）、4–（甲基亚硝胺）–1–（3– 吡啶基）–1– 丁酮（NNK）、N– 亚硝基假木贼碱（NAB）和 N– 亚硝基新烟碱（NAT）是经常测定的 4 种，NNN 和 NNK 还被列为 Group 2B 类致癌物。白肋烟、马里兰烟叶中 N– 亚硝胺含量较高，是限制其应用的重要因素。现行的 N– 亚硝胺测定法有：同位素稀释串联质谱法、气相色谱串联质谱、液相色谱串联质谱法、气相色谱 – 热能分析仪、气相色谱 – 离子阱串联质谱法等。这些方法都需要复杂的前处理，如样品纯化、提取等步骤，分析时间长、难以满足工业快速分析需要。

烟叶中 TSNAs 含量很低，低于常规近红外方法的检测限，相关的近红外检测方法研究报道很少。近年来，用间接建模测定复杂体系中痕量元素的研究引起了广泛的关注。通过振动光谱，如近红外光谱技术，可以用于快速分析土壤、沉积物、食品等复杂体系中的痕量元素。烟叶中 TSNAs 与烟叶中氮含量密切相关，而烟叶含氮较高。通过 TSNAs 与高含氮量化合物的相关关系，可用近红外法对 TSNAs 进行测定。

1. 实验部分

按照 YC/T 31—1996《烟草及烟草制品试样的制备和水分的测定 烘箱法》准备了 118 个白肋烟、马里兰烟样品，通过超声萃取、层析、浓缩三步进入气相色谱热能分析仪分析。超声萃取液采用了 1 mL 的 5% 氢氧化钠溶液和 20 mL 二氯甲烷溶液，萃取时间为 30 min；层析柱长 300 mm，内径为 15 nm，用 15 g 碱性氧化铝和 2 g 无水硫酸钠填充，用二氯甲烷洗涤。将萃取液加入到层析柱中，用 5 mL × 3 二氯甲烷洗涤，不收集无水硫酸钠层以上液体，然后用 100 mL 的 8%（体积）甲醇 – 二氯甲烷混合溶液洗脱，收集洗脱液；加入 20 mL 内标（100 000 ng / mL 的 NNPA），高纯氮保护下浓缩至 1 mL，转移到色谱小瓶后检测。

所用仪器为 GC 3900 气相色谱（Varian，美国）和热电分析仪（Thermo Electron Corp.），色谱柱为 HP–50+（30 m × 0.53 mm × 1.00 μm，Agilent）。采用不分流进样方式，进样量为 2 mL，热能分析仪裂解温度为 500℃，接口温度为 240℃。进样口温度为 230℃，柱温初始为 150℃，保持 5 min 后以 2℃ /min 速度升至 178℃，然后以 5℃ / min 的速度升至 210℃，最后以 20℃ / min 的速度升至 250℃，并保持 8 min。

表 4.1.5 列出了 118 个样品的 NNN、NAT、NAB 及 NNK 统计值，表中还列出了这 4 种物质之和的统计值 TSNAs。可以看出，4 种 TSNAs 含量的差别较大，NNN 最高而 NAB 最低，二者浓度相差近 100 倍。为了进一步分析 4 种 TSNAs 的关系，考察了它们之间的相关系数，其中 NNN 与 NAT 为 0.868，NAT 与 NAB 为 0.943，NAB 与 NNK 为 0.852，说明 4 种 TSNAs 有较高的相关性。

表 4.1.5 样品的 NNN、NAT、NAB 和 NNK 的统计值及其加和 TSNAs 的统计值　　　单位：μg/g

	NNN	NAT	NAB	NNK	TSNAs
平均值	13.268	3.019	0.137	0.346	16.769
标准偏差	15.294	2.759	0.120	0.241	18.011

续表

	NNN	NAT	NAB	NNK	TSNAs
最小值	0.208	0.124	0.020	0.086	0.591
最大值	56.153	10.591	0.538	1.324	63.531

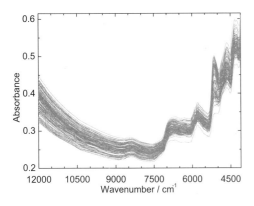

图 4.1.14　样品的漫反射光谱图

采用一台带积分球附件的 MPA 光谱仪（Bruker Optics Inc., 德国）用于测定 118 个烟草样品的近红外光谱图。采用漫反射模式，波数范围为 11 995 ~ 4100 cm^{-1}，间隔大约为 4 cm^{-1}，共 2048 个变量点。扫描次数为 64 次，测量温度保持在 25 ℃。图 4.1.14 为这 118 个样品的光谱图，可以看出 TSNAs 的漫反射光谱在 12 000 ~ 9000 cm^{-1} 有较大的背景干扰，在 7500 ~ 4100 cm^{-1} 有较多的吸收峰。

2. 计算部分

用 Kennard-Stone（KS）方法将 118 个样品分为了建模集和预测集两部分，分别包含 90 个样品和 28 个样品。建模方法采用了偏最小二乘回归方法，因子数用蒙特卡洛交叉验证（MCCV）确定，在建模之前对光谱进行了中心化处理。为了消除建模光谱中背景、噪声等干扰影响，建立校正模型前对光谱进行了预处理，采用的预处理方法包括多元散射校正（MSC）、标准归一化（SNV）、连续小波变换（CWT）、连续小波变换 – 多元散射校正（CWT-MSC）和连续小波变换 – 标准归一化（CWT-SNV）。为了消除无信息变量对模型的影响，在建立校正模型时进行了变量选择，采用的变量选择方法包括蒙特卡洛无信息变量消除法（MC-UVE）、随机检验法（RT）和竞争性自适应权重取样（CARS）。本章计算中连续变换的小波基是 Haar，尺度参数是 20；蒙特卡洛取样参数为 50%。用建模集样品建立校正模型建立后，计算预测集的预测均方根误差（RMSEP）。

3. 建模结果

用原始光谱和气相色谱 – 热能分析得到的 TSNAs 含量建立偏最小二乘回归模型。图 4.1.15 为留一交叉验证计算的 RMSECV 随因子数增加的变化图，可以看出 4 种 TSNAs 的 RMSECV 随因子数的增加先减小然后逐渐增大。按照 RMSECV 最小原则，NNN、NAT、NAB、NNK 和 TSNAs 的因子数分别确定为 5、5、5、6 和 5。

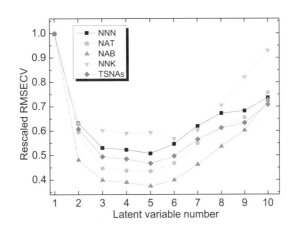

图 4.1.15　RMSECV 随因子数大小的变化图 [①]

---

① 为了便于比较对 RMSECV 值进行了归一化

表 4.1.6 列出了偏最小二乘回归计算的 5 种 TSNAs 预测结果。可以发现 4 种 TSNAs 的预测误差较大，和表 4.1.5 相比，部分 TSNAs 的 RMSECV 和样品的平均浓度值接近。

表 4.1.6　无光谱预处理、无变量选择时偏最小二乘回归方法结果

TSNA	LV ①	nVs ②	RMSECV	RMSEP
NNN	5	2048	9.875	11.849
NAT	5	2048	1.838	1.878
NAB	5	2048	0.076	0.082
NNK	6	2048	0.187	0.160
TSNAs	5	2048	11.380	13.129

① LV 表示 PLS 建模的因子数，也称为隐变量（latent variables）。
② nVs 表示建模变量个数（number of variables used）。

采用 MSC、SNV、CWT、CWT-MSC 及 CWT-SNV 对光谱进行了预处理，用于优化模型，消除建模光谱中背景、噪声和光散射等干扰的影响。图 4.1.16 为预处理方法对 5 个模型的影响。由于 5 个模型的参数值不在同一尺度，所以对 RMSECV 进行了归一化（除以原始光谱 RMSECV）。从图中可以看出，对 NAT 和 NAB，MSC 和 SNV 预处理后 RMSECV 反而升高，对 4 种 TSNAs 及其加和 CWT 处理后的结果都较优，这可能是小波变换不仅能用于扣除光谱背景，还可以进行噪声滤除，而 MSC 和 SNV 仅用于校正背景变动的原因。从图中可以看出 CWT-MSC 和 CWT-SNV 的 RMSECV 总是最小，说明通过 CWT 扣除背景、噪声后用 MSC 或 SNV 校正变动背景，模型的预测能力提高。由于 CWT-SNV 的 RMSECV 比 CWT-MSC 略小，所以采用 CWT-SNV 方法对光谱进行预处理较好。

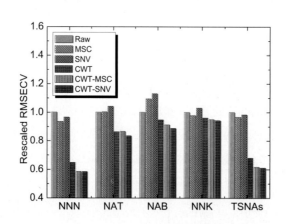

图 4.1.16　预处理方法对 TSNAS 的 RMSECV 的影响

变量选择可以用于提高模型预测能力，采用 MC-UVE、RT、CARS 3 种方法考察变量选择对 TSNAs 模型的影响。5 个模型选择的变量见图 4.1.17，从上到下依次为 NNN、NAT、NAB、NNK 和 TSNAs，并且每个模型的结果按照 MC-UVE、RT、CARS 的顺序列出。3 种方法选择的变量主要集中在 7750 cm⁻¹、6000 cm⁻¹、4500 cm⁻¹ 等低波数区域，但是也有一部分在 11 000 cm⁻¹ 等高波数区域。由于 12 000 ～ 7500 cm⁻¹ 高波数区域受变动背景影响严重，主要是背景信息，该区域的变量参与了建模，说明背景中也有可能包含有用信息。5 个模型中 MC-UVE 和 RT 选择的变量有一部分相同，RT 选择的变量稍多，CARS 选择的变量较少，模型较为精简。

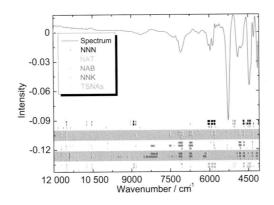

注：4 种 TSNAs 的结果按照 MC–UVE、RT、CARS 顺序从上到下依次排列。

图 4.1.17　MC–UVE、RT、CARS 选择的 NNN、NAT、NAB、NNK 和 TSNAs 的变量分布图

　　表 4.1.7 列出了变量选择后建模分析的结果。由于蒙特卡洛方法具有随机性，表中列出了 100 次独立运行计算结果的平均值及标准偏差。经过变量选择后，模型的因子数略有变化。说明经过预处理和变量选择后，模型的复杂度发生了变化。和图 4.1.17 的结论一致，表 4.1.7 中 MC–UVE 和 RT 的结果有较大的一致性，但是 RT 标准偏差略大。CARS 方法的 RMSECV 较小，RMSEP 与 MC–UVE 及 RT 无显著差异，但是标准偏差较大。从表中知，CARS 选择的变量较少但是波动较大，MC–UVE 和 RT 选择变量个数相似且都较多，但是波动较小。与表 4.1.5 和表 4.1.6 相比发现，经过光谱预处理和变量选择后，校正模型的预测结果有较大的提高。

表 4.1.7　用不同预处理方法计算得到的 5 种 TSNAs 模型的结果

Model/method	LV[①]	nVs[②]（σ[③]）	RMSECV（s）	RMSEP（s）
NNN				
MC–UVE		161（11）	5.380（0.037）	5.106（0.210）
RT	8	187（33）	5.408（0.033）	5.416（0.068）
CARS		62（31）	4.819（0.137）	5.461（0.422）
NAT				
MC–UVE		138（10）	1.211（0.008）	1.315（0.014）
RT	6	178（26）	1.243（0.009）	1.351（0.032）
CARS		33（22）	1.181（0.018）	1.475（0.050）
NAB				
MC–UVE		249（23）	0.054（0.002）	0.063（0.004）
RT	6	286（26）	0.055（0.000）	0.063（0.001）
CARS		35（19）	0.053（0.001）	0.064（0.004）
NNK				
MC–UVE		270（25）	0.150（0.001）	0.128（0.002）
RT	6	350（38）	0.149（0.002）	0.129（0.002）
CARS		52（38）	0.140（0.004）	0.124（0.006）

Model/method	LV①	nVs②（σ③）	RMSECV（s）	RMSEP（s）
		TSNAs		
MC–UVE		220（19）	6.297（0.043）	6.135（0.160）
RT	8	172（26）	6.340（0.046）	6.274（0.087）
CARS		52（32）	5.647（0.203）	6.338（0.492）

①LV 表示 PLS 建模的因子数，也称为隐变量（Latent variables）。

②nVs 表示建模变量个数（number of variables used）。

③s 为 100 次独立运算结果的标准偏差。

验证集的预测结果见表 4.1.6 和表 4.1.7。比较 RMSEP，经预处理和变量筛选后模型预测精度提高，且较为精简。不同方法的波动性（100 次独立运行结果之间的差异）可通过表中的标准偏差进行分析。图 4.1.18 显示了 NNN 的测量值和 MC–UVE 模型的预测值之间的关系。其中黑线为 $y=x$ 线，蓝线和灰线为最小二乘法拟合建模集样品、预测集样品的测量值和预测值得到的，误差线为 100 次独立运行的标准偏差。3 条线无较大的差异，多次运行结果差异不大，方法较为可靠。图 4.1.19 显示了 MC–UVE 计算 NNN 的预测残差与测量值之间的关系图，大部分样品的预测残差小于 10 μg/g，部分样品在 20 μg/g 左右。

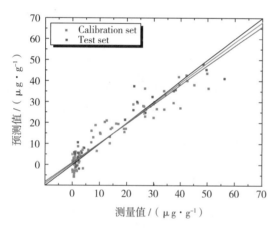

图 4.1.18　MC–UVE 计算得到的 NNN 的预测值与测量值之间的关系图

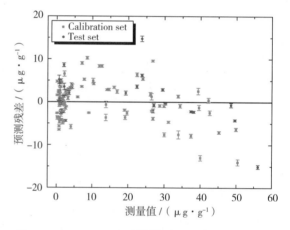

图 4.1.19　MC–UVE 计算得到的 NNN 的预测残差与测量值的关系图

为了进一步验证方法的适用性，用建立的模型预测最新收集的用相同方法处理的 20 个烟草样品，其结果列于表 4.1.8。这些样品的预测结果与表 4.1.5 在相同尺度，说明了近红外光谱分析方法的适用性较强。从表 4.1.5、表 4.1.7 和表 4.1.8 及图 4.1.19 知，部分样品的相对误差较大，甚至超过 100%，是实际样品的浓度范围过宽造成的。

表 4.1.8　新测样品的预测结果

Method	NNN	NAT	NAB	NNK	TSNAs
MCUVE	4.791	1.600	0.051	0.082	5.205
RT	5.462	1.699	0.063	0.088	6.976
CARS	6.024	1.508	0.049	0.120	8.078

4. 结论部分

直接使用近红外漫反射法结合化学计量学方法快速测定白肋烟、马里兰烟特有的 N- 亚硝胺类化合物不能得到较好的预测结果，MSC、SNV、CWT、CWT-MSC 及 CWT-SNV 方法中 CWT-SNV 和 CWT-MSC 可以用于减少光谱背景、噪声对模型的影响。研究发现，通过变量选择方法，如 MC-UVE、RT 和 CARS 等，可提高模型的预测能力，独立验证集样品的预测结果与使用气相色谱 – 热能分析方法的结果较为一致。另外，不同时间收获的烟草样品的结果也证实了通过光谱预处理及变量选择后模型的适用性增加。虽然部分样品的相对误差较大，但是方法的绝对偏差较小，可满足部分工业分析要求，具有一定的应用价值。

四、国产白肋烟和马里兰烟烟叶中游离氨基酸含量近红外分析方法

植物中的氨基酸是维持其生长、保证健康的必要营养物质，游离氨基酸是直接参与植物的各种生理化学反应。天冬酰胺酸是一种药物，可用于降血压、扩张支气管（平喘）、抗消化性溃疡及胃功能障碍。游离天冬酰胺酸是植物体内的重要的酰胺，其主要功能是氮的运输、储藏、含氮化合物合成的氮元素供应，天冬酰胺与蛋白质的分解代谢反应有关，可以作为碳源、氮源被利用。对植物中天冬酰胺酸的监测可用于植物生长、代谢等过程的分析。现行的氨基酸分析仪法，前处理复杂且需要很长的分析时间，无法对植物中游离天冬酰胺进行实时、快速地分析。天冬酰胺酸在白肋烟、马里兰烟烘焙过程参与美拉德反应。天冬酰胺含量高时，会与还原糖反应生成丙烯酰胺，危害人类健康；含量低时会产生焦糖香，其含量对卷烟品质有重要影响。

常用分析氨基酸的方法有氨基酸分析仪法、高效阴离子交换色谱 – 积分脉冲安培检测法、柱前衍生反相高效液相色谱法、气相色谱 – 质谱法和毛细管电泳法等。这些方法样品前处理耗时长、分析时间长，为实现白肋烟、马里兰烟中游离天冬酰胺酸的快速分析，上海烟草集团北京卷烟厂技术中心研究了其近红外分析方法。

1. 实验部分

共收集 222 个白肋烟、马里兰烟样品，其中有 178 个样品、44 个样品分别产于连续的两个年份。按照行业标准 YC/T 31—1996《烟草及烟草制品试样的制备和水分的测定　烘箱法》，在低温下烘干样品，并使用旋风磨研磨后过 40 目筛，密封保存，等待后续分析。

采用一台带积分球附件的 MPA 光谱仪（Bruker Optics Inc., 德国）用于测定样品的近红外光谱图。采用漫反射模式，波数范围为 11 995 ～ 3885 cm^{-1}，间隔大约为 4 cm^{-1}，共 2114 个变量点。扫描次数为 64 次，测量温度保持在 25℃。图 4.1.20 为 222 个样品的光谱图，从图中可以看出，样品在 5200 ～ 3885 cm^{-1} 有多个峰，12 000 ～ 8000 cm^{-1} 光谱峰少。采用 Kennard-Stone 法将第一年的 178 个样品分为建模集 119 个样品和验证集 59 个样品，分别用于建立多元校正模型和验证模型。第二年的 44 个样品作为预测集，用于测试模型。

按照标准 YC/T 282—2009《烟叶　游离氨基酸的测定　氨基酸分析仪法》进行游离氨基酸含量分析。称取约 0.500 g 粉末样品，置于 50 mL 的 0.005 mol/L 盐酸中，在室温下超声 30 min，离心后，取上层清液，过 0.22 μm 水相滤膜后，用氨基酸分析仪分析。使用标样峰面积单点定量法计算样品中天冬酰胺的含量（单点外标法）。图 4.1.21 为 52 种氨基酸标样的色谱图，套图中为天冬酰胺酸的响应图。

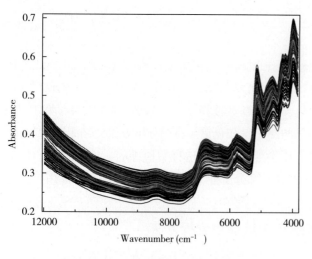

图 4.1.20　样品的近红外漫反射光谱图　　　　图 4.1.21　标样的氨基酸分析图

2. 计算部分

建模方法使用偏最小二乘回归法，模型因子数采用蒙特卡洛交叉验证法确定。在建立模型前，对数据进行了中心化处理。为减少光谱干扰对模型的影响，建立模型时采用了多元散射校正（MSC）、标准归一化（SNV）、SG 求导（1st derive）、连续小波变换（CWT）、连续小波变换 – 标准归一化（CWT-SNV）和连续小波变换 – 多元散射校正（CWT-MSC）等光谱预处理方法。为减轻冗余变量对模型的影响，采用无信息变量消除法（UVE）、竞争性自适应权重取样（CARS）和无信息变量消除 – 竞争性自适应权重取样法（UVE-CARS）等 3 种变量选择法。为降低随时间、仪器状态、样品等变化对光谱的影响，使用了斜率截距校正（SBS）方法。

3. 结果部分

表 4.1.9 列出了采用 6 种不同预处理方式，模型校正集样品留一交叉验证预测值和测量值之间的均方根误差、相关系数，用于讨论预处理方法对模型的影响。对比无预处理方法的结果可以看出，通过预处理方法可以降低模型的均方根误差，提高预测值对测量值的相关系数，通过比较选择了小波变换 – 标准归一化的预处理方式。

表 4.1.9　预处理方法对校正模型的影响

	LV	Rcv.	RMSECV
—	7	0.716	1.437
MSC	5	0.623	1.599
SNV	6	0.686	1.538
1st derive	7	0.888	0.929
CWT	7	0.888	0.927
CWT–SNV	6	0.8930	0.905
CWT–MSC	6	0.8925	0.907

表 4.1.10 列出了竞争性自适应权重取样法、无信息变量消除法、无信息变量消除 – 竞争性自适应权

重取样法校正集样品留一交叉验证的相关系数、均方根误差，用于比较预处理方法对结果的影响。对比均方根误差得出竞争性自适应权重取样方法具有较好的预测结果。表 4.1.10 也列出了验证集样品的相关系数和均方根误差。对比可以看出，竞争性自适应权重取样处理后的验证集预测均方根误差也为最小。图 4.1.22 为三种变量选择方法所选择的变量分布图。对比可以看出，三种变量都选择了 $5200 \sim 3800\text{cm}^{-1}$ 波段，该波段包含了 RCOOH、RNH_2 的近红外吸收区，印证了方法的科学性。无信息变量消除法在 $8300 \sim 5500\text{cm}^{-1}$ 选择了较多的变量，无信息变量消除法 – 竞争性自适应权重取样法在 $6500 \sim 5500\text{cm}^{-1}$ 有选择，三种方法在 $12000 \sim 10500\text{cm}^{-1}$ 有选择，其中竞争性自适应权重取样法选择变量较多。

表 4.1.10　变量选择方法对校正集和验证集样品的影响

	Rcv.	RMSECV	R	RMSEP
CARS	0.924（0.003）	0.770（0.015）	0.917（0.008）	0.788（0.034）
UVE	0.899（0.005）	0.882（0.021）	0.907（0.005）	0.835（0.024）
UVE–CARS	0.908（0.004）	0.845（0.020）	0.916（0.007）	0.798（0.031）

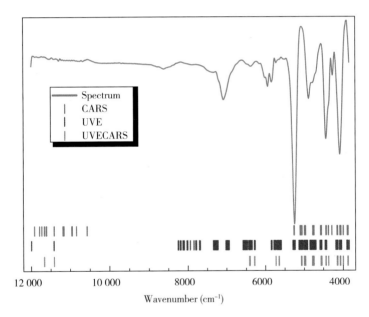

图 4.1.22　3 种变量选择方法选择变量对比图

　　图 4.1.23 为竞争性自适应权重取样验证集样品留一交叉验证和校正集样品的预测值和测量值的对比图。建模集样品留一交叉验证的绝对偏差最大为 1.930 mg/g，最小为 0.016 mg/g，中位值为 0.510 mg/g。验证集样品留意交叉验证的绝对偏差最大为 2.316 mg/g，最小为 0.013 mg/g，中位值为 0.430 mg/g。从结果知，模型的校正集交叉验证、验证集预测结果误差均较小，近红外方法的预测值与氨基酸分析仪测定值一致性较好。

　　图 4.1.24 为 44 个预测集样品和第一年 178 个样品的主成分分析得分图。从图中可以看出邻近两年的样品发生了较大的变化，其第一主成分分布具有较大的差异。图 4.1.25 实心圆显示了预测集样品的预测值与测量值之间的关系，从图中知，预测值大于测量值，虽有较大偏差，但预测值与测量值具有线性关系。

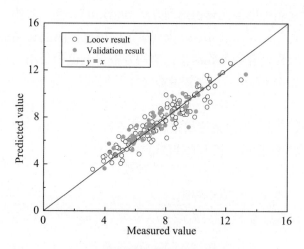

图 4.1.23　竞争性自适应权重取样验证集和校正集的预测值和测量值的对比图

虽然预测值与测量值具有较大偏差，但具有线性关系，可使用斜率截距校正法校正差异。使用斜率截距校正法对预测结果做了如下校正：（1）使用 Kennard–Stone 法从预测集选择 10 个样品作为标准样品，用于后续校正；（2）将上述 10 个样品天冬酰胺酸含量的氨基酸分析仪值设为 y_1；（3）近红外光谱校正模型预测这 10 个样品的天冬酰胺酸含量 y_2；（4）利用最小二乘法，计算 y_1 和 y_2 之间的拟合参数；（5）利用上述拟合参数校正其余近红外光谱的预测结果。斜率截距校正后的结果见图 4.1.25 空心圆圈所示结果。对比校正前结果发现，斜率截距校正后预测集样品的预测值与测量值一致性较好，模型仍然具有使用价值。

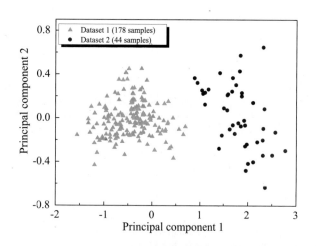

图 4.1.24　连续两年样品主成分分析图

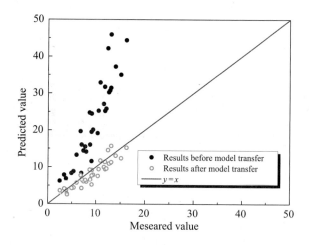

图 4.1.25　模型转移前后预测值和测量值关系图

4. 结论部分

近红外漫反射光谱法可以用于测定白肋烟、马里兰烟中的游离天冬酰胺酸。连续小波变换 - 标准归一化可以较好地减少光谱背景、噪声的影响，降低模型预测误差。无信息变量消除法、竞争性自适应取样法、无信息变量消除 - 竞争性自适应权重取样法都可减少干扰变量对模型的影响。3 种变量选择方法都选择了 $5200 \sim 3800 \ \mathrm{cm^{-1}}$ 波段，表明该波段对天冬酰胺酸校正模型具有重要影响。通过简单的斜率截距校正，天冬酰胺酸校正模型可用于不同年份样品的分析。通过对验证集、预测集样品的综合分析，表明近红外漫反射光谱法用于白肋烟、马里兰烟游离天冬酰胺酸的分析误差较小、分析速度较快，具有较好的应用前景。

第二节　国产白肋烟、马里兰烟和晒红烟单料烟主流烟气中烟碱和 TSNAs 转移率

一、白肋烟和马里兰烟单料烟主流烟气中烟碱和 TSNAs 转移率

同等级烟叶，采用同种规格的盘纸和同一卷制机，按同一卷制标准制成无嘴烟支，分选克重后按无嘴烟标准测定烟气中烟碱和 TSNAs 含量，测定结果与其烟叶中烟碱和 TSNAs 含量比值，即为其从烟叶到烟气中的转移率。去掉异常值后归纳统计，不同产区白肋烟和马里兰烟单料烟主流烟气中烟碱和 TSNAs 含量转移率如表 4.2.1 和图 4.2.1 所示。

表 4.2.1　不同产区白肋烟和马里兰烟的烟叶到烟气中亚硝胺转移率　　　　　单位：%/cig

烟叶产地	烟叶类型	统计项目	烟气中烟碱	烟气中 NAT	烟气中 NNK	烟气中 NNN
云南省宾川	白肋烟	平均值	9.8	40.674	37.451	36.875
		标准偏差 SD	1.7	6.624	16.594	5.545
四川达州宣汉、万源	白肋烟	平均值	9.9	17.680	22.650	16.349
		标准偏差 SD	1.6	5.125	5.259	6.090
重庆罗天	白肋烟	平均值	8.4	17.242	19.330	10.419
		标准偏差 SD	1.1	1.148	9.612	3.122
湖北省恩施	白肋烟	平均值	10.8	17.351	34.082	15.908
		标准偏差 SD	1.1	6.309	6.298	6.028
湖北省鹤峰	白肋烟	平均值	10.3	24.280	26.820	21.393
		标准偏差 SD	1.1	3.793	5.497	3.809
湖北省巴东	白肋烟	平均值	9.8	23.915	22.120	15.834
		标准偏差 SD	2.4	16.137	10.293	10.736
湖北省宜昌市五峰	马里兰烟	平均值	11.3	20.288	37.966	22.325
		标准偏差 SD	1.3	8.563	8.532	8.950

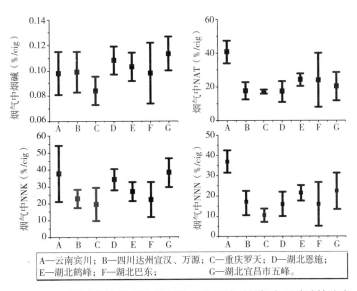

A—云南宾川；B—四川达州宣汉、万源；C—重庆罗天；D—湖北恩施；
E—湖北鹤峰；F—湖北巴东；　G—湖北宜昌市五峰。

图 4.2.1　不同产区白肋烟和马里兰烟的烟叶到烟气中亚硝胺转移率

二、晒红烟单料烟主流烟气中烟碱和 TSNAs 转移率

实验方法同前面,不同产区晒红烟单料烟主流烟气中烟碱和TSNAs含量转移率见表4.2.2,如图4.2.2所示。

表 4.2.2　不同产区晒红烟的烟叶到烟气中亚硝胺转移率　　　　单位:%/cig

烟叶产地	烟叶类型	统计项目	烟气中 NAT	烟气中 NNK	烟气中 NNN	烟气中烟碱
四川	晒红烟	平均值	24.123	29.469	22.796	11.3
		标准偏差 SD	11.289	15.029	10.253	2.3
吉林	晒红烟	平均值	24.882	27.054	18.988	13.4
		标准偏差 SD	7.019	13.289	6.270	1.6
江西	晒红烟	平均值	11.272	28.210	9.648	10.5
		标准偏差 SD	5.104	11.011	2.903	2.9
湖南	晒红烟	平均值	21.619	16.701	12.531	13.0
		标准偏差 SD	9.982	7.850	5.954	2.1
贵州	晒红烟	平均值	20.656	19.256	13.805	11.2
		标准偏差 SD	9.609	9.637	6.936	1.8
陕西	晒红烟	平均值	21.249	27.887	22.090	15.0
		标准偏差 SD	10.443	17.812	9.199	2.1
浙江	晒红烟	平均值	10.171	16.624	8.913	12.9
		标准偏差 SD	7.803	4.853	5.916	1.5
山东	晒红烟	平均值	22.296	29.806	18.949	15.3
		标准偏差 SD	22.031	17.227	24.336	2.3
内蒙古	晒红烟	平均值	63.981	33.331	40.823	—
		标准偏差 SD	2.216	0.170	0.243	—
黑龙江	晒红烟	平均值	8.036	23.059	5.779	10.0
		标准偏差 SD	0.805	13.487	1.096	2.4

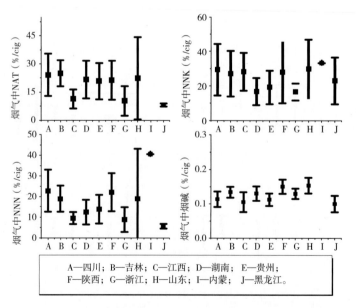

A—四川；B—吉林；C—江西；D—湖南；E—贵州；
F—陕西；G—浙江；H—山东；I—内蒙；J—黑龙江。

图 4.2.2　不同产区晒红烟的烟叶到烟气中亚硝胺和烟碱转移率

三、按部位统计三类烟单料烟主流烟气中 TSNAs 转移率

实验方法同前面，按烟叶品种、部位进行统计，三类烟不同部位的单料烟主流烟气中 TSNAs 含量转移率统计结果见表 4.2.3，NNK 和 TSNAs 的转移率见图 4.2.3 和图 4.2.4。

表 4.2.3 烟叶到烟气中亚硝胺转移率归纳统计结果　　　　　　　　单位：%/cig

烟叶类型	部位	统计项目	NAT	NNK	NNN	TSNAs 总量
马里兰烟	上部	平均值	14.54	36.39	11.51	12.88
		标准偏差 SD	4.38	13.65	2.07	2.93
马里兰烟	中部	平均值	15.70	32.25	11.49	12.79
		标准偏差 SD	13.02	5.65	8.37	8.60
马里兰烟	下部	平均值	3.73	34.76	3.38	3.97
		标准偏差 SD	—	—	—	—
白肋烟	上部	平均值	27.20	24.30	21.75	20.80
		标准偏差 SD	10.58	7.17	5.82	9.23
白肋烟	中部	平均值	22.85	27.23	16.37	19.02
		标准偏差 SD	12.22	7.63	9.48	10.05
晒红烟	上部	平均值	15.38	20.27	12.31	15.31
		标准偏差 SD	7.30	9.94	7.60	7.35
晒红烟	中部	平均值	16.48	17.75	14.95	16.11
		标准偏差 SD	8.59	9.61	9.44	8.96
晒红烟	下部	平均值	16.41	21.04	13.69	16.16
		标准偏差 SD	10.01	15.16	9.96	10.25

注：因 NAB 含量低，化学检测误差较大，故不对其转移率进行分析讨论。

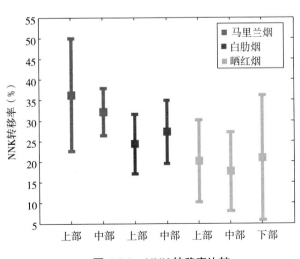

图 4.2.3　NNK 转移率比较

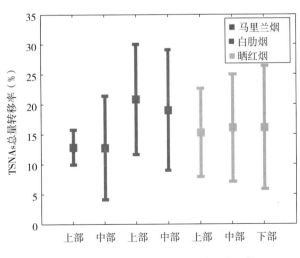

图 4.2.4　TSNAs 总量转移率比较

从表 4.2.3 中知：

①马里兰烟的上部和中部烟叶中 TSNAs 总量的转移率在 12.8% 左右，其中 NNK 含量的转移率在 32.25% ～ 36.39%，NAT 含量的转移率在 14.54% ～ 15.70%，NNN 含量的转移率在 11.49% 左右。因下部烟样品太少，统计不准。

②白肋烟的上部和中部烟叶中 TSNAs 总量的转移率在 20% 左右，其中 NNK 含量的转移率在 24.30% ～ 27.23%，NAT 含量的转移率在 22.85% ～ 27.20%，NNN 含量的转移率在 16.37% ～ 21.75%。

③晒红烟上部、中部和下部烟叶中 TSNAs 总量的转移率在 16% 左右，其中 NNK 含量的转移率在 15.16% ～ 20.27%，NAT 含量的转移率在 15.38% ～ 16.48%，NNN 含量的转移率在 12.31% ～ 14.95%。

此实验结果，可供烟叶叶组配方设计和烟叶替代时参考。

第五章
白肋烟和晒红烟样品的聚类替代分析

第一节　基于近红外光谱的聚类替代方法

一、基于近红外光谱的定性或聚类替代分析概述

光谱与物质本身的组成及含量是密切相关的，对光谱特征的分析，可获得有关物质结构与组成的信息；绝大多数光谱定性分类的方法是直接地依靠光谱的分析研究，如研究吸收峰强度、频率、带宽和峰形来确定样品的特性与归属。近红外光谱主要是物质的倍频和组合频，信号较弱且谱带较宽，重叠严重，尽管现代分析仪器的信噪比（S/N）很高，对这样的光谱进行类似中红外光谱的结构剖析有较大困难，目前近红外光谱定性分析主要用于物质的定性判别、相似性分析或聚类替代应用上。应用近红外光谱对农产品等物质进行定性判别、相似性分析或聚类替代应用，实质是对农产品等物质的综合品质特性进行分析，综合品质特性是指由其全部（或部分）化学物质决定的品质特征，属于一种灰色体系概念。

目前，许多农产品的综合品质特性是很难用某个或几个成分含量指标进行评价，且农产品与品质相关的许多有效成分还是未知，或许多成分与品质之间的关系还不明确。例如：稻米中含有蛋白质、氨基酸和脂肪等人体所需的重要营养物质及 Fe、Zn、Se、Ca 等矿物质营养元素，同时稻米中脂肪酸、直链淀粉、糊化特性、胶稠度等理化指标也是衡量稻米品质的一些重要指标，与稻米的陈化程度、蒸煮品质及口感品质等有着密切的关系，但稻米中任何一种理化指标都较难全面的衡量和评价其综合的整体品质，特别是食味、口感等针对不同的食用人群也有不同的结果，故许多农产品的综合品质属性（如口感、口味等）很难用某个或几个成分含量指标进行评价或控制，在一定程度上制约了近红外光谱技术的深层次开发和应用。

在实际的农产品生产加工过程中，有时并不需要对原料或中间产品进行分类识别，只要得到不同分类情况下类间品质的相似性关系，以可靠的相似性分析结果为依据，就可制定出符合产品内在品质特性规律的替代或类别组合，对农产品生产质量的提升、生产成本的降低及配方的设计与替代等都可具有非常重要的作用。

近红外光谱的信息量是极其丰富的，样品中几乎全部有机组分的化学信息及外观特性等物理信息在近红外光谱中都有体现，应用近红外光谱技术对农产品的综合品质特性进行定性（包括识别分析和相似性分析）评价、分析、反馈、控制等都非常适合；通过构建以快速、无损、信息丰富的近红外光谱为基础进行综合定性分析，实现丰富近红外光谱信息的综合系统利用具有重要的作用；近红外光谱的定性分析目前广泛应用于质量控制中，如原料及中间体及最终产品的监控，化工生产工艺优化，农产品产地、品质、风味等的分析研究，在制药业、石油化工、环保、轻工、食品加工等领域正日益受到重视。

近红外光谱的吸光度差异很小，且近红外光谱具有复杂性与多变性，借助人眼直接对照的可靠性大受影响，在近红外光谱定性分析中多依靠计算机和算法来进行光谱的比较、识别及相似性分析，并且还要利用相应的数学算法来分离提取近红外光谱的信息特征。简单的光谱比较可以采用差谱法、光谱相关系数法或计算光谱间的距离（如欧氏距离等）来进行直接比较分析，其主要用途是确定某未知样品的归属，或是否与某标样一致。如果只确定是否是某一特定物质，可采用简单的判别，也可采用光谱转换（或压缩）后的特征数据来比较分析，如依靠主成分分析来进行比较；对于大量复杂的样品，确定未知样品的归属或进行相似性分析一般都需要采用光谱转换（或压缩）后的特征数据并结合模式识别等方法进行。农产品近红外光谱的定性分析就是利用样本光谱所提供的最大信息差异进行识别、相似性分析或聚类替代应用。

二、基于近红外光谱的部分定性识别及基于相似性的聚类替代分析方法

近红外光谱的定性分析，从结果表达上可分为两类，即基于相似性的聚类替代分析和模式识别（或判别分析）。基于相似性的聚类替代分析是用来描述类与类或样本与样本之间远近关系的一种分析方法，其表达结果可以是聚类谱系图、可视化的低维空间投影图、类与类之间的相似度数值等形式，这种分析方法不能对单独某一个样品进行分析。典型的相似性分析方法有系统聚类法、SIMC 和、PPF 等。模式识别或判别分析是用来描述物质或样本的类别归属的一种分析方法，一般需要先建立一个识别模型，依据模型信息对未知样品进行分析判断其类别属性，是否属于某一类或无法识别或识别混淆。典型的模式识别或判别分析方法有 FISHER 判别、BAYES 判别、ANN（人工神经网络）和 DPLS（定性偏最小二乘）等。

针对复杂物质体系的近红外光谱在进行相似性聚类替代分析或建立模式识别模型前，因其光谱信息复杂重叠，必须对近红外光谱信息进行特征提取（数据压缩或挖掘技术）。特征提取分为有监督方式和无监督方式两种方法。无监督方式特征提取是类别信息或量化数据不参与特征提取过程，其典型的代表方法有 PCA 等；有监督方式特征提取是类别信息或量化数据参与特征提取过程，其典型的代表方法有 PLS、DPLS 和 FISHER 准则压缩等。

常见的定性判别分析之一是根据测得的光谱数据来确认未知试样是否属于某特定若干种类之一，属于有监督模式识别方式。要求事先知道获得这些种类化合物的某些代表性样品的光谱，目的是利用已有信息特征来确认某未知物到底属于哪一些种类。在物料确证、产品质量鉴定和过程控制等领域绝大多数问题可采用这类方法来解决。

在自然科学和社会科学研究实践中，面对不断涌现的新知识、新数据和新信息，更大量的情况是无先验知识条件，依一定规律对已有的信息进行分类研究处理，这种方法称为无监督模式识别。对大量的样品进行分类，事先并不知道可能分成几类和每一类的特征，只是采用一些数学方法使得同一类样品性质相似，而类与类之间各不相同。常见的方法有系统聚类，最小先成树和映射图等。

对于表面上毫无规律的大量数据来进行分类研究，聚类分析是一种建立分类模式的有效方法，它基于"物以类聚"思路，即同类样本的性质（特征）是相似的，在多维空间中，距离相对小些；反之则距离相对远些。系统聚类主要过程是：①用计算样本之间和类与类之间的距离；②在各自成类的样本中将距离最近的两类合并，重新计算新类与其他类间的距离，并按最小距离归类；③重复②，每次减少一类，直至所有的样本成为一类为止。

在无任何先验已知的样品类别属性的情况下，常采用无监督方式的特征提取方式来进行相似性分析，如 PCA 与系统聚类相结合方法。缺点是很难找到规律的，是受近红外光谱的复杂重叠的特征制约，一般采用有监督或软独立模式方法的特征提取才能得到有效的特征信息。下面介绍几种常用的定性识别和相

似性聚类替代分析方法。

1. SIMCA 识别方法

SIMCA 法（Soft Independent Modelling of Class Analogy）利用样品在主成分空间中不同类别的样品之间的类距离来对类的归属进行判别的方法。设有 q 类样本数据阵 $\{^qX_{nm}\}$（光谱变量序数 $k=1,2\cdots,m$; 样本序数 $i=1,2\cdots,n$; 类序数 $h=1,2,\cdots,q$），对样品光谱 a，在类 q 中第 k 个变量被表达成：

$$^qx_{ik} = {}^qa_k + \sum {}^qp_{kj}{}^qt_{ji} + {}^qe_{ik} \text{（主成分序数 } j=1,2,\cdots,Aq\text{）}$$

其中：^qa_k 是类 q 变量 k 的均值；$^qp_{kj}$ 是 A_q 个主成分数 ;$^qt_{ji}$ 是样本 i 的光谱得分；$^qe_{ik}$ 是样本 i 的第 k 个变量的光谱残差。用主成分空间表征未知样本 ω，有：

$$Z_k = x_{\omega k} - {}^qa_k = \sum t_{aj}{}^qp_{kj} + {}^qe_{\omega k} \quad (j=1,2,\cdots,A_q)。$$

类 q 的光谱总剩余方差 $^qS_0{}^2$ 和未知样本 ω 光谱残差 $e_{\omega k}$ 的方差 $^qS^2_\omega$：

$$^qS_0{}^2 = \sum\sum ({}^qe_{ik})^2 / [(n_q - A_q - 1)(m - A_q)],$$

$$^qS^2_\omega = \sum (e_{\omega k})^2 / (m - A_q) \quad (i=1,2\cdots,n_q; k=1,2\cdots,m)。$$

q 类样本的光谱残差比（residual ratio）和模型残差（model residual）可表示为

$$^qr_a{}^{\text{spectral}} = {}^qS_\omega / {}^qS_0 \text{ 和 } {}^qr_a{}^{\text{model}} = \sqrt{\sum_j \frac{\dfrac{(t_{aj}-t_j^*)^2}{n_q}}{\displaystyle\sum_{i=1}^{n_q}\frac{(t_{ij}-\bar{t}_j)^2}{n_q}}}$$

$\bar{t}_j$ 为校正集样品光谱第 j 个主成分的平均得分。对所有主成分 j，当 t_{aj} 大于上限 $t_{j,\text{upper}}$ 时，t_j^* 取 $t_{j,\text{upper}}$；当 t_{aj} 小于下限 $t_{j,\text{lower}}$ 时，t_j^* 取 $t_{j,\text{lower}}$，即

$$t_{j,\text{upper}} = t_{j,\text{max}} + \sqrt{\sum_{i=1}^{n_q}\frac{(t_{ij}-\bar{t}_j)^2}{n_q}} \quad t_{j,\text{lower}} = t_{j,\text{min}} \quad \sqrt{\sum_{i=1}^{n_q}\frac{(t_{ij}-\bar{t}_j)^2}{n_q}},$$

其中，$t_{j,\text{max}}$ 为校正集样品光谱第 j 个主成分得分的最大值，$t_{j,\text{min}}$ 相应得分的最小值。

组合残差距离 $^qr_a{}^{\text{combined}}$ 为 $({}^qr_a{}^{\text{combined}})^2 = ({}^qr_a{}^{\text{spectral}})^2 + ({}^qr_a{}^{\text{model}})^2$

当样品的组合残差小于临界值时，可判别该样品归属 q 类；否则不属于 q 类。

分类研究中一般有两类错误。第一类错误是拒绝用其他标准可以接受的样品，把该归入该类的样品拒于该类之外；第二类错误是接受用其他标准不该接受的样品，把不该归入该类的样品归于其中。SIMCA 法分类模型的好坏可用识别率和误判率等指标来评价。

2. 定性偏最小二乘识别方法 DPLS（Discriminant PLS）

DPLS 是基于判别分析基础上的 PLS 算法，并且以 Y 变量是二进制变量（类别变量）来取代浓度变量；事实上，DPLS 是用来计算光谱向量 X 与类别向量 Y 的相关关系，取得 X 与 Y 的最大协方差 $\text{Cov}(X,Y)$，因此，DPLS 成分可以看作是 PCA 的旋转，且使得所预测的类贡献值的正交性最大。为确定混合物中某种物质的类归属，Y 矩阵必须能描述特定种类的样品，混合物中以"1"表示属于这类，"0"表示属于其他类。一般可以设定一个临界值来判定归属，如有 A、B、C、D、E、F 六类样品，则 Y 值可设定为：

A 1 0 0 0 0 0
B 0 1 0 0 0 0
C 0 0 1 0 0 0
D 0 0 0 1 0 0
E 0 0 0 0 1 0
F 0 0 0 0 0 1

如果待分析鉴别的只有两类，分别用 1，0 表示即可。

应用 DPLS 进行定性判别分析时，作为样品光谱的输入变量矩阵和二进制变量（类别变量）即输出变量矩阵之间的关系可用图 5.1.1 描述。其中 N 表示建模时的样品数，K 表示样品光谱的吸光度点数，M 表示类别的数目。

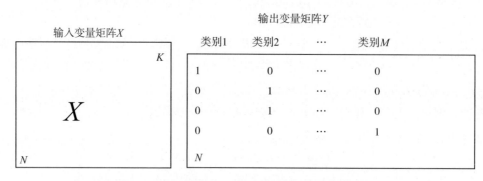

图 5.1.1　DPLS 输入变量矩阵和二进制变量的关系

3. 人工神经网络（ANN）识别方法

人工神经网络可用来解决许多化学问题，包括非线性多元回归和模式识别等。ANN 分类的主要目标是广泛的，在 ANN 的众多方法中，多层向前（feed-forward）传递网络形成一个包含有高度连接和互相作用单元的动态系统，适用于建立一个非线性计算模型，最常用的多层网络的训练方法是 B-P 算法，这种算法基于误差的梯度下降法的思想。

用来作为人工神经网络计算的输入层数据个数不宜太多，一般不用原光谱数据直接计算。如何有效压缩和提取数据特征就显得异常重要，通常以特征波长的吸收（或吸收比），采用 PCA、FFT 和小波变换等方法来提取特征。

BP（Back Propagation）模型是一种常用典型的人工神经网络模型。图 5.1.2 为该种模型的基本结构，它由三部分组成：输入层、隐含层和输出层。图中圆圈表示神经元，数据由输入层输入，并施以权重传递到第二层，即隐含层；隐含层进行输入的权重加和、转换，然后输到输出层；输出层给出神经网络的预测值或模式判别结果。神经网络通过对简单的非线性（或线性）函数进行数次复合，可近似复杂函数。

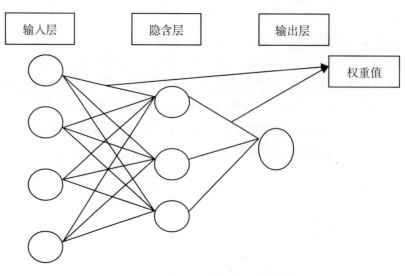

图 5.1.2　BP-ANN 算法原理示意图

误差反传算法 BP（back propagation）为 3 层 ANN 系统，它包括一定数量结点（神经元），图 5.1.2 中圆圈表示神经元，而且上一层的每一个结点都同下层的每一个结点连接。同外界的联系通过输入、输出层的结点进行，隐含于内部的中间层决定系统的主要计算能力。在 ANN 的每条连接线上是权重因子，代表系统记忆能力的重要部分，当网络学习时，权重的数值可随着正在网络中流通的新信息而改变，应用时先用某种类型的一组已知数据输入 ANN 模型，经过训练后，ANN 就能用学过的已知数据推测出新输入的未知数据。

与 DPLS 类似，ANN 的输出层数据可以是二进制的，如果未知样为包含不同类的混合样，而每个类输出值可能常落在 0～1。在这种情况下，输出值可被认为是可能属于某类的概率，即代表该类在混合样的可能比例，可以选择一个阈值（如 0.1～0.2）来确定混合物中是否含有某类样品。如果某类的输出值不满足阈值条件，则可认为该样是少数样或未归类的样品。

4. SIMCA 相似性分析方法

SIMCA 是一种类模型方法，即对每类构造一个主成分分析的数学模型，在此基础上进行样本的分析。SIMCA 是目前在化学分析中得到广泛应用的化学模式识别方法。在 SIMCA 算法描述中对于第 q 类样本，其主成分模型可表示为：

$$x_{ij}^q = \bar{x}_j^q + \sum_{a=1}^{A_q} t_{ia}^q l_{ja}^q + e_{ij}^q,$$

其中：$\bar{x}_j^q$——类 q 中变量 j 的均值；

A_q——类 q 中主成分的数目；

t_{ia}^q——样本 i 对主成分 a 的得分；

l_{ja}^q——变量 j 对主成分 a 的载荷；

e_{ij}^q——第 i 样本第 j 变量的残余误差。

于是，类 q 的总残余方差为：

$$S_0^2 = \sum_{i=1}^{n} \sum_{j=1}^{p} \frac{e_{ij}^2}{(n-A_q-1)(p-A_q)},$$

对于样本 i，残余方差为：

$$S_i^2 = \sum_{j=1}^{p} \frac{e_{ij}^2}{(p-A_q)}。$$

在 n 维空间中类间的分离程度可利用每类的残余方差来确定。定义类 p 和类 q 间的距离为：

$$D_{pq}^2 = \frac{S_{pq}^2 + S_{qp}^2}{(S_0^2)_p + (S_0^2)_q} t,$$

这里 S_{qp}^2 为用类 q 的模型拟合类 p 中各点所得的残余方差；S_{qp}^2 则为用类 p 模型拟合类 q 中各点的残余方差。D_{qp}^2 值越小，类间的相似程度越高。

由于 D^2 值是一个描述类间分离程度即表示类间差异性的一个指标数据，且是一个非归一化数据，其直观易读性不够好，也可定义的类 p 和类 q 间的相似度公式为：

$$\text{Sim}_{pq} = 1-, \frac{D_{pq}^2}{\sqrt{\sum_{p=1}^{n-1} \sum_{q=p+1}^{n} D_{pq}^2}},$$

式中，n 为样本的类别数，Sim 值范围为 $0 < \text{Sim} < 1$，Sim 值越大表明相似性越高。

5. 基于主成分与 Fisher 准则投影（PPF）的相似性聚类替代分析方法

PPF（Projection of Basing on Principal Component and Fisher Criterion）投影算法，是主成分分析方法和 Fisher 准则联用的方法。基于主成分分析方法得到的光谱主成分数据，该方法对类内散布矩阵的逆矩阵 S_w^{-1} 与类间散布矩阵 S_b 的乘积 $S_w^{-1} \cdot S_b$ 进行最优投影矢量求解，使样本的类内离散距离与类间离散距离的比值最大，客观表现类内的离散性和类间的相似性。

相似性值 S_{pq} 的计算公式如下：

$$S_{qp} = 1 - \frac{D_{qp}}{D_{PP} + D_{qq}},$$

其中，类间距离值 D_{qp} 和类内离散度 S_{qp} 与以各类类内投影均值为圆心和类内投影值的离散度为半径所画的圆圈的 PPF 二维投影图相对应。当 $S_{qp}=1$ 时，两类的圆完全重合；当 $S_{qp}=0$ 时，两类的圆相切；当 $S_{qp}<0$ 时，两类的圆没有交集，且 S_{qp} 的绝对值越大两类的圆相距越大，代表他们的差异性越大，即两类可以很好地被区分；当 $0<S_{qp}<1$ 时，两圆有交集，且 S_{qpt} 的值越大交集部分越大，代表它们的相似性越好。

PPF 算法的实现过程：

①对包含 q 类样本光谱数据矩阵 A_{nm}，计算得到平均光谱矩阵 $\bar{A}_{qm}$。
②对 $\bar{A}_{qm}$ 进行预处理后，应用主成分迭代算法计算得到载荷矩阵 $\bar{W}_{km}$。
③对 A_{nm} 进行②中相同预处理后，应用 $\bar{W}_{km}$ 计算得到主成分矩阵 T_{nk} 和平均主成分矩阵 $\bar{T}_{qk}$。
④对包含 q 类样本的主成分矩阵 T_{nk}，分别计算得到类间散布矩阵 S_b 和类内散布矩阵 S_w。
⑤依据 Fisher 准则，确定主成分矩阵的最优投影矢量 x。
⑥应用投影矢量 x 分别计算得到各个样本的投影值及各类样本的投影均值。
⑦各类样本投影均值、类内样本投影值离散度及各类之间相似度值的图形和数据输出。

第二节　白肋烟烟叶基于近红外光谱和测定值的聚类替代分析

目前，应用近红外光谱结合定性识别及相似性聚类替代分析等方法，已成功应用于烤烟样品的部位等级、产地（产区）、品种和风格（香型）等的定性判别（相似性分析）、指标量化分析及聚类替代分析中。本节内容将主要针对白肋烟样品的近红外光谱及多种化学成分、烟气成分等数据，使用 PPF 相似性分析方法，进行部位等级和产地特征的聚类替代研究。在本节中，上部烟叶以 B 表示，中部烟叶以 C 表示，下部烟叶以 X 表示。为使读者阅读方便，本节直接列出分析图。

一、白肋烟部位等级特征的聚类分析

上部样品 B（18 个），中部样品 C（29 个），无下部样品。

1. 近红外光谱和测定值聚类分析结果对比

将上、中部烟叶分别用样品的近红外光谱和测定值进行聚类分析，结果如图 5.2.1 和图 5.2.2 所示。

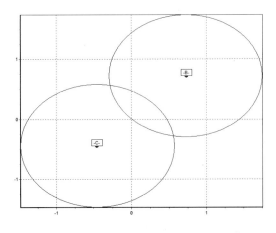 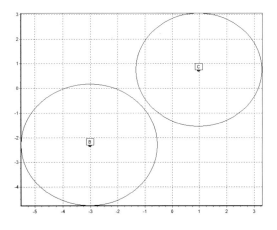

图 5.2.1 部位等级近红外分析结果 [①]   图 5.2.2 部位等级测定值分析结果

2. 近红外光谱和测定值分析结果的对比

由图 5.2.1 和图 5.2.2 知，应用近红外光谱和测定值分析部位等级，两种方法分析得到的结果基本一致，即上部样品与中部样品之间差异较大。样品的测定值是对样品关注的主要指标进行检测分析，会缺失一些信息，而近红外光谱反映了样品的几乎全部信息，部位等级近红外分析结果会有一些重叠的交集。故此方法可用，应用近红外光谱和测定值分析部位等级能够分析白肋烟部位特征的相似性与差异性。

二、白肋烟 4 个产地的聚类替代分析

产地编码如下：

HB-NS：湖北恩施（17 份）；HB-YC：湖北宜昌（15 份）；SC：四川（达州，8 份）；YN：云南（宾川，4 份）

1. 近红外光谱和测定值两种分析结果的对比

将 4 个产地烟叶分别进行近红外光谱和测定值分析，得到结果如图 5.2.3 和图 5.2.4 所示。

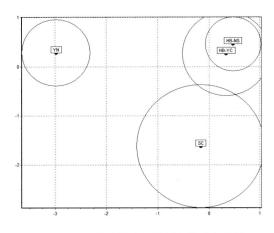 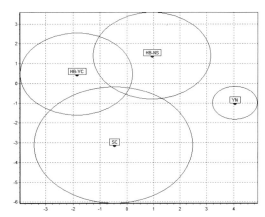

图 5.2.3 4 个产地之间的近红外分析结果   图 5.2.4 4 个产地之间的测定值分析结果

---

① 本章中所有分析结果图皆为光谱因子投影图。

2. 近红外光谱和测定值两种分析对比总结

由图 5.2.3 和图 5.2.4 知，近红外及化学值分析 4 个产地分布规律大体一致，如云南与其他 3 个产区具有较大的差异性；四川省内不同取样点之间的差异性（类内离散度）最大；湖北恩施与宜昌之间的相似性较高等。

3. 白肋烟 4 个主要产地样品的近红外光谱聚类替代分析结果

分别只用上部、中部及上中部烟叶进行产地近红外光谱聚类分析的结果，分别见图 5.2.5～图 5.2.7。

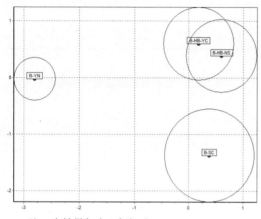

注：本结果仅含上部烟叶。

图 5.2.5　白肋烟 4 产地之间的聚类替代分析结果图（仅含上部烟叶）

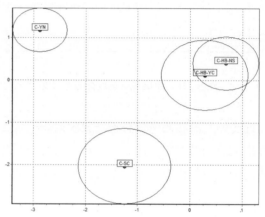

注：本结果仅含中部烟叶。

图 5.2.6 白肋烟 4 产地之间的聚类替代分析结果图（仅含中部烟叶）

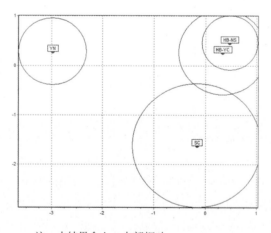

注：本结果含上、中部烟叶。

图 5.2.7　白肋烟 4 产地之间的聚类替代分析结果图

小结：

①不同部位烟叶样品，得到的产地之间相似性（差异性）规律基本一致；即相同产地的生态环境相对比较固定，使得产地内烟叶品质具有相对固定的特征，产地之间的相似性（差异性）不会随部位等级的变化而改变。

②湖北恩施与宜昌之间的相似性较高，具有相互可替代性。

③湖北、四川、云南之间差异性均显著，相似性低，不具有相互可替代性。

④云南与湖北两个产地之间的差异性最大。

⑤四川省内不同取样点之间的差异性（类内离散度）最大。

第三节　晒红烟烟叶基于近红外光谱和测定值的聚类替代分析

本节内容将主要针对晒红烟样品的近红外光谱及多种化学成分、烟气成分等数据，使用 PPF 相似性分析方法，进行部位等级和产地特征的聚类替代研究。在本节中，上部烟叶以 B 表示，中部烟叶以 C 表示，下部烟叶以 X 表示。为使读者阅读方便，本节直接出分析图。

一、晒红烟部位等级特征的聚类分析

1. 近红外光谱和测定值两种分析结果的对比

近红外分析选取上部（B）烟叶 60 份，中部（C）72 份，下部（X）6 份。

测定值分析选取上部（B）烟叶 60 份，中部（C）72 份，下部（X）6 份。

将上、中、下部烟叶分别进行近红外光谱和测定值两种分析，得到结果如图 5.3.1 和图 5.3.2 所示。

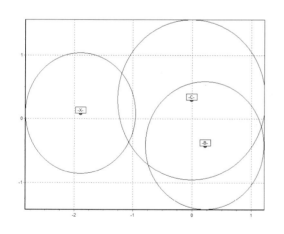
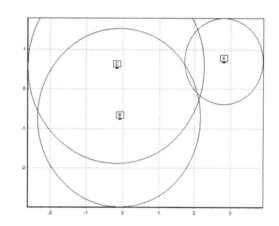

图 5.3.1　部位等级近红外光谱分析结果　　　图 5.3.2　部位等级测定值分析结果

下部烟叶样品较少，去除下部烟叶，仅对上、中部烟叶分别应用近红外光谱和测定值进行分析的结果分别见图 5.3.3 和图 5.3.4。

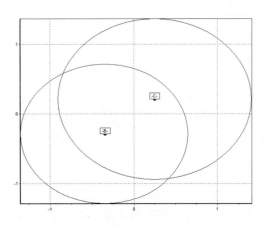 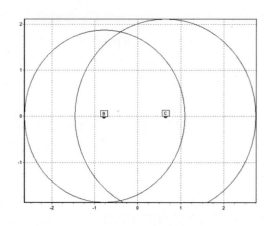

图 5.3.3　部位等级近红外光谱分析结果　　　　图 5.3.4　部位等级测定值分析结果

2. 近红外光谱和测定值两种分析结果的对比

由图 5.3.1～图 5.3.4 可知，应用样品的近红外光谱和测定值两种基本数据分析部位等级，两种方法分析得到的结果基本一致，即下部烟与上、中部烟之间差异显著，上、中部烟叶之间差异不明显，中部烟叶的类内差异最大。这和文献众多年度烤烟样品的部位分析结果一致。也和样品外观质量的结果较为一致（20%～30% 上、中部混级），这是由烟叶分级时一线操作人员尺度把握不到位，或故意混级（以次充好）造成的。晒红烟上、中部等级之间的混杂程度较高。应用近红外光谱和测定值两种分析方法，均能够判别出晒红烟部位特征的相似性与差异性，只是程度上存在一定差别。

二、晒红烟六大主产地之间的聚类替代分析

产地编码：GZ：贵州（26 份）、HN：湖南（26 份）、JL：吉林（19 份）、SD：山东（17 份）、JX：江西（10 份）、SC：四川（9 份），且均用上、中部烟叶数据。

1. 近红外光谱和测定值两种分析结果的对比

将 6 个产地烟叶分别进行近红外光谱和测定值两种分析，得到结果如图 5.3.5 和图 5.3.6 所示，表 5.3.1 和表 5.3.2 为 6 个产地分别应用近红外光谱和测定值两种分析得各产地之间的相似表（数值越小，类间距离值越大，即差异性越大）。

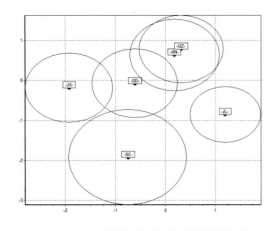 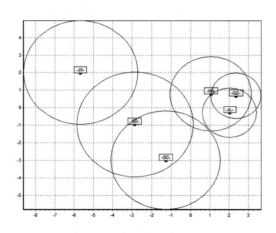

图 5.3.5　六产地间的近红外光谱聚类分析　　　　图 5.3.6　六产地间的测定值聚类分析

表 5.3.1　6 个产地之间的相似表（近红外光谱聚类分析）

	贵州	湖南	山东	吉林	四川	江西
贵州	1.0000	0.9254	0.0094	−0.3047	−0.4139	−0.4589
湖南		1.0000	0.0370	−0.3686	−0.4193	−0.4534
山东			1.0000	−0.4871	0.2671	0.3941
吉林				1.0000	−0.2018	−1.3573
四川					1.0000	−0.1619
江西						1.0000

表 5.3.2　6 个产地之间的相似表（测定值聚类分析）

	贵州	湖南	山东	吉林	四川	江西
贵州	1.0000	0.6215	−0.2623	0.6315	−0.2480	−0.8946
湖南		1.0000	0.1656	0.5935	0.1008	−0.3407
山东			1.0000	−0.1142	0.5545	0.3161
吉林				1.0000	−0.0090	−0.8283
四川					1.0000	−0.1530
江西						1.0000

2. 近红外光谱和测定值两种对比分析总结

由图 5.3.5 和图 5.3.6、表 5.3.1 和表 5.3.2 得出，依据样品的近红外光谱和测定值两种分析 6 个产地分布规律大体一致，如贵州与湖南两个产地之间的相似性较高；吉林与江西、四川产地之间差异性较大；四川产地的类内离散度最大等。

但两种数据结果也有一定的差异，如在近红外分析中，吉林与其他 5 个产地有较明显差异，但在化学值数据中，吉林与湖南、贵州具有较高的相似性。

3. 晒红烟 6 个主要大产地的聚类替代分析总结

应用不同年度晒红烟样品的近红外光谱数据得到 6 个主要大产地的聚类相似性分析结果分别见图 5.3.7 和图 5.3.8。

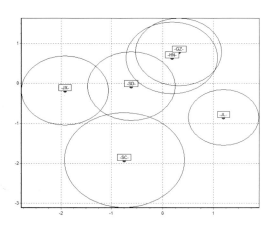

图 5.3.7　2012 年和 2013 年全部样品的聚类分析

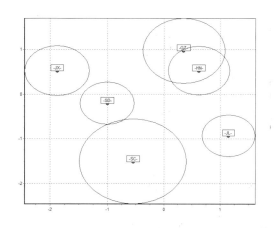

图 5.3.8　仅含 2012 年样品的聚类分析

小结：

①不同年度间各产地的相似性（差异性）规律基本一致。

②贵州与湖南两个产地之间的相似性较高，具有相互替代性，其他产地之间差异明显（化学值数据分析结果支撑吉林与湖南、贵州之间也具有相互替代性）。

③六大主产地中，四川产地的类内离散度最大，即省内不同小产地之间的差异较大。

三、晒红烟小产地之间的聚类替代分析

为进一步研究晒红烟各产地样品的相似性和差异性，将烟叶产区细分表5.3.3中的25个小产地，详细编号见表5.3.3。这里较多的为县（州、市）级行政单位，样品较少的为省级单位。

表5.3.3　晒红烟小产地编号（近红外光谱/测定值）

编号	产区	编号	产区	编号	产区
–GZ–LB/GL	贵州荔波	–HN–XX/HX	湖南湘西	–SD–MY/DM	山东蒙阴
–GZ–TR/GR	贵州铜仁	–JL–JH/JJ	吉林蛟河	–SD–YN/DN	山东沂南
–GZ–TZ/GT	贵州天柱	–JL–YB/JY	吉林延边	–SD–YS/DY	山东沂水
–GZ–WM/GW	贵州望谟	–JX–FUJ/XF	江西抚州	–SX–HZ/SH	陕西汉中
–GZ–ZY/GZ	贵州镇远	–JX–SHC/XS	江西石城	–SX–XY/SX	陕西旬邑
–HLJ/HLJ	黑龙江	–NMG/NMG	内蒙古	–ZJ–LS/ZL	浙江丽水
–HN–CX/HC	湖南辰溪	–SC–CD/CC	四川成都	–ZJ–TX/ZT	浙江桐乡
–HN–HH/HH	湖南怀化	–SC–DY/CD	四川德阳		
–HN–MY/HM	湖南麻阳	–SC–DZ/CZ	四川达州		

1. 近红外光谱和测定值两种分析结果的对比

应用近红外光谱和测定值两种分析方法，对小产地产地的聚类分析结果分别见图5.3.9和图5.3.10。

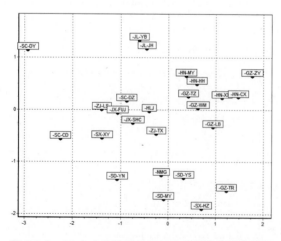 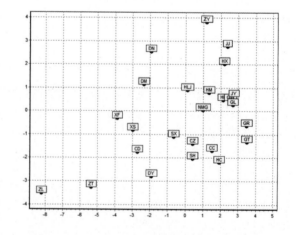

图5.3.9　25个小产地间的近红外光谱聚类替代分析　　图5.3.10　25个小产地间的测定值聚类替代分析

2. 近红外光谱和测定值两种对比分析总结

① 25个小产地与六大产地的分析趋势规律基本一致，如贵州与湖南相似性较高，四川省内之间差异

较大等。

②25个小产地之间，采用两种数据的聚类分析结果存在差异。例如：在采用近红外光谱聚类分析中，黑龙江、浙江、江西、四川达州之间，内蒙古与山东产地之间的相似性较高，具有相互替代性，而在采用样品测定值聚类分析中，黑龙江、内蒙古、湖南产地之间的相似性较高；在采用近红外光谱聚类分析中，陕西汉中与陕西旬邑之间的差异非常显著，相似性低，不具有相互替代性，而在采用样品测定值聚类分析中，陕西汉中与陕西旬邑之间具有较高相似性。

③根据两种分析数据代表样品的根本差异，以样品的近红外光谱聚类分析结果为准，而将样品测定值聚类分析结果作为参考。即贵州与湖南相似性较高，四川省内之间差异较大；内蒙古与山东产地之间的相似性较高，具有相互替代性；黑龙江、浙江、江西、四川达州之间的相似性较高，具有相互替代性；陕西汉中与陕西旬邑之间的差异非常显著，相似性低，不具有相互替代性；贵州铜仁与贵州其他（及湖南各地）地区之间的差异较显著。

四、总结

通过采用样品的近红外光谱和测定值分别对白肋烟、马里兰烟及晒红烟的聚类替代研究，可以得出：

①以两种数据聚类分析的相似性结果具有一定的一致性，但置信度不一样，两种分析的结果存在一定的差异。

②近红外光谱采集的样品信息较全面，是复合性综合性信息，聚类分析结果更具全面性，但在找出我们关注的常规个性方面不突出；而样品的测定值是我们非常关注的样品的特征性指标，仅以现有的化学指标去聚类分析，会因信息缺失而失真。

③基于以上原因，采用近红外光谱和测定值两种方式分别聚类分析，将分析结果相互借鉴补充，更为科学客观，既有全面的共性特征，又能通过进一步分析各个化学成分指标对部位等级与产地的方差贡献率，得到我们关注的个性化学特征。

第六章

叶组配方设计和国产晾晒烟的工业可用性

第一节 卷烟叶组配方设计与感官质量评价方法

一、烟草制品的基本类型和价位

烟草制品指以烟草为主要原料制成的嗜好性消费品,分为燃吸类和非燃吸类两大类。燃吸类主要指卷烟、雪茄烟、燃吸用烟丝、斗烟丝等,非燃吸类主要指鼻烟、嚼烟等。

卷烟是将烟叶切成烟丝,采用卷烟纸将烟丝卷制成圆柱状供人们燃吸的烟支。卷烟按烟质香型的不同,常划分为烤烟型卷烟、混合型卷烟、外香型卷烟和雪茄型卷烟4种类型。我国传统上以箱为计量单位,即1大箱=5件=250条=2500盒=50000支。加入世界贸易组织后,改为以"支""万支""亿支"为基础的统计单位。

二、卷烟叶组配方设计基本特点

烟草作为一种经济型农产品,受本身的遗传基因、栽培措施、土壤条件、气候因素和调制方法等多方面因素的影响,不同品种、不同地区甚至同一植株的不同部位烟叶,在品质及风格上都存在着一定差异。各种优良品质因素很难仅存在于同一种或少数几种烟叶中,故使用单一品种或单一等级的烟叶制成的卷烟,无法克服自身的质量缺陷,或多或少存在着这样或那样的不足,即使完全使用高等级的烟叶,也难以得到令人完全满意的效果。最佳的叶组配方是利用各种烟叶的不同品质特性,使参与配方的各种烟叶能扬长避短,互相补充,并协调一致地发挥各自的作用。

叶组配方设计的首要依据是各个类型、香型、产地、部位、等级烟叶的烟质特性,是配方设计员首先需要把握的工作。好的卷烟叶组配方设计,体现出配方设计员对烟叶的烟质特点及相互作用的熟练掌握和灵活运用,市场上品牌卓越的卷烟,随着环境、生活水平、消费习惯的变化及时间的推移,其卷烟叶组配方设计都跟随消费者需求也在逐渐调整。

卷烟产品的生产是以卷烟叶组配方设计为基本依据,烟叶原料的质量和科学评价是重要保障。每个叶组配方设计通常以产品的风格类型、品质等级、价位成本为基本依据,根据烟叶的品种、等级及质量基本特点,采用传统经验和其他科学有效工具,通过几轮试验结果筛选而敲定下来。因产品的质量风格差异和各地所选用烟叶质量的不同,各地的卷烟叶组配方设计工作虽存在一定差别,但在设计方法上存在一些基本共性要求。

1.叶组配方设计基本步骤

第一步，在企业烟叶仓库及可以保证供应的烟叶中，要全面收集可选用的烟叶样品，各品种、各地区、各等级的烟叶样品必须要具有代表性。

第二步，检测分析收集到的各种烟叶中的重要化学成分，统计分析检测结果，根据设计目标初步筛选出烟碱、总糖、还原糖、总氮、挥发碱等含量、糖碱比、氮碱比及钾氯比等比较适合的烟叶。

第三步，对收集到的各种烟叶，在外观质量评价基础上，即在烟叶类型、部位、颜色、成熟度定位基础上，进行单料烟感官质量评价工作。单料烟感官质量评价工作首先要对烟叶的香型风格和香型程度进行定性判定，然后对其劲头、香气质、香气量、浓度、余味、杂气、刺激性、燃烧性、灰色等进行打分，得出总得分，评价出其质量档次和使用价值。各个烟草企业因配方目标不同，单料烟感官质量评价表中项目可能不同，现举某企业的评价为示例，见表6.1.1。

第四步，根据第二步和第三步的结果，筛选出基本符合要求的烟叶，设计多种选用烟叶在配方比例中主辅料用量方案、填充料用量方案（包括烟梗、膨胀叶丝、烟草薄片等）及加香方案，进行实验室内小试样品混合配比试验，经感官质量评价挑选出符合产品设计目标的方案后，再进行生产线中试放大实验，再经感官质量和重要化学成分检测后，确定较好的几个备选方案，此过程要经过反复多次实验和改进，才能确定。

第五步，在确定较好的几个备选方案中，要根据叶组配方中单料烟叶成本、盘纸、水松纸、盒装、条装等材料成本进行核算，优选出最佳卷烟产品生产的叶组配方和产品批发价。

表 6.1.1　单料烟感官质量评价表举例

样品序号	类型	香型风格	香型程度	劲头	香气质	香气量	浓度	余味	杂气	刺激性	燃烧性	灰色	总得分	质量档次	使用价值
1	晒红	调味	较显	较大 -	11.33	20.17	7.50	16.08	7.25	7.17	3.42	3.00	75.90	较好 -	混烤型、混合型、雪茄
2	晒红	晒红	有 +	较大 -	11.00	19.79	7.50	15.79	6.71	6.93	3.36	3.00	74.10	中等 +	雪茄、混合型
3	晒红	晒红	有	较大 -	10.50	19.21	7.36	14.93	6.50	6.71	3.36	3.07	71.60	中等 -	雪茄、混合型
4	晒红	似白肋	较显 -	适中 +	11.00	19.67	7.25	15.67	7.00	6.92	3.33	3.08	73.90	中等 +	混合型、雪茄
5	晒红	晒红	较显	适中 +	11.50	20.08	7.33	15.92	7.17	7.25	3.50	3.00	75.80	较好 -	混合型、雪茄、混烤型
6	晒红	似白肋	较显	较大 -	11.25	20.25	7.33	15.33	6.92	7.00	3.50	3.08	74.70	中等 +	混合型、雪茄、混烤型
7	晒红	似白肋	有	适中 +	10.83	19:58	7.17	15.17	6.58	6.92	3.33	3.00	72.60	中等 +	混合型、雪茄
8	晒红	晒红	有 +	较大 -	11.00	19.50	7.07	15.57	6.64	7.00	3.36	3.00	73.10	中等 +	混合型、雪茄、混烤型
9	晒红	调味	有 +	较大 -	11.36	19.93	7.29	15.93	7.00	7.00	3.36	3.00	74.90	较好 -	混合型、雪茄、混烤型
10	晒红	晒红	有 +	较大 -	11.14	20.00	7.21	15.79	6.71	7.00	3.36	3.00	74.20	中等 +	混合型、雪茄、混烤型
11	晒红	调味	较显	适中 +	11.30	19.40	7.30	16.20	7.30	7.30	3.50	3.00	74.80	较好 -	混合型、雪茄烟
12	晒红	调味	较显 +	较大	11.25	20.13	7.38	16.00	7.00	6.63	3.50	3.00	74.90	较好 -	混合型、雪茄、混烤型
13	白肋	白肋	有 +	较大 -	10.92	19.75	7.33	15.58	6.92	6.92	3.33	3.00	73.80	较好	混合型

169

样品序号	类型	香型风格	香型程度	劲头	香气质	香气量	浓度	余味	杂气	刺激性	燃烧性	灰色	总得分	质量档次	使用价值
14	白肋	白肋	有	较大–	10.75	19.50	7.25	15.25	6.58	6.92	3.08	2.25	71.60	中等–	混合型
15	白肋	白肋	较显+	较大	11.40	19.90	7.50	15.60	6.90	7.10	3.30	3.00	74.70	中等+	混合型
16	白肋	亚雪茄	有+	较大	11.25	20.08	7.33	15.58	6.83	7.17	3.50	3.00	74.80	中等+	雪茄、混合型
17	马里兰	马里兰	有	较大–	10.83	19.42	7.33	15.33	6.58	6.92	3.33	2.92	72.70	中等+	混合型
18	马里兰	马里兰	显著	较大	11.42	20.17	7.50	16.08	7.08	6.58	3.33	3.00	75.20	较好	混合型
19	马里兰	马里兰	较显+	较大–	11.42	19.83	7.33	15.92	7.00	7.00	3.33	2.92	74.80	较好–	混合型
20	马里兰	马里兰	较显	适中+	11.00	19.38	7.38	15.63	6.63	7.00	3.00	3.00	73.00	中等+	混合型

2. 叶组配方结构设计基本原则和要求

叶组配方结构是指卷烟叶组配方的总体框架，它决定了卷烟产品的质量与风格特征。卷烟产品通常使用多产区的烟叶配方结构，有利于集中更多烟叶的优点，弥补个别烟叶的不足，对稳定产品质量和发挥叶组配方的优势作用。由于各地区的中烟公司历史发展和在主要产烟区的烤烟调拨量的优势，很多中烟公司形成了以本地烟叶为主体，外地不同香型的烟叶为辅助和补充的香味调配结构，逐渐形成了地方性风格特征。

根据烟叶在配方中的作用，配方结构中的烟叶常划分为主体烟叶，调香味烟叶，调劲头、浓度烟叶和填充烟叶4个部分。主体烟叶占比例较大，在配方结构中起主导香味；调香味烟叶占比例较小，多为与主体烟叶不同香型（类型）的烟叶，在配方结构中起谐调、改善香味的作用；调劲头、浓度烟叶在配方结构中起增强劲头和烟味浓度的作用。配方结构没有定式，烟叶产区和部位不同，其化学成分存在一定差异，故可调换不同产区和部位的烟叶，以满足叶组配方结构设计需要。例如：主体烟叶的劲头不足，烟味浓度偏淡，可配一些高烟碱含量的上部烤烟烟叶或晒晾烟叶；填充烟叶一般为低烟碱含量、色泽、填充性较好的下部烟叶，或不能作为主料使用的上部烟等。又如主体烟叶的香味浓度、劲头偏大，可选配用一定比例的填充烟叶以改进烟质，同时还有一定降低成本的作用。

3. 烤烟型卷烟配方结构的基本特点

（1）烟叶产区卷烟配方结构的基本特点

常以本地区生产的烤烟烟叶品质特点为主，确定主体烟叶及填充烟叶的所占配方结构的比例后，再以选配一定比例的外产地烤烟烟叶或晒晾烟叶，用来调节香味、浓度、劲头及舒适性。如果总体比例以100%计，主体烟叶占40%～70%，调香味烟叶占20%～40%，调浓度劲头烟叶占0～30%，填充烟叶占10%～30%。例如：某地区中烟公司的某个卷烟产品配方结构中，选用本省成熟度较好的优质烤烟为主体烟叶，在满足充足劲头和香味的基础上，选用少量外产地中上等的清香型烟叶为调香味烟叶，优化产品的香气质和香气量；选用少量比例下部烟叶作为填充料，降低产品的配方成本；该配方结构为本地区主体烟叶占70%，调香味烟叶占20%，填充烟叶占10%，其质量特点是烟香足、烟味浓、吸味和吃味较好、余味较舒适。

（2）非烟叶产区卷烟配方结构的基本特点

非烟叶产区中烟公司因受烟叶供应的制约，叶组配方设计难度较大，根据所要销售的目标市场和产品质量风格设计目标，先要对能长期供应的烟叶产区烟叶进行海选，再从海选出的烟叶品种中选定主体烟叶，如河南和山东生产的为浓香型烟叶，云南和福建的为清香型烟叶，贵州和四川生产的为中间香型。

　　浓香型卷烟的配方结构比例举例：如果总体比例以 100% 计，主体烟叶占 40%～60%，调香味烟叶占 20%～40%，调浓度劲头烟叶占 0～20%，填充烟叶占 10%～20%。

　　清香型卷烟的配方结构比例举例：如果总体比例以 100% 计，主体烟叶占 40%～60%，调香味烟叶占 20%～40%，调浓度劲头烟叶占 10～30%，填充烟叶占 10%～20%。

　　选定主体烟叶后，宜选多种不同香型不同地区的烟叶作为调香味烟叶，可丰富和协调卷烟的香味。假如劲头或浓度不足，可选较高烟碱含量、较大劲头的上部烟叶或少量晒烟叶来弥补不足。填充烟叶可选适当比例的成熟度较好的下部烟叶，改进产品的物理质量同时降低其成本。

　　（3）中式卷烟产品特点

　　我国烟草企业生产的卷烟，绝大部分都是烤烟型卷烟。叶组配方一般全部采用烤烟或少量掺用晒黄烟，也可少量使用似烤烟型的晒烟作为填充料。其香味特征以烤烟为主，烤烟香气突出，香气浓郁或清雅，吸味醇和，劲头适中。

　　传统的中式卷烟产品，从发展内涵上，可将其划分为清香型、浓香型、醇香型和复合香型四类，其香气风格特征依次可描述为：

　　①清香型：以清香型烟叶原料为主，卷烟香气和口味以清雅为主要特征，代表产品如滇、闽的一些产品，感官评价描述为"香气清雅飘逸，口味清甜舒适"，如清香纯净的"中华"。

　　②浓香型：以浓香型烟叶原料为主，卷烟香气和口味以浓馥为主要特征，代表产品如湘、豫的一些产品，感官评价描述为"香气丰富和谐，口味醇和舒适"，如香气浓度高且细腻性好的"芙蓉王"。

　　③醇香型：以相对柔和的烟叶原料为主，卷烟香气以醇和为主要香型、口味特征，代表产品如江、浙的一些产品，如香气饱满且口味纯正的"云烟"。

　　④复合香型：烟叶原料选择比较广泛，卷烟香气以丰富为主要香型、口味特征，代表产品如沪、粤的一些产品，感官分析认为其香味中浓香、中间香、清香香味信息的传递速度一致，复合出一种特殊的混合香味，如菲莫公司的"万宝路"混合型卷烟、日韩的外香型卷烟等。

　　从现代的中式卷烟产品的发展状况来看，其香味风格特征还有以下几个品类：

　　①淡雅香香味风格特征：感官分析认为其香味信息始终以淡雅的清香为主。感官评价描述为"香气淡雅悠长，口味细腻舒适"。

　　②浓透清香香味风格特征：感官分析认为其香味信息的传递顺序为浓香—中间香—清香。感评价描述为"香气浓郁芬芳，口味厚实舒适"。

　　③标志性香味品类：以多地区烟叶进行配方，应用香精香料的某种香味特征和调香技术手段来强调产品香味风格特征的卷烟品类。感官评价因添加香精香料不同的香味特征而各自描述。

　　王建民等研究结果：设计低焦油卷烟时，更应设法提高烟碱 / 焦油比，低焦油卷烟的烟碱 / 焦油比不应低于目前 A 类烟的平均水平，即 0.0738（即焦油 / 烟碱 =13.55）。

　　4. 混合型卷烟配方结构的基本特点

　　混合型卷烟配方结构主要选用烤烟、白肋烟和香料烟三大类型的烟叶，以烤烟为主，白肋烟或马里兰烟次之，并辅以香料烟或其他地方性晒烟等几种不同类型的烟叶原料，以适当的比例配制而成。其香味特征具有烤烟与晾晒烟混合香味，香气浓郁、谐调、醇和、劲头足。按照配方结构和香味特征可大致分为美式混合型、欧式混合型及中国式混合型卷烟三大类。

　　（1）美式混合型卷烟

　　美式混合型卷烟的叶组配方结构是以优质的弗吉尼亚烤烟、质量上乘的白肋烟、希腊和土耳其的香料烟及美国马里兰烟叶进行配方。其香味特征为香气浓郁优美，余味干净舒适，吸味醇和，略带甜味，劲头适中至较强。美式混合型卷烟的配方结构比例举例：如果总体比例以 100% 计，烤烟烟叶占 40%～60%，白肋烟叶占 30% ～ 40%，香料烟叶占 3 ～ 10%，马里兰烟叶占 0 ～ 8%。传统的美式混合型卷烟配方结构，白肋烟叶的用量较大。用这个配方结构制成的卷烟香气浓郁，有白肋烟特征香气，烟味丰满，劲头较大，烟气入喉时有冲击感。近年来为降低焦油量的目的，在配方结构中掺用约 10% 的膨胀烟丝或 20% 的烟草薄片，其基本风格未变，但烟味浓度和劲头有一定程度的降低。

（2）欧式混合型卷烟

与美式混合型卷烟相比，欧式混合型卷烟的配方结构中白肋烟叶用量较少，一般约占 20% ～ 25%；而香料烟叶的用量较大，多数为 15% 以上。故其香气更为浓郁，口味亦较为醇和。欧式混合型卷烟的配方结构比例举例：如果总体比例以 100% 计，烤烟烟叶占 50% ～ 70%，白肋烟叶占 20% ～ 25%，香料烟叶占 10% ～ 20%。白肋烟叶的特征香气不如美式混合型卷烟突出，而香料烟叶的香气较重，劲头强度相对较弱。近年来，同样是因大量使用烟草薄片和膨胀烟丝，使得香味浓度和劲头略有降低。

（3）中式混合型卷烟

中国人多数习惯吸食烤烟型卷烟，混合型卷烟目前国内年销量不足 100 万大箱。中式混合型卷烟配方使用烤烟、白肋烟、香料烟和地方性晾晒烟等 4 种类型的烟叶，分为浓味型和淡味型两种香味风格。浓味型近似美式混合型，其香气浓郁，烟味谐调，劲头强，余味舒适；淡味型则显露烤烟香气，其烟味平淡，劲头适中偏强，余味较舒适。

浓味中式混合型卷烟的配方结构比例举例：如果总体比例以 100% 计，烤烟烟叶占 50% ～ 70%，白肋烟和晒晾烟占 25% ～ 35%，香料烟叶占 5% ～ 15%。

淡味中式混合型卷烟的配方结构比例举例：如果总体比例以 100% 计，烤烟烟叶占 70% ～ 80%，白肋烟和晒晾烟占 15% ～ 25%，香料烟叶占 0 ～ 10%。

5. 外香型卷烟卷烟的配方结构的基本特点

一般采用烤烟型或混合型卷烟配方结构，香气特征以卷烟本身的香气为主，同时赋予独特新颖的外加香香气。因外加香味较重，基本掩盖了烟叶本身的香味，故设计叶组配方时，主要考虑所选烟叶的烟味及劲头，只要求烟草香气能与外加香谐调一致为依据，满足部分消费者。其叶组配方可以全部使用烤烟，也可以使用相当比例的晒晾烟。根据消费者的口味需求和销售地区的习俗，常赋予卷烟产品奶油香型、可可香型、玫瑰香型、茉莉香型、辛香型、豆香型等香气风格。鉴于外加香较为突出，故常掺用等级较低的烟叶原料。

6. 雪茄型卷烟配方特点

雪茄型卷烟要求具有雪茄烟的香味，雪茄型烟叶应在高档雪茄型卷烟叶组配方中占有很大的比例。低档雪茄型卷烟，因每个牌号的销售地区有一定的局限性，根据销售地区消费者的口味，决定配方中雪茄型烟叶或其他晒、晾烟所占的比例，使雪茄型卷烟具有一定的雪茄烟味和适当的劲头。叶组配方结构中全部或绝大部分使用晒晾烟，烟丝以深棕色、红褐色味最好，吸味醇正，味浓而不辣口，劲头较大、不刺喉，上乘的雪茄烟燃吸时，略有苦味但味不重。在其燃吸时，能产生类似檀香木的优美雪茄烟香气、香味浓郁、细腻而飘逸，劲头较强。

三、烟叶的香气类型和香味品质评价

烟叶的香气类型和香味品质的形成非常复杂，对卷烟的品类构建、风格形成和产品品质具有重大的影响。香型的划分是用于描述烟叶整体香气的类型和格调，不同香型的烟叶具有不同的香味，包括特征和特性。卷烟配方将不同香味特征特性的烟叶按一定的比例进行配合，以获得具有一定特征的香味组合及丰富、谐调而优美的质量风格，是卷烟配方技术最精华的部分。

1. 烤烟香气类型

传统上分为3种：①清香型烟叶：香气清雅飘逸，具有清甜香韵，香气传感速度快，扩散力强，是给予良好香气感觉的重要因素，近似于调香技术中"头香"的特性。②中间香型烟叶：香气纯正稳定，烟草本香突出，香气传感速度中等，是卷烟产品的主体香气，近似于调香技术中"体香"的特性。③浓香型烟叶：香气浓馥沉溢，具有焦甜香韵，香气传感速度较慢、绵长厚实，近似于调香技术中"基香"的特性。

近年来新研发的有3种：①焦甜香型烟叶：香气浓郁，亦焦亦甜，浓焦厚甜是其主要特色。②清甜香型烟叶：香气芬芳，亦清亦甜，柔清温甜是其主要特色。③醇甜香型烟叶：香气纯正，醇和香甜，纯香醇甜是其主要特色。

2. 晾晒烟的香气类型

晾晒烟烟叶类型较多，香气类型较复杂。除黄花烟种的莫合烟和蛤蟆烟很少或基本不被卷烟工业采用外，其他的烟种在不同的烟草制品中都有应用，共分为12种香气类型：雪茄香型（雪茄烟）、白肋香型（白肋烟）、香料香型（香料烟）、晒黄香型（晒黄烟）、似烤烟香型（晒黄烟）、调味香型（晒黄烟）、晒红香型（晒红烟）、近白肋香型（晒红烟）、亚雪茄香型（晒红烟）、调味香型（晒红烟）、半香料香型（晒红烟）和马里兰香型（浅色晾烟）。

在丰富的晾晒烟资源中，应用最多的主要有以下4种：

①似烤烟香型晒黄烟：其色泽和香气都近似于烤烟，香气量足，烟味浓度大，是弥补中式卷烟因减害降焦而造成香味损失的一个值得深入研究和应用的烟叶原料。品质较好的有广东的南雄、云南的腾冲、湖南的浏阳等。

②马里兰烟：具有突出的椴木香气，烟味特征介于白肋烟和香料烟之间，是美式卷烟香味特色的重要来源。已成为美式卷烟特色一个十分重要的资源优势。

③白肋烟：具有特殊而浓烈的香气，烟气浓度大、劲头大、燃烧性强。是美式卷烟的重要配方原料。

④香料烟：具有突出强烈的树脂香气，飘香显著。燃烧性强，是美式卷烟的重要配方原料。

3. 烟叶的香味品质评价

烟叶的香味的品质评价是对其感官质量进行定性和定量的综合判定，主要涉及香气、杂气、刺激性、劲头、浓度、余味。

①烟叶的香气主要从香气质和香气量两个方面进行评价，香气质是指烟叶香气质量的好坏。香气质好的表现为圆润细腻，令人愉快。香气质根据不同的差异分为好、较好、尚好、较差和差5个档次。香气量是指烟气中好的香气占有量的多少。香气量多的表现为充足透发，令人满足。香气量根据不同的差异分为充足、较足、尚足，较少和少5个档次。

②烟叶烟气中发出的种种令人厌恶的不良气息统称为杂气。杂气减弱香气的作用，使人产生反感。种类较多，用感官能分辨出的有：青杂气、生杂气、松脂气、木质气、土腥气、花粉气、枯焦气和地方性杂气等。杂气的档次按轻重程度分为微有、略重、较重、重和严重。

③烟叶的刺激性是指燃吸时烟气对鼻腔、口腔、喉部产生的刺、辣、呛等不愉快的感觉。对烟叶的香味品质影响较大。因此各类烟叶的刺激性应越小越好。评吸鉴定时分为小、较小、中等、较大和大5个档次。

④烟叶的劲头是指生理强度，劲头的大小与烟碱的含量呈正相关关系。劲头的大小在一定程度上影响到烟味的刺激性和吃味。烟叶劲头的大小以适中为宜。评吸鉴定时分为适中、较大、较小、大和小5个档次。

⑤烟叶的浓度是指燃吸时烟气的浓淡程度，以适中至略大为宜。评吸鉴定分为适中、较大、较小、

大和小5个档次。

⑥烟叶的余味是指烟气吐出后，烟气微粒沉降在口腔中的干净程度。余味的好坏直接影响吸食者对其的接受程度。评吸鉴定时分为纯净舒适、尚舒适、微不舒适、稍苦辣和苦辣5个档次及口腔中甜、酸、苦、辣、涩等的感觉。

4. 不同产区烟叶的香味品质评价

（1）不同产区烟叶基本质量风格特点

尽管现代卷烟技术可以利用烟叶、香料香精、卷烟纸、过滤嘴、工艺等技术来满足市场需求，但品质优良和可用性好的烟叶仍然是最受欢迎的。不同产区烟叶质量风格详见表6.1.2。

表6.1.2　不同产区烟叶质量风格

烟叶产区	烟叶香味特征
云南	清香型香气，吸味干净，微有清甜味，烟味浓度适中，微有地方性杂气，劲头适中—稍大，有刺激性
福建	清香型香气，吸味干净，微有清甜味，烟味浓度较淡—适中，微有地方性杂气，劲头适中，刺激性较轻
河南	浓香型香气，吸味干净，微有焦甜味，烟味较浓，微有地方性杂气，劲头适中—稍大，有刺激性
湖南	浓香型香气，吸味干净，微有焦甜味，烟味较浓，微有地方性杂气，劲头适中，刺激性较轻
安徽	浓香型香气，吸味尚干净，烟味较浓，地方性杂气较重，劲头适中，刺激性较大
广西	浓香型香气，吸味较干净，烟味较浓，地方性杂气较重，劲头适中，刺激性较大
贵州	中间香型香气，吸味干净，微有甜味，烟味较浓，地方性杂气略重，劲头适中，有刺激性
山东	中间香型香气，吸味尚干净，烟味较浓，地方性杂气较重，劲头适中—稍大，刺激性较大
东北三省	中间香型香气，吸味干净，烟味较淡，地方性杂气较重，劲头小，刺激性轻
四川	中间香型香气，吸味尚干净，烟味略浓，地方性杂气略重，劲头适中，有刺激性
津巴布韦	浓香型香气，吸味干净，有焦甜味，烟味中等—较浓，微有杂气，劲头适中，刺激性轻

（2）不同部位烟叶的基本吸食质量

香气：上部叶偏浓，中下部叶适中偏淡，香气质以中部叶为最好。往上、往下都变差，香气量以中部和上二棚最足，顶部叶香气量较小，中部越靠下，香气量越小。

劲头：吸味烟气浓度与劲头随部位升高而增大。

刺激性：中部叶最小，下部叶居中，上部叶较大。

杂气：中部叶较轻，上部叶较重，下部叶居中。下部叶杂气和上部叶杂气不同，下部叶主要是纤维素燃烧产生的木质气、土腥气、上部叶则是树脂、蜡质及过多的蛋白质燃烧发出的枯焦等杂气。

余味：中部叶吸味醇和、余味舒适，下部叶吸味淡，少香无味，上部叶劲头偏大，刺激性和杂气都较重，余味尚舒适。

（3）不同等级烟叶的基本吸食质量

C_1L、C_2L、C_3L、C_1F、C_2F、C_3F、B_1L、B_2L、X_1F各等级烟叶，香气质好或较好，香气量充足或尚充足，无杂气或微有杂气，烟味浓度适中或较浓和劲头适中，刺激性无或微有，余味纯净或尚纯净。

B_1F、B_2F、B_1R、B_2R、B_2V、B_3V、H_1F、H_2F各等级烟叶，香气质较好或尚好，香气量充足或尚充足，有或微有杂气，烟味浓度和劲头大，余味尚纯净。

X_1L、X_2L、X_2F、B_3L、B_3F、CX_1K、B_1K、S_1、X_2V、C_3V、B_2V各等级烟叶，香气质尚好，香气量尚充足，烟味浓度和劲头较小，杂气和刺激性较轻，余味尚纯净。

X_3L、X_4L、X_3F、X_4F、B_4L、B_4F、B_3R、CX_2K、B_1K、B_2K、B_3K、S_2、GY_1、GY_2各等级烟叶，香气质

差，香气量少，杂气重或较重，余味微滞舌，滞舌或苦涩。下部叶浓度、劲头和刺激性均小，上部叶浓度、劲头和刺激性较大。

四、卷烟香味的形成与调控

1. 对卷烟香气和吸味有重要作用的化学物质

烟草是一个复杂的有机体，烟草和烟气中已分离出 5868 种化学成分，有些对卷烟吸味起积极作用，有些起反作用。科学家从烟气中选择出 19 种，从烟草中选择出 58 种，合计 77 种，称为重要烟草天然香味成分。卷烟的吸味、愉快程度和满足感是香味成分和感官复杂作用的结果，描述卷烟吸味常用烟草的样香韵。对卷烟香气和吸味有重要作用的有以下几类：

①烟草生物碱是一个重要类群，包括近 50 种物质，存在于 60 多个不同种的烟草中。按分子结构主要有两类，一类是吡啶与氢化吡咯相结合的化合物，如烟碱（尼古丁）、去甲基烟碱（降烟碱）、去甲基去氢烟碱（麦斯明）、二烯烟碱（尼古替林）、去甲基二烯烟碱（降尼古替林）等；另一类是吡啶与吡啶（或氢化吡啶）相结合的化合物，如新烟碱（安那培新）、N-甲基新烟碱（N-甲基安那培新）、去氢新烟碱（安那他明）、N-甲基去氢新烟碱（N-甲基安那他明）、2,3-二吡啶等。其中，烟碱最为重要，约占烟草生物碱总量的 95% 以上，其次是去甲基烟碱、新烟草碱等。它作用于中枢神经系统，使人感到兴奋，也是烟草成为各种形式消费品的重要原因。去甲基烟碱又称降烟碱，以左旋、右旋、外消旋三种形式存在。降烟碱的存在对吃味不利，新烟草碱和假木贼碱的生理效应和其他性质基本上与烟碱相同。

②有机酸：a. 3-甲基戊酸和异戊酸：香味可以概括为酿香、奶酪和果香，增加香料烟特征香气，但浓度高时气息令人难以接受，在土耳其烟（香料烟）中含量较高。b. 苯乙酸：对烟气作用较大，赋予卷烟甜香和蜂蜜样香。

③非挥发性有机酸：a. 影响烟叶 pH：柠檬酸、山梨酸和酒石酸等主要用来调节烟气 pH，减轻刺激性，改善余味。b. 影响烟气的酸碱平衡，间接影响烟草香气。酸碱平衡并非是酸碱中和，并且酸碱平衡也因人而异，真正的酸碱平衡（烟气 pH）是偏碱性的。c. 有机酸盐可以作为助燃剂（苹果酸钾）或保润剂（乳酸钾）。

④总挥发性酸：烟叶等级越高，品质越好，总挥发性酸含量越高。在挥发性有机酸中，主要指 C_{10} 以下的低级脂肪酸和部分芳香酸（苯甲酸、苯乙酸）起作用。a. 直接挥发进入烟气，对吃味和香气产生明显影响。挥发性酸是香气物质，含量高低直接影响烟草的香气。b. 香料烟中的戊酸、异戊酸和 β-甲基戊酸含量很高，被认为赋予了香料烟的特征香气。c. 烟草中挥发性酸含量过高也不好，使烟气刺激喉部，产生辛辣灼烧的感觉。

⑤烟草中醇类化合物的含量范围约为 0.77% ～ 1.25%，在烟叶中鉴定有 334 种，烟气中有 157 种，包括脂肪醇、脂环醇、芳香醇、甾醇、萜醇等。$C_1 ～ C_6$ 的直链饱和脂肪醇从吃味微弱到有青草香气，$C_7 ～ C_{13}$ 的直链饱和脂肪醇有微弱的玫瑰花香气，C_{13} 以上的直链饱和醇几乎无气味。低分子醇能使烟气醇和，如乙醇常做烟草香精的溶剂，用量较大。

⑥酮类化合物：a. 茄酮具有新鲜胡萝卜样的香味，增加烟草香，使烟气丰满又醇和细腻。b. 巨豆三烯酮来源于胡萝卜素的降解，一般制备产品是 4 种异构体混合物，具有类似于干草样甜香，增加烟草甜香，使烟气和顺。c. 金合欢基丙酮具有淡的清甜香气，增加清甜香和烤烟香，香叶基丙酮具有穿透性的清甜香、微玫瑰香，增加清甜香，降茄二酮弱的甜香，似胡萝卜酮香，增加卷烟柔和性，圆和烟气。d. 烟草中重要的酮类物质还有 2-甲基-二氢呋喃酮、β-紫罗兰酮、岩兰草酮、β-大马酮和 β-二氢大马酮等。

2. 卷烟香味的形成

影响卷烟感官质量和风格特色的因素非常复杂，从烟叶栽培、调制、加工及工业利用到最终形成烟气的整个过程，每一个环节都非常重要。研究出一个香味良好和畅销的卷烟产品，不仅受烟叶原料和卷烟材料及各种技术因素的影响，更要经得起消费者的市场检验。

①天然香味主要从烟叶原料中获得。卷烟感官质量和风格特色的形成与变化，在很大程度上取决于所用的烟叶原料，尽管我们可以采用各种技术手段来满足消费者的需求，但特色优质的烟叶仍然深受卷烟配方设计人员欢迎。

②过程香味是指在加工过程中因热反应等因素产生的香味。卷烟香味不是静态的，而是处于动力平衡状态。卷烟工艺专家最关心的是对这些香味变化的认识，以便利用这些变化来改进和提高卷烟产品的可接受性。

③调配香味是指采用各式各样的香味组分来进行配合所产生的香味。这是卷烟香味形成中非常精华的部分，这种技术来自于卷烟调香师长期的实践和对成百上千种可用于卷烟产品中的香味物质的物理化学性质和感觉性质的充分了解和熟练应用。

④降解香味是指卷烟在燃烧过程中因氧化或裂解所产生的香味。如糖在温度 300 ℃以上时可单独热解形成多种香气物质（如呋喃衍生物、酮类、醛类等羰基化合物）。糖与氨基酸经过美拉德反应可生成多种香气物质，产生令人愉快的香气，掩盖其他物质产生的杂气。

3. 卷烟香味的调控

卷烟产品最终形成的香味实质上是香味轮廓变化的过程，调控时必须考虑到香味的品质和特色，使最终形成的香味轮廓符合特别口味的消费者需求。

①广泛选择烟叶来源，加强不同产区不同等级烟叶之间的相似性和替代性研究。我国幅员辽阔，各产烟区因各自生态环境等因素的不同，而使烟叶的香味品质和风格特色迥异，不同烟叶中每种化学成分都在形成烟草香味综合体中起作用，而这些化学成分将因生态条件、品种、技术的不同而产生不同的结果。

②增强香味风格，包括提高所需香味组分的浓度，增加类似或有辅助效果的香味组分等，以增强并扩展香味品质和风格。

③克服香味缺陷，包括采用遮盖性能良好的烟叶或香精香料，减少产生不良气息的组分，调整工艺加工条件等，始终使消费者感到满意。

五、卷烟感官质量分析与评价方法

卷烟的感官分析与评价是对卷烟的香气和口味进行分析描述和判定。

1. 评价器官的作用

视觉虽不像嗅觉和味觉那样对卷烟感官分析与评价起决定性作用，但仍然具有重要的影响。卷烟的光泽（颜色、油分）变化会影响到其他的感觉，这除了光泽（颜色、油分）与卷烟香味品质密切相关外，心理影响也是很重要的因素。

口腔对烟气的浓淡程度，烟气的细腻感和粗糙感，刺激性的种类和大小有明显的感觉。同时还可以感觉到烟味的酸、甜、苦、辣、涩等，这是由口腔中烟气溶解的物质引起的通过舌部获得的感受。

鼻腔能对香气的特征、香气的优劣、杂气的轻重、刺激性的大小做出判断，这是由口腔中烟气逸出的挥发性成分引起的通过鼻腔获得的感受。

喉部的作用有两个方面，一是可以感觉到刺激性的种类和大小，二是可以感觉到劲头的大小，这是由口腔中烟气碱性等成分引起的通过喉部获得的感受。

2. 感官质量评价的形式

①单一形式指采用样品按序单独进行评吸方法，评价其与相关标准的符合性。

②对比形式指采用两个样品互相比较的评吸方法，是以选定一个样品为标准，与第二个样品进行评吸比较，看第二个样品是否符合标准样品的香味特征和品质。

③选择形式指采用两个以上样品进行评吸，目的是在多个样品中选择出最理想的样品。

④暗评形式指评吸时不让评吸员知道样品的信息，排除偏见和心理干扰，客观、公正的对样品做出评价，暗评形式可同其他评吸形式结合应用。

3. 感官评吸评价的方法

不同的评吸方法得出的评吸结果是不同甚至是相反的。

①烟气局部循环法是指在评吸时只用部分感觉器官进行评吸判断。即当烟气被吸入口腔后，稍微停留一下，然后直接通过鼻腔徐徐呼出这一小的循环过程。这一方法只能对个别项目进行判断，如香气、烟气的浓度，不能对样品做出全面的综合判断。

②烟气整体循环法是指评吸时采用全部感觉器官进行评吸判断。即当烟气被吸入口腔稍微停留后，通过喉部将烟气吞咽下去，然后再由鼻腔徐徐呼出。只有采用整体循环法才能对样品的香气特征、香气质量是否谐调，杂气轻重、浓度大小、劲头大小、刺激性大小、余味的干净和舒适程度做出全面的判断。

4. 卷烟产品的感官质量评价

按国家标准 GB 5606《卷烟》内容，卷烟产品的质量要求涉及包装、卷制、感官及主流氧气技术要求的几个部分，最后以各自规定的权重进行质量综合判定。

卷烟产品的感官质量通常包括：光泽、香气、谐调、杂气、刺激性、余味六项技术要求。

①光泽是指卷烟烟丝的油润和鲜明程度，其鉴定用视觉感受来完成的。光泽好的卷烟烟丝有油性而发亮，任何出现杂色和光泽黑暗的烟丝，都将影响卷烟的吸味质量。烟丝的光泽与未经加工的烟叶的光泽有所不同。每个牌号的卷烟都要求其烟丝颜色一致、光泽油润，不同级别略有差异。鉴定时要求整盒检验其光泽，不能剥开烟支或在光线下对一支、几支进行观察打分，更不能在有颜色的光线或阳光直射下观察。

②香气是指卷烟烟气本身所具有的芳香气息，是衡量卷烟感官质量的重要指标，其鉴定是通过嗅觉感受和味觉感受完成的。香气包括了质和量的双重含义，一是香气的质，二是香气的量，二者兼顾，综合评价。质的优劣靠鼻腔去判断，量的多少靠口腔、鼻腔衡量。其术语有香气清雅、香气浓馥、丰满、醇厚、浓郁、浑厚、清新等。在成品烟中，香气用香气量、香气质、谐调性进行综合评价；单料烟用风格特征判断香气类型，用充足、尚充足、有、少、平淡等判定描述香气量的多少。

③谐调是指卷烟配方中各组分在燃吸过程中烟气混合均匀、谐调一致，不显露任何单体的气息，包括加料加香与烟叶配方调和烟叶中各单体原料间的调和。谐调鉴定靠鼻腔感受完成。在产品的评吸中，不仅要从加料加香方面衡量香气，还要考虑烟气香型类型的协调与否。

④杂气是指烟气中令人不愉快的气息。杂气的产生来自两个方面，一是烟叶本身固有的，如木质气、生青气、枯焦气等；另一种是烟叶以外的，如不良加香产生的化妆品气息，环境因素产生的（汽）油类、药草等气息。杂气的存在会影响卷烟的香气，烟气中的杂气主要来源于烟叶原料，大部分可以通过卷烟配方、加料加香、工艺处理予以改善和消除。

⑤刺激是指烟气对人的感官产生的不良刺激和不舒适感受，是衡量卷烟质量的重要指标，种类有尖刺和呛刺之分。在吸烟过程中，烟气是通过口腔、喉部进入肺部再由鼻腔呼出，烟气对所通过的感觉器官都有可能产生不良刺激，故刺激的部位有刺口腔、刺喉部、刺鼻腔之分。在成品烟和单料烟中，刺激性均用微有、有、较大、很大等描述刺激性的强弱。卷烟的档次越高，要求刺激性越小。

⑥余味是指烟气呼出后遗留下来的味觉感受，包括干净程序和舒适程度，是衡量卷烟质量的重要指标。干净程度是指烟气呼出后口腔里有无残留的感觉，舒适程度是指烟气是否细腻圆润。余味鉴定要靠口腔和舌头的感受来判断，如对酸、甜、苦、辣、涩的味觉、对加香加料残余物的反应程度。余味不好主要有不净、滞舌、不适等感受。对成品烟，余味用舒适程度和干净程度加以描述；而对于单料烟，可描述为干燥、苦涩、滞舌、残留或纯净舒适等。卷烟的档次越高，余味越干净、舒适，口腔感觉越纯净，无涩口、滞舌的感觉。

5. 感官评吸评价的规则

①参加感官评吸评价的人数每次必须在 7 人以上。

②所有感官评吸评价员的结果均为有效。

③各项目均以 0.5 分为记分单位。

④按式（6-1）计算单项平均得分，精确至 0.01。

$$\overline{X_i} = \Sigma Xi/n, \tag{6-1}$$

式中：ΣXi——某单项加和；

  n——参加评吸人数；

  $\overline{X_i}$——某单项平均得分。

⑤感官质量得分以各单项平均得分之和表示，精确至 0.1。

6. 卷烟危害性指数评价

卷烟危害性指数技术要求，是近年来国家烟草专卖局对卷烟减害降焦的一项技术要求，每年都对在生产和销售的卷烟产品的危害性指数全行业监督检验、统计通报及要求。

一般用 CO、HCN、NNK、NH$_3$、苯并 [α] 芘、苯酚、巴豆醛等 7 项指标来表征卷烟主流烟气生物危害性。卷烟危害性评价指数计算方法如下：

$$H = \frac{X_{co}}{14.8} + \frac{X_{HCN}}{126.7} + \frac{X_{NNK}}{4.7} + \frac{X_{NN_3}}{7.8} + \frac{X_{b[a]p}}{8.2} + \frac{X_{苯酚}}{22.1} + \frac{X_{巴豆醛}}{19.4} \tag{6-2}$$

式中：H——卷烟危害性评价指数；

X_{co}——卷烟主流烟气中 CO 释放量实测值，单位为 mg / 支；

X_{HCN}——卷烟主流烟气中 HCN 释放量实测值，单位为 μg / 支；

X_{NNK}——卷烟主流烟气中 NNK 释放量实测值，单位为 ng / 支；

X_{NH_3}——卷烟主流烟气中 NH$_3$ 释放量实测值，单位为 μg / 支；

$X_{b[a]p}$——卷烟主流烟气中苯并 [α] 芘释放量实测值，单位为 ng / 支；

$X_{苯酚}$——卷烟主流烟气中苯酚释放量实测值，单位为 μg / 支；

$X_{巴豆醛}$——卷烟主流烟气中巴豆醛释放量实测值，单位为 μg / 支。

叶组配方设计时要考虑卷烟危害性指数的问题，越低越好。

第二节　国产白肋烟、马里兰烟与晒红烟在低焦油产品中应用

根据本书前面研究得出的部分规律性，将几类烟叶中主要理化成分的经验关系进行小结。采用书中前面感官质量评分和基本风格特征、相似聚类替代结果、烟叶到烟气中亚硝胺和烟碱转移率等研究结果的前提下，使用国产白肋烟、马里兰烟及晒红烟在低焦油（小于 8 mg / 支）卷烟中进行工业应用性研究与验证。

一、几类烟叶中主要理化成分的经验关系小结

忽略烤烟烟叶与薄片、梗丝、烤烟膨胀丝不均质的差异，按某企业使用烤烟型产品叶组配方求各主要理化成分的均值，作为烤烟烟叶中各主要理化成分的参考值。白肋烟、马里兰烟和晒红烟等烟叶中各主要理化成分的参考值，均从本书前面研究结果中归纳统计得来，相关信息详见表 6.2.1 和表 6.2.2。转移率是指某个化学成分在烟气中的含量与其在烟叶中的含量比值。

表 6.2.1　烤烟、马里兰烟及白肋烟烟叶的相关化学指标信息

烟叶类型	烤烟	马里兰烟	白肋烟					
烟叶名称	本企业用均值	湖北宜昌五峰	云南宾川	四川达州宣汉、万源	重庆罗天	湖北恩施	湖北鹤峰	湖北巴东
编号	KY	MLL	YNBL	SCBL	CQBL	BL$_1$	BL$_2$	BL$_3$
总植物碱 / %	2.260	4.456	4.385	5.232	4.367	5.508	5.448	4.880
NAT / (ng · g^{-1})	102.49	4937.848	3243.557	4201.409	3062.067	8106.21	3960.520	6524.235
NNK / (ng · g^{-1})	36.19	308.813	220.081	335.067	294.118	393.402	223.763	411.577
NNN / (ng · g^{-1})	118.7	17528.903	2696.763	6975.170	4997.941	20780.11	8859.118	21417.246
烟碱转移率 / (% · cig^{-1})	9.7	11.3	9.8	9.9	8.4	10.8	10.3	9.8
NAT 转移率 / (% · cig^{-1})	22.828	20.288	40.674	17.680	17.242	17.351	24.280	23.915
NNK 转移率 / (% · cig^{-1})	25.140	37.966	37.451	22.650	19.330	34.082	26.820	22.120
NNN 转移率 / (% · cig^{-1})	17.432	22.325	36.875	16.349	10.419	15.908	21.393	15.834
烟碱 SD	2.1	1.3	1.7	1.6	1.1	1.1	1.1	2.4
NAT 的 SD	8.630	8.563	6.624	5.125	1.148	6.309	3.793	16.137
NNK 的 SD	11.036	8.532	16.594	5.259	9.612	6.298	5.497	10.293
NNN 的 SD	7.311	8.950	5.545	6.090	3.122	6.028	3.809	10.736
还原糖 / %	24.30	0.633	0.145	0.821	0.297	0.220	0.313	0.235
总糖 / %	26.49	1.090	0.418	1.149	0.660	0.607	0.815	0.590
总植物碱 / %	2.59	4.456	4.385	5.232	4.367	5.508	5.448	4.880
总氮 / %	2.09	4.345	4.510	4.466	4.057	4.479	4.538	4.760
钾 / %	2.46	4.787	4.060	4.598	3.917	5.044	4.538	3.935
氯 / %	0.17	0.373	0.845	0.733	0.410	0.747	0.615	0.420
蛋白质 / %	13.09	8.106	7.910	8.064	7.100	7.638	7.500	7.855

表 6.2.2　晒红烟烟叶的相关化学指标信息

烟叶类型	晒红烟									
烟叶名称	吉林	湖南	贵州	四川	江西	陕西	浙江	山东	内蒙古	黑龙江
编号	JLSH	HNSH	GZSH	SCSH	JXSH	SXSH	ZJSH	SDSH	NMSH	HLJSH
总植物碱 /%	4.38	5.80	4.63	3.24	4.81	3.85	6.40	5.93	5.60	4.80
NAT /（ng·g⁻¹）	1380.63	2195.69	858.53	4613.48	9965.06	4182.05	29 601.28	8553.50	2053.87	7163.62
NNK /（ng·g⁻¹）	279.80	237.93	173.82	478.35	1633.78	388.75	2101.01	1097.34	167.20	657.01
NNN /（ng·g⁻¹）	942.50	2137.92	841.78	2595.64	11876.56	2556.45	22260.76	8127.03	1731.02	7128.14
烟碱转移率/（%·cig⁻¹）	13.4	13.0	11.2	11.3	10.5	15.0	12.9	15.3	10.0	10.0
NAT 转移率/（%·cig⁻¹）	24.882	21.619	20.656	24.123	11.272	21.249	10.171	22.296	63.981	8.036
NNK 转移率/（%·cig⁻¹）	27.054	16.701	19.256	29.469	28.21	27.887	16.624	29.806	33.331	23.059
NNN 转移率/（%·cig⁻¹）	18.988	12.531	13.805	22.796	9.648	22.09	8.913	18.949	40.823	5.779
烟碱 SD	1.6	2.1	1.8	2.3	2.9	2.1	1.5	2.3	2.4	2.4
NAT 的 SD	7.019	9.982	9.609	11.289	5.104	10.443	7.803	22.031	2.216	0.805
NNK 的 SD	13.289	7.850	9.637	15.029	11.011	17.812	4.853	17.227	0.170	13.487
NNN 的 SD	6.270	5.954	6.936	10.253	2.903	9.199	5.916	24.336	0.243	1.096
还原糖 /%	3.55	3.51	1.58	0.38	0.67	2.01	0.67	2.76	1.58	2.50
总糖 /%	4.08	4.24	2.34	0.72	1.06	2.52	1.08	3.48	2.04	3.01
总植物碱 /%	4.38	5.80	4.63	3.24	4.81	3.85	6.40	5.93	5.60	4.80
总氮 /%	3.63	3.60	3.22	4.33	4.49	3.88	4.48	3.81	4.14	3.80
钾 /%	3.38	2.96	2.59	4.33	4.52	1.41	2.80	1.38	3.01	3.23
氯 /%	0.47	0.98	0.72	0.69	1.64	1.02	0.66	0.60	0.59	0.53
蛋白质 /%	7.25	7.39	7.20	10.95	13.13	10.17	9.13	8.27	8.72	8.30

二、低焦油卷烟的工业应用模拟结果

5 mg 产品的叶组配方设计比例，详见表 6.2.3，在某企业烤烟原料假定恒定不变情况下，因马里兰烟只有一个产地，故白肋烟烟叶选择为重点。根据感官质量评价结果，结合前面的聚类替代研究结论，云南差异大，四川离散性大，故选恩施地区 3 个小产地的烟叶，配伍性较强，烟叶编号见 6.2.1 和表 6.2.2。以理想化的工艺条件生产，按无嘴烟烟支克重进行模拟预测，常规化学成分模拟运算结果见表 6.2.4，表 6.2.5 为烟气中 4 种指标的模拟运算结果。

表 6.2.3　5 mg 产品配方比例和烟支克重情况

样品名称	烟支克重 / g	折算过滤嘴重量 / g	扣除滤嘴后 / g	晒红烟比例 /%	白肋烟比例 /%	马里兰烟比例 /%	其他（烤烟 / 薄片 / 梗丝 / 烤烟膨胀丝）/%
5 mg 配方产品	0.8330	0.1875	0.6455	0.00	14.40	7.51	78.09

表 6.2.4　5 mg 产品按配方比例的常规成分模拟运算结果

白肋烟编号	还原糖 / %	总糖 / %	总植物碱 / %	总氮 / %	钾 / %	氯 / %	蛋白质 / %	糖碱比	钾氯比	氮碱比	施木克值	两糖比
BL$_1$	12.30	13.46	2.02	1.67	1.93	0.17	7.68	6.67	11.27	0.83	1.29	0.91
BL$_2$	12.31	13.48	2.01	1.67	1.88	0.16	7.67	6.70	11.82	0.83	1.29	0.91
BL$_3$	12.30	13.46	1.96	1.69	1.83	0.14	7.70	6.87	12.91	0.86	1.27	0.91
白肋均混	12.30	13.46	2.00	1.68	1.88	0.16	7.68	6.75	11.95	0.84	1.28	0.91

表 6.2.5　5 mg 产品按配方比例的烟气中 4 种指标的模拟运算结果

白肋烟编号	烟气中烟碱 / (mg·cig^{-1})	烟气中 NAT / (ng·cig^{-1})	烟气中 NNK / (ng·cig^{-1})	烟气中 NNN / (ng·cig^{-1})
BL$_1$	0.205 ± 0.036	162.972 ± 62.267	22.347 ± 5.522	497.895 ± 193.255
BL$_2$	0.201 ± 0.036	146.972 ± 38.487	15.675 ± 4.399	370.848 ± 110.825
BL$_3$	0.194 ± 0.041	200.893 ± 119.785	18.470 ± 7.106	505.589 ± 287.538
白肋均混	0.200 ± 0.038	172.207 ± 69.731	18.817 ± 5.565	503.544 ± 197.904

三、低焦油卷烟工业应用验证结果

因某企业库存只有湖北恩施白肋烟，故以其附近 3 个小产地均匀混配后的白肋烟为原料进行叶组投料生产，产品取样按行业标准进行化学分析测试，结果见表 6.2.6、表 6.2.7 和表 6.2.8。

表 6.2.6　5 mg 产品的实际测定结果

配方	项目	总糖 / %	总烟碱 / %	总氮 / %	总氯 / %	钾 / %	糖碱比	钾氯比	氮碱比	施木克值
5 mg 产品	平均值	15.74	1.93	2.34	0.69	3.23	8.17	4.77	1.21	1.08
	标准偏差	1.16	0.09	0.09	0.11	0.09	0.82	0.90	0.04	0.12
	样本方差	1.34	0.01	0.01	0.01	0.01	0.68	0.81	0.00	0.01
	最小值	13.30	1.75	2.20	0.40	3.09	6.55	3.72	1.09	0.83
	最大值	17.78	2.10	2.57	0.91	3.43	9.41	7.85	1.30	1.29
	相对极差	0.28	0.18	0.15	0.72	0.11	0.35	0.87	0.17	0.43
	2σ	2.32	0.18	0.19	0.22	0.18	1.65	1.81	0.09	0.23

表 6.2.7　5 mg 产品的无嘴烟部分测试结果

样品名称	烟支克重 / g	扣除滤嘴后 / g	NAT 释放量 / (ng·支$^{-1}$)	NNK 释放量 / (ng·支$^{-1}$)	NNN 释放量 / (ng·支$^{-1}$)	NAB 释放量 / (ng·支$^{-1}$)	备注（均为 25 mm 滤嘴）
5 mg 配方产品	0.833	0.6455	104.692 ± 5.075	29.739 ± 3.565	358.363 ± 27.933	11.078 ± 1.115	0.8 mm 间距打两排孔

表 6.2.8　5 mg 产品含有复合滤嘴的测试结果

样品名称	实测烟气中烟碱 / (mg·支$^{-1}$)	盒标烟气烟碱量 / (mg·支$^{-1}$)	实测焦油量 / (mg·支$^{-1}$)	盒标焦油量 / (mg·支$^{-1}$)	NAT 释放量 / (ng·支$^{-1}$)	NNK 释放量 / (ng·支$^{-1}$)	NNN 释放量 / (ng·支$^{-1}$)	NAB 释放量 / (ng·支$^{-1}$)	卷烟危害性评价指数
5 mg 配方产品	0.37	0.4	4.76	5.0	66.85	13.98	121.68	7.64	7.305

从 3 个表中的结果可知，模拟预测结果：总糖和总烟碱含量符合实际样品的检测，5 mg 产品的无嘴烟部分烟气指标中烟碱含量、NAT、NNK、NNN 等释放量也符合实际样品的检测。但钾、氯、总氮及相应比值却低于实际测定值，这些因素对烤烟烟叶来说是主要影响因素，即使忽略烤烟烟叶在薄片、梗丝、烤烟膨胀丝不均质方面的差异，在上述方面还会存在一些差异。如果精确制作一个模拟产品配方理化工具，还有许多烤烟原料需要进行研究。

第三节 国产白肋烟、马里兰烟与晒红烟在超低焦油产品中应用

根据本章第二节中总结出的几类烟叶中主要理化成分的经验关系，使用国产白肋烟、马里兰烟和晒红烟烟叶在超低焦油（≤3 mg/ 支）卷烟叶组配方设计中进行工业应用性研究与验证。

一、超低焦油卷烟的工业应用模拟结果

在某企业烤烟原料假定恒定不变，因马里兰烟只有一个产地，故白肋烟和晒红烟烟叶选择为重点。结合感官质量评价和聚类替代结果，云南差异大，四川离散性大，故选恩施地区 3 个小产地的烟叶，配伍性较强，晒红烟以企业常用吉林地区和聚类替代结果相近的湖南与贵州为主，烟叶编号见表 6.2.1 和表 6.2.2。1 mg 和 3 mg 产品叶组配方设计比例详见表 6.3.1，以理想化的工艺条件进行生产，按无嘴烟烟支克重进行模拟预测，常规化学成分模拟运算结果见表 6.3.2，表 6.3.3 为烟气中 4 种指标的模拟运算结果。

表 6.3.1　1 mg 和 3 mg 产品配方比例和烟支克重情况

样品名称	烟支克重 / g	折算过滤嘴重量 / g	扣除滤嘴后 / g	晒红烟比例 / %	白肋烟比例 / %	马里兰烟比例 / %	其他（烤烟 / 薄片 / 梗丝 / 烤烟膨胀丝）/ %
1 mg 配方产品	0.852	0.2265	0.6255	3.00	12.00	9.00	76.00
3 mg 配方产品	0.856	0.1790	0.6770	3.00	12.00	9.00	76.00

表 6.3.2　1 mg 和 3 mg 产品按配方比例的常规成分模拟运算结果

晒红烟使用地	白肋烟编号	还原糖 / %	总糖 / %	总植物碱 / %	总氮 / %	钾 / %	氯 / %	蛋白质 / %	糖碱比	钾氯比	氮碱比	施木克值	两糖比
吉林 JLSH	BL$_1$	11.67	12.78	1.98	1.64	1.88	0.17	7.39	6.46	11.29	0.83	1.24	0.91
	BL$_2$	11.68	12.79	1.97	1.65	1.84	0.16	7.38	6.48	11.76	0.84	1.24	0.91
	BL$_3$	11.67	12.77	1.93	1.67	1.80	0.14	7.40	6.62	12.65	0.86	1.23	0.91
	白肋均混	11.67	12.78	1.96	1.65	1.84	0.16	7.39	6.52	11.86	0.84	1.24	0.91
湖南 HNSH	BL$_1$	11.67	12.78	2.00	1.64	1.87	0.18	7.39	6.38	10.63	0.82	1.24	0.91
	BL$_2$	11.68	12.79	2.00	1.65	1.84	0.17	7.38	6.40	11.04	0.82	1.24	0.91
	BL$_3$	11.67	12.78	1.96	1.66	1.79	0.15	7.41	6.53	11.80	0.85	1.23	0.91
	白肋均混	11.67	12.78	1.99	1.65	1.83	0.16	7.39	6.44	11.13	0.83	1.24	0.91
贵州 GZSH	BL$_1$	11.63	12.74	1.98	1.64	1.87	0.17	7.39	6.43	10.89	0.83	1.25	0.91
	BL$_2$	11.64	12.76	1.98	1.64	1.83	0.16	7.38	6.45	11.33	0.83	1.24	0.91
	BL$_3$	11.63	12.74	1.93	1.66	1.78	0.15	7.40	6.59	12.15	0.86	1.23	0.91
	白肋均混	11.64	12.75	1.96	1.65	1.83	0.16	7.39	6.49	11.42	0.84	1.24	0.91

晒红烟使用地	白肋烟编号	还原糖/%	总糖/%	总植物碱/%	总氮/%	钾/%	氯/%	蛋白质/%	糖碱比	钾氯比	氮碱比	施木克值	两糖比
HNSH和GZSH均混	BL₁	11.65	12.76	1.99	1.64	1.87	0.17	7.39	6.40	10.76	0.82	1.24	0.91
	BL₂	11.66	12.78	1.99	1.64	1.83	0.16	7.38	6.43	11.18	0.83	1.24	0.91
	BL₃	11.65	12.76	1.95	1.66	1.79	0.15	7.41	6.56	11.97	0.85	1.23	0.91
	白肋均混	11.65	12.77	1.98	1.65	1.83	0.16	7.39	6.46	11.27	0.83	1.24	0.91

6.3.3 1 mg 和 3 mg 产品按配方比例的烟气中 4 种指标的模拟运算结果

晒红烟使用地	白肋烟编号	烟气中烟碱/(mg·cig⁻¹)	烟气中NAT/(ng·cig⁻¹)	烟气中NNK/(ng·cig⁻¹)	烟气中NNN/(ng·cig⁻¹)
吉林JLSH	BL₁	0.203±0.036	179.537±68.212	22.41±5.939	481.628±187.575
	BL₂	0.201±0.035	146.143±41.102	16.85±5.003	375.755±118.884
	BL₃	0.194±0.040	191.077±108.851	19.179±7.260	488.039±266.145
	白肋均混	0.172±0.034	111.043±54.847	14.244±4.962	308.839±144.640
湖南HNSH	BL₁	0.207±0.036	181.998±70.507	21.735±5.592	483.297±188.855
	BL₂	0.204±0.036	148.604±43.397	16.175±4.656	377.424±120.164
	BL₃	0.198±0.040	193.538±111.145	18.504±6.913	489.708±267.425
	白肋均混	0.175±0.035	113.505±57.141	13.569±4.615	310.508±145.919
贵州GZSH	BL₁	0.202±0.036	176.418±67.942	21.617±5.557	480.45±187.563
	BL₂	0.199±0.036	143.024±40.832	16.058±4.620	374.578±118.870
	BL₃	0.193±0.040	187.958±108.581	18.387±6.876	486.861±266.132
	白肋均混	0.17±0.035	107.925±54.576	13.451±4.580	307.662±144.626
HNSH和GZSH均混	BL₁	0.204±0.036	179.147±69.202	21.684±5.580	481.951±188.268
	BL₂	0.202±0.036	145.754±42.091	16.124±4.644	376.078±119.577
	BL₃	0.195±0.041	190.688±109.839	18.453±6.900	488.362±266.838
	白肋均混	0.172±0.035	110.654±55.836	13.518±4.602	309.163±145.332

二、超低焦油卷烟工业应用验证结果

因本企业库存只有吉林晒红烟，故以吉林晒红烟和湖北恩施附近3个小产地均匀混配后的白肋烟为原料进行叶组投料生产，产品取样按行业标准进行化学分析测试，结果见表6.3.4、表6.3.5和表6.3.6。

表 6.3.4 1 mg 和 3 mg 产品的实际测定结果

配方	项目	总糖/%	总烟碱/%	总氮/%	总氯/%	钾/%	糖碱比	钾氯比	氮碱比	施木克值
1 mg 产品	平均值	13.25	1.78	2.24	0.70	3.52	7.46	5.10	1.26	0.95
	标准偏差	1.09	0.09	0.11	0.09	0.15	0.79	0.61	0.06	0.11
	最小值	11.35	1.65	2.12	0.57	3.27	6.21	4.00	1.18	0.73
	最大值	14.95	1.97	2.47	0.87	3.73	8.25	6.37	1.36	1.07
	相对极差	0.27	0.18	0.15	0.43	0.13	0.27	0.46	0.14	0.36
	2σ	2.19	0.18	0.22	0.17	0.31	1.58	1.22	0.12	0.23

配方	项目	总糖 / %	总烟碱 / %	总氮 / %	总氯 / %	钾 / %	糖碱比	钾氯比	氮碱比	施木克值
3 mg 产品	平均值	15.03	1.97	2.35	0.75	3.23	7.66	4.37	1.20	1.03
	标准偏差	1.06	0.10	0.10	0.08	0.12	0.74	0.53	0.06	0.11
	最小值	12.40	1.76	2.17	0.52	3.00	6.25	3.70	1.11	0.77
3 mg 产品	最大值	16.25	2.13	2.56	0.86	3.48	8.83	6.23	1.29	1.20
	相对极差	0.26	0.19	0.17	0.46	0.15	0.34	0.58	0.15	0.41
	2σ	2.13	0.19	0.19	0.15	0.24	1.49	1.06	0.11	0.22

表 6.3.5　1 mg 和 3 mg 产品的无嘴烟部分烟气指标的测试结果

样品名称	烟支克重 / g	扣除滤嘴后 / g	NAT 释放量 / (ng·支$^{-1}$)	NNK 释放量 / (ng·支$^{-1}$)	NNN 释放量 / (ng·支$^{-1}$)	NAB 释放量 / (ng·支$^{-1}$)	备注（均为 25 mm 滤嘴）
1 mg 配方产品	0.852	0.6255	90.026 ± 3.215	19.036 ± 0.828	163.703 ± 8.673	9.493 ± 1.128	1 mm 间距打四排孔
3 mg 配方产品	0.856	0.677	98.545 ± 2.097	22.220 ± 0.976	228.053 ± 14.434	10.612 ± 0.520	2 mm 间距打两排孔

表 6.3.6　1 mg 和 3 mg 产品含有复合滤嘴的测试结果

样品名称	实测烟气中烟碱 / (mg·支$^{-1}$)	盒标烟气烟碱量 / (mg·支$^{-1}$)	实测焦油量 / (mg·支$^{-1}$)	盒标焦油量 / (mg·支$^{-1}$)	NAT 释放量 / (ng·支$^{-1}$)	NNK 释放量 / (ng·支$^{-1}$)	NNN 释放量 / (ng·支$^{-1}$)	NAB 释放量 / (ng·支$^{-1}$)	卷烟危害性评价指数
1 mg 配方产品	0.12	0.1	1.44	1.0	34.41	7.67	66.08	3.49	3.644
3 mg 配方产品	0.24	0.2	2.68	3.0	40.46	9.89	79.95	4.11	5.432

　　从 3 个表中的结果知，模拟预测结果：总糖和总烟碱含量符合实际样品的检测，1 mg 和 3 mg 产品的无嘴烟部分烟气指标中烟碱含量、NAT、NNK、NNN 等释放量也符合实际样品的检测。但钾、氯、总氮及相应比值却低于实际测定值，这些因素对烤烟烟叶来说是主要影响因素，即使忽略烤烟烟叶在薄片、梗丝、烤烟膨胀丝不均质方面的差异，在上述方面还会存在一些差异。如果精确制作一个模拟产品配方理化工具，还有许多烤烟原料要进行研究。

三、结果与讨论

　　本书中的研究虽然使用的是未经醇化晾晒烟，但总结得出烟叶到烟气的烟碱和亚硝胺转移率非常适用，基本符合低焦油（5 mg）和超低焦油（1 mg 和 3 mg）的混合型实际卷烟产品的测定范围，为提升卷烟配方不同比例混配后的烟气中烟碱和 NAT、NNK、NNN 释放量预控力，积累了一定技术基础。这一点与 Hoffmann 和他的同事们研究文献报道相一致：烟草 NNK 约有 26% ～ 37% 是从烟草转移来的，其余是燃吸期间经热合成形成的。

　　部分情况说明：本书中的研究没有得出烟气中 NAB 释放量，是因为 NAB 指标有时会低于分析仪器检出限，故未强行得出其转移率结果。本书中的研究因未涉及烤烟和其他填充料的研究，故预测范围较大。主流烟气有害成分释放量不仅与其前体物的含量有关，更与烟叶燃烧性因子、填充性能、叶片结构有关。如今后有相应的烤烟和其他填充料原料的深入研究结果，将会大大补充本书中的应用成果。

第七章

卷烟烟气特性与减害

第一节　烟气的理化特性

一、卷烟的燃烧过程

卷烟的燃烧是一个非常复杂的物理化学变化过程。在烟支点燃的过程中，当温度上升到300℃时，烟丝中的挥发性成分开始挥发而形成烟气；上升到450℃时，烟丝开始焦化；温度上升到600℃时，烟支被点燃而开始燃烧。烟支燃烧有两种：一种是抽吸时的燃烧，称为吸燃；另一种是抽吸间隙的燃烧，称为阴燃（亦称为静燃）。抽吸时从卷烟的滤嘴端吸出的烟气称为主流烟气（Mainstream Smoke, MS），抽吸间隙从燃烧端释放出来和透过卷烟纸扩散直接进入环境的烟气称为侧流烟气（Sidestream Smoke，SS）。烟支燃烧时，燃烧的一端呈锥体状。抽吸时，大部分空气从燃烧锥与卷烟纸相接处进入，锥体的中部则形成一个致密的碳化体，气流不容易通过，锥体中心含氧量很低，燃烧受到限制，造成不完全燃烧。根据燃烧的烟支温度变化和化学反应不同，划分成3个区域，即高温燃烧区、热解蒸馏区和低温冷凝区，见图7.1.1。

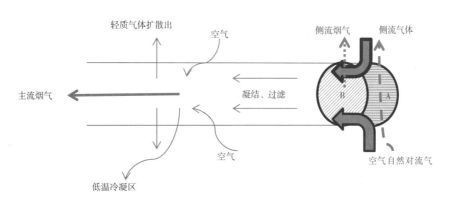

A—高温燃烧区；B—热解蒸馏区。

图 7.1.1　燃烧着的卷烟剖面

高温燃烧区位于烟支的前部，主要由炭化体组成，抽吸时，中心温度最高825～850℃。而卷烟纸燃烧线前方0.2～1.0 mm处温度最高可达910℃，这里也是空气进入燃烧区最多的地方。燃烧区的气相温度相对较低，抽吸过程中的温度变化在600～700℃，抽吸结束后，燃烧区的固相温度在1 s内，从

900℃以上急剧冷却至 600℃。常态下，燃烧锥表面氧气供应充足，这里发生碳的氧化放热反应，产生的热量被热气流带走，进入热解蒸馏区。高温燃烧区生成的产物主要是气相物质，如二氧化碳、一氧化碳、水、氢、甲烷等低级烃类化合物和一些自由基，其中一部分产物扩散到侧流烟气中。燃烧锥后面是热解蒸馏区，燃烧锥中心的热解蒸馏区氧气供应不足，反应是在缺氧状态下进行的。来自高温燃烧区的热气流提供能源，导致了热解蒸馏区的复杂化学变化。烟丝中的许多物质在此进行剧烈复杂的化学反应，烟气中的绝大多数化合物都是在这里形成的。该区的热气流的温度从 800℃降至 100℃。从热解蒸馏区到烟支的末端称为低温冷凝区。在此，烟气的温度由 100℃降至室温。烟气中的低挥发性成分随着温度的急剧下降而达到饱和点开始冷凝。

二、烟气的主要化学成分与主要有害成分

卷烟烟气是多种化合物组成的复杂混合物，截至 1988 年[①]已鉴定出烟气中的化学成分达 5068 种，其中 1172 种是烟草本身就有的，另外 3896 种是烟气中独有的。

1. 主流烟气的主要化学成分

卷烟烟气是由气相物和粒相物两部分组成的。粒相物是指用标准剑桥玻璃纤维滤片从烟气中截留得到的颗粒直径大于 0.2 μm 的烟气物质，剑桥滤片截留粒相物的效率可达 99%。粒相物约占烟气总量的 6%～8%，其余为气相物。粒相物中一般含有 10% 左右的水分。粒相物扣除水分和烟碱之后称为焦油。气相物中，最主要的有氮气、氧气、二氧化碳、一氧化碳和氢气。这 5 种气体约占总气相物的 90%，占总烟气释放量的 85% 左右。气相物有机成分含量虽低，种类却很多，已发现的有烷烃、烯烃、炔烃、脂环烃、羰基物、醇和腈等。其中，羰基物和醇类物质对香味有一定的作用。烟气粒相物的成分要比气相成分复杂得多。有机酸和酚是烟气粒相物中的酸性成分，如甲酸、乙酸、丁酸、正戊酸、异戊酸、β–甲基戊酸、绿原酸和儿茶酚等。羰基化合物如紫罗兰酮、大马酮、茄尼酮及柠檬醛、香草醛等，是形成烟气香味、香气的重要成分。碱性物中最主要的成分是烟碱。酰胺、酰亚胺及腈类物质是烟气粒相物碱性部分的重要组分。吡啶、吡咯、吡嗪、吲哚和咔唑等许多氮杂环化合物，是卷烟中的重要香气物质。稠环芳烃和亚硝胺等则是烟气中的主要有害成分。

2. 侧流烟气的主要化学成分

侧流烟气的化学成分与主流烟气基本相同，但在相对含量上有较大的差异，且侧流烟气中每一种成分的绝对量也与主流烟气不同。

烟气中的化合物，绝大部分对人身无害，某些成分能赋予烟草以特有的香味，使人感觉愉快，但也有极少部分对健康有害。主要有害物质：烟气气相物质中的一氧化碳、氮的氧化物、丙烯醛、挥发性芳香烃、氢氰酸和挥发性亚硝胺等，烟气粒相物质中的稠环芳烃、酚类、烟碱、亚硝胺（尤其是烟草特有亚硝胺）和一些杂环化合物及微量的放射性元素等，以及气相与粒相中都存在的自由基。据报道，卷烟焦油中 99.4% 的成分对人体是无害的，仅有 0.6% 的成分有害人体健康，而在这些有害成分中，0.2% 的成分为诱发癌症和可能致癌的成分，0.4% 为辅助致癌成分，如 3，4–苯并 [a] 芘等稠环芳烃、芳香胺和亚硝胺等。

2005 年，国家烟草专卖局组织开展了"卷烟危害性指标体系研究"，确定了以 CO、HCN、NNK、NH_3、苯并 [α] 芘、苯酚、巴豆醛 7 项指标来表征卷烟主流烟气生物危害性，建立了卷烟危害性评价指标体系。

---

① 据 Roberts 于 1988 年《Tobacco Reporter》报道。

第二节　晾晒烟中的烟草特有亚硝胺（TSNAs）

一、烟草特有亚硝胺（TSNAs）

烟草特有亚硝胺——TSNAs 的研究，最早始于 20 世纪 60 年代初。据报道，目前已鉴定出了 8 种烟草特有的亚硝胺。其中的 4 种：N-亚硝基降烟碱（NNN）、N-亚硝基新烟碱（NAT）、N-亚硝基假木贼碱（NAB）和 4-（N-甲基亚硝氨基）-1-（3-吡啶基）-1-丁酮（NNK）研究得最为深入。在这 4 种 TSNA 中，NNN 是发现最早的一个，并且在 1977 年报道了烤烟品种 Cokerl 39 中的 NNN 的平均含量为 1.31 mg/kg。以后又发现 NNK、NAT 和 NAB 作为烟草特有的亚硝胺同样在烟草及烟草制品中存在。NAT 在烟草中的存在则最先是由 Hoffmann 等人在 1979 年报道的。烟草中的 TSNAs 含量极微，一般浓度均在 0.001 ~ 10 mg/kg，在这几种烟草特有的亚硝胺中，NAB 的含量最小，约为 NAT 含量的 10%。

二、TSNAs 的形成

N-亚硝胺由胺类化合物在酸性条件下与源自亚硝酸盐的亚硝化试剂（例如 NO_2、N_2O_3、N_2O_4）反应生成。烟叶中存在丰富的氨基化合物，包括氨基酸、蛋白质和生物碱。其中最主要的生物碱烟碱为叔胺，其他较为重要的生物碱（降烟碱、新烟碱和假木贼碱）为仲胺。同时烟草中又含有超过 5% 以上的硝酸盐和痕量的亚硝酸盐，这就为烟草中亚硝胺的生成提供了必要的条件。TSNAs 的形成机理至今尚未完全明确，目前只认为 TSNAs 在鲜烟叶中很少或几乎不产生，其形成与积累是在采收后产生的，而且大部分产生于调制期间。

Druckrey 和 Preussmann 于 1962 年提出，由于叔胺烟碱、仲胺降烟碱、新烟草碱及假木贼碱的存在，烟草及其烟气均可能生成具有致癌性的 TSNAs。近年的研究却表明，烟草及其烟气中含有的 TSNAs 实际上并不主要存在于收获的绿叶中（含量小于 1×10^{-9} mg/kg），而是在烟草加工的烘烤、发酵阶段及烟草成品变陈期间形成的。由烟碱可生成 NNN、NNK、NNAL 和 iso-NNAL 等 4 种主要的 TSNAs。卷烟烟气中 20% ~ 40% 的 NNN 和 NNK 源于烟草，在烟草转化为烟气时直接生成，其余的是在烟草燃烧时高温合成的。而其他烟碱，如降烟碱、新烟草碱和假木贼碱也是生成 NNN、NAT 及 NAB 的前体。其中 NNN 和 NNK 是两种强烈的致癌亚硝胺。Sandrine 等对原型卷烟烟丝和主流烟气中 TSNAs 的关系进行了研究，发现烤烟和混合型卷烟烟丝中 TSNAs 的含量与卷烟主流烟气中的 TSNAs 的输送量有着明显的相关性，表明卷烟烟气中 TSNAs 的输送量大部分来自于卷烟烟丝中 TSNAs 的直接转移，不同类型的烟丝中 TSNAs 的转移率基本是一致，在卷烟燃烧过程中，配方烟草之间的反应及 TSNAs 的热合成所起的作用都非常有限，且卷烟烟气中 TSNAs 的含量与烟气焦油量并不存在相关性，其含量主要取决于烟丝中 TSNAs 的含量和亚硝酸盐含量的高低，混合型卷烟因其配方中白肋烟含量较高，TSNAs 的含量也较高。各种类型烟叶中以白肋烟中 TSNAs 含量最大，烤烟次之，香料烟含量最小，但是在烤烟中，NNK 和 NNA 也有较高的含量，这与这几种烟叶中亚硝酸盐的含量变化趋势相一致。

三、影响 TSNAs 累积的因素

1. 氮肥与 TSNAs

凡影响前体物质形成的因素，如烟草类型、采收调制、储存陈化和栽培技术等都会影响 TSNAs 的形成和积累。在栽培措施中，施肥对 TSNAs 的影响最大，肥料种类、数量及施肥时间均对 TSNAs 有较大的影响，尤其是氮肥。Chamberlain 等人的研究表明，随着施氮量增加，特别是硝态氮肥增加，NO_3^-、NO_2^-、烟草生物碱及 TSNAs 含量亦增加。宫长荣等研究的结果表明，烟叶中硝酸盐、亚硝酸盐和烟草特有的亚硝胺（TSNAs）的含量随硝态氮含量增加而增加；不同部位的烟叶中其硝酸盐、亚硝酸盐和 TSNAs 的含量排序均为：中部叶 > 上部叶 > 下部叶。

2. 生物碱与 TSNAs

烟叶中的烟碱与 TSNAs 有密切关系。烟碱的代谢与降解可产生次生代谢产物，主要是去甲基烟碱，其次是可替宁和假氧化烟碱。其中去甲基烟碱和假木贼烟碱都是生成 NNN 和 NNK 的中间产物。1984 年，Chamberlain 等研究结果显示，烟碱与降烟碱的比值与不同烤烟中 NNN 含量无显著的相关性，但烟草总生物碱与调制烟草中 NNN 含量正相关，NNN 的含量随降烟碱含量的增加而增加。1989 年，Mirjana 等发现，烤烟 NC 95 中的 NNN 量随烟草生物碱总量的增加而增加。降烟碱和 NNN 之间的相关系数为 0.95，新烟草碱和 NAT 之间的相关系数为 0.76。2002 年，史宏志等报道，我国烟叶和卷烟中的 TSNAs 含量与降烟碱含量呈显著正相关，其中 NNN 与降烟碱相关性最大，相关系数达 0.8633。

3. 硝酸盐、亚硝酸盐与 TSNAs

烟草中影响亚硝胺累积的另一因素是硝酸盐。Brunnemann 等研究显示，NNN 和 TSNAs 总量与烟草中硝酸盐的含量分别存在较强的相关性（R^2=0.978、R'^2=0.948）。Fischer 等报道烟草中的硝酸盐和 TSNAs 之间有显著相关。Burton 研究表明：烟叶中 TSNAs 的分布更类似于亚硝酸盐而非烟草生物碱的含量分布，引起 TSNAs 积累的主要因素是亚硝酸盐，而非烟草生物碱和硝酸盐。目前普遍认为，亚硝酸盐才是 TSNAs 最直接的中间体。

4. 调制过程与 TSNAs

烟叶中的 TSNAs 几乎都是在调制过程中产生的，因此选用适当的调制方式，控制调制过程中的反应条件对降低 TSNAs 含量是非常重要的。热交换式烤房燃烧产生的热气体不与烟叶接触，因而应用热交换式烤房烘烤的烟叶中 TSNAs 含量较低。微生物在 TSNAs 的形成中起着重要作用，在调制过程中改变微生物活性和数量，也必然会影响 TSNAs 的累积。研究证明调制期叶片表面的湿度与微生物活性在一定范围内呈线性关系，叶表相对湿度小，微生物活性低，产生的亚硝酸盐和 TSNAs 的量少。因此，调制时适当降低空气和叶表湿度将有利于降低烤后烟叶中的 TSNAs 的量。另一种方式则是在调制过程中加入一些可与亚硝酸盐的分解产物 NO 和 N_2O_3 反应的物质，如抗坏血酸、多酚、类黄酮和半胱氨酸等，从而减少 NO 和 N_2O_3 与烟草生物碱发生亚硝化反应的可能性。此外，魏玉玲综述了在烟叶的调制过程中采用微波辐射降低 TSNAs 的原理、方法、效果和应用前景。应用美国星科科技公司发明的 StarCureTM 技术烘烤烟叶，可以使调制后的烟叶 TSNAs 含量得到显著降低，甚至达到难以检测出的含量。

四、TSNAs 的危害与检测的方法

1963 年首次报道 NAB 诱发某种老鼠体内的良性食道肿瘤。目前，有关 TSNAs 的致病机制在国内外已有大量报道，但很多都是在动物试验中得到证实，在人体中是否有同样作用还有待研究。NNN 与 NNK 都是强烈的动物致癌剂，对小鼠、大鼠及叙利亚金田鼠诱发肺癌。在新陈代谢活动中，NNK 使动物活体和离体的人体组织中的 DNA 甲基化，从人体组织中分离出的 07- 甲基鸟嘌呤及 06- 甲基鸟嘌呤中可以得到证明。遗传密码中带 06- 甲基鸟嘌呤的 DNA 有可能引起癌变。由于 NAB 对实验动物的致癌性的证据较少，并且 NAT 对实验动物的致癌性的资料不充分，NAB 和 NAT 对人体的致癌性尚不能确定。另外还发现，当给小鼠喂饲高脂肪食物时，NNK 能诱导环加氧酶 –2 活性增强，从而导致癌变。

研究表明，烟气中 TSNAs 能够使黏膜上皮发生明显改变，在 TSNAs 的诱导作用下，上皮增生及过角化发生率接近 100%，其中，上皮异常增生发生率为 25%～87.5%，中度上皮异常增生的发生率以尼古丁最高，发生率为 72.7%，应视为已引起癌前病变。如延长特异性亚硝胺作用时间或观察时间，发生恶性肿瘤的可能性更大。另有研究表明，烟气中 NNK 不仅诱发人体 BEP2D 细胞 HPRD 基因突变，而且还能在 CSC 诱发细胞 HPRT 基因突变中起诱导作用。

测定 TSNAs 的分析方法有：①纸色谱、薄层色谱法；②气相色谱法；③气相色谱－热能检测器法；④气相色谱－质谱检联用法；⑤超临界流体萃取－气相色谱－质谱联用法；⑥高效液相色谱法；⑦固相微萃取－液相色谱－质谱联用法；⑧液相色谱－质谱－质谱联用法。公开发表的文献很多，这里不再详述。

五、烟草中 TSNAs 的降解

近年来，国际烟草界除了广泛深入研究和采用常规的减害技术外，还对多种滤嘴添加剂（主要是吸附剂类物质）、具有特殊减害作用的特种滤嘴、生物减害技术（血红蛋白等）和采用新的烟叶调制技术等多种减害技术进行了研究，一些研究已取得突破并应用到了卷烟生产上。

1. 农业技术

烟草农业在降低有害成分方面已进行了一些有意义的研究，包括烟草品种选育和新型栽培技术等。美国维克特烟草公司（Vector Tobacco）通过破坏喹啉酸核糖转移酶（OPTase）基因表达的方法培育出了低亚硝胺和低烟碱的烟草新品种，用其生产的卷烟每支含有约 0.25 mg 烟碱，烟气中的烟碱含量少于 0.03 mg/支。宫长荣等研究了不同氮素形态对烤烟烟叶中硝酸盐、亚硝酸盐和 TSNAs 的影响。结果表明，烟叶中硝酸盐、亚硝酸盐和 TSNAs 的含量随烟叶中硝态氮含量增加而增加。赵华玲等研究发现，喷施化学药物可降低 TSNAs。使用抑芽丹（1，2－二氢－3，6－哒嗪二酮，简称 MH）、V_E（α－生育酚）和 V_C（维生素 C）均可降低 TSNAs 含量和亚硝酸盐含量。实验表明，白肋烟生长过程用 MH 处理后，TSNAs 含量比手工除芽的白肋烟低 50%，并且 MH 可导致较高糖和钾的水平。V_E 对白肋烟处理后其亚硝酸盐和 TSNAs 水平会比对照低 3～10 倍，V_E 的加入会导致烟叶中去甲基烟碱浓度的降低。

2. 调制技术

在成熟采收后的烟叶中不含或者极少含有 TSNAs，TSNAs 的形成和积累主要发生在调制过程。在烟叶调制过程中，随着烟叶水分的散失和细胞结构遭到破坏，TSNAs 与亚硝酸盐的有效积累增加。烘烤过程是 TSNAs 形成的主要时期，因此选用适当的调制方式，控制调制过程中的反应条件对降低 TSNAs 含量非常重要。

3. 调制所用的烤房减少 TSNAs

烤房是烟叶烘烤调制的必须设备，传统的明火调制过程中，燃烧气体直接进入烤房，燃烧副产品中的 NOx 与天然存在于烟叶中的烟草生物碱反应生成 TSNAs。热交换式烤房的燃烧气体不直接与烟叶接触，因而烘烤的烟叶中 TSNAs 含量较低。美国 R·J·雷诺士公司开发出了用热交换器代替直接使用烤炉烘烤烟叶的技术，可使烤烟中 TSNAs 的平均含量下降至少 80%。如果在调制过程中直接利用燃油、燃气，则产生大量的亚硝胺，2003 年美国已全部改用热空气烘烤技术。

4. 调制过程中利用化学技术减少 TSNAs

Burton 和 Wiernik 等认为，TSNAs 与亚硝酸盐之间有显著的正相关关系，因此，通过调制技术降低烟叶中的亚硝酸盐含量可有效降低烟叶中的 TSNAs 含量。一种方式是在调制过程中加入 V_C、V_E 等亚硝酸盐抑制剂。另外，改进调制过程也可以减少 TSNAs，在再造烟叶调制过程中，可溶性蛋白质、多酚、过量的硝酸盐、生物碱、农药残留等都可以去除，也可添加其他试剂，这样就可最大限度地消除 TSNAs 量。另一种方式则是在调制过程中加入一些可与亚硝酸盐的分解产物 NO 和 N_2O_3 反应的物质，如类黄酮和半胱氨酸等，从而减少 NO 和 N_2O_3 与烟草生物碱发生亚硝化反应的可能性。

5. 调制过程用物理方法减少 TSNAs

烟碱含量与 TSNAs 之间存在显著正相关关系，烟叶自变黄期结束到完全褐变这一时期 TSNAs 累积较多。在烟叶尚未变褐，正处于变黄期，细胞还保持其完整性时，采用微波辐射可有效杀除在烟叶调制过程中产生 TSNAs 的有害细菌，从而抑制 TSNAs 的形成和累积。魏玉玲等用 2450 MHz 的微波辐射调制烟叶，结果经微波处理的烟叶 TSNAs（NNN、NNK、NAB 和 NAT）含量均低于 0.2 μg/g，甚至低于 0.1 μg/g，NNN 含量低于 0.15 μg/g，NNK 含量低于 0.002 μg/g，甚至低于 0.0005 μg/g。另外，利用 StarCure™ 技术烘烤烟叶，可使调制后烟叶的 TSNAs 含量显著降低，甚至低于检测限量。

6. 调制过程中微生物方法减少 TSNAs

在调制过程中降低微生物活性和数量，同样会影响 TSNAs 的累积。调制期叶片表面的湿度与微生物活性在一定范围内呈线性关系，叶表相对湿度小，微生物活性低，产生的亚硝酸盐和 TSNAs 的量少。因此，调制时适当降低空气和叶表湿度有利于降低烤后烟叶中 TSNAs 含量。试验证明，用利福平、链霉素等药物处理叶片，其表面微生物群落数量减少，调制后 TSNAs 含量降低。

7. 生物技术

血红蛋白可以显著截留烟气中的 TSNAs，对气相和粒相 TSNAs 均有截留作用，降低率在 50% 左右。戴亚等从动物鲜血中提取了血红蛋白，并以血红蛋白为滤嘴添加剂加入卷烟中，结果表明，烟气中 TSNAs 的含量显著降低。祝明亮等利用内生细菌，分别以粉碎烟叶接种、叶柄浸泡接种和叶面喷雾接种 3 种方式调制，结果表明，接种内生细菌能使 TSNAs 含量降低 27.56% ～ 99.88%。另外，通过血红蛋白与活性炭复合生物滤嘴，可使涂有血红蛋白的活性炭几乎完全充满复合滤嘴的全部空腔，从而大大提高了卷烟焦油和其他有害物质的去除率。

8. 物理技术

目前，采用物理技术来降低 TSNAs 较为成熟。除了微波辐射技术外，还可以在卷烟烟丝中加入 2% ～ 5% 负载金属氧化物（镁、锌、铁、锰等的氧化物）的沸石，主流和侧流烟气中的亚硝胺总量可降低 50% 以上。戴亚等从羊齿类天然植物中提取出多种酮、酚类及其衍生物得到复合添加剂，以 0.008% 的比例添加于卷烟滤嘴或烟丝中，其主流烟气中的多种稠环芳烃、自由基和芳香胺等致癌物的含量显著降低，对烟气中 TSNAs 也有一定的清除作用。烟气中的有害成分较多，因此，在降低烟草中 TSNAs 的同时，需要考虑其他有害成分的降低，才能达到减害目的。采用一些途径能够选择性地降低某些具有生物活性的烟气成分，但却可能产生另外一些有害物质或增加其含量。因而，效果较好的做法仍是开发出能够减少所有的烟气成分而不是可以选择性地减少某些特定成分的"低危险"卷烟。卷烟滤嘴的基本过滤机理是烟气粒子的直接截留、惯性碰撞和扩散沉积，而选择性过滤的主要方法有吸附剂吸附法、化学反应法和溶解法。目前最常用的是吸附法，对吸附法而言，只能过滤掉部分气相物和沸点低的挥发性物质，而对非挥发性物质和沸点较高的挥发性物质（如苯并 [a] 芘），则不能选择性滤除。

9. 氧化石墨降解 TSNAs 的方法与机理

降解和降低烟气中的有害气体最直接和最直观的手段就是卷烟滤嘴的改进。不仅能滤除烟气中的部分有害成分，还可以有效截留卷烟主流烟气中的总粒相物，降低焦油含量，减少烟气对人体健康及环境的危害。目前卷烟滤嘴添加材料的研究主要集中在矿物材料、生物添加剂、人工合成及改型的新材料、纳米材料等。北京卷烟厂采用氧化石墨作为滤嘴添加剂来降解、降低烟气中的亚硝胺。与此同时由于氧化石墨的固有特性，其还能同时降低烟气中的多环芳烃（如苯并吡）、氨和酚类物质（如苯酚）。氧化石墨与活性炭等吸附材料均属于碳系材料，但相比活性炭来说，其具有更多的优良性能。例如，氧化石墨也具有 1000 m²/g 以上的比表面积，因此相比活性炭来说吸附性能不会降低；最重要的是氧化石墨本身具有非常丰富的官能团，利用好这些官能团，理论上大幅度降低烟气中的有害物质是完全可以实现的。而且氧化石墨属于碳系材料，对人体无害，完全可以作为滤嘴添加剂，因此其具有环保经济性和可持续利用性。

如图 7.2.1 所示为氧化石墨的空间结构图，从图中可以看到氧化石墨含有大量的官能团，其主要为羧基（–COOH）、环氧基（–O–）和羟基（–OH）。由于这些官能团的存在，可赋予氧化石墨丰富的物理化学性能。

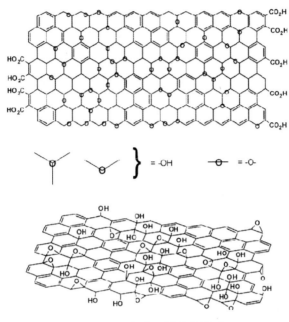

图 7.2.1　氧化石墨的结构图

（1）羧基官能团（–COOH）的物理化学反应

亚硝胺、氨和苯酚等化合物具有良好的亲核性能，因此可以和氧化石墨上的羧基碳原子发生亲核取代反应，生成酰胺和酯。目前已经报道了此类反应（如图 7.2.2）。因此我们可以利用此类反应，通过滤嘴中添加氧化石墨来截留氨、亚硝胺、和苯酚等有害物质。

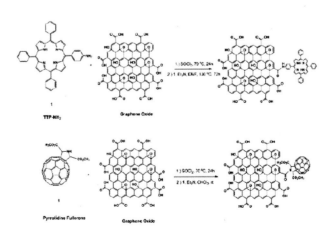

图 7.2.2　氧化石墨上的羧基与卟啉和富勒烯发生的亲核取代反应

（2）环氧基官能团（–O–）的物理化学反应

环氧基团上的 α 碳具有活泼的缺电子性质，因此电负性比较大的胺类可以通过 S_N2 亲核取代反应来使环氧基团开环，而发生反应。之前已有此类反应报道（如图 7.2.3），因此我们可以利用此类反应，通过滤嘴中添加氧化石墨来截留亚硝胺和氨等有害物质。

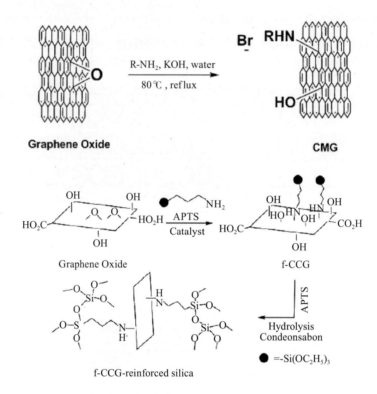

图 7.2.3　氧化石墨上的环氧基与氨类物质发生的 S_N2 亲核取代反应

（3）氧化石墨的非共价键作用

由于氧化石墨具有 sp^2 空间杂化轨道，因此其具有 π–π 共轭和阴离子 –π 共轭效应。鉴于多环芳烃具有大范围的离域的共轭 π 键，因此可以和氧化石墨发生 π–π 共轭效应从而得到吸附降解。另外，氧化石墨上的羟基存在，使其具有活泼氢，因此可以和其他具有活泼氢的物质（如苯酚和氨）产生氢键，从而达到吸附降解的目的。

最后，氧化石墨还可以通过范德华力与其他的大分子（如苯并吡）发生吸附作用，从而也会达到降解的目的。

附 录

马里兰烟和晒红烟烟叶现行等级标准

附录 A 地方标准《湖北马里兰烟》

DB 42/T250—2003

湖北省质量技术监督局

2003-06-03 发布，2003-06-15 实施。

本标准由湖北省烟草专卖局提出。

本标准由湖北省标准化协会烟叶专业委员会归口。

本标准起草单位：湖北省烟叶产销公司、湖北省烟草产品质量监督检验站、宜昌烟草分公司、五峰县烟草公司。

本标准主要起草人：王国宏、杨久红、赵传良、王勋郎、伍义成、杨云、邹玉海、伍学兵。

本标准于 2003 年 6 月首次发布。

本标准由湖北省烟叶产销公司负责解释。

1. 范围

本标准规定了马里兰烟的术语和定义及代号、分组分级、要求、验收原则、检验方法、检验规则、实物标样和包装、标志、运输、贮存。

本标准适用于马里兰烟的分级、收购、交接。执行时以文字标准为主，辅以实物样品。

2. 规范性引用文件

下列文件中的条款通过本标准的引用而成为本标准的条款。凡是注日期的引用文件，其随后所有的修改单（不包括勘误的内容）或修订版均不适用于本标准，然而，鼓励根据本标准达成协议的各方研究是否可使用这些文件的最新版本。凡是不注日期的引用文件，其最新版本适用于本标准。

GB 2635 烤烟

GB/T 18771.1 烟草术语 第 1 部分：烟草栽培、调制与分级

3. 术语和定义及代号

GB/T 18771.1 界定的以及下列术语和定义适用于本标准。

3.1 部位 position

烟叶在植株上的着生位置。由下而上分下部叶、中部叶、上部叶。

3.2 成熟度 maturity

调制后烟叶的成熟程度（包括田间和晾制的成熟程度），分为成熟、尚熟、欠熟档次。

3.3 成熟 ripe

烟叶在田间及调制后熟均达到成熟程度。

3.4 尚熟 mature

烟叶在田间生长到接近成熟，生化变化尚不充分或调制失当后熟不够。

3.5 欠熟 unripe

烟叶在田间未达到成熟或晾制失当。

3.6 叶片结构 leaf structure

烟叶细胞排列的疏密程度,分为松、疏松、尚疏松、稍密、密。

3.7 身份 body

烟叶的厚度和密度,或单位面积质量,以厚度表示。分适中、稍薄或稍厚、薄或厚。

3.8 弹性 elasticity

烟叶受压后的回弹能力。分为好、中、差。

3.9 光泽 finish

烟叶表面颜色的明暗程度,分为亮、中、暗。

3.10 颜色 color

同一型烟叶经调制后烟叶的色彩、色泽饱和度和色值的状态。由浅至深分浅黄、浅红黄、红黄、红棕以及杂色。

3.11 浅黄 L-buff

稍显红色的淡红黄。

3.12 浅红黄 F-tan

浅红色呈现黄色。

3.13 红黄 R-red

红色呈现深黄色。

3.14 红棕 D-dark red

红色呈现棕色。

3.15 杂色 variegated

烟叶表面存在的非基本色的颜色斑块。

3.16 含青 V-greenish

烟叶上任何可见的青色。包括生黄、带灰色斑点、青痕、带青烟叶。

3.17 损伤度 injury tolerance

烟叶受机械、人为、病虫、气候等因素的影响,造成对烟叶的损害程度(包括破损和残伤),以百分比表示。

3.18 名词术语代号

X—下部叶组;C—中部叶组;B—上部叶组;L—浅黄色;F—浅红黄色;R—红黄色;D—红棕色;K—杂色。

4. 分组分级

4.1 分组

根据烟叶着生部位,分下部、中部、上部三个组,部位分组特征见表A.1,另设杂色组。

表 A.1 部位分组特征

组别	代号	部位特征			颜色
		脉相	叶形	厚度	
下部	X	较细	较宽圆	薄至稍薄	多浅黄
中部	C	适中,遮盖至微露,叶尖处稍弯曲	宽至较宽,叶尖部较钝	稍薄至适中	多红黄
上部	B	较粗至粗,较显露至突起	较窄,叶尖部较锐	适中至稍厚	多红黄、红棕

4.2 分级

根据烟叶的成熟度、身份、叶片结构、弹性、颜色、光泽、长度、损伤度品质要素判定级别。分为下部二个级,中部三个级,上部三个级、上部杂色一个级、中下部杂色一个级,共十个级。

5. 要求

5.1 品级要素及程度

将每个因素分成不同的程度档次并和有关的其他因素相应的程度档次相结合,以勾画出各级的质量状态,确定各级的相对价值,品级要素及程度见表A.2。

表 A.2 品级要素及程度

品级要素		程度
品质因素	成熟度	成熟、尚熟、欠熟
	身份	薄、稍薄、适中、稍厚、厚
品质因素	叶片结构	松、疏松、尚疏松、稍密、密
	弹性	好、中、差
	颜色	浅黄、浅红黄、红黄、红棕
	光泽	亮、中、暗
控制因素	长度	以厘米表示
	损伤度	以百分数表示

5.2 品质规定

品质规定见表 A.3。

表 A.3 品质规定

部位	级别	代号	成熟度	身份	叶片结构	弹性	颜色	光泽	长度 /cm	损伤度 /%
下部（X）	下一	X_1	成熟	稍薄	松	中	浅红黄	中	≥40	≤20
	下二	X_2	成熟、尚熟	稍薄、薄	松	差	浅黄	暗	≥35	≤25
中部（C）	中一	C_1	成熟	适中	疏松	好	红黄	亮	≥55	≤10
	中二	C_2	成熟	适中	疏松	好	红黄、浅红黄	亮	≥50	≤15
	中三	C_3	成熟、尚熟	适中、稍薄	尚疏松	中	浅红黄	中	≥40	≤20
上部（B）	上一	B_1	成熟	稍厚	尚疏松	好	红黄	亮	≥50	≤15
	上二	B_2	成熟、尚熟	稍厚、厚	稍密	中	红黄、红棕	中	≥45	≤20
	上三	B_3	尚熟	厚	密	中	红棕	暗	≥35	≤25
杂色（K）	中下部 CX	CXK	尚熟	—	—	—	—	—	≥35	≤30
	上部 B	BK	欠熟	—	—	—	—	—	≥30	≤35

5.3 等级说明

等级说明见表 A.4。

表 A.4 等级说明

等级	说明
下部一级（X_1）	产于下二棚。成熟，稍薄，松，弹性中，光泽中，颜色浅红黄，损伤度不超过20%，长度不低于40cm
下部二级（X_2）	主要产于脚叶。成熟、尚熟，稍薄、薄，松，弹性差，光泽暗，颜色浅黄，损伤度不超过25%，长度不低于35cm
中部一级（C_1）	主要产于腰叶。成熟，适中，疏松，弹性好，光泽亮，颜色红黄，损伤度不超过10%，长度不低于55cm
中部二级（C_2）	产于腰叶。成熟，适中，疏松，弹性好，光泽亮，颜色红黄，浅红黄，损伤度不超过15%，长度不低于50cm
中部三级（C_3）	产于近腰叶。成熟、尚熟，适中、稍薄，尚疏松，弹性中，光泽中，颜色浅红黄，损伤度不超过20%，长度不低于40cm
上部一级（B_1）	产于上二棚。成熟，稍厚，尚疏松，弹性好，光泽亮，颜色红黄，损伤度不超过15%，长度不低于50cm

续表

等级	说明
上部二级（B₂）	产于上二棚及顶叶。成熟、尚熟，稍厚、厚，稍密，弹性中，光泽中，颜色红黄、红棕，损伤度不超过 20%，长度不低于 45 cm
上部三级（B₃）	产于顶叶。尚熟，厚，密，弹性中，光泽暗，颜色红棕，损伤度不超过 25%，长度不低于 35 cm
中下部杂色（CXK）	产于中下部叶，尚熟，损伤度不超过 30%，长度不低于 35 cm
上部杂色（BK）	产于上部叶，欠熟，损伤度不超过 35%，长度不低于 30 cm

6. 验收原则

6.1 定级原则

马里兰烟的成熟度、身份、叶片结构、组织、弹性、光泽、颜色、长度都达到某级规定，且损伤度不超过某级允许度规定时，才能定为某级。

6.2 几种烟叶处理原则

6.2.1 烟筋未干或含水率超过规定，以及掺杂、砂土率超标的烟叶必须重新整理后再收购。

6.2.2 枯黄、生叶、霉变、异味、晒制、烤制或半晾半晒以及含青面积超过 30% 的烟叶一律不得收购。

6.2.3 品质达不到中部叶组最低等级质量要求的，允许在下部叶组定级。

6.2.4 中部三级允许微带青面积不超过 10%；下部一级、上部二级允许微带青面积不超过 15%；下部二级、上部三级允许微带青面积不超过 20%。

6.2.5 杂色面积超过 20% 的烟叶，在杂色定级；中下部杂色（CXK）面积不得超过 30%，上部杂色（BK）面积不得超过 40%。

6.3 扎把规定

每把烟内必须是同一等级的烟叶，每把烟上部 15～20 片，中下部 20～25 片，采用自然扎把，每把绕宽 50 mm。

6.4 纯度允差、水分、自然砂土率

纯度允差、水分、自然砂土率的规定，见表 A.5。

表 A.5　纯度允差、水分、自然砂土率的规定

级别	纯度允差 / %	水分 / %		自然砂土率 / %	
		原烟	复烤烟	原烟	复烤烟
中一、中二、上一	≤ 10				
中三、下一、上二、上三	≤ 15	17～19	11～13	≤ 1.0	≤ 1.0
下二、上杂、中下杂	≤ 20				

7. 检验方法

按照 GB 2635 进行检验。

8. 检验规则

8.1 原烟检验

烟农出售的烟叶按品质规定进行检验和定级。

8.2 现场检验

8.2.1 取样数量：每批（指同一地区、同一级别的马里兰烟）在 100 件以内者，取 10%～20% 的样件；超出 100 件的部分，取 5%～10% 的样件；必要时可以酌情增加取样比例。

8.2.2 成件取样，自每件中心向其四周抽检样 5～7 处，约 3～5 kg；未成件烟叶可全部检验或按部位和级别各取 6～9 处，约 3～5 kg 或 30～50 把。

8.2.3 对抽验样按本标准第 7 章的规定进行检验。

8.2.4 现场检验中任何一方对检验结果有不同意见时，送上级质量技术监督主管部门进行检验；检验结果如仍有异议，可再复验，并以复验结果为准。

9．实物标样

9.1 总则

实物标样是检验和验级的凭证，为验货的依据之一。

9.2 实物标样的制定

实物标样根据本标准制定，经省烟草主管部门统一组织审定后，报省质量技术监督部门批准执行。实物标样每年更新一次。

9.3 实物标样的规定

9.3.1 实物标样分别以各级中等质量叶片为主，包括级内数量大致相等的较好和较差叶片，每把 15 ～ 20 片。

9.3.2 可以用无残伤和无破损的叶片。

9.3.3 加封时，注明级别、叶片数、日期，并加盖批准印章。

9.4 实物标样的执行

执行时应以实物标样的总质量水平作对照。

10．包装、标志、运输、贮存

10.1 包装

10.1.1 每包（件）马里兰烟必须是同一产区、同一等级。烟包内不得混有任何杂物、水分超限、霉烂变质烟叶。自然碎片率不得超过 3%。

10.1.2 烟叶包装材料必须牢固、干燥、清洁、无异味。

10.1.3 烟叶包装时，叶柄向外，排列整齐，循序相压，包体端正。捆包四横三竖，缝包不少于 40 针。

10.1.4 每包净重为 50 kg，成包体积 400 mm×600 mm×800 mm。

10.2 标志

10.2.1 烟包表面应注明：

a. 产地（省、县）；

b. 级别（大写及代号）；

c. 质量（毛重、净重）；

d. 产品年份；

e. 供货单位名称。

10.2.2 特殊情况的烟叶，在代号后面加上专用符号：

a. 水分超限的烟叶加上"W"符号；

b. 自然砂土率超限的烟叶加上"PS"。

10.2.3 出口烟叶可根据买卖双方的协议印上标志。

10.2.4 标志应字迹清晰，包内放置质检卡片。

10.3 运输

10.3.1 运输时，烟包上面应有遮盖物，包严、盖牢、防日晒和受潮。不得用有异味和污染的运输工具装运烟叶。

10.3.2 装卸时小心轻放，不得摔包、钩包。

10.4 贮存

10.4.1 存放时上等烟堆垛高度不超过 4 个烟包，中等烟堆垛高度不超过 5 个烟包，其他级别堆垛高度不超过 6 个烟包。

10.4.2 烟包存放地点必须干燥通风，不得靠近火炉和油仓，严禁与有异味和有毒的物品混储，烟包应置于距地面 30cm 以上的垫物上，距墙、柱 30 cm 以上。

10.4.3 露天堆放时，烟包的上面和四周应有防雨遮盖物，四周封严，垛底需距离地面 30 cm 以上，垫木端与烟包齐，以防雨水顺垫木侵入。

10.4.4 贮存期间应经常检验烟包，防止虫蛀霉变，确保商品安全。

附录 B　地方企业标准《云南马里兰烟》

Q3J193—2008

云南烟草保山香料烟有限责任公司

2008-01 制定

1. 范围

本标准规定了马里兰烟的术语和定义、分组分级、烟叶扎把要求、分级方法、标样制作、验收规则及包装、标识、运输、贮存。

2. 术语和定义

下列术语和定义适用于本标准。

2.1 成熟度

烟叶的成熟程度（成熟、熟、欠熟、过熟）。包括两个方面含义，一是烟叶在田间生长发育达到的成熟程度，即田间成熟度；二是采收成熟的烟叶经晾制后烟叶达到的成熟状况，即晾制成熟度。

2.1.1 成熟：烟叶在田间生长及晾制后均达到的成熟程度。

2.1.2 熟：烟叶在田间达到良好发育，已成熟，且晾制后基本成熟。

2.1.3 欠熟：烟叶在田间生长基本达到成熟或晾制失控后熟稍逊。

2.1.4 过熟：烟叶在田间生长发育时间过长造成田间过度成熟或晾制时间过长，烟叶内物质消耗过多，造成晾制过熟。

2.2 身份

烟叶的厚度、密度或单位面积质量，中下部烟叶分为薄、稍薄、适中；上部烟叶分为稍厚、较厚、厚。

2.3 叶片结构

烟叶细胞的疏密程度。一般中下部分为松、疏松、尚疏松；上部分稍密、密。

2.3.1 松：一般产于脚叶，烟叶成熟度良好，细胞间隙大（即孔度大），弹性和耐破度差，质量轻，填充性、燃烧性较强，吸料率高。

2.3.2 疏松：产于腰叶或接近腰叶，烟叶正常发育成熟，叶细胞排列疏松，有一定孔度，烟叶弹性强，色泽饱满，填充性、燃烧性和耐破度较强。

2.3.3 尚疏松：多产于上二棚叶和下二棚叶，烟叶正常发育成熟，细胞排列稍疏松，有一定的孔度。

2.3.4 稍密：多产于上部叶和少数顶叶，烟叶成熟度稍差，细胞间隙较小，排列稍密。

2.3.5 密：主要产于顶叶，烟叶细胞间隙小，排列细密，有厚实感，单位面积质量较重，燃烧性、吸料率和填充性较差。

2.4 叶面

烟叶表面平展或皱缩的状态。根据叶面舒展或皱缩程度分为平展、舒展、微皱、皱、皱缩。

2.4.1 平展：叶面自然平展，弹性较差，一般为中下部叶。

2.4.2 舒展：叶面自然舒展，弹性强，一般为中部和近中部叶。

2.4.3 微皱：叶面自然展开，有微皱感，弹性较强，一般为上部烟叶（上二棚）。

2.4.4 皱：叶面皱，弹性稍差，一般为上部叶。

2.4.5 皱缩：叶面皱缩，有折叠感，缺乏弹性，多为顶部叶。

2.5 颜色

烟叶经过晾制后所呈现出深浅不同的色泽（由下至上分为淡黄色、淡红黄色、红黄色、红棕色、深红棕色及杂色）。

2.5.1 淡黄色（buff）：代号 L，棕色带淡黄。

2.5.2 淡红黄色（tan）：代号 F，棕色带淡红黄。

2.5.3 红黄色（tanish buff）：代号 FL，棕色带深红黄。

2.5.4 红棕色（red）：代号 R，浅棕色带红。

2.5.5 深红棕色（D-red）：代号 D，深棕色带红。

2.5.6 杂色（variegated）：代号 K，烟叶表面存在非基本色的颜色斑块，包括生黄、带灰　斑点、青痕、病斑、枯焦等。

2.6 光泽

烟叶表面色彩的明暗程度。主要依靠目测，分为鲜明（明亮）、尚鲜明（亮）、较暗、暗。

2.7 叶片长度

叶片从主脉的底端到叶尖的直线距离，以厘米（cm）表示。档次为 60 cm、55 cm、50 cm、45 cm、40 cm、35 cm、30 cm。

2.8 损伤度

破损、杂色、残伤损害烟叶的程度，包括破损、杂色、残伤。以百分数（%）表示，档次为 40%、35%、30%、25%、20%、15%、10%。

2.8.1 破损：由于虫咬、雹伤、机械破损等因素的影响，使烟叶缺少一部分而失去完整性。

2.8.2 杂色：烟叶表面存在着与基本色不同的颜色斑块，包括黄色、带灰色斑点或变白等。

2.8.3 残伤：烟叶受损部分透过叶背使组织受损伤或失去加工成丝的强度和坚实性，如病斑、枯焦等（不包括霉变）。

以上 8 个分级要素中，前六个称为品质因素，后两个称为控制因素。

3. 分组分级

3.1 分组

根据烟叶着生部位分为下部组、中部组、上部组、杂色组和级外组，分别用 X、C、B、CXK、BK 和 ND 表示。分组特征见表 B.1。

表 B.1　部位分组特征

组别	代号	烟叶部位特征				
		脉象	叶形	叶面	颜色	光泽
下部组	X	主支脉较细平，脉距角度大	较宽圆，叶尖钝	身份薄，叶面平展	淡黄色，淡红黄色	尚鲜明，较暗
中部组	C	主支脉遮盖微露，脉距角度较大	较宽长，叶尖较钝	厚薄适中，叶面舒展至微皱	红黄色，红棕色	鲜明，明亮
上部组	B	主支脉粗大显露，脉距角度小	较细长，叶尖较锐	身份厚，叶面微皱至皱缩	红棕色，深红棕色	尚鲜明，暗
杂色组	CXK	—	—	身份薄，叶面皱	青黄，深花	暗
	BK	—	—	身份厚，叶面皱缩	青黄，深花	暗
级外组	ND	不能归入所列等级的任何部位烟叶				

3.2 分级

根据烟叶的成熟度、身份、叶片结构、叶面、颜色、光泽、长度、损伤度判定级别，分为下部二个级、中部三个级、上部三个级、杂色二个级和一个末级，共十一个级。分级标准见表 B.2。

表 B.2　马里兰烟分级标准

等级代号			品质因素						控制因素
			成熟度	身份	叶片结构	叶面	颜色	光泽	长度/cm	损伤度/cm
下部组（X）	下一	X_1	成熟	稍薄	尚疏松	平展	淡红黄色	尚鲜明	≥ 40	≤ 20
	下二	X_2	欠熟过熟	薄	松	微皱	淡黄色	较暗	≥ 35	≤ 25
中部组（C）	中一	C_1	成熟	适中	疏松	舒展	红黄色，红棕色	鲜明	≥ 55	≤ 10
	中二	C_2	成熟	适中	疏松	舒展	红黄色，红棕色	鲜明	≥ 50	≤ 15
	中三	C_3	熟欠熟	稍薄	尚疏松	微皱	淡红黄色	尚鲜明	≥ 45	≤ 20

等级代号			品质因素							控制因素
			成熟度	身份	叶片结构	叶面	颜色	光泽	长度 /cm	损伤度 /cm
上部组（B）	上一	B₁	成熟	稍厚	尚疏松	微皱	红棕色	鲜明	≥ 50	≤ 15
	上二	B₂	熟欠熟	较厚	稍密	皱	红棕色，深红棕色	尚鲜明	≥ 40	≤ 20
	上三	B₃	欠熟	厚	密	皱缩	深红棕色	暗	≥ 35	≤ 25
杂色组（K）	中下杂	CXK	欠熟过熟	薄	密	皱缩	—	暗	≥ 35	≤ 35
	上杂	BK	过熟	厚	密	皱缩	—	暗	≥ 30	≤ 40
级外组	末级	ND	任何部位不能归入所列等级的烟叶							

4. 烟叶扎把要求

扎把是指把同一等级、一定数量的烟叶用相同等级的烟叶缠绕扎成一束的过程。分级扎把不宜在阴雨或湿度较高的天气进行，以防烟叶吸潮，水分超标。

4.1 扎把规格

要求为自然把，每把烟叶片数要求上部叶 15 ～ 20 片，中下部叶 20 ～ 25 片。扎把须同级别烟叶，绕宽 50 mm，烟把必须扎紧扎牢，不可将把头顶端包住，烟把内不得有烟梗、秸皮、烟杈、碎片等杂物。

4.2 扎把中存在的问题

4.2.1 烟把大小不均匀，有的一把 5 ～ 60 片叶，甚至更多，有的一把只有几片。

4.2.2 不同等级烟叶扎把，用低次等烟叶扎把较普遍。

4.2.3 掺杂使假，烟把内掺烟杈、次烟、烟梗、烟秸皮、霉烟、铁丝、铁钉等杂物。

4.2.4 水沾烟把，是将烟柄在水里浸湿后再扎把，以增加烟叶的质量。

5. 分级方法和标样制作

5.1 逐把验级

根据把内叶片所达到某级品质因素和控制因素的规定进行逐把定级。

5.1.1 挑出符合某等级规定的合格烟把定为某级。

5.1.2 挑出不合格烟把（混级、混色、混把）按其符合某等级的程度定为某级，原则是就低不就高。

5.1.3 逐把定级必要时可对中上等烟把等级进行逐片观察，确定合格与否（正确引导烟农分级扎把）。

5.2 整包（堆）验级

按规定比例抽把，判定所抽烟把品质因素均达到某级规定，控制因素均不超过某级规定，该包或该堆烟才能定为某级。推行此种方法的前提条件，必须是在开展烟叶预检工作和烟农分级技术条件较好的产区进行。

5.2.1 根据预检等级，进行分层抽把，如上下层烟叶均匀一致（包括部位、颜色、等级、规格），则可按整堆进行验收；如有个别混级现象，则把不合格的烟把抽出来。

5.2.2 上下层烟叶等级不一致，整堆混级严重，可翻开烟堆进行逐把检查验收。

5.2.3 整堆验收，必须抽足规定数量，不可在烟堆上拿几把一看就定级，应翻堆分层检验，上下左右仔细抽查，防止弄虚作假。

5.2.4 注意扎把规格，如发现有不符合扎把规定的，应重新整理后再验级。

5.3 实物标样的规定

5.3.1 实物标样分别以各级中等质量叶片为主，每把 15 ～ 20 片。

5.3.2 可用无残伤和无破损的叶片。

5.3.3 把烟注明级别、叶片数、日期并加盖企业印章。

5.3.4 验级时，以实物标样的总体质量水平作对照。

6. 验收规则

6.1 定级原则：烟农出售的烟叶按成熟度、身份、叶片结构、叶面、光泽、颜色都达到某级规定，长度损伤度不超过某级允许度规定时，才能定为某级。

6.2 同部位的烟叶在两种颜色的界线上,则视其身份和其他品质先定色后定级。

6.3 枯黄烟叶、死青烟叶、杈烟叶均不列级。

6.4 杂色面积规定:中下部杂色面积不得超过35%,上部杂色面积不得超过40%。

6.5 含青面积超过15%以上的,允许在末级定级。

6.6 被有毒有害物质污染或使用禁用农药的烟叶不收购。

6.7 纯度允差指混级的允许度,允许在上、下一级总和之内,以百分率表示。

6.8 生叶、霉变、糠枯、黑糟、烟杈、异味烟叶,无使用价值不予收购。

6.9 收购水分15%~18%,活筋烟、水潮烟,含水率超标的烟不收购(水分判定方法见表B.3)。

表 B.3 不同含水量烟叶的判定方法

手感	干	稍干	适宜	稍潮	潮
烟叶外观物理特征	烟筋硬脆易断,手握叶片沙沙响,叶片易碎	烟筋稍脆易断,手握叶片有响声,叶片稍碎	烟筋稍软不易断,手握叶片片稍有响声,叶片不易碎,放手后能自然伸开	烟筋较韧不易断,叶片柔软,手握时响声微弱,放手后能慢慢伸开	烟筋很韧折不断,叶片湿润,手握无声,放手后不能伸开
烟叶含水量	15%以下	16%左右	17%左右	18%左右	19%以上
收购界线	收购下限	适宜	适宜	收购上限	整理合格后收购

7. 包装、标识、运输、贮存

7.1 包装

7.1.1 本标准中对包装和其组成部位所规定的尺寸和质量值是公称值,在包装中的所有尺寸应在规定值的5%以内。

7.1.2 每件马里兰烟应是同一产区、同一等级的烟叶,烟包、烟箱内不得混有任何杂物、水分超限、霉烂变质烟叶,自然碎片不得超过3%。

7.1.3 烟叶包装材料应牢固、干燥、清洁、无异味和残毒。

7.1.4 包装物统一使用麻片包装,规格尺寸为150 cm × 100 cm。

7.2 标识

7.2.1 烟包上应印刷下列几项内容:

a. 生产年份;

b. 产地(省别、县别);

c. 级别(大写)及代号;

d. 质量(毛重、净重),单位为千克;

e. 农户姓名。

7.2.2 特殊情况的烟叶应在烟包的级别、代号后面加注专用符号,水分超限加注"W",自然砂土率超限的脚叶注"PS"。

7.2.3 标识应清晰易读,使用印记或持久性墨水。

7.2.4 包装袋上应挂马里兰烟验收标签,见图B.1。

```
乡村社农户

条形码

验级员编号

级别代码

质量

公司收购站名称
```

图 B.1 验收标签

7.3 运输

7.3.1 马里兰烟烟包、烟箱不得与易腐烂、有异味、有毒和潮湿的物品混运。

7.3.2 运输马里兰烟的工具应干燥、清洁、无异味。烟包上面应有遮盖物，包严盖牢，避免日晒和受潮。

7.4 贮存

7.4.1 棉布袋包装原烟存放的堆剁高度不超过 6 个包高。

7.4.2 烟包存放地点应干燥通风，远离火源和油料，不得与有异味和有毒的物品混贮在一起。

7.4.3 贮存期间应定期检查，防潮、防霉、防虫、防火，确保烟丝安全。

附录 C　地方标准《湖南晒红烟》

DB 43/261-2005 代替 DB 43/00B352—1988

湖南省质量技术监督局

2005-07-06 发布，2005-08-01 实施

本标准的第 4 章、第 5 章、第 6 章为强制性的，其余为推荐性的。

本标准代替 DB 43/00B352—1988《湘西晒红烟》。

本标准与 DB /4300B352—1988 相比，主要变化如下：

—按 GB/T 1.1—2000《标准化工作导则　第 1 部分：标准的结构和编写规则》要求，对条文结构和编写格式进行了调整；

—增加了标准的前言部分；

—删除和增加了部分术语和定义；

—分级由原来的 7 个等级增加至 8 个等级，并对分级代号进行了重新规定；

—品级要素和品质规定进行了调整，提高了技术指标；

—增加了章节。将原标准中检验规则进行了调整，分设为验收规则和检验规则。

本标准由湖南省烟草专卖局（公司）提出。

本标准由湖南省烟叶标准标样技术委员会归口。

本标准主要起草单位：湖南省烟草专卖局（公司）烟叶处。

本标准参加起草单位：湘西自治州烟草专卖局（公司）、怀化市烟草专卖局（公司）。

本标准主要起草人：陆中山、汤若云、吕启松、田峰、莫家大、欧波涛。

1. 范围

本标准规定了晒红烟的术语和定义、分组分级、技术要求、验收规则、检验方法、检验规则、实物标样和包装、标志、运输与贮存。

本标准适用于初步醇化，但未经打叶复烤的晒红烟。

2. 规范性引用文件

下列文件中的条款通过对本标准的引用而成为本标准的条款。凡是注日期的引用文件，其随后所有的修改单（不包括勘误的内容）或修订版均不适用于本标准，然而，鼓励根据本标准达成协议的各方研究是否可使用这些文件的最新版本。凡是不注日期的引用文件，其最新版本适用于本标准。

GB 2635—1992 烤烟

3. 术语和定义

下列术语和定义适用于本标准。

3.1 晒红烟

湘西土家族苗族自治州、怀化等地区种植的以晾晒结合的方法调制和初步醇化后，呈现深浅不同红色的烟叶。

3.2 分组

依据烟叶着生部位、颜色和其他于总体质量相关的某些特征，将密切相关的等级划分组成。

3.3 分级

将同一组列内的烟叶，依据质量优劣划分的等级。

3.4 成熟度

调制后烟叶的成熟程度（包括田间成熟度和调制成熟度），成熟度划分为5个档次。

3.4.1 完熟：中、上部烟叶在田间达到高度成熟，且调制后熟充分。

3.4.2 成熟：烟叶在田间及调制后均达到成熟程度。

3.4.3 尚熟：烟叶在田间刚达到成熟，但变化尚不充分或调制失当，成熟不够。

3.4.4 欠熟：烟叶在田间未达到成熟或调制失当。

3.4.5 假熟：烟叶外观似成熟，实质上未达到真正成熟的烟叶。

3.5 叶片结构

烟叶细胞排列的疏密程度，分为以下档次：疏松、尚疏松、稍密、紧密。

3.6 身份

烟叶厚度、细胞密度或单位面积质量，以厚度表示，分下列档次：薄、稍薄、中等、稍厚、厚。

3.7 油分

烟叶内含有的一种柔软半液体或液体物质，根据感官感受，分4个档次。

3.7.1 多：富油分，眼观油润，手摸柔软，弹性较好。

3.7.2 有：尚有油分，眼观有油润感，手感有弹性。

3.7.3 较少：较少油分，眼观尚有油润感，手感弹性差，较易破碎。

3.7.4 少：缺乏油分，眼观枯燥，无油润感，手感无弹性，易破碎。

3.8 色度

烟叶表面颜色的饱和程度、均匀度和光泽强度。分5个档次：

3.8.1 浓：表面颜色均匀，色泽饱和。

3.8.2 强：颜色均匀，饱和度略差。

3.8.3 中：颜色尚均匀，饱和度一般。

3.8.4 弱：颜色不匀，饱和度差，色泽不鲜亮或灰暗。

3.8.5 淡：颜色不匀，色泽浅淡。

3.9 颜色

正常情况下烟叶调制后呈现的色彩，分红棕、红黄、黄红、黄褐和红褐色。

3.9.1 红棕色：烟叶表面呈现红色并带有棕色。

3.9.2 红黄色：烟叶表面呈现红色并带有深黄色。

3.9.3 黄红色：烟叶表面呈现深黄色并带有红色。

3.9.4 黄褐色：烟叶表面呈现深黄色并带有褐色。

3.9.5 红褐色：烟叶表面呈现红色并带有褐色。

3.10 长度

从烟叶主脉柄端至尖端的距离，以厘米（cm）表示。

3.11 杂色

烟叶表面存在的非基本颜色斑块，主要包括青褐、青痕、黑褐、叶片受污染、受蚜虫损害等。凡杂色面积达到或超过20%者，均视为杂色叶片。

3.11.1 青痕：烟叶在调制前受到机械擦压伤而造成的青色痕迹。

3.11.2 黑褐：烟叶呈现黑色并带有褐色。

3.12 残伤

烟叶组织受破坏，失去成丝的强度和坚实性，包括病斑和枯焦。

3.13 活筋

烟叶在晾制过程中烟筋水分未完全排出的现象。

3.14 湿筋

烟叶在晾制过程中烟筋水分排出后又重新吸湿的现象。

3.15 破损

叶片因受到机械损伤而失去原有的完整性，且每片叶破损面积不超过 50%，以百分数表示。

3.16 纯度允差

烟叶混级的允许度，允许在上、下一级总和之内，纯度允差以百分数（%）表示。

4.分组分级

4.1 分组

根据叶片生长的部位及内在质量，划分为上中部组、下部组。部位分组特征见表 C.1。

表 C.1 部位分组特征

组别	部位特征					
	脉相	叶形	叶面	厚度	油分	颜色
上中部组	较粗至粗，较显露至突起	较宽至较窄，叶尖部较锐	稍皱褶至平坦	中等至厚	较多至多	较深至深
下部组	较细，遮盖至微露	较宽，叶尖部较钝	较平展	薄至稍薄	较少	较浅

4.2 分组代号 BC—上中部组，X—下部组。

4.3 分级

根据烟叶的成熟度、叶片结构、身份、油分、颜色、长度、杂色与残伤等外观品级因素区分级别。上中部烟分为五个级，下部烟分三个级，共 8 个级。

4.4 分级代号

BC$_1$—上中一，BC$_2$—上中二，BC$_3$—上中三，BC$_4$—上中四，BC$_5$—上中五，X$_1$—下一，X$_2$—下二，X$_3$—下三。

5.技术要求

5.1 品级因素

将各品质因素划分成不同的程度档次，与有关的其他因素相应的程度档次相结合，以划分出各级的质量状况，确定各等级的相应价值。品级因素的程度档次见表 C.2。

表 C.2 品级因素的程度档次

品级要素		程度档次				
		1	2	3	4	5
品质因素	成熟度	完熟	成熟	尚熟	欠熟	假熟
	叶片结构	疏松	尚疏松	稍密	紧密	—
	身份	中等	稍薄、稍厚	薄、厚	—	—
	油分	多	有	稍有	少	—
	颜色	红棕、红黄	黄红	红褐、黄褐	—	—
	色度	浓	强	中	弱	淡
	长度	以厘米（cm）表示				
控制因素	杂色与残伤	以百分数（%）控制				

5.2 品质规定

品质规定见表 C.3。

表 C.3　品质规定

组别	级别	代号	成熟度	叶片结构	身份	油分	颜色	色度	长度 /cm	杂色与残伤 /%
上中部组	1	BC₁	成熟、完熟	尚疏松至疏松	稍厚至中等	多	红棕	浓	40	10
	2	BC₂	成熟	尚疏松至疏松	稍厚至中等	多	红棕、红黄	强	40	20
	3	BC₃	成熟、尚熟	稍密至疏松	厚至中等	有	红棕、红黄、黄红	中	30	25
	4	BC₄	成熟、尚熟	稍密至疏松	厚至中等	有	红褐、黄褐	中	30	30
	5	BC₅	成熟、欠熟	紧密	厚至中等	稍有	黄褐、褐色	弱	30	30
下部组	1	X₁	成熟	疏松	稍薄	有	红黄、黄红	强	35	15
	2	X₂	成熟、尚熟	疏松	薄至稍薄	稍有	黄红、黄褐	中	30	25
	3	X₃	成熟、欠熟、假熟	疏松	薄至稍薄	少	黄红、黄褐	—	25	30

5.3　纯度允差、自然砂土率和水分

烟叶的等级纯度允差、自然砂土率和水分的规定见表 C.4。

表 C.4　纯度允差、自然砂土率和水分的规定

级别	纯度允差	自然砂土率	水分
上中一（BC₁） 上中二（BC₂）	≤ 10%	≤ 1.0%	17% ～ 19%
上中三（BC₃） 上中四（BC₄） 下一（X₁） 下二（X₂）	≤ 15%		
上中五（BC₅） 下三（X₃）	≤ 20%	≤ 1.2%	

6．验收规则

6.1　定级原则

烟叶的成熟度、叶片结构、身份、油分、颜色、长度均达到某级的规定，杂色与残伤不超过某级允许度时，才定为某级。

6.2　定级要求

6.2.1　一批烟叶介于两个等级界限上，则定较低等级。

6.2.2　一批烟叶品级因素为 B 级，其中一个因素低于 B 级则定 C 级；一个或多个因素高于 B 级，仍为 B 级。

6.2.3　BC₁、BC₂ 限于腰叶、上二棚烟叶。

6.2.4　X₁ 限于下二棚烟叶。

6.2.5　顶叶在 BC₃ 及以下等级定级。

6.2.6　脚叶在 X₂ 及以下等级定级。

6.2.7　活筋、湿筋和水分超过规定的烟叶，不得使用扣除水分的办法收购，应重新晾晒后定级。

6.2.8　烟梢、烟杈、烟梗及碎片、霉变、微带青面积超过 30% 的烟叶不定级。

6.2.9　熄火烟叶（阴燃持续时间少于 2 s 者），不列级。

6.2.10　每片烟叶的完整度应达到 50% 以上，低于 50% 的不列级。

6.2.11　每包（件）烟叶的自然碎片超过 3% 的不列级。

6.2.12　BC₅、X₃ 及列不进标准级别、但尚有使用价值的烟叶，收购部门可根据用户需要议定收购。

7. 检验方法

按 GB 2635—1992 的第 7 章进行检验。

8. 检验规则

8.1 总则　烟叶分级、收购、工商交接均按本标准执行。

8.2 现场检验

8.2.1 取样数量，每批（指同一地区、同一级别的）烟叶，在 100 件以内者取 10%～20% 的样件，超出 100 件的部分取 5%～10% 的样件，必要时可酌情增加取样比例。

8.2.2 成件取样，每件自中心向四周取 5～7 处，约 3～5 kg。

8.2.3 未成件烟叶取样，可全部检验，或按堆放部位抽检样 6～9 处，取 3～5 kg 或 30～50 把。

8.2.4 对抽检样，按本标准第 7 章的要求进行检验。

8.2.5 现场检验中任何一方对检验结果有不同意见时，送上一级质监部门进行检验。检验结果如仍有异议，可再行复验，并以复验结果为准。

9. 实物标样

9.1 实物标样根据文字标准制定，经省烟叶标准标样技术委员会审定，省质量技术监督局批准执行。应每年更换一次。

9.2 实物标样各级烟叶的上、中、下限烟叶应按 3∶4∶3 的比例搭配，每把 20～25 片。

9.3 加封时必须注明级别、日期，并加盖批准单位专用印章。

9.4 执行时，应以实物标样的总质量水平作对照。

10. 包装、标志、运输与贮存

10.1 包装

10.1.1 每包烟必须是同一产地、同一等级。

10.1.2 烟叶包装材料应牢固、干燥、清洁、无异味、无残毒。

10.1.3 烟叶包装时烟把应向两侧紧靠，排列整齐，循环相压，包体端正。捆包三横二竖，缝包不少于 40 针。

10.1.4 每包净重为 50 kg，成包体积为 450 mm×600 mm×800 mm。

10.2 标志

10.2.1 标志应字迹清晰，烟包须加挂标牌，标明产地、级别。

10.2.2 在烟包正面应标明以下内容：

a. 产地（省、县）；

b. 执行标准号；

c. 级别（大写）；

d. 质量（净重、皮重）；

e. 出产年、月。

10.3 运输

10.3.1 运输时，烟包上面须有遮盖物，包严、盖牢、避免日晒和受潮，不得与有异味和有毒物品混运。有异味和污染的车辆不得装运烟叶。

10.3.2 装卸时应小心轻放，不得摔包、钩包。

10.4 贮存

10.4.1 存放时堆垛高度：BC_1、BC_2 不得超过 5 个烟包，其他各级不超过 6 个烟包。

10.4.2 烟包存放地点应干燥通风。不得靠近火源和易燃物品，不得与有异味和有毒物品混贮一处。

10.4.3 烟包须置于距地面 300 mm 以上的垫物上，距房墙应超过 300 mm。

10.4.4 露天堆放时，四周应有防雨遮盖物封严。垛底距离地面 500 mm 以上，垫木端应与烟包齐平。

10.4.5 贮存期间须防止霉变、虫蛀。要经常加强检查，确保商品安全。

附录 D　地方标准《吉林晒红烟》

DB 22/T925—1999

吉林省技术监督局

1999-07-01 发布，1999-08-01 实施

本标准的第 4 章、第 5 章、第 6 章为强制性的，其余为推荐性的。

为促进吉林省晒红烟生产的发展，为卷烟工业提供优质原料，根据 GB 2635—1992《烤烟》对 DB/2200 B35 001—1990《晒红烟》标准进行修订。在遵循晒红烟特有的质量规律的前提下，采用的分级因素与 GB 2635 的分级因素含义及表示方法基本统一，这样，既保证了标准的先进性，又便于技术人员和烟农掌握。同时，修订了生产实践证明不适用的部分。

本次修订以分级因素及表示方法为主，其他条款基本不变或稍有改变，以保持原标准设置的等级总体质量水平不变为原则，中心因素成熟度概念及档次要求基本不变，其他分级因素的修订统一到成熟度上来。包括的内容：一是取消了品质规定中的身份、色泽、损伤度 3 个大因素，将其包含的小因素单列；二是改变了品质规定中的厚度、组织、光泽 3 个因素含义并重新确定了档次要求；三是增删或调整了部位、成熟度、颜色 3 个分级因素的有关档次要求；四是放宽了残伤允许度。

本标准由吉林省烟草专卖局提出并归口。

本标准由吉林省烟草公司科教处、吉林省烟叶物资公司负责起草。

本标准主要起草人：王凤阁、王志春、郝巍、金钟杰、郑成进、李元石、于大中、孙家宏。

本标准 1990 年 3 月首次发布，1999 年 3 月第一次修订。

1．范围

本标准规定了晒红烟的名词术语、分级、技术条件、检验方法、验收规则等内容。

本标准适用于省内晒红烟原烟或复烤后未经发酵的扎把烟，是分级交售、收购定级、工商交接的依据。以文字为主，辅以实物样品。

2．引用标准

GB 2635—1992 烤烟

3．名词术语

3.1 部位

按烟叶在烟株着生位置分为上部叶、中部叶、下部叶。

3.1.1 各部位比例：上部叶、中部叶、下部叶分别占单株留叶数的 30%、40%、30%。

3.2 成熟度

晒制后烟叶的成熟程度，分下列档次：成熟、尚熟、欠熟、未熟、假熟。

3.3 油分

烟叶内含有的一种柔软半液体或液体物质，分下列档次：多、较多、有、稍有。

3.4 身份

烟叶厚度、密度或单位面积质量，以厚度表示，分下列档次：薄、较薄、中等、较厚、厚。

3.5 叶片结构

烟叶细胞排列的疏密程度，分下列档次：过疏松、疏松、尚疏松、较密、紧密。

3.6 颜色

烟叶经调制后所呈现的深浅不同的颜色，分为：活青、黄褐、褐黄、青褐、褐红、棕红、老红、深红、红黄、黄红。

3.6.1 允带青筋：仅支脉带有青色。

3.6.2 允微带青色：叶片青色在一成及以下。

3.6.3 允稍带青色：叶片青色在一成至二成。

3.6.4 红黄色：口面呈红、黄色，且红色程度占七成及以上。

3.6.5 黄红色：口面呈红、黄色，且黄色程度占七成及以上。

3.6.6 青褐色：褐色烟叶上含青色在二至四成。

3.6.7 褐黄色：叶面呈褐、黄色，且褐色程度占七成及以上。

3.6.8 活青色：烟叶青色在四成至五成。

3.7 色度

烟叶表面颜色的饱和程度、均匀度和光泽强度，分下列档次：浓、强、中、弱、淡。

3.8 破损

叶片因受到机械损伤而失去原有的完整性，且每片叶破损面积不超过50%，以百分数（%）表示。

3.9 残伤

病斑透过叶背，使烟叶组织受到破坏失去加工成丝的强度和坚实性，以百分数（%）表示。

3.10 纯度允差

混级允许度，允许在上、下一级总和之内，以百分数（%）表示。

4．分级

根据烟叶生长的部位及叶片的成熟度、油分、身份、叶片结构、颜色、色度、残伤分为六级。

5．技术条件

5.1 品质规定见表 D.1。

表 D.1　品质规定

级别	部位	成熟度	油分	身份	叶片结构	颜色	色度	杂色与残伤 /%
一	上部中部	成熟	多	较厚、中等	尚疏松、疏松	老红、深红、红黄	浓	10
二	上部中部	成熟	较多	厚、中等	较密、疏松	深红、红黄、允带青筋	强	15
三	中部	尚熟	有	中等	尚疏松	棕红、黄褐、允微带青色	中	20
四	中部下部	尚熟	稍有	中等、较薄	尚疏松	褐红、黄红、允稍带青色	弱	25
五	下部	假熟、欠熟		较薄	过疏松、紧密	褐黄、青褐	淡	30
六	下部	假熟、未熟		薄	过疏松、紧密	褐黄、活青	—	40

5.2 烟叶的水分含量规定见表 D.2。

表 D.2　纯度允差的规定

级别	纯度允差 /%	水分 /%	自然砂土率 /%	破损率 /%
一	≤ 10	≤ 20	≤ 0.5	≤ 5
二	≤ 10	≤ 20	≤ 0.5	≤ 10
三	≤ 15	≤ 20	≤ 1	≤ 15
四	≤ 20	≤ 20	≤ 1.5	≤ 20
五	≤ 20	≤ 20	≤ 2	≤ 25
六	≤ 20	≤ 20	≤ 2	≤ 30

5.3 烟叶砂土率允许量见表 D.2。

5.4 烟叶扎把为无拐自然把，大叶每把20片左右，小叶25片左右。烟绕用一片同级烟叶，绕宽不超过5 cm。

6．验收规则

6.1 烟叶的部位、成熟度、油分、身份、叶片结构、颜色、色度都达到某级规定，残伤不超过某级允许度时，才定为某级。

6.2 质量达不到一、二级的上部叶在三级以下定级。

6.3 一批烟叶在两个等级界限上，则定较低等级。

6.4 霜冻叶、杈子叶、霉变、掺杂、水分超限等不列级。

6.5 破损的计算以一把烟内破损总面积占烟叶应有总面积的百分比计算，每张烟叶的完整度必须达到50%以上，低于

50% 者列为级外烟。破损率的规定见表 D.2。

6.6 把头不超过 5 cm 的部分轻微霉变，视其对烟叶品质影响的程度适当定级。

6.7 纯度允差的规定见表 D.2。

7. 检验方法 按 GB 2635—1992 中烤烟检验方法执行。

8. 检验规则

8.1 总则

分级、交售、收购、供货交接均按本标准执行。

8.2 现场检验

8.2.1 取样数量，每批（指同一产区、同一级别烟叶）在 100 件以内者取 10%～20% 的样件，超出 100 件的部分取 5%～10% 的样件，必要时酌情增加取样比例。

8.2.2 成件取样，每件自中心向其四周抽检样 5～7 处，约 3～5 kg。

8.2.3 未成件烟取样，可全部检验，或按部位抽检样 6～9 处，约 3～5 kg 或 30～50 把。

8.2.4 对抽检样按本标准第 7 章规定进行检验。

8.2.5 现场检验中任何一方对检验结果有不同意见时，送上一级技术监督主管部门进行检验。检验结果仍存异议，可再复验，并以复验结果为准。

9. 实物样品

9.1 实物样品是检验和验收的凭证，为验货的依据之一。

9.2 实物样品根据文字标准制定,经省烟叶标准标样技术委员会审定后,由省质量技术监督局批准执行。每年更换一次。

9.3 实物样品制定原则

9.3.1 最低界限样品以各级烟叶最低质量叶片进行制定。每把 15～20 片。

9.3.2 可用无损伤叶片。

10. 包装、标志、运输与贮存

10.1 包装

10.1.1 每包（件）烟叶必须是同一产区、同一等级。

10.1.2 包装用的材料必须牢固、干燥、清洁、无异味、无残毒。

10.1.3 包（件）内烟把应排列整齐，循环相压，不得有任何杂物。

10.1.4 每包净重 50 kg，麻布包装，成包体积为 40 cm × 600 cm × 80 cm。

10.2 标志

10.2.1 必须字迹清晰，包内要放标志卡片。

10.2.2 包（件）正面标志内容：

a. 产地（省、县）；

b. 级别（大写）；

c. 执行标准编号；

d. 质量（毛重、净重）；

e. 出产年、月；

f. 供货单位名称。

10.3 运输

10.3.1 运输包件时，上面必须有遮盖物，包严、盖牢、防日晒和受潮。

10.3.2 不得与有异味和有毒物品混运。有异味和污染的运输工具不得装运。

10.3.3 装卸必须小心轻放，不得摔包、钩包。

10.4 贮存

10.4.1 原烟 1～2 级不超过 5 包高，其他各级不超过 6 包高；复烤烟不超过 7 包高。

10.4.2 必须干燥通风，地势高，不靠近火源和油仓。

10.4.3 须置于距地面 30 cm 以上的垫石上，距房墙至少 30 cm。

10.4.4 不得与有毒物品或有异味物品混贮。

10.4.5 四周须有防雨、防晒遮盖物，封严。垛底需距地面 30 cm 以上，垫木（石）与包齐，以防雨水浸入。

10.4.6 贮存须防潮、防火、防霉、防虫。定期检查，确保商品安全。

附录 E 地方标准《浙江松阳晒红烟》

DB 332528/T6—2003

浙江省松阳县质量技术监督局

2003-07-01 发布，2003-07-01 实施

本标准的第 4 章、第 5 章、第 6 章为强制性的，其余为推荐性的。

本标准自实施之日代替 DB332528/T6—1999《松阳县晒红烟分级（试行）》。

本标准与原 DB332528/T6—1999 相比主要变化如下：

—提高了晒红烟产品中对死青含量要求的控制；

—增加了浮青项目作为晒红烟产品的控制因素；

—增加了对不列级项目的内容。

本标准由松阳县烟叶领导小组提出。

本标准由松阳县质量技术监督局、松阳县烟草公司、松阳县农业局负责起草。

本标准主要起草人：詹开新、周建华、方以霆、徐芳月、沈文升。

本标准于 1999 年首次发布，本次为第一次修订。

1. 范围

本标准适用于正常生产，经过太阳光晒制和短期堆积醇化后的松阳晒红烟。以文字标准为主，辅以实物标准样品。本标准仅适用于经预分级收购的松阳晒红烟。

2. 规范性引用文件

下列文件中的条款通过本标准的引用而成为本标准的条款。凡是注日期的引用文件，其随后所有的修改单（不包括勘误的内容）或修订版均不适用于本标准，然而，鼓励根据本标准达成协议的各方研究是否可使用这些文件的最新版本。凡是不注日期的引用文件，其最新版本适用于本标准。

GB 2635 烤烟

3. 名词、术语

3.1 晒制

鲜烟叶夹在竹篾编制的空眼烟夹内受太阳光直射折晒条件下干燥定色。

3.2 部位

烟叶在植株上的着生位置。由下而上分为脚叶、下二棚、腰叶、上二棚、顶叶。

3.3 颜色

烟叶经晒制后呈现深浅不同的色泽，分紫红、深红、赤红、棕红、褐红、赤褐、浅红、红黄、黄、浅黄、浮青、死青。

3.4 厚度

烟叶的厚薄程度，分厚、较厚、适中、尚适中、稍薄、薄。

3.5 光泽

烟叶表面色彩的纯净鲜艳程度，分鲜明、尚鲜明、稍暗、较暗、暗。

3.6 组织

烟叶结构的细胞密度，分细致、尚细致、稍粗糙、较粗糙、粗糙。

3.7 油分

烟叶组织细胞内含有一种柔软液体物质，直观表现有油润和枯燥感觉，分多、较多、有、稍有、少。

3.8 叶片长度

叶尖至叶片底端（扣除叶柄）的距离，以厘米为单位。

3.9 青色

烟叶带青色部分，分浮青和死青。

3.9.1 浮青：经堆积发酵后基本上可转正常颜色。

3.9.2 死青：经堆积发酵后基本上不能转正常颜色。

3.10 破伤

烟叶损缺部分，失去其完整性，如机械伤、虫洞等。

3.11 残伤

烟叶受损透过叶背，使组织受损伤或失去加工成丝的强度和坚实性，如病斑、枯焦，但不包括霉变烟叶。

3.12 杂色

烟叶表面存在着与基本色不同的斑块（青块除外），如花点、花片、黑糟、糠枯等。

3.13 杂物

非本属烟叶中的其他异物和烟茎、烟芽等。

3.14 砂土率

烟叶中含非人为的砂土量占试样质量的比率，以百分数表示。

3.15 纯度允差

烟叶分级中自然形成相邻的等级误差，它是混级的允许度。

3.16 不列级

无利用价值，不能列入等级内的烟叶，属不收购烟叶。

4. 分级

根据叶片的部位、颜色、厚度、油分、光泽、组织及叶片长度等外观品质划分，共分五个级和两个等外级。

5. 技术要求

5.1 品质等级规定见表 E.1。

表 E.1　松阳晒红烟品质分级规定

等级	部位	品质因素					控制因素				
		颜色	光泽	油分	组织	厚度	叶片长度 / cm	浮青 /%	死青 /%	残伤杂色 /%	机械伤 /%
1 级	顶叶、上二棚	紫红、深红	鲜明	多	细致	厚	≥45	≤5	不得存在	≤3	≤7
2 级	顶叶、上二棚、腰叶	紫红、深红、赤红、尾部微带黄	尚鲜明	较多	尚细致	较厚	≥40	≤10	不得存在	≤5	≤10
3 级	上二棚、腰叶、下二棚	棕红略带褐、浅红略带黄、微带黄	稍暗	有	稍粗糙	适中	≥35	≤15	不得存在	≤10	≤15
4 级	腰叶、下二棚	浅红、带黄、略带浮青	较暗	稍有	较粗糙	稍薄	≥30	≤20	不得存在	≤15	≤20
5 级	下二棚、上脚叶	红、黄、褐、青均有	较暗	少	粗糙	薄	≥25	≤25	≤5	≤20	≤20
外 1	上脚叶	红、黄、褐、青	暗	少	很粗糙	不限	≥20	≤25	≤10	≤25	≤25
外 2	脚叶	除糠枯片	无	无	很粗糙	不限	≥20	有利用价值			

5.2 晒红烟部位、颜色、厚度、油分、光泽、组织及叶片长度都达到某级时才定为某级；水分、浮青、死青、破伤、残伤、杂色为控制指标，不得超过规定百分数。

5.3 纯度允差、水分及自然砂土率的规定见表 E.2。

表 E.2 纯度允差、水分及自然砂土率规定

等级	纯度允差 / %	水分 / %	自然砂土率 / %
1 级	≤ 10		
2 级	≤ 10		≤ 1.0
3 级	≤ 15	≤ 18	
4 级	≤ 15		≤ 1.5
5 级	≤ 20		
外 1	≤ 20		≤ 2.0
外 2	≤ 20		

注：表中规定的纯度允差指上一级、下一级。

5.4 几种烟叶处理原则

5.4.1 霉烂 30% 以上烟叶、刷不出的泥浆烟、死青 30% 以上的烟叶、长度少于 20 cm 的低档脚叶属不列级。

5.4.2 凡被禁用农药和其他药物污染的烟叶及 10% 以上虫蛀烟叶属不列级。

5.4.3 陈一年以上烟叶，除虫蛀、非基本色外一般原级收购。

6. 抽样、验收

6.1 抽样方法 对同一验级批的抽样，按其数量不少于 20% 的比例，从该包装中心向四周不同部位随机抽取。

6.2 级判定

6.2.1 对每一验级批抽取的样品，逐片清点叶片，按表 E.1、表 E.2 的内容规定，对比实物样品进行检验，凡有一项不符合规定的，判该片为不达标级，不达标级烟叶累计超过 5.3 条款纯度允差规定时，判该验级批为不合格验级批。

6.2.2 不合格验级批可作降级处理或重新分级，重新分级后应按本标准重新抽样检验。

6.2.3 购销双方发生争议时，应对所抽样品进行封存，注明争议内容及日期等有关情况，经双方签字盖章后送质量技术监督部门裁定。

7. 检验方法

7.1 晒红烟的部位、颜色、光泽、油分、组织、厚度等品质因素，采用实物对比，感官评定检验。

7.2 理化指标测定

7.2.1 叶片长度测定 用分度值为 1 mm 的直尺或钢卷尺直接测定。

7.2.2 叶片损伤率测定（包括浮青、死青、残伤杂色、机械损伤）

用分度值为 1 mm 的直尺或钢卷尺，按式（E-1）测定烟叶的损伤率。

$$烟叶损伤率 = \frac{各类损伤叶总面积}{烟叶应有的完整的总面积} \times 100\% \qquad （E-1）$$

注意：死青、浮青、残伤杂色、机械损伤应分别计算。

7.2.3 含水率、自然砂土率测定 按 GB 2635 进行。

8. 实物样品制定

8.1 实物样品分基本样品和仿制样品两种，均为代表性样品，制作实物样品，先由收购部门根据文字标准在当年的烟叶中进行初选，经质量技术监督、农业、烟农代表等共同评定后，由质量技术监督部门批准执行。基本样品每 3 年更新一次，仿制样品每一年更新一次。

8.2 制样时可以用无残伤和破损的叶片。

8.3 封样时，应注明级别，把内叶数、日期，并加盖批准单位印章，用塑料袋包装，并留样。

9. 收购

9.1 总则

收购时的检验以感官评定并附以实物样品对照检验为主。

9.2 收购包装

烟农投售烟叶时，应按预选等级分别捆扎成件，每件质量不超过 25 kg，用干燥稻草捆扎。件内每把烟叶用 3 ~ 5 根

干燥稻草捆扎，每把 30 ～ 50 片（1 ～ 1.5 kg），1 ～ 5 级扎头（叶柄），外一、外二等级扎腰，烟把须扎牢，烟叶内不得有烟茎、叶芽、枯死叶片及破片等杂物。计算称量时应扣除捆扎稻草质量。

附录 F　地方标准《黑龙江穆棱晒红烟》

Q/MLYY01—2004 代替 Q/MLYY01—2001

牡丹江烟叶公司穆棱市公司

2004-07-16 发布，2004-07-20 实施

牡丹江烟叶公司穆棱市公司系黑龙江省烟草公司穆棱市公司更名。

本标准由牡丹江烟叶公司穆棱市公司提出并起草。

本标准主要起草人：潭海波、穆玉玺、林化利。

本标准于 2001 年 7 月首次发布。

本标准有效期为 3 年。

1. 范围

本标准规定了穆棱晒红烟的分级要求、检验方法、验收规则、包装、运输、贮存要求。本标准适用于正常栽培、管理、经过晾晒、分级扎把的穆棱晒红烟以文字标准为主，以复制的实物样品为依据。

2. 规范性引用文件

下列文件中的条款通过本标准的引用而成为本标准的条款。凡是注日期的引用文件，其随后所有的修改单（不包括勘误的内容）或修订版均不适用于本标准，然而，鼓励根据本标准达成协议的各方研究是否可使用这些文件的最新版本。凡是不注日期的引用文件，其最新版本适用于本标准。

GB 2635　烤烟

3. 术语和定义

下列术语和定义适用于本标准。

3.1 过程

采用上绳、杆的方法，利用自然的光热、湿度进行晾晒。

3.2 部位

烟叶在烟株上的着生位置，分上部叶、中部叶和下部叶。

3.3 颜色

烟叶经过晾晒后所呈现深浅不同的色彩。

3.3.1 红色烟，包括紫红、深红、浅红、褐红。

3.3.2 红黄色烟，包括深红黄、浅红黄。

3.3.3 青色烟，包括活青、青黄、青绿。

3.4 成熟度

烟叶的成熟程度，分成熟、尚熟、过熟、欠熟。

3.5 叶片结构

烟叶细胞的疏密程度，分疏松、尚疏松、稍密、紧密。

3.6 油分

烟叶内含柔软半流体物质，在适度的含水量下，根据感官鉴别，有油润或枯燥、柔软或僵硬的感觉，分多、有、稍有、少。

3.7 光泽

烟叶表面色彩的纯净鲜艳程度，分鲜明、尚鲜明、稍鲜明、稍暗、较暗。

3.8 身份

烟叶的厚度和细胞的密度或单位面积的质量，以厚度表示，分厚、较厚、稍厚、较薄、薄。

3.9 破损率

破损、杂色残伤损害烟叶的程度。破损率的计算见式（F–1）：

$$破损率 = \frac{把内烟叶破损面积}{把内烟叶应有总面积} \times 100\% 。 \tag{F–1}$$

3.9.1 破损：由于虫咬、雹伤、机械破损等因素的影响，使叶片缺少一部分而失去完整性。

3.9.2 残伤：烟叶的组织受到破坏，失去成丝的强度和坚实性，基本无使用价值，如病斑、枯焦、杂色等（不包括霉变）。

3.10 品级要素

用以衡量等级的外观因素，分品质因素和控制因素。

3.10.1 品质因素：说明或衡量烟叶外观品质优劣的因素。

3.10.2 控制因素：影响或损害烟叶外观品质的因素。

4. 分类、分组、分级

4.1 分类

晾晒烟叶的晒红烟属于红花烟叶。

4.2 分组

根据烟叶的着生部位，分上部叶、中部叶、下部叶组。颜色分组，红色、红黄色、青色、杂色组。

4.3 分级

根据烟叶的成熟度、身份、叶片结构、颜色、光泽、油分、损伤度等外观品级条件，划分出级别，上部叶位两个等级，中部叶位 3 个等级，下部叶位 3 个等级，共 8 个等级。部位分组特征见表 F.1。

表 F.1　部位分组特征

部位	代号	叶形	叶脉	厚度
上部	B	叶片大，叶尖较尖	粗、突出、显露	厚
中部	C	叶片较宽	较粗	较厚
下部	X	叶片宽，叶尖较钝	较细	薄

5. 要求

5.1 品级要素：每个因素划分成不同的程度档次并和有关的因素相应的程度和档次相结合，以勾画出各级的质量状态，确定各级的相对价值，见表 F.2。

表 F.2　品级要素及程度规定

	品级要素	程　度
品质因素	成熟度	成熟、尚熟、欠熟、过熟
	身份	厚、较厚、稍厚、较薄、薄
	叶片结构	疏松、尚疏松、稍密、紧密
	颜色	紫红、深红、褐红、红黄、微青、活青、青黄、暗褐、青绿
	光泽	鲜明、尚鲜明、稍鲜明、稍暗、较暗
	油分	多、有、稍有、少
控制因素		破损度以百分数表示

5.2 晒红烟分级品质要求应符合表 F.3 规定。

表 F.3　分级品质要求

代号	等级	部位	颜色	成熟度	叶片结构	身份	油分	光泽度	叶片表现
B₁	一	上部	紫红、深红	成熟	疏松	厚	多	鲜明	色泽均匀，无杂色。病斑面积不超过 5%
B₂	二	上部叶	深红	成熟	疏松	厚	多	鲜明	色泽均匀，无杂色。病斑面积不超过 10%
CB₃	三	中上部叶	褐红	成熟	疏松	较厚	有	尚鲜明	色泽欠均匀，无明显杂色，杂色病斑面积不超过 15%
C₄	四	中部叶	深红黄	尚熟	尚疏松	稍厚	稍有	尚鲜明	稍有杂色，杂色病斑面积不超过 20%
C₅	五	中部叶	浅红黄、微青	尚熟	稍密	稍厚	稍有	稍鲜明	红黄色 70% 以上，有杂色，杂色病斑面积不超过 25%
CX₆	六	中下部叶	暗红黄、活青	过熟、欠熟	紧密	较薄	少	稍暗	色泽不均匀，有明显杂色，杂色病斑面积不超过 30%
CX₇	七	下部叶	青黄、暗褐	过熟、欠熟	—	薄	少	较暗	色泽不均匀，杂色较多，杂色病斑不超过 30%
N	末级	混	土黄、青绿						受雹、虫、病、风等自然灾害，破损残伤度很大，仍有使用价值

5.3　破损度包括杂色、病斑、机械伤等，超过规定面积在下一级定级。

5.3.1　1～4 级必须是红黄色烟。

5.3.2　5 级烟要求红黄色占 70% 以上，青色不超过 30%，青烟在 5 级以下定级。

5.3.3　用同级烟叶搁把，每把叶片 10～15 片。

5.3.4　原烟收购水分超标，把腰超限，带小拐均按实际质量扣除。

5.3.5　复烤烟烤耗 15%，碎耗 1.5%，途耗 1%，共计 17.5%。

5.3.6　纯度允差、破损度、水分、自然砂土率的规定见表 F.4。

表 F.4　纯度允差、破损度、水分、自然砂土率的规定

级别	代号	纯度允差 /%	破损度 /%	水分		自然含砂土率 /%	
				原烟	复烤烟	原烟	复烤烟
1	B₁	≤ 5	10	第二季度～第三季度为 18%；第四季度为 22%	16%（允差 +1%）	0.5	1.0
2	B₂	≤ 10	15			0.5	
3	CB₃	≤ 15	20			1.0	
4	C₄	≤ 20	25			1.5	
5	C₅	≤ 25	30			1.5	
6	CX₆	≤ 30	35			2.0	
7	CX₇	≤ 35	40			2.0	
末级	N	≤ 35	50			2.5	

6．检验方法

6.1　水分按 GB 2635 的方法进行检验。

6.2　砂土按 GB 2635 的方法进行检验。

7．检验规则

7.1　抽样

现场检验的取样数量，每批（同一级别）在 100 件以内者，取 20% 的样件，必要时酌情增加取样比例。每件自中心向四周检验 5～7 处，共约 3～5 kg；未成件的烟可全部检验，或按部位各取 6～9 处，3～5 kg 或 30～50 把进行检验。

7.2 判定原则

现场检验中任何一方对检验结果有不同意见时，按本标准规定送上一级质量监督主管部门进行检验，检验结果如仍有异议可再进行复验，并以复验为准。

7.3 实物样品的制定

7.3.1 实物样品的制定要在当地质量监督部门的监督下，根据文字标准，每年制定一次。

7.3.2 实物样品的制定原则

a. 实物样品分别以各级中等质量的叶片为主，包括级内大致相等的较好和较差的叶片，每把 10 ～ 15 片；

b. 可用无伤残、无破损叶片；

c. 实物样品是检验和验级的凭证，为验货的主要依据，以实物样品的总质量水平作对照；

d. 加封时注明级别、日期、叶数并加盖批准单位印章。

8. 包装、标志、运输、贮存

8.1 包装

8.1.1 每件烟必须是同一等级。

8.1.2 包装材料必须牢固、干燥、清洁、无异味和残毒。

8.1.3 包内烟把排列整齐，把头向外，包体端正，不得有任何杂物。

8.1.4 包装类型

a. 麻布包装，每包净重 50 kg，成包体积 40 cm × 60 cm × 80 cm；

b. 捆包三横一竖，缝包不少于 40 针。

8.2 标志

8.2.1 标明内容齐全，字迹要清晰。

8.2.2 要标明产地、级别（大写、代号）、质量（毛重、净重）、日期、供货单位名称。

8.3 运输

8.3.1 运输包件时，上面必须有遮盖物，包严、盖牢，防止日晒雨淋受潮。

8.3.2 不得与有异味和有毒物品混运，有异味和污染的运输工具不得装运。

8.3.3 装卸必须小心轻放，不得摔包、钩包。

8.4 贮存

8.4.1 垛高不超过 5 个，复烤烟不超过 6 个烟包。

8.4.2 烟包存放地点必须干燥通风，距离地面、墙面 30 cm 以上。

8.4.3 存贮期间必须经常检查，防火、防霉，确保安全。

附录 G　地方标准《四川晒烟》

Q/CY01—1991

中国烟草总公司四川省公司

1991-06-18 发布，1991-06-20 实施

本标准由德阳烟草分公司提出。

本标准主要起草人：鄢学锦、彭杰、付代钦。

1. 主题内容与适用范围

本标准规定了晒烟的分类与分级、技术要求、试验方法、检验规则、实物样品的制定和执行及包装、标志、运输、贮存。本标准适用于全省晒烟中的九级制毛烟和六级制柳烟、泉烟。以文字标准为主，辅以实物样品。

2. 分类与分级

2.1 分类：分毛烟、柳烟、泉烟 3 个类别，毛烟含白毛烟、糊毛烟；柳烟含白柳烟、糊柳烟、红柳烟。

2.2 毛柳、泉烟部位特征见表 G.1。

表 G.1　白毛烟、白柳烟、泉烟部位特征

类别	部位	部位特征				
		脉相	叶形	叶面	叶柄	厚度
毛烟	上部	主脉较粗，支脉微露均匀	叶形长、宽、大呈宽卵网形	皱缩至较皱	呈马蹄形	厚至稍厚
	中部	主脉较细，支脉较显	叶形较长宽呈卵圆形	较皱缩至平坦	呈半圆形	稍厚至薄
	下部	主脉细小，支脉显著	叶形较窄小呈长卵圆形	平坦	呈扁形	薄
柳烟	上部	主脉微粗，支脉细匀	叶长较宽，叶尖较锐呈宽椭圆形	皱缩	呈圆形	稍厚
	中部	主脉较细，支脉微露	叶较长、较窄，叶尖较锐呈椭圆形	较皱缩	呈扁圆形	稍薄
	下部	主脉细小，支脉较显	叶较短、窄，叶尖锐呈长椭圆形	平坦	呈扁形	薄
泉烟	上部	主脉较粗支，脉微露均匀	长、宽、大呈桃儿形	平坦微皱缩	马蹄形	稍厚至厚
	中部	主脉较细，支脉微露欠均匀	长、宽、大，呈桃儿形	平坦	半椭圆形	稍厚
	下部	主脉细小支脉较显	较窄小呈椭圆形	平坦	呈扁形	薄

2.3 分级：根据叶片部位、油分、组织、颜色、光泽、长度等外观品质条件划分等级：毛烟一～九级（见表 G.2）；柳烟一～六级（见表 G.3）；泉烟一～六级（见表 G.4）。

表 G.2　白毛烟品质规定

级别	代号	部位	品质指标					长度 / cm	控制因素	
			油分	组织	体分	颜色、光泽	灰、火、味		杂色允许程度	损伤度 /%
一级	M₁	上部	油润	细致	体重	棕红、紫红、光亮	灰白紧卷，接火耐久味正浓香	≥47	无杂色	3
二级	M₂	上部	油润	细致	体重	棕红、紫红、深红、光亮	灰白紧卷，接火耐久味正浓香	≥43	无杂色	5
三级	M₃	上部中部	油润	细致	体尚重	棕红、紫红、深红、尚有光亮	灰白紧卷，接火力强味醇	≥40	轻微杂色	8
四级	M₄	中部	尚油润	尚细致	体尚重	深红、褐红、尚有光亮	灰白，接火力较强味较醇	≥37	轻微杂色	11
五级	M₅	中部	稍油润	尚细致	体较轻	深红、褐红、稍有光亮	灰白较松泡，味较醇	≥33	稍带杂色	15
六级	M₆	中部	微油润	稍粗糙	体较轻	褐红、浅红、稍有光亮	灰白松泡，味较差	≥30	稍带杂色	20
七级	M₇	中部下部	微油润	稍粗糙	体轻	褐红、浅黄、光较差	麻灰色，接火力不强稍带杂味	≥28	带杂色	23
八级	M₈	下部	欠油润	稍粗糙	体轻	浅红、红黄、光较差	麻灰色，接火力不强稍带杂味	≥25	带杂色	25
九级	M₉	下部	欠油润	粗糙	体轻	浅红、红黄、光暗	接火力差，味杂	≥23	带杂色	30

注：1. 糊米毛烟与同级白毛烟比较，颜色要深一些，油分显强，叶片软和，有光泽。
　　2. 品质达不到九级而又有使用价值的烟叶，可作为等外级。

表 G.3　白柳烟品质规定

| 级别 | 代号 | 部位 | 品质指标 | | | | | 长度/cm | 控制因素 | |
			油分	组织	体分	颜色、光泽	灰、火、味		杂色允许程度	损伤度/%
一级	L₁	上部	油润	细致	体重	棕红、紫红、光亮	灰白紧卷，接火耐久味正浓香	≥46	无杂色	3
二级	L₂	上部	油润	细致	体重	紫红、深红、褐红、光亮	灰白紧卷，接火耐久味正浓香	≥43	无杂色	3
三级	L₃	中部	尚油润	细致	体尚重	深红、褐红、尚有光亮	灰白紧卷，接火好味醇	≥38	轻微杂色	10
四级	L₄	中部	尚油润	尚细致	体较轻	褐红、红黄、稍有光亮	灰白易散，接火、味较淡	≥36	轻微杂色	13
五级	L₅	中部下部	稍油润	稍粗糙	体较轻	浅红、浅黄、光较差	麻灰色，接火力差，味淡	≥50	带杂色	18
六级	L₆	下部	微油润	粗糙	体轻	浅红、浅黄、光暗	麻灰色，接火力差，味杂	≥33	带杂色	22

注：1. 糊米柳烟与同级白柳烟比较，颜色要求深一些，油分显强，叶片软和，有光亮。
　　2. 品质达不到六级而又有使用价值的烟叶，可作为等外级。

表 G.4　泉烟品质规定

| 级别 | 代号 | 部位 | 品质指标 | | | 长度/cm | 控制因素 | |
			油分	组织	颜色、光泽		杂色允许程度	损伤度/%
一级	Q₁	上部	油润	细致	金黄、纯黄光亮	≥37	无杂色	3
二级	Q₂	上部	油润	细致	金黄、纯黄光亮	≥34	无杂色	5
三级	Q₃	中部	尚油润	稍细致	纯黄、褐黄尚有光亮	≥30	轻微杂色	10
四级	Q₄	中部	尚油润	稍细致	淡黄、褐青光亮差	≥27	轻微杂色	13
五级	Q₅	中部下部	稍油润	稍粗糙	褐黄、土黄光差	≥23	带杂色	18
六级	Q₆	下部	微油润	粗糙	土黄、杂色光暗	≥20	杂色	20

注：泉烟品质达不到六级而又有使用价值的烟叶，可作为等外级。

3. 技术要求

3.1 品质规定见表 G.1、表 G.2、表 G.3 和表 G.4。

3.2 损伤度以把内烟叶应有完整的总面积为基数计算。

3.3 晒烟部位、油分、组织、颜色、光泽都达到某级时，才定为某级。杂色、损伤度为控制指标不得超过规定的百分数。

3.4 长度的掌握：品质好而长度不够的，定级时可放宽一档掌握。如：一级的长度、三级的品质，应定为三级；三级的长度、二级的品质，应定为二级。其余类推，严防只按长度定级。

3.5 纯度允差、水分及自然砂土率杂质规定见表 G.5。

表 G.5　纯度允差、水分及自然砂土率杂质规定

| 级别 | 纯度允差/% | 自然含水量/% | | | 自然砂土及杂质/% | | |
		白毛柳烟	糊毛糊柳	泉烟	白毛白柳	糊毛糊柳	泉烟
门毛一～九级 糊毛一～九级白柳 白柳一～六级 糊柳一～六级 泉烟一～六级	≤20	20～22	23～25	17	≤0.6	≤0.6	≤0.6
级外		20～22			≤1.5	≤1.5	

注：表中规定的纯度允差指上下一级。

3.6 扎把以自然把为准，每把用一道棕叶搁牢，烟把内不得有烟杈、烟芽、碎片、烟梗、谷草等杂物。

4．试验方法

4.1 品质检验

按本标准中规定的技术要求逐项检验，以感官鉴定为主。经逐把检验无误后，计算其合格率。如有异议时可再行检验，以两次检验合格率的平均数为准。对受害烟叶一律视其使用价值，按质评定等级。

4.2 水分检验

4.2.1 总则　现场用感官检验法，室内用烘箱检验法。

4.2.2 感官检验法

白毛柳烟以手折筋杆易折者；泉烟以手折筋杆易断者，则含水在标准规定以内。

4.2.3 烘箱检验方法

a. 仪器及用具；

分析天平：感量 0.001 g。玻璃干燥器：内装干燥剂（变色硅胶）。

电热烘箱（或其他烘箱）具有调节温度装置，并能自动控制温度在 ±2℃范围以内，附带有 0～200℃温度计，水银球位于试样搁板以上 1.5～2.0 cm 处，只能使用中层搁板。

样品盒：铝制、直径 60 mm、高 25 mm，并在盖上及盒底侧壁标有号码。

b. 操作程序。

从送检样品中均匀抽样约 1/4 的叶片，迅速切成宽不超过 5 mm 的小片或丝状，混匀后用已知干燥质量的样品盒称取试样 10 g，记下称得的试样质量。去盖后放人（100±2）℃的烘箱内，自温度回升至 100℃时算起，烘 2 h，加盖，取出后放人干燥器内，冷却至室温，再称量，并按式（G-1）计算水分含量。

$$水分含量 = \frac{试样质量 - 烘后质量}{试样质量} \times 100\% \qquad (G\text{-}1)$$

注：每批样品的测定均应做平行试验，二者绝对值的误差不得超过 0.5%，以平行试验结果的平均值为检验结果。如平行试验结果超过规定时，应做第 3 份试验，在 3 份结果中以两个误差接近的平均值为准。

4.3 部位检验

4.3.1 部位检验以感官鉴定为主。

4.3.2 叶片的着生部位对烟叶的品质起着重要作用，因而一株烟叶的品质基本是上好、中次、下差。

a. 上部叶片长宽厚而油润丰满，筋脉均匀，烟头呈马蹄形；

b. 中部叶片长宽较上部短窄、尚油润、梢丰满、筋脉较显，烟头呈半圆形；

c. 下部叶片较中部叶片飘薄、微油润、粗糙、筋脉显著、烟头小、呈扁形。

4.4 损伤度检验

4.4.1 分级检验中，以叶片的主脉为界两边为 50%，每边又分为 25%，其余类推，计算损伤度的百分数。

4.4.2 烟叶的杂质，是指非烟叶的其他物质，以感官鉴定为主。

4.4.3 沙土检验：现场用感官检验法，即用手抖拍烟把无沙土落下，看不见烟叶表面附有沙土即为合格。

4.5 灰火味检验

灰火味以评吸鉴定为主，灰火味的好次，决定于卷制的燃吸。

4.5.1 灰：常见的有黑色、麻色、瓦灰色、白色，其中以白色为好，麻色、瓦灰色次之，黑色更次；

4.5.2 火：以接火、耐火为好，反之为次；

4.5.3 味：有醇香、麻、辣、苦，以醇香为好，麻、辣、苦次之。

5．检验规则

5.1 总则

分级成件交售，收购定级，产销交接、省内外调拨均按本标准执行。

5.2 取样

以批为单位取样，每批在 100 件内者取 10%～20% 的样件，超出 100 件的增取 5%～10% 的样件。每样件由中心向四周抽 5～7 处，共 10 把。未成件的烟叶根据烟堆的大小由双方协商抽样数。

5.3 现场检验时应随机取样。任何一方对检验结果有不同意见，送上级主管部门进行检验，对检验结果如仍有异议，可再进行复检，以复检结果为准。

5.4 实物样品的制定和执行

5.4.1 实物样品分基准样品和仿制样品两种，均为代表性样品。基准样品根据文字标准每 3 年制定一次，经省主管单位和有关部门审查批准后执行。仿制样品由各地、市、县有关部门共同仿制加封后执行。仿制样品每年更新一次。

5.4.2 实物样品的制定，应以各级烟叶的中等叶片为主，包括本级以内数量大致相等的较好和较差的叶片。制样时应参照各级规定的损伤度选择叶片。

5.4.3 实物样品的执行

a. 收购检验时，应以实物样品总的质量水平作对照；

b. 对仿制样品有争执时，应以基准样品为依据。

6. 包装、标志、运输、贮存

6.1 包装

6.1.1 每包晒烟必须是同一等级，烟包内不得混有其他杂物。水分超限、轻微霉变的烟叶均须单独成包。

6.1.2 包装规格见表 G.6。

表 G.6　包装规格

类别	每包净重 /kg	包装规格（长 × 宽 × 高）/cm³	每包体积 /m³
糊米毛柳烟	50	83 × 40 × 47	0.156
白毛柳烟	50	83 × 40 × 47	0.156
泉烟	50	83 × 40 × 47	0.156

6.1.3 包装材料

糊白毛柳烟用干竹片谷草包装，泉烟用篾条包装，均用绳索或铁丝捆扎。

6.1.4 包装质量

a. 包面不现烟、不散烟、包面平顺、不现凹凸状；

b. 两头整齐，四周有棱角，方正美观；

c. 捆绳要互相牵连，捆扎牢固。

6.2 标志

6.2.1 标志必须字迹清晰、整洁。

6.2.2 烟包必须唛头清楚注明：

a. 产地（省、县）；

b. 品名；

c. 级别（大写）；

d. 质量（净重、毛重）；

e. 成包时间（年月）；

f. 检验员代号。

6.2.3 为了使包装标志明显，容易辨认等级，毛、柳烟均须在每包烟相对的两块竹片的两头染上颜色，作为标志。如一级大红、二级橙红、三级菜黄、四级品绿、五级黑色、六级蓝色、七级茄色、八级白色、九级无色、等外级大红。

6.3 运输

6.3.1 运输时烟包上面必须有遮盖物，避免日晒雨淋和受潮，不得与有异味和有毒物品混装、混运，装过有异味和毒品的车辆不得装运烟叶。

6.3.2 装卸时，小心轻放，不得摔包、钩包。

6.4 贮存

6.4.1 烟包存放地点必须干燥通风，冬季应背风，不得与异味和有毒的物品混储一处；烟包必须置于距房墙 300 mm 以外，贮存期间，须防止霉变。

6.4.2 露天堆放时，上面和四周必须有防雨遮盖物，四周封严，垛底距离地面 300 mm 以上垫木与烟包放齐，防止雨水顺垫木浸入，并必须加强检查，确保安全。

参考文献

[1] 赵百东 . 烟草史话 [J]. 世界农业，1990(8):46-48.

[2] 闫敏 . 明清时期烟草的传入和传播问题研究综述 [J]. 古今农业，2008(4):99-104.

[3] 许旭明 . 烟草的起源与进化 [J]. 三明农业科技，2007(3):25-27.

[4] 吴晗 . 谈烟草 [N]. 光明日报，1959-10-28.

[5] 罗新民 . 贵州烟草史话之晒晾烟 [J]. 贵阳文史，2010,1:34-35.

[6] 曲振明 . 卷烟销售史话 [J]. 湖南烟草，2008,1:58-60.

[7] 朱贵明 . 论晒黄烟的品质特点及其开发利用 [J]. 中国烟草，1996(4):34-38.

[8] 任光辉 . 民国后期陕西卷烟业研究 [D]. 西安：西北大学，2009.

[9] 周曦 . 民国时期重庆地区烟草税收制度研究 [D]. 重庆：西南政法大学，2009.

[10] 张玲 . 清代河南烟草的种植与分布 [J]. 赤峰学院学报，2011,3(11):167-169.

[11] 王莹 . 试论贵州烟草业发展历程与趋势（1628—2002）[D]. 重庆：西南大学，2012.

[12] 邓东林 . 谈《谈烟草》[J]. 湖南烟草，2010,1:64-65.

[13] 李毅军，王华彬，张联涛，等 . 我国晒晾烟的传入及演变 [J]. 中国烟草，1996(4):45-48.

[14] 曲振明 . 烟草商品化生产形成与发展 [J]. 湖南烟草，2006,5:60-61.

[15] 刘武 . 中国烟草业政府规制研究 [D]. 沈阳：辽宁大学，2009.

[16] 皇甫秋实 . 中国近代卷烟市场研究（1927—1937）[D]. 上海：复旦大学，2012.

[17] 朱尊权 . 提高上部烟叶可用性是促"卷烟上水平"的重要措施 [J]. 烟草科技，2010(6):5-9,31.

[18] 蔡宪杰，刘茂林，谢德平，等 . 提高上部烟叶工业可用性技术研究 [J]. 烟草科技，2010(6):10-17.

[19] 朱尊权 . 发展晾晒烟的必要性——在全国晾晒烟基地工作座谈会上的发言 [J]. 烟草科技，1981(1):1-7

[20] 王宝华，吴帼英，刘宝法，等 . 地方晾晒烟普查鉴定及利用的研究 [J]. 中国烟草学报，1992(2):45-54.

[21] 张胜利，江文伟，王瑞华，等 .1988—1990 年晾晒烟质量鉴定综述 [J]. 烟草科技，1992(5):40-41.

[22] 云南省烟草科学研究所 . 云南晾晒烟栽培学 [M]. 北京：科学出版社，2009.

[23] 訾天镇，杨同升 . 晾晒烟栽培与调制 [M]. 上海：上海科学技术出版社出版，1988.

[24] 胡建斌，尹永强，邓明军 . 主要晾晒烟调制理论和技术研究进展 [J]. 安徽农业科学，2007,35(35):11483-11485.

[25] 于川芳，王兵 . 部分国产白肋烟与津巴布韦，马拉维及美国白肋烟的分析比较 [J]. 烟草科技，1999(4):6-8.

[26] 黄学跃，刘敬业，赵丽红，等 . 晾晒烟品种资源农艺性状的聚类分析 [J]. 昆明师范高等专科学校学报，2001(4):40-43.

[27] 杨春元，曾吉凡，吴春，等 . 晾晒烟资源烟叶化学成分和吸食品质的初步分析 [J]. 中国种业，2004(8):29-30.

[28] 李青诚，廖晓玲，李进平，等 . 白肋烟香气物质与感官质量及调制条件的关系 [J]. 烟草科技，2005(8):24-27.

[29] 尹启生，吴鸣，朱大恒，等 . 提高白肋烟质量及其可用性的技术研究 [J]. 烟草科技，2002(9):4-7.

[30] 祝明亮，李天飞，汪安云，等 . 白肋烟内生细菌的分离鉴定及降低 N- 亚硝胺含量研究 [J]. 微生物学报，2004(4):422-426.

[31] 刘万峰，王元英 . 烟叶中烟草特有亚硝胺（TSNA）的研究进展 [J]. 中国烟草科学，2002(2):11-14.

[32] 杨焕文，崔明午，Bush L P，等 . 影响烟草特有亚硝胺积累的因素 [J]. 西南农业大学学报，2000(2):164-166.

[33] 高林，李进平，杨春雷，等 . 晾制期间白肋烟烟叶含氮化合物的变化 [J]. 烟草科技，2006(3):44-47.

[34] 国家烟草专卖局关于公布《名晾晒烟名录》的通知（国烟法 [2003]72 号），2003.

[35] 林国平.中国烟草白肋烟种质资源图谱[M].武汉:湖北科学技术出版社,2009.

[36] 赵晓丹.不同产区白肋烟质量特点及差异分析[D].郑州:河南农业大学,2012.

[37] 2011年度全省大田生产烟叶质量评价报告.武汉:湖北省烟草产品质量监督检.

[38] 2012年度全省大田生产烟叶质量评价报告.武汉:湖北省烟草产品质量监督检.

[39] 2013年度全省大田生产烟叶质量评价报告.武汉:湖北省烟草产品质量监督检.

[40] 曾凡海,李卫,周冀衡,等.烟草特有亚硝胺(TSNA)的研究进展[J].中国农学通报,2010,26(10):82-86.

[41] 汪安云,秦西云.打顶留叶数与烤烟品种TSNA形成累积的关系[J].中国农学通报,2007,23(8):161-165.

[42] 史宏志,李进平,Bush L P,等.烟碱转化率与卷烟感官评吸品质和烟气TSNA含量的关系[J].中国烟草学报,2005,11(2):9-14.

[43] 汪安云,夏振远,雷丽萍,等.不同白肋烟品种烟草中的特有亚硝胺含量分析[J].安徽农业科学,2010,38(31):17425-17426.

[44] 余义文,夏岩石,李荣华,等.不同类型及品种烟草特有亚硝胺含量的分析[J].烟草科技,2013(4):46-55.

[45] 史宏志,徐发华,杨兴有,等.不同产地和品种白肋烟烟草特有亚硝胺与前体物关系[J].中国烟草学报,2012,18(5):9-15.

[46] 汪安云,雷丽萍,夏振远,等.白肋烟中烟草特有亚硝胺的研究进展[J].安徽农业科学,2010,38(30):16847-16849.

[47] 张国平,刘圣高,文光红,等.不同收晾方式对马里兰烟品质的影响[J].贵州农业科学,2015(1):31-34.

[48] 张俊杰,林国平,王毅,等.白肋烟低TSNA含量的品种筛选初探[J].中国烟草学报,2009,15(3):54-57.

[49] 李进平,王昌军,戴先凯,等.白肋烟烟碱的田间积累动态及其与海拔高度的关系[J].中国烟草学报,2001,7(2):36-39.

[50] 柳昕,景延秋,张豹林,等.不同晾制湿度对白肋烟常规化学成分和游离氨基酸含量的影响[J].河南农业科学,2014,43(11):151-155.

[51] 景延秋,张欣华,李广良,等.不同种植密度对白肋烟烟叶常规成分的影响[J].江西农业学报,2011,23(2):83-84.

[52] 赵晓东,吴鸣,赵明月,等.打顶至调制结束白肋烟常规化学成分的变化[J].烟草科技,2004(3):25-27.

[53] 杨春元,唐茂兴,龙国昌,等.海拔高度对白肋烟主要化学成分的影响[J].贵州农业科学,2014(8):34-37.

[54] 汪开保,王宏伟,吴克松.湖北白肋烟等级质量分析报告[C].广州:中国烟草学会第五届理事会第三次会议暨学术年会,2007.

[55] 孙红恋,史宏志,孙军伟,等.留叶数对白肋烟叶片物理特性及化学成分含量的影响[J].河南农业大学学报,2013,47(1):21-25.

[56] 钱祖坤,文光红,赵传良,等.马里兰烟新品种五峰1号的选育及特征特性[J].安徽农业科学,2012,40(24):11972-11973.

[57] 蒋予恩,戴培刚,赵传良,等.开发马里兰烟,促进低焦油卷烟发展[J].中国烟草科学,2000,21(2):47-48.

[58] 李梅云,殷端,霍玉昌,等.马里兰烟品种比较试验研究初报[J].中国农学通报,2006,22(3):188-191.

[59] 宋小飞,伍学兵,钱祖坤,等.马里兰烟Md609品种株系适应性研究[J].安徽农业科学,2012,40(26):12827-12828.

[60] 高远峰,钱祖坤,文光红,等.晾烟房温湿度调节装置对马里兰烟晾制的影响[J].湖北农业科学,2009,48(12):3146-3148.

[61] 李章海,柴家荣,雷丽萍,等.不同晾制阶段白肋烟主要化学成分的变化[J].中国烟草科学,1998,3:36-37.

[62] 王广山,陈江华,尹启生,等.白肋烟调制期间主要化学成分变化趋势初探[J].中国烟草科学,2001,22(3):45-47.

[63] 张国建.白肋烟主要化学成分因子及聚类分析[J].浙江农业科学,2012,1(5):633-635.

[64] 蔡长春,冯吉,程玲,等.白肋烟花色与烟叶化学成分的相关性分析[J].湖南农业科学,2013(9):35-37.

[65] 王国宏.晾晒烟生产及分级技术[C].国家烟草质检中心烟叶分级培训与资格考核,2014.6.

[66] 符云鹏.晾晒烟生产现状与应用研究进展[C].国家烟草质检中心烟叶分级培训与资格考核,2014.6.

[67] 卞建锋,郭仕平,秦艳青,等.四川省晒烟发展现状与思路[J].四川农业科技,2013(5):59-60.

[68] 柏峰.吉林省蛟河市烟草农业发展研究[D].吉林农业大学,2014.

[69] 李毅军,钟永模.川东北及川西南地区烟草品种资源考察与鉴定研究[J].中国烟草,1996(1):23-26.

[70] 施显露.四川省晒烟地方品种鉴定[J].中国烟草,1983(2):36-38.

[71] 王宝华,吴帼英,刘宝法.地方晾晒烟普查鉴定及利用的研究[J].中国烟草学报,1992(2):45-55.

[72] 范文华.贵州省部分名晒烟地方品种[J].贵州农业科学,1985(3):40-46.

[73] 赵彬，李文龙．黑龙江省穆棱晒红烟 [J]．中国烟草科学，2002(2):40-41.

[74] 王艳，董清山，范书华，等．黑龙江省晒烟种质资源的收集与利用研究 [J]．中国烟草科学，2009,30(增刊):75-76.

[75] 解艳华，宋在龙．黑龙江省晒烟资源利用现状与发展对策 [J]．延边大学农学学报，1997(1):55-58.

[76] 王宝华，吴帼英，王允白．湖南省地方晾晒烟资源调查报告 [J]．中国烟草，1989(2):25-31.

[77] 吕耀奎，高立贞，蔡力钊，等．江西省晒烟资源调查 [J]．中国烟草，1990(3):36-42.

[78] 高立贞，吕耀奎，蔡力创，等．江西晒烟品种资源调查 [J]．江西科学，1990(4):45-50.

[79] 王海梅．近代山东烟草业研究 [D]．合肥：安徽大学，2014.

[80] 夏良正，陈汉新．山东沂水县晒红烟调查报告 [J]．烟草科技，1984(4):37-39.

[81] 王莹．试论贵州烟草业发展历程与趋势 [D]．重庆：西南大学，2012.

[82] 徐佳宏．浙江优质特色烟叶的可持续发展研究——以桐乡晒红烟为例 [J]．农村经济与科技，2012(3):102-104.

[83] 陈汉新，李建华．桐乡晒红烟 [J]．中国烟草，1987(3):46-48.

[84] 崔昌范，白文三，吴国贺，等．延边地区烟草农业生产现状与展望 [J]．延边大学农学学报，2000(4):307-310.

[85] 王宝华，吴帼英，周建，等．延边晒红烟资源调查报告 [J]．中国烟草，1991(1):23-25.

[86] 李国民，王复文．湘西晒红烟优质适产开发技术的研究 [J]．吉首大学学报（自然科学版），1991(2):47-51.

[87] 田峰，田晓云，吕启松，等．湘西晒红烟种质资源收集鉴定与创新 [J]．作物品种资源，1999(3):12-14.

[88] 周六花，冯晓华，吴秋明，等．湘西自治州烟区发展优势与产业化对策 [J]．湖南农业科学，2012(18):43-45.

[89] 任民，王志德，牟建民，等．我国烟草种质资源的种类与分布概况 [J]．中国烟草科学，2009(S1):8-14.

[90] 闫新甫．全国烟叶生产和市场变化趋势 [J]．中国烟草科学，2012, 33(5):104-112.

[91] 严衍禄．近红外光谱分析基础与应用 [M]．北京：中国轻工业出版社，2005.

[92] 陆婉珍．现代近红外光谱分析技术 [M]．北京：中国石化出版社，2007.

[93] 刘建学．实用近红外光谱分析技术 [M]．北京：科学出版社，2008,158-239.

[94] 张建平，谢雯燕，束茹欣，等．烟草化学成分的近红外快速分析研究 [J]．烟草科技，1999(3):37-38.

[95] 王东丹，秦西云，赵立红，等．应用近红外光谱技术分析烟丝总糖和还原糖的研究 [J]．分析实验室，2007(5):30-32.

[96] 陈达，王芳，邵学广，等．近红外光谱与烟草样品总糖含量的非线性模型研究 [J]．光谱学与光谱分析，2004,24(6):672-674.

[97] 温亚东，王毅，王能如，等．近红外光谱的投影分析方法在工业分级与复烤模块配方中的应用 [J]．中国烟草学报，2009,15(5):6-10.

[98] 严衍禄，赵龙莲，李军会，等．现代近红外光谱分析的信息处理技术 [J]．光谱学与光谱分析，2000,20(16):772-780.

[99] 陶帅，马翔，李军会，等．基于烟叶近红外光谱主成分数据的投影方法研究及其在复烤配方中的应用 [J]．光谱学与光谱分析，2009,29(11):2970-2974.

[100] 李军会，赵龙莲，马翔，等．对近红外定性分析问题的一点思考 [C]．上海：全国第三届近红外光谱学术会议，2010.

[101] 于春霞，马翔，张晔晖，等．基于近红外光谱和 SIMCA 算法的烟叶部位相似性分析 [J]．光谱学与光谱分析，2011,31(4):924-927.

[102] 张璐，唐兴宏，马翔，等．应用近红外光谱分析不同生态环境的烟叶特性 [J]．光谱学与光谱分析，2012,32(3):664-668.

[103] 王毅，马翔，温亚东，等．应用近红外光谱分析不同产区工业分级烟叶样品的特性 [J]．光谱学与光谱分析，2012,32(10):2694-2697.

[104] 王毅，马翔，温亚东，等．应用近红外光谱分析不同年度工业分级烟叶的特性 [J]．光谱学与光谱分析，2012,32(11):3014-3018.

[105] 王毅，马翔，温亚东，等．应用近红外光谱分析云南主要烟叶生产基地之间的烟叶特性 [J]．光谱学与光谱分析，2013,33(1):78-80.

[106] 束茹欣，蔡嘉月，杨征宇，等．应用近红外光谱投影模型法分析烟叶的产区与风格特征 [J]．光谱学与光谱分析，2014,34(10):2764-2768.

[107] 杨凯，蔡嘉月，张朝平，等．应用近红外光谱投影模型法分析烟叶的部位特征 [J]．光谱学与光谱分析，2014,34(12):3277-3280.

[108] 汤朝起，刘颖，束茹欣，等．应用在线近红外光谱分析复烤前后原烟及片烟的质量特性 [J]．光谱学与光谱分析，

2014,34(12):3273-3276.

[109] 吴海云, 束茹欣, 陈德莉, 等. 基于近红外光谱的卷烟质量投影模型 [J]. 中国烟草学报, 2015,21(1):18-21.

[110] 严衍禄. 近红外光谱分析的原理、技术与应用 [M]. 北京: 中国轻工业出版社, 2013.

[111] 俞汝勤. 化学计量学导论 [M]. 长沙: 湖南教育出版社, 1991.

[112] 陆晓华. 化学计量学 [M]. 武汉: 华中理工大学出版社, 1997.

[113] 刘树深. 基础化学计量学 [M]. 北京: 科学出版社, 1999.

[114] 梁逸曾, 俞汝勤. 化学计量学 [M]. 北京: 化学工业出版社, 2000.

[115] 许禄, 邵学广. 化学计量学方法 [M]. 北京: 科学出版社, 2004.

[116] 束茹欣, 王国东, 张建平, 等. 国产烤烟烟叶的 NIRS 模式识别 [J]. 烟草科技, 2006(8):12-15.

[117] 谢娟, 罗建群, 姚鹤鸣, 等. 基于 NIR 和化学指标的国产烤烟烟叶产地、部位模式识别 [J]. 烟草科技, 2008 (7):42-47.

[118] 张鑫, 郭佳, 倪力军, 等. 基于红外和近红外光谱的烟叶部位识别 [J]. 光谱学与光谱分析, 2007, 27(12):2437-2440.

[119] 张建平, 陈江华, 束茹欣, 等. 近红外信息用于烟叶风格识别及卷烟配方研究的初步探索 [J]. 中国烟草学报, 2007(10):1-5.

[120] 褚小立, 许育鹏, 陆婉珍. 用于近红外光谱分析的化学计量学方法研究与应用进展 [J]. 分析化学, 2008,36(5):702-709.

[121] 闫克玉. 烟叶理化指标与感官质量的关系研究 [C], 2010.

[122] 刘钟祥. 卷烟感官分析与评价 [C], 2010.

[123] 闫洪祥. 卷烟感官评吸技术培训教材 [C], 2010.

[124] 朱大恒. 烟叶化学成分与安全性研究动态 [C]. 跨世纪烟草农业科技展望和持续发展战略研讨会论文集. 北京: 中国商业出版社, 1999,90-109.

[125] 刘万峰, 王元英. 烟叶中烟草特有亚硝胺的研究进展 [J]. 中国烟草科学, 2002(2):11-14.

[126] 王瑞新. 烟草化学 [M]. 北京: 中国农业出版社, 2003.

[127] 左天觉. 烟草的生产、生理和生物化学 [M]. 朱尊权, 等译. 上海: 上海远东出版社, 1993.

[128] 陆引罡, 杨婷, 杨宏敏, 等. 烤烟不同生育期蛋白质、烟碱的积累与分配研究 [J]. 耕作与栽培, 1997(1):121-122.

[129] 胡国松, 郑伟, 王震东, 等. 烤烟营养原理 [M]. 北京: 科学出版社, 2001.

[130] 江锡瑜, 肖吉中, 黄立栋, 等. 试论烟碱在烟株内的分布及与栽培因素 [J]. 中国烟草科学, 1988(1):37-41.

[131] 冉邦定, 刘敬业, 李天福, 等. 烤烟 K326 成熟期物质代谢与品质形成关系的研究 [J]. 云南烟草, 1992(3):48-55.

[132] 韩锦峰, 郭培国. 不同比例铵态、硝态氮肥对烤烟某些生理指标和产质的影响 [J]. 烟草科技, 1989,26(4):31-33.

[133] 刘泓, 杨邦俊, 王伯毅. 有机肥与化肥配施对烤烟品质的影响 [J]. 中国烟草科学, 1999(1):18-21.

[134] 李天贵, 周兆德, 黄启为. 氮肥种类对蔬菜产量和品质影响的研究 [J]. 湖南农学院学报, 1991,17(1):17-22.

[135] 王秀峰, 张光星, 伊东正. 菠菜收获前营养液中 Cl^-、SO_4^{2-} 浓度对叶内 NO_3^- 含量及叶片生长的影响 [J]. 园艺学进展, 1998,607-612.

[136] 许自成, 张莉, 石俊雄, 等. 施磷对烤烟硝酸盐、亚硝酸盐含量的影响 [J]. 烟草科技, 2003(2):32-34.

[137] 李卫, 周冀衡, 胡志明, 等. 烟草特有亚硝胺（TSNA）的研究进展 [J]. 作物研究, 2009(23):172-175.

[138] 宫长荣, 王娜, 司辉, 等. 氮素形态对烤烟烟叶 TSNA 含量的影响 [J]. 河南农业大学学报, 2003,37(2):111-113.

[139] 史宏志, Bush L P, 黄元炯, 等. 我国烟草及其制品中烟草特有亚硝胺含量及与前体物的关系 [J]. 中国烟草学报, 2002,8(1):14-19.

[140] 张树堂, 杨雪彪, 吴玉萍, 等. 烟叶硝酸还原酶活性在烘烤过程中的变化 [J]. 中国烟草科学, 2000(4):11-14.

[141] 魏玉玲, 宋普球, 缪明明. 降低烟草特有亚硝胺含量的微波处理方法综述 [J]. 烟草科技, 2002(3):18-19.

[142] 赵百东. 美国 StarCure™ 烟叶不含 TSNA[J]. 中国烟草学报, 2002,8(2):15.

[143] 章魁华, 岳岷, 宋永生. 烟草特异性亚硝胺对地鼠颊囊粘膜及前胃的作用 [J]. 现代口腔医学杂志, 2000,14(6):366-367.

[144] 吕兰海, 尤汉虎, 曹珍山, 等. 卷烟烟气及其主要有害成分诱发细胞基因突变的研究 [J]. 环境与健康杂志, 2004,21(5):286-288.

[145] 宫长荣, 沈剑波, 司辉, 等. 烟草 N-N-TSNA 及其前体物在烟叶烘烤过程中含量的变化 [J]. 中国农学通报, 2007,23(6):179-181.

[146] 谢剑平，赵明月，夏巧玲，等 . 卷烟烟气主要有害成分测试方法与国内现状 [J]. 烟草学术会刊，2002,12(01):55-56.

[147] 赵华玲 . 烟草中特有的亚硝胺化合物 [J]. 烟草科技，1998(3):24-26.

[148] 王行，邱妙文，柯油松，等 . 砖混二次配热密集烤房设计与应用 [J]. 中国烟草学报，2010,16(5):39-43.

[149] 宫长荣，袁红涛，周义和，等 . 烟叶在烘烤过程中淀粉降解与淀粉酶活性的研究 [J]. 中国烟草科学，2001(2):9-11.

[150] 朱尊权 . 卷烟减害的自主创新思路 [J]. 科学时报，2007,9(2):23-31.

[151] GB 5606—2005，卷烟 [S].

[152] GB/T 19609—2004，卷烟用常规分析用吸烟机测定总粒相物和焦油 [S].

[153] GB/T 456940.1—2004，卷烟第 1 部分：抽样 [S].

[154] GB/T 456924.5—2005，卷烟第 5 部分：主流烟气 [S].

[155] GB/T 23203.1—2008，卷烟总粒相物中水分的测定第 1 部分：气相色谱法 [S].

[156] GB/T 456928.4—2005，卷烟第 4 部分：感官技术要求 [S].

[157] GB/T 456920.6—2005，卷烟第 6 部分：质量综合判定 [S].

[158] YC/T 159—2002，烟草及烟草制品水溶性糖的测定连续流动法 [S].

[159] YC/T 160—2002，烟草及烟草制品总植物碱的测定连续流动法 [S].

[160] YC/T 161—2002，烟草及烟草制品总氮的测定连续流动法 [S].

[161] YC/T 162—2011，烟草及烟草制品氯的测定连续流动法 [S].

[162] YC/T 249—2008，烟草及烟草制品蛋白质的测定连续流动法 [S].

[163] YC/T 217—2007，烟草及烟草制品钾的测定连续流动法 [S].

[164] GB/T 19616—2004，烟叶成批取样的一般原则 [S].

[165] GB/T 8966—2005，白肋烟 [S].

[166] YC/T 31—1996，烟草及烟草制品试样的制备和水分的测定烘箱法 [S].

[167] YC/T 193—2005，白肋烟晾制技术规程 [S].

[168] YC/T 338—2010，白肋烟栽培技术规程 [S].

[169] GB/T 23228—2008，卷烟主流烟气总粒相物中烟草特有 N- 亚硝胺的测定气相色谱 - 热能分析联用法 [S].

[170] YC/T 248—2008，烟草及烟草制品无机阴离子的测定离子色谱法 [S].

[171] YC/T 282—2009，烟叶游离氨基酸的测定氨基酸分析仪法 [S].

[172] YC/T 383—2010，烟草及烟草制品烟碱、降烟碱、新烟碱、麦斯明和假木贼碱的测定气相色谱 - 质谱联用法 [S].

[173] Yu C X, Wu Y P, Li J H, et al. Similarity Analysis of Agricultural Products Varieties using Near Infrared Spectroscopy[C]. The Second Asian NIR symposium, 2010,31.

[174] Cai J Y, Liang M，Wen Y D, et al. Analysis of Tobacco Color and Location Features Using Visible-Near Infrared Hyperspectral Data[J]. Spectroscopy and Spectral Analysis, 2014,34(5): 2758-2763.

[175] Martelo-Vidal M J, Vázquez M.Determination of polyphenolic compounds of red wines by UV–VIS–NIR spectroscopy and chemometrics tools[J].Food Chem., 2014. 158: 28-34.

[176] Wheeler D A, Newhouse R J, Wang H, et al. Optical properties and persistent spectral hole burning of near infrared-absorbing hollow gold nanospheres[J]. Phys. Chem. C., 2010,42,18126.

[177] Sharma A, Reva I, Fausto R. Conformational switching induced by near-infrared laser irradiation[J]. J. Am. Chem. Soc., 2011,25, 8752.

[178] Pietrzykowski M, Chodak M. Near infrared spectroscopy-A tool for chemical properties and organic matter assessment of afforested mine soils[J] Ecol. Eng., 2014,62,115.

[179] Mikam Y, Ikehata A, Hashimoto C, et al. Near-Infrared (NIR) study of hydrogen bonding of methanol molecules in polar and nonpolar solvents: An approach from concentration-dependent molar absorptivity[J]. Appl. Spectrosc, 2015. 68(10): 1181-1189.

[180] Balagea J M, Silva S L, Gomide C A, et al. Predicting pork quality using Vis/NIR spectroscopy[J]. Meat Sci., 2015,108(10): 37-43.

[181] Said M M, Gibbons S, Moffat A C, et al. Near-infrared spectroscopy (NIRS) and chemometric analysis of Malaysian and UK

paracetamol tablets: A spectral database study[J]. Int. J. Pharm, 2011,102, 415.

[182] Mall U, Wöhler C, Grumpe A, et al. Characterization of lunar soils through spectral features extraction in the NIR[J] Lunar Sci. Explor, 2014. 54(10): 2029-2040.

[183] Palma A, Tasior M, Frimannsson D O, et al. New on-bead near-infrared fluorophores and fluorescent sensor constructs[J]. Org. Lett., 2009,16, 3638.

[184] Dale LM, Thewis A, Boudry, Rotar C, et al. Discrimination of grassland species and their classification in botanical families by laboratory scale NIR hyperspectral imaging: Preliminary results[J]. Talanta, 2013,116: 149-154.

[185] Qiao T, Ren J, Craigie C, et al. Quantitative prediction of beef quality using visible and NIR sopectroscopy with large date samples[J]. Appl. Spectroc, 2014,82,137.

[186] Luna A S, Silva A P, Pinho J S, et al. Rapid characterization of transgenic and non-transgenic soybean oils by chemometric methods using NIR spectroscopy[J]. Spectrochim. Acta., 2013,100, 115.

[187] Galtier O, Abbas O, Dréau Y L, et al. Comparison of PLS1-DA, PLS2-DA and SIMCA for classification by origin of crude petroleum oils by MIR and virgin olive oils by NIR for different spectral regions[J]. Vib. Spectrosc, 2011,55(1): 132-140.

[188] Zhang M J, Li T J. Using consensus modeling to analyze near infrared Spectroscopic Data of Agricultural Products[J]. Hubei Agric. Sci., 2013,52: 5599.

[189] Woźniak M, Grañab M, Corchado E. A survey of multiple classifier systems as hybrid systems[J]. Inf. Fusion, 2014,16: 3-17.

[190] Kuncheva L I, Whitaker C J, Shipp C A, et al. Limits on the majority vote accuracy in classifier fusion[J]. Pattern Anal Applic, 2002,6: 22.

[191] Sengupta S, Lee W S.Identification and determination of the number of immature green citrus fruit in a canopy under different ambient light conditions[J].Biosyst. Eng., 2013,117: 51.

[192] Campos F M, Correia L, Calado J M F. Robot visual localization through local feature fusion: An evaluation of multiple classifiers combination approaches[J]. J. Intell. Robot Syst.,2015.77: 377-390.

[193] Bigdeli B, Samadzadegan F, Reinartzc P. Fusion of hyperspectral and LIDAR data using decision template-based fuzzy multiple classifier system[J]. Int. J. Appl. Earth Obs. Geoinf, 2015,38: 309-320.

[194] Ozkan K, Ergin S, Isik S, Isikli I.A new classification scheme of plastic wastes based upon recycling labels[J].Waste Manage, 2015,35, 29.

[195] Lopéz-Cortés I, Salazar-García DC, Malheiro R, et al. Chemometrics as a tool to discriminate geographical origin of Cyperus esculentus L. based on chemical composition[J]. Ind. Crops Prod, 2013.51: 19-25.

[196] Khanmohammadi M, Karami F, Mir-Marqués A,et al.Classification of persimmon fruit origin by near infrared spectrometry and least squares-support vector machines[J].J. Food Eng., 2014,142: 17-22.

[197] China State Bureau of Quality and Technical Supervision.GB2635 -1992, Flue-cured tobacco[S]. Beijing, 1992.

[198] Gopi E S, Palanisamy P.Fast computation of PCA bases of image subspace using its inner-product subspace[J]. Appl. Math. Comput, 2013,219(12): 6729-6732.

[199] Chau A L, Li X O, Y W.Support vector machine classification for large datasets using decision tree and Fisher linear discriminant[J]. Future Gener. Comput. Syst., 2014,36: 57-65.

[200] Mazivila S J, Santana F B, Mistsutake H, et al. Discrimination of the type of biodiesel/diesel blend (B5) using mid-infrared spectroscopy and PLS-DA[J]. Fuel, 2015,142:222.

[201] Mariani N, Teixeira G, Lima K, et al. NIRS and ISPA-PLS for predicting total anthocyanin content in jaboticaba fruit[J]. Food Chem., 2015, 174: 643.

[202] Mabood F, Boqué R, Folcarelli R, et al. Thermal oxidation process accelerates degradation of the olive oil mixed with sunflower oil and enables its discrimination using synchronous fluorescence spectroscopy and chemometric analysis[J]. Spectrochim. Acta, Part A, 2015, 143: 298.

[203] Almeida M R, Correa D N, Rocha W F C, et al. Discrimination between authentic and counterfeit banknotes using Raman spectroscopy and PLS-DA with uncertainty estimation[J]. Microchem. J., 2013,109: 170-177.

[204] Ayat NE, Cheriet M, Suen CY.Automatic model selection for the optimization of SVM kernels[J]. Pattern Recognit, 2015,38:

1733.

[205] Abe S.Fuzzy support vector machines for multilabel classification[J]. Pattern Recognit, 2014,31:1281.

[206] Lins L D, Moura M C, Zio E, et al. A particle swarm-optimized support vector machine for reliability prediction[J]. Qual. Reliab. Eng. Int., 2012,28: 141.

[207] Tikka J.Simultaneous input variable and basis function selection for RBF networks[J]. Spectrosc. Neurocomput, 2009,77(10-12): 2649-2658.

[208] Li Y, Tax D, Duin R, et al. Multiple-instance learning as a classifier combining problem[J]. Pattern Recognit, 2013,46: 865(2013).

[209] Kozak J, Boryczka U.Multiple boosting in the ant colony decision forest meta-classifier[J]. Knowledge Based Syst., 2015,75: 1441.

[210] Giannoglou V G, Theocharis J B. Decision fusion of multiple classifiers for coronary plaque characterization from IVUS images[J]. Int. J. Artif. Intell. Tools, 2014,23: 1460005.

[211] Saha S, Ekbal A. Combining multiple classifiers using vote based classifier ensemble technique for named entity recognition[J]. Data and Knowledge Engineering, 2014,85: 15.

[212] Nyiredy S, Gross G A, Sticher O. Minor alkaloids from Nicotiana tabacumI[J]. Natural Prod, 1987,49(6): 1156-1157.

[213] Takahashi M, Yamada Y. Regulation of nicotine production by auxins in tobacco cultured cells in vitro[J].Agric Biol Chem., 1973, 37: 1755-1757.

[214] Yoshida D, Takahashi T. Relation between the behavior of nitrogen and the nicotine synthesis in tobacco plants[J]. Sci Plant Nutr., 1961,7: 57-164.

[215] Chamberlain WJ, Severson R F, Stephenson M G. Levels of N-nitrosonornicotine in tobaccos grown under varying agronomic conditions[J]. Tob Sci., 1984,28: 156-158.

[216] Brunnemann K D, Masaryk J, Hoffmann D. Role of tobacco stems in the formation of nitrosamines in tobacco and cigarette mainstream and sidestream smoke[J]. J Agric Food Chem., 1983, 31: 1221-1224.

[217] Fischer S, Spiegehalder B, Preussmann R. Preformed tobacco specific nitrosamines in tobacco-role of nitrate and influence of tobacco type[J]. Carcinogenesis, 1989,10:1511-1517.

[218] Burton H R, Dye N K, Bush L P. Distribution of tobacco constituents in tobacco leaf tissue. 1. Tobacco specific nitrosamines, nitrite and alkaloids[J]. J Agric Food Chem., 1992, 40: 1050-1055.

[219] Rundlf T, Olsson E, Wiernik A, et al. Potential nitrite scavengers as inhibitors of the formation of N-nitrosamines in solution and tobacco matrix systems[J]. J Agric Food Chem., 2000,48: 4381-4388.

[220] Neurath G, Pirmann B, Luettich W. N-nitroso compounds in tobacco smoke II [J].Beitr Tabakforsch Int.,1965,3(4): 251.

[221] Roton C, Wiernik A, Wahlberg I. Factors influencing the formation of tobacco-specific nitrosamines in french air-cured tobaccos in trials and at the farm level[J]. Beitr Tabakforsch Int., 2005,21(6): 305.

[222] Wiernik A, Christakopoulos A, Johansson I .Effects of air-curing on the chemical composition of tobacco[J]. Res Adv Tob Sci., 1995,21: 39-50.